IP 知识产权专题研究书系

WAIGUANSHEJI ZHUANLI ZHIDU
YUANLI YU SHIWU

外观设计专利制度原理与实务

张 鹏 徐晓雁 著

知识产权出版社
全国百佳图书出版单位

图书在版编目（CIP）数据

外观设计专利制度原理与实务/张鹏，徐晓雁著．—北京：知识产权出版社，2015.8

ISBN 978-7-5130-3707-5

Ⅰ.①外… Ⅱ.①张…②徐… Ⅲ.①外观设计—专利制度 Ⅳ.①G306.3

中国版本图书馆 CIP 数据核字（2015）第 183825 号

责任编辑：卢海鹰　　**责任校对**：董志英

装帧设计：卢海鹰　　**责任出版**：刘译文

外观设计专利制度原理与实务

张　鹏　徐晓雁　著

出版发行：	知识产权出版社有限责任公司	**网　　址**：	http://www.ipph.cn
社　　址：	北京市海淀区马甸南村 1 号（邮编：100088）	**天猫旗舰店**：	http://zscqcbs.tmall.com
责编电话：	010-82000860 转 8122	**责编邮箱**：	lueagle@126.com
发行传真：	010-82000893/82005070/82000270	**发行电话**：	010-82000860 转 8101/8102
印　　刷：	北京富生印刷厂	**经　　销**：	各大网上书店、新华书店及相关专业书店
开　　本：	880mm×1230mm　1/32	**印　　张**：	14
版　　次：	2015 年 8 月第 1 版	**印　　次**：	2015 年 8 月第 1 次印刷
字　　数：	380 千字	**定　　价**：	50.00 元

ISBN 978-7-5130-3707-5

序 一

中南财经政法大学知识产权研究中心主任　吴汉东

探索具有中国特色的外观设计专利制度具有重大理论意义。外观设计制度对产品的形状、图案或者其结合以及色彩与形状、图案的结合所作出的富有美感并适于工业应用的新设计给予保护。外观设计制度与发明专利制度、实用新型制度相比，在保护客体等方面具有突出的特点。同时，作为知识产权的客体，“实用艺术作品”和“外观设计”事实上具有很大的重合性，例如，《保护文学和艺术作品伯尔尼公约》第2条第7款就将“实用艺术作品与工业品平面和立体设计”两者相提并论。另外，商业外观等的法律制度保护也使得外观设计专利权的客体范围与商标权、反不正当竞争法所保护权益的客体范围发生交叉重叠。由此，外观设计制度与版权制度、商标制度、反不正当竞争法律制度等均具有深层次的关联关系。厘清外观设计专利制度的基本理论，对形成和完善中国特色知识产权理论体系具有重要意义。

探索具有中国特色的外观设计专利制度具有重要现实意义。2012年、2013年，苹果公司和三星电子公司在世界范围内展开专利大战，其中多数基于外观设计，尤其是金额高达10.5亿美元的民事诉讼很大部分是基于苹果公司的“圆角矩形”和“无边界玻璃”外观设计。拓乐、奥克利、耐克等众多公司在美国提起了关于雪橇架、耳机、遮阳镜、鞋类外观设计的侵权诉讼。2013年，曾任美国专利商标局局长的大卫·卡波斯在一篇文章中提到外观设计“成为知识产权的新趋势”。大卫·卡波斯解释说，工业设计变得越来越重要，这是因为人造设备复杂性产生功能多样性，所以创新型公司追求更好的设计，在外观和功能上使复杂变得简单并且使公司产品更加醒目，保护外观设计就显得至关重要。可以说，全世界范围内外观设计制度实务发展很快，我国尤其需要加强研究。从20世纪50年代至90年代，日本外观设计申请量领先世界，美国、韩国保持增长趋势。但是，从2000年开始，我国外观设计专利申请量迅猛增长。2013年，我国外观设计专利申请量已经达到65.96万件，外观设计授权量达到41.25万件。根据世界知识产权组织的统计，我国外观设计申请量全球占比从2007年的34.8%提高到2012年的54%，我国外观设计专利申请量比其余20个国家的总和还要多，并且已经达到了美国的10倍。在这一背景下，我们尤其需要全面梳理总结我国外观设计制度的实践经验，在外观设计制度研究中坚持国际视野和中国立场。所谓国际视野，就是要求研究者关注最新的科学技术变化，洞悉境外立法和国际公约的最新进展，通过借鉴域外经验和普遍共识实现研究领域和研究元素的国际化；所谓中国立场，就是要求研究者结合我国知识产权战略实施的进程，反思中国在外观设计专利事业发展中存在的问题，检讨立法、司法和行政管理中的不足与缺失，明确未来完善和改进的步骤与方向。

值得欣慰的是，近年来，我国学者关于外观设计制度的探讨在不断深化，并趋于理论上的成熟，不仅推动了制度变革，也促成了理论创新。但是，关于外观设计制度的理论认知仍是不完整的，需要从传统外观设计制度理论探究与反思、中国特色外观设计制度构建与完善、外观设计制度对文化创意产业发展的促进作用等方面深入思考。上述内容不是截然分立、互相断裂，而是彼此呼应、共同促进的关系，并将继续成为未来很长一段时间内我国外观设计制度研究的主要议题。就此而言，《外观设计专利制度原理与实务》正好契合当今外观设计制度研究的时代需要：既有对外观设计制度基本理论的思辨，又有外观设计申请、确权与保护的实证考察，还有关于运用外观设计制度促进文化创意产业发展的政策考证。尤为可贵的是，该部作品以反思外观设计专利制度的缘起与定位为依归，对外观设计制度基本构成展开体系化思考，对提升我国专利制度研究水平作出了有益的贡献。

张鹏博士本科就读法学专业，曾在清华大学计算机科学与技术系获得计算机专业学位，现在本人门下攻读知识产权法学博士学位，专业基础厚实、知识结构良好。张鹏博士曾在国家知识产权局专利复审委员会从事专利复审请求审查和无效宣告请求审查工作、专利行政诉讼的应诉工作多年，承办了大量具有国际、国内重要影响的专利无效纠纷案件，实践经验丰富、精通专利实务。难能可贵的是，他一直秉承“积学以储宝”“厚积而薄发”的信念，切问近思，刻苦向学，在繁重的工作之余笔耕不辍，发表了60余篇颇有分量的学术论文和出版了系列的学术著作，逐渐成长为我国知识产权领域崭露头角的青年学者。相信本书结合法律实践对外观设计制度作出的理论探索，对相关制度的完善及法律适用有所帮助，对未来专利法的修改具有重要参考价值，对构建中国特色专利法律制度具有积极意义。希望作者能够继续乘风破浪，鼓桨前进，为建设中国特色知识产权法律制度、建设知识产权强国贡献自己的力量。

是为序。

2015年7月6日

序　二

国家知识产权局专利局外观设计审查部部长、中国工业设计协会常务理事、中国机械工程学会工业设计分会副理事长　林笑跃

2014年新年伊始，国务院常务会议部署了推进文化创意和设计服务与相关产业融合发展的政策措施，五项政策措施中第一项就是“加强创意、设计知识产权保护，健全激励机制，推进产学研用结合，活跃知识产权交易”，这正是十八届三中全会决议中“加强知识产权运用和保护”在设计产业中的具体体现。外观设计制度是文化创意和设计服务产业健康可持续发展的基础和保障，外观设计保护要融入文化创意和设计服务产业，促进产业蓬勃发展。外观设计专利制度不仅要推动创意产业的发展，还要将设计与创造结合，以创意产业发展推进传统产业转型升级。可以说，处于知识经济时代，外观设计专利制度是建设知识产权强国的制度保障之一。

外观设计制度源远流长，已经有二三百年的历史。特别是近年来，无论是设计创新理论发生了前所未有的巨大变化，设计对经济社会发展的作用日益凸显。外观设计授权、确权和侵权判定如何适应创新设计的需求值得深入研究，这既是发展知识产权制度的需要，也是建设知识产权强国的需要。我国外观设计法律实践已经积累了较为丰富的经验，不能仅仅停留在对国外外观设计制度的借鉴

上，更要积极创新我国外观设计法律制度，引领和促进世界外观设计制度的发展。初读下来，我认为本书从设计理论的历史沿革出发深耕设计创新理论，并从设计与创意经济发展的角度探索了外观设计对经济社会发展的促进作用，立足设计理论分析我国外观设计授权、确权和侵权判定的实务。本书具有以下三个特点：一是全面性，全面系统地分析了外观设计申请、授权、确权、侵权的关键法律问题，结合审查实践和司法实践进行阐释；二是理论性，从设计发展历史的角度出发，立足外观设计的基本特征，分析外观设计制度与著作权制度、商标权制度等之间等关系，找寻外观设计制度的制度价值；三是实操性，本书立足我国审查实践和司法实践，分析了外观设计初步审查、无效宣告请求审查和侵权判定的典型案件，提出了适合我国国情的、具有实际操作性的法律适用和法律解释建议。

本书作者之一的徐晓雁是国家知识产权局专利局外观设计审查部审查员。她取得工业设计学位后入局承担外观设计审查工作，在外观设计审查部从事审查工作已达十年。她先后供职于国家知识产权局专利局外观设计审查部审查二处、审查三处、审查四处和审查一处，积累了丰富的实践经验。本书另外一位作者张鹏，现任国家知识产权局保护协调司战略协调处副处长，他曾在国家知识产权局专利复审委员会工作多年，参与审理了大量具有国际、国内影响的外观设计无效案件。两位作者对外观设计侵权实务也高度关注，并且善于从法学、政策科学、经济学、伦理学等多个角度对外观设计制度适用问题深入解读。两位作者合作形成的这本书，内容全面、思辨深刻、深耕实务，对广大外观设计制度适用者（包括行政管理人员、法官、审查员、企业法务人员、专利代理人、专利律师等）具有重要价值，对广大外观设计制度研究者（学者、科研人员、法学专业博士研究生和硕士研究生、工业设计专业博士研究生和硕士研究生等）具有参考意义，我愿意将本书推荐给外观设计领域的各位同行。

希望两位作者以本书的出版作为起点，进一步深入研究我国外观设计制度的制度原理与实务，为我国从设计大国向设计强国转变、从知识产权大国向知识产权强国转变作出更大贡献。

林笑跃

2015年7月6日

前　言

2011 年，世界知识产权日的主题是“设计未来”。世界知识产权组织总干事弗朗西斯·高锐博士在致辞中指出：“外观设计被誉为‘看得见的智慧’，通过外观设计，形状与功能交织在一起。我们每天所用的产品——从日常的家用品到最新的平板电脑——外型和感觉都是靠外观设计来实现的。外观设计将事物的实用性和令人愉悦的特点结合在一起，让创新趣味倍增。”可见，知识产权制度通过保护具有原创性的外观设计，防止未经许可的复制和模仿，鼓励人们创造出新的外观设计。外观设计专利制度对于鼓励设计创新，推动设计创新的应用，提高设计创新能力具有非常重要的意义。

当前，外观设计制度在世界范围内获得广泛关注。一方面，外观设计对国家经济发展的促进作用日益显现。世界主要国家在外观设计分类中普遍采用工业品外观设计洛迦诺分类。在工业品外观设计洛迦诺分类的 32 个类别中，有 30 个类别属于制造业，只有第 5 类（纺织布匹制品和其他被单类材料）的部分产品外观设计和第 32 类（图形符号和标志，平面图形与装饰物）的部分产品外观设计属于非制造类外观设计。因此，外观设计的数量、质量和布局情况，很大程度上反映了一个国家制造业的发达状况。例如，有研究表明，近 30 年来，英国与德国、法国相比丧失了外观设计方面的优势，这很大程度上反映了英国制造业的衰退。[1] 同时，外观设计发展水平对制造业、文化创意产业发展均具有积极促进作用。根据英国报告可以得知，英国外观设计产业对创新和经济发展贡献巨大，英国每年在外观设计上的投入保守估计也会达到230亿英镑，占英国国民生产总值（GDP）的1.6%。[2] 还有，从消费者角度而言，随着时尚法则影响越来越多的商品，外观越来越成为引导公众消费的主要因素，功能的要求反倒退居其次。根据美国工业协会的统计数据，美国工业设计每投入1美元，其销售收入增加2500美元；根据日本日立公司的统计数据，每增加1000亿日元的销售额，工业设计的贡献达到51%，而技术改造的作用仅占12%。[3] 另一方面，外观设计制度的法律全球化动态明显。包括我国在内的一些国家正在考虑是否加入《工业品外观设计国际注册海牙协定》，欧盟在其成员国范围内推出了欧盟外观设计保护条例，美国、欧盟、澳大利亚等协商指定的《反假冒贸易协议》（*Anti - Counterfeiting Trade Agreement*，*ACTA*）[4] 明确加重对注册商业外观的仿冒行为的处罚。虽然包括我国在内的许多国家对于《反假冒贸易协议》所具有的发达国家主导性、谈判秘密性、机制独立性、保护高标性和协定诸边性等特点具有广泛质疑，但是这一协议文本表现了一些国家和地区协调相关知识产权保护制度的倾向。

外观设计制度尤其值得我国深入研究。我国在1984年《专利法》中不经意地引入了外观设计专利制度。经过30年的发展，当初似乎不经意间带入的外观设计制度已经成为知识产权制度的主角

---

[1] UK Intellectual Property Office. Design Economics Chapter four: Design Rights, an International Comparison 2011/8, p. 36.

[2] UK Intellectual Property Office. Design Services, design rights and design life lengths in the UK, 2011/5 前言部分。

[3] 张广良. 外观设计的司法保护［M］. 北京：法律出版社，2008：1.

[4] Anti - Counterfeiting Trade Agreement ［EB/OL］.［2011 - 10 - 10］. http://www.mofa.go.jp/policy/economy/i_property/pdfs/acta1105_en.pdf .

之一。一方面，我国已经成长为外观设计数量大国。20 世纪 50 年代至 90 年代，日本外观设计申请量领先世界，美国、韩国保持增长趋势。2001 年开始，我国年度外观设计申请量持续名列世界第一位。相应地，外观设计专利无效案件和专利侵权案件占据较大比重。2013 年，我国外观设计专利申请量已经达到 65.96 万件，外观设计授权量达到 41.25 万件。根据世界知识产权组织的统计，我国外观设计申请量全球占比从 2000 年的 24% 提高到 2012 年的 54%，我国外观设计专利申请量比其余 20 个国家的总和还要多，并且已经达到了美国的 10 倍。另一方面，我国距离外观设计强国还有一定差距。我国还需要全面完善中国特色外观设计制度，使得外观设计对产业发展的促进作用充分发挥，尤其是使得外观设计成为制造业发展的动力引擎，成为文化创意产业发展的发动机。实践提醒我们，应该对外观设计制度进行深入的理论思考。

外观设计制度研究的出发点与关键点。外观设计制度研究应当立足于外观设计的根本特点。根据《专利法》第 2 条的规定，外观设计，是指产品的形状、图案或者其结合以及色彩与形状、图案的结合所作出的富有美感并适于工业应用的新设计。外观设计处于著作权、商标权和专利权保护的交界之处，其与各种类型的知识产权如何衔接协调成为深层次理论问题，影响着众多实务问题的理解和分析。可以从这一根本特点出发，结合我国法律实践分析外观设计申请制度、外观设计确权制度、外观设计侵权判定制度。另外，“必须在社会合意中理解权利与制度，任何单一的‘人与对象’的关系都不能用于解释权利。”[1] 需要对外观设计制度进行多维度解读，从政策科学、经济学、伦理学等多方面进行分析。基于此，本书从政策科学角度探索外观设计制度与创意经济发展的内在关联，并分析外观设计创新促进政策。

本书共分五章，第一章是理论篇，重点阐述外观设计法律制度

[1] 李琛. 著作权基本理论批判［M］. 北京：知识产权出版社，2013：3.

的历史沿革、比较法状况，并分析外观设计与各种类型的知识产权如何衔接协调；第二章是申请篇，重点分析外观设计申请文件构成、初步审查内容，并结合典型案例对外观设计合案申请的审查、保护客体的判断、清楚表达的判定进行解读；第三章是确权篇，综述外观设计评价报告制度的基本情况，在分析外观设计判断主体的基础上，重点研究《专利法》第 23 条第 1 款、第 2 款、第 3 款的法律适用以及确权案件中的证据认定；第四章是保护篇，重点分析外观设计专利侵权判定的关键问题，包括外观设计保护范围的确定、外观设计专利侵权行为的判定、外观设计侵权抗辩的认定和外观设计侵权的法律责任；第五章是政策篇，阐述外观设计制度与创意经济发展、外观设计密集型产业发展的关联关系，分析如何运用外观设计制度促进创意产业和外观设计密集型产业发展。

本书力图将理论研究与实证分析相结合，引述了几十件外观设计初步审查、复审请求审查、无效宣告请求以及外观设计侵权典型案件，结合我国实践，借鉴国际经验，给出中国特色外观设计制度的完善方向。需要指出的是，由于外观设计初步审查和复审请求审查保密原则的要求，引述的初步审查和复审请求审查案例全部为抽象总结出来的情况类型，外观设计无效宣告请求审查和专利侵权典型案件全部引述了相关行政决定和司法判决的案号。

目　录

第一章 理论篇：外观设计制度基础理论

随着知识经济和经济全球化深入发展，知识产权日益成为国家发展的战略性资源和国际竞争力的核心要素，成为建设创新型国家的重要支撑和掌握发展主动权的关键。根据《专利法》第2条的规定，《专利法》保护的发明创造包括发明、实用新型和外观设计，因此外观设计专利与发明专利、实用新型专利共同构成我国专利制度保护的三种专利之一。专利制度需要回答一系列问题，包括何种类型的智力成果能够被授予专利权，授予专利权应当满足哪些条件，由谁来审查确认专利申请能够被授予专利权，采用何种授予专利权的程序，被授予的专利权具有何种法律效力，何种行为构成侵犯专利权的行为，针对侵犯专利权的行为应当为专利权人提供何种法律救济，如何平衡专利权人与国家及广大公众之间的利益，如何处理一个国家的专利制度与其他国家或者地区的专利制度之间的关系，如何落实有关专利的国际公约或者协议的规定等。[1] 由于外观设计专利所保护的客体是产品的设计方案，而发明专利、实用新型专利所保护的客体是技术方案，因此外观设计制度与发明专利制度、实用新型制度存在根本不同。这些不同体现在客体范围、授权标准、保护期限、侵权行为类型、专利申请的公开与授权程序等诸多方面。同时，由于外观设计专利保护的客体是产品的设计方案，因此外观设计制度和著作权制度、商标制度以及反不正当竞争法律制度存在密切联系。本章首先分析了外观设计制度发展历史，然后对世界主要国家外观设计制度进行综述，最后对外观设计权与相关权利的竞合加以分析。

---

[1] 尹新天. 中国专利法详解［M］. 北京：知识产权出版社，2011.

第一节 外观设计的发展历史与基本概念

外观设计法律制度的终极目的在于保护外观设计创新，本节首先分析从设计发展到外观设计的历程，然后分析工业设计的基本属性，最后提出外观设计的基本概念。

一、设计发展历史

设计作为人类生物性与社会性的生存方式，其渊源是伴随着“制造工具的人”的产生而产生的。人类设计活动的历史大体可以划分为三个阶段：设计萌芽阶段、手工艺设计阶段和工业设计阶段。❶

设计萌芽阶段可以追溯到旧石器时代。劳动和语言的产生是人类自意识的觉醒，标志着人类进入了旧石器时代。这时，人类开始制造和使用工具。工具的材料是利用天然和现成的石块、泥巴、竹木、兽骨等，制作的方法主要是选择后直接使用或者进行一些简单的现成组合、改造。改造的方法主要是利用石块的互相敲击形成新的便于使用的新形状，非常粗陋和原始。我们现在能看到的当时的工具有砍砸器、刮削器、尖状器，这些工具各自都有不同的用途。原始人类制作石器时就已经有了明确的目的性和一定程度的标准化，这种目的性和标准化是设计的重要特征，人类设计概念就由此萌发。❷

伴随着新石器时代，人类社会进入手工艺设计阶段。陶器的发明标志着人类开始了通过化学变化来改变材料特性的创造性活动，这标志着人类手工艺设计阶段的开端。在新石器时代，出现了第一次社会大分工，因而，石制农业工具（如：镰、锄、镬、铲）和狩

---

❶ 王露茵，邱晓岩. 中外设计史［M］. 北京：北京师范大学出版社，2011.

❷ 芦影，张国珍. 设计史［M］. 北京：中国传媒大学出版社，2008.

猎工具（如：弓箭、渔钩、渔网）成为这个时期设计的最主要成果。陶土、纤维等新材料逐渐广泛运用，利用制陶技术和纺织技术可以制作出更丰富的人造物。从考古发现可以看到，这时，陶器皿的器型已经很丰富，和功能结合得很紧密，炊煮器、饮食器、汲水器、储物器的分别已经很清楚。陶器皿上广泛的运用装饰纹样进行装饰，是人类文字和审美活动的开始，是人类艺术活动产生的前奏。将植物纤维或者动物毛发搓捻成绳，然后制作套索、网等工具，并进而在结网技巧的基础上形成了原始的手工编制和织造技术，生产出人类早期的布料和衣物。❶

手工艺设计阶段由原始社会后期开始，经过奴隶社会、封建社会一直延续到工业革命前。手工艺设计是以手工方式对原料进行有目的的加工制作而成的设计，主要依靠双手和工具，不排斥简单的机械。在手工艺设计阶段，在建筑、陶瓷、装饰、交通工具等各个设计领域，都留下了丰富的设计成果，这些设计成果是今天工业设计发展的重要源泉。此时的设计具有两个特点：以功能性生活用品为主，设计、生产和销售一体化。我国古代手工艺设计取得了丰硕的成果，图 1－1 所示的是我国古代桌椅设计的示例。我国宋代渐渐开始使用桌椅，生活方式的改变促进了家具工艺的发展，在明代达到鼎盛。❷

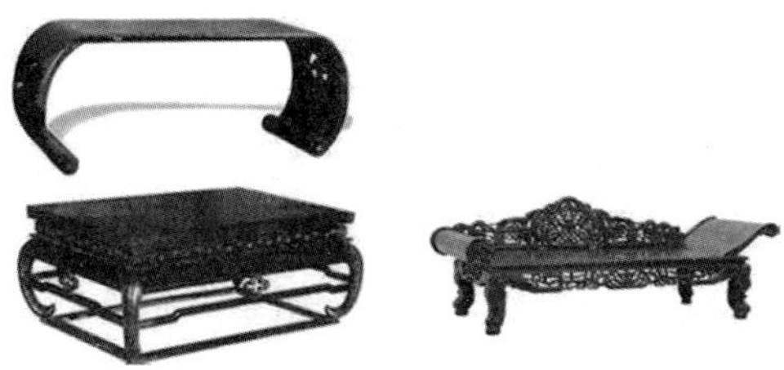

图 1－1　我国古代家具设计示例

❶ 何人可. 工业设计史（修订版）[M]. 北京：北京理工大学出版社，2000.

❷ 高丰. 中国设计史 [M]. 北京：中国美术学院出版社，2008.

工业设计是工业化大生产的产物。从18世纪60年代英国开始了工业革命，此后传于世界其他国家，至19世纪40年代，英国率先完成了工业革命。工业革命的开始使得西方开始发展工业化的生产方式，其重要特点就是机械化的批量生产。因此，随着工业革命的兴起，人类开始用机械大批量地生产各种产品，设计活动从此进入工业设计阶段。工业设计（Industrial Design），是指以工学、美学、经济学为基础对工业产品进行设计。工业设计分为产品设计、环境设计、传播设计、设计管理4类；包括造型设计、机械设计、电路设计、服装设计、环境规划、室内设计、建筑设计、UI设计、平面设计、包装设计、广告设计、动画设计、展示设计、网站设计等。工业设计又称工业产品设计学，工业设计涉及心理学、社会学、美学、人机工程学、机械构造、摄影、色彩学等。工业发展和劳动分工所带来的工业设计，与其他艺术、生产活动、工艺制作等都有明显不同，它是各种学科、技术和审美观念的交叉产物。工业品外观设计最初在纺织工业中产生，而后扩展到其他工业领域。英国的工业革命首先是从资本周转较快、获利又丰厚的轻工业开始，特别是从不受封建行会和政府法规的束缚、便于采用先进技术的棉纺织业开始的。著名的珍妮机就是纺织业的第一项重大发明，此后净棉机、梳棉机、漂白机、整染机陆续出现在纺织系统的工厂里，纺织业率先实现了机器化与批量生产。❶ 法国工业革命晚发于英国，但是其消费品尤其是奢侈品在工业生产中占有重要地位，食品、纺织、服装、皮革、家具等五种轻工业的工人占全国工人总数的一半，尤其是法国的时装、化妆品、丝织品和葡萄酒非常发达，独步世界成为法国输出品的大宗，从而，法国的工业品外观设计也先发于纺织等轻工业领域。

进入20世纪，西方工业品外观设计真正在理论和实践上获得长足发展。20世纪初，设计学逐步成为独立的学科。20世纪初期，

---

❶ 林举岱，陈崇武，艾周昌. 世界近代史［M］. 上海：上海人民出版社，1982.

德意志工业联盟对标准化、大批量生产方式进行了探讨。20世纪20年代，包豪斯设计学校确立现代设计教育体系。包豪斯设计学校针对“设计与制造相分离，制造与销售相分离”所带来对艺术与技术对峙性，提出了如下设计观：艺术与技术要统一，要求设计师“向死的机械产品注入灵魂”；设计的目的是人而不是产品；创造与制造同盟，艺术家、企业家、技术人员应该紧密合作；视觉敏感性达到理性的水平；集体工作是设计的核心等。20世纪50年代，功能主义和国际主义风格流行。20世纪60年代，波普设计得以发展，设计师在室内、日用品、家具、服饰和平面设计等方面的设计上进行大胆探索和创新，表现出前所未有的形式：夸张、奇异、富于想象力的造型，色彩单纯鲜艳等，穆多什以英文字母为装饰图案的纤维板椅子和罗杰·丁的玩具般吹塑椅子均是波普风格的设计。20世纪80年代，后现代主义设计最早出现在建筑领域，随后迅速发展到包括平面设计、产品设计等在内的广泛领域。目前，绿色设计、生态设计等现代设计也在深入发展。

美国由于实用主义和人才济济等因素，自20世纪30年代起，工业设计在各个领域大派用场。从可口可乐瓶到波音飞机，从迪士尼公司投资研究如何使孩子一生去四次游玩到能源部要求研究建筑物如何省电，无不展示着设计的神奇，出现了众多优秀的工业设计师，是公认的设计强国。尤其是，乔布斯将设计创新的起点和终点均设定为用户体验，用户体验不仅需要对用户的功能体验进行设想，更重要的是需要一种人文情怀，设计的态度是能被直观感知的，其设计是站在了科技与人文科学的交汇处。在苹果公司（以下简称“苹果”）的产品中我们能感受到乔布斯的禅宗修习，产品拥有了灵魂，并能把这种精神物化地体现出来。这或许能解释为什么苹果拥有那么多坚定的支持者，因为通过苹果的产品，消费者们体验到了文化认同。乔布斯将工程视角、艺术品位与大众需求结合，加上其对细节惊人的苛求，并且还能够成功地将概念、技术、设计等一一实现，从而诞生了一款款划时代的产品。[1]

二、工业设计的基本概念与特征

国际工业设计协会联合会（International Council of Societies of Industrial Design，ICSID）自1957年成立以来，曾多次组织专家学者给工业设计下定义。1970年，国际工业设计协会联合会为“工业设计”给出完整定义，“工业设计，是一种根据产业状况以决定制作物品之适应特质的创造活动。适应物品特质，不单指物品的结构，而是兼顾使用者和生产者双方的观点，使抽象的概念系统化，完成统一而具体化的物品形象，意即着眼于根本的结构与机能间的相互关系，其根据工业生产的条件扩大了人类环境的局面。”

1980年，国际工业设计协会联合会对“工业设计”的定义重新加以规范，将其界定为，“就批量生产的工业产品而言，凭借训练、技术知识、经验及视觉感受，而赋予材料、结构、构造、形态、色彩、表面加工、装饰以新的品质和规格，叫作工业设计。根据当时的具体情况，工业设计师应当在上述工业产品全部侧面或其中几个方面进行工作，而且，当需要工业设计师对包装、宣传、展示、市场开发等问题的解决付出自己的技术知识和经验以及视觉评价能力时，这也属于工业设计的范畴。”[2] 这一定义给予“工业设计”非常广泛的外延。主要国家和地区专利制度中所指出的外观设计，通常是狭义的工业设计，亦即工业产品的造型设计。工业产品的造型设计，是创造具有实用功能的造型，实质是以最优化的设计策划来创造人类自身更合理的生存方式，它的重要任务是设计物与人相关功能的最优化，工业品外观设计是科学、技术、艺术、经济融合的产物。[3]

---

[1] 朱焘．从包豪斯到乔布斯——工业设计发展史上的两座丰碑及我们的思考［J］．设计，2012（6）．

[2] 郑刚强，程好军．工业设计［M］．武汉：武汉理工大学出版社，2012.

[3] 胡充寒．外观设计专利侵权判定理论与实务［M］．北京：法律出版社，2010.

从这一概念出发，工业品外观设计具有两个基本特征：一是功能性。工业品外观设计不是产品表面的纯粹装饰，而是产品功能的外在表现。工业品需要达到的最终目的是使消费者获得性价比最优的产品，满足人们对于产品功能的需求。应当说，对于工业品外观设计而言，产品使用功能是核心，设计美感是附属，工业品外观设计的设计美感需要服务于产品的使用功能。这是工业品外观设计区别于实用艺术品等的关键所在。二是艺术性。工业品外观设计属于应用美学的范畴，其创新具有形状美、图案美和色彩美，符合时代审美观念，体现人、产品和环境的整体和谐。同时，工业品外观设计所体现的是大工业时代自动化生产下力学、材料学等成就的结构美。这是工业品外观设计区别于包括发明和实用新型在内的实用专利的关键所在。综上所述，工业品外观设计的基本特征体现在功能性和艺术性的结合，二者缺一不可。

三、外观设计的基本概念

对消费者而言，所需求的不仅仅是工业制品的良好机械功能，多数情况下决定商品是否被购买取决于该制品的外观设计，在此意义上，可以说，产品外观设计具有增大需求的功能。[1] 由于外观设计存在于产品表面，容易被模仿，如果对模仿行为置之不理，则可能会损害设计者热情，不利于鼓励创新，因此，外观设计权是广义知识产权的构成内容。一般而言，知识产权是人们对自己的智力活动创造的成果和经济管理活动中的标记、信誉依法享有的权利。[2] 广义的知识产权包括著作权、邻接权、商号权、商业秘密权、专利权、集成电路布图设计权、专利权等。

外观设计的法律概念，不同国家和地区有不同的界定，具体如下。

---

[1] 加藤恒久. 意匠法要说. 第 22－23 页，转引自田村善之. 田村善之论知识产权［M］. 李扬，等，译. 北京：中国人民大学出版社，2013.

[2] 吴汉东，刘剑文，等. 知识产权法［M］. 北京：北京大学出版社，2002.

（一）国际条约对外观设计的界定

1883 年签订的《保护工业产权巴黎公约》（以下简称《巴黎公约》）是世界上第一个工业产权国际公约。《巴黎公约》没有对外观设计给出一个明确的定义，但是《巴黎公约》第 1 条明确规定，“工业产权的保护对象是专利、实用新型、工业外观设计、商标、服务商标、商号、产地标记或原产地名称以及制止不正当竞争。”可见，《巴黎公约》将工业外观设计作为与专利、实用新型、商标、服务商标、商号、产地标记或原产地名称等并列的独立工业产权类别予以保护。《巴黎公约》作为一项最低要求，规定各成员国都必须对工业品外观设计给予保护。当然，《巴黎公约》并没有具体要求采用什么样的法律去保护。例如某国采用版权法而不采用工业产权领域的专门法或专制法去保护，仍符合《巴黎公约》要求。

1967 年签订的《成立世界知识产权组织公约》将知识产权的范围界定为以下类别：关于文学、艺术和作品的权利（著作权），关于人类一切领域的发明的权利（专利权及科技奖励意义上的发明权），关于科学发现的权利（发现权），关于工业品外观设计的权利（外观设计专利权或者外观设计权），关于商标、服务标志、厂商名称和标记的权利（商标商号权），关于制止不正当竞争的权利（反不正当竞争权）以及其他一切在工业、科学、文学或者艺术领域基于智力活动产生的其他权利。

1994 年签订的《与贸易有关的知识产权协议》（*Agreement on Trade－related Aspects of Intellectual Property Right*，*TRIPS*）仍然将工业品外观设计作为一种独立的知识产权保护对象。《与贸易有关的知识产权协议》划定的知识产权范围包括，著作权及其相关权利（邻接权）、商标权、地理标记权、工业品外观设计权、专利权、集成电路布图设计权、未公开信息专有权（商业秘密权）。[1]

1925 年签订的《工业品外观设计国际注册海牙协定》（*The*

[1] 吴汉东，刘剑文，等. 知识产权法［M］. 北京：北京大学出版社，2002.

Hague Agreement concerning the International Deposit of Industrial Designs，以下简称《海牙协定》）是一个专门用于简化国际上外观设计专利申请的程序性机制。1997 年 7 月 2 日，《海牙协定》新文本在日内瓦通过。《海牙协定》日内瓦文本明确要求，本文本的规定不得影响对缔约方法律可能给予的任何更宽的保护的适用，亦不得以任何方式影响国际版权条约和公约给予艺术作品和实用艺术作品的保护，或依《建立世界贸易组织公约》附件《与贸易有关的知识产权协定》给予工业品外观设计的保护。

世界知识产权组织（*World Intellectual Property Organization*，*WIPO*）的《知识产权法教程》明确指出："工业品外观设计属于美学领域，但是同时又是作为工业或手工业制造品的式样。一般来说，工业品外观设计具有装饰性或者美学的外表。装饰性或者美学的外表可以由物品的形状和/或图案和/或色彩组成，装饰的或者美学的外表必须对视觉具有吸引力。"这一表述精准地阐明了外观设计制度的保护客体和立法主旨，外观设计制度的立法主旨在于保护工业产品的美观外表，制止未经权利人许可的复制或者仿制期产品外观的行为。

《发展中国家工业品外观设计示范法》第 2 条给出了"工业品外观设计"的基本定义，"任何线条或者颜色的组合或者任何与线条或者颜色有关的立体形式，只要能给一个工业品或者工艺品一个特殊的外观并可作为一个工业品或者工艺品的样式，均被认为是一个工业品外观设计"，并且，《发展中国家工业品外观设计示范法》规定，"完全是为了获得技术效果的设计，不能得到外观设计保护"。[1]

（二）主要国家或地区对外观设计的界定

（1）美国对外观设计的界定。美国将外观设计称为"Design Patent"，《美国专利法》第 16 章外观设计部分共有 3 条，即第 171 条"外观设计"、第 172 条"外观设计优先权"和第 173 条"外观

[1] 刘秀臣．外观设计知识产权保护的立法模式［J］．广西社会科学，2001（2）．

设计专利保护期”。《美国专利法》第171条规定：“就产品而发明的任何新的、原创性的和装饰性的外观设计，其发明者可以依据本法的规定和要求获得专利。本法与发明专利有关的规定，适用于外观设计专利，除非另有规定。”因此，专利申请人可以针对新的、原创性的、装饰性的产品外观设计获得专利，外观设计专利与实用专利相比，在专利权项、维持费、优先权和专利申请的公开等制度方面存在较大差别。外观设计可以包括表面装饰、配置或者二者的结合。❶ 为了具有装饰性，一项外观设计必须具有令人感到美感的外观并且该外观不能仅仅由于功能因素决定。❷

（2）英国对外观设计的界定。根据《英国注册外观设计法》的规定，英国将外观设计定义为，由产品的特征，尤其是产品的线条、轮廓、颜色、形状、质地或者纹理构成的产品的整体或者一部分的外观或其装饰。注册外观设计主要保护产品中能够引起消费者视觉美感的设计部分。2001年注册外观设计法修改后，外观设计适用于产品本身、产品的一部分或者产品的装饰，产品可以包括外观（型式以及包装）、图像标志（包括计算机图像）以及印刷版面，但不包括计算机程序。❸

（3）德国对外观设计的界定。德国将“外观设计”称为Geschmacksmuster（式样及模型）。《德国外观设计专利法》没有给出“外观设计”的定义，但是德国专利局在申请人须知中对外观设计作出了描述，亦即“外观设计保护的对象是两维或者三维工业品的造型或者色彩，这些造型或者色彩通过视觉传递能引起人的美感

---

❶ *Arner v. Sharper Image Corp.*, 39 USPQ 2d 1282, 1291 (C. D. Calif. 1995).

❷ *Bonito Boats Inc. v. Thunder Craft Boats Inc.*, 489 U. S. 141, 148 (1989) (“To qualify for protection, a design must present an aesthetically pleasing appearance that is not dictated by fuction alone, and must satisfy the other criteria of patentability”).

❸ William Cornish, David Llewelyn, Tanya Aplin. Intellectual Property: Patents, Copyright, Trademarks and Allied Rights (7th Revised edition) [M]. Sweet & Maxwell, 2010.

并应具备再现性。”[1] 2004 年，《德国外观设计改革法》规定，“在本法意义上，第一，外观设计是指一个完整的产品或其一部分在两维或者三维呈现的外观形式，该外观形式特别是通过产品本身或其装饰件的线条、工业品或者手工产品，轮廓、色彩、构造、表面结构或者材料的特征表现的；第二，产品包括任何包装、装潢、图表、印刷字样以及装配到一个复杂产品上的零部件。计算机程序不视为产品。”[2]

（4）法国对外观设计的界定。法国版权法规定，一切工业品外观设计（包括已经受到工业产权法保护的外观设计）均受版权保护。[3] 在法国，外观设计是指所有新设计、新造型、新工业品，它们或者因为产生了具有新特点的、清晰可辨的形状，或者因为产生了合适而新颖的外形的一个或者多个表面特点而区别于同类物。[4]

（5）日本对外观设计的界定。日本将“外观设计”称为“意匠”。《日本意匠法》第 2 条对外观设计给出定义，“由物品（包括物品的部分）的形状、图案、色彩或者其结合构成的，能够引起视觉上美感的设计。”

（6）我国台湾地区对外观设计的界定。我国台湾地区将外观设计称为“新式样”，根据其“新式样专利法”第 106 条的规定，称新式样者，谓对物品之形状、花纹、色彩或其结合之创造。

（7）巴西和澳大利亚对外观设计的界定。《巴西工业产权法》第 6 条规定，凡是新颖并且能在工业上应用的发明、实用新型或工业品外观设计都可以取得专利。《巴西工业产权法》第 11 条规定，工业品外观设计是指在工业或商业上，可以依手工、机械或化学方

---

[1] 刘世荇，赵嘉祥．在德国如何取得外观设计登记［C］//中国专利局专利法研究所．专利法研究（1992）．北京：专利文献出版社，1992．

[2] 谢小勇．浅析德国外观设计保护制度［J］．知识产权，1999（1）．另参见：知识产权法（英汉对照）［M］．徐亮，译．武汉：武汉大学出版社，2003：275．

[3] 郑成思．“权利冲突”与外观设计保护［N］．中国知识产权报，2004－07－24．

[4] 王太平．工业品外观设计的法律保护模式［J］．科技与法律，2002（3）：28－35．

法（单独或联合使用），应用于产品装饰的线条或彩色的新的安排或组合。澳大利亚则认为，工业品外观设计是指应用于一件物品的形状、外形、图案或者装饰性特征，它旨在完成的物品中能用眼睛来判断的东西，而不包括构造的方法或者原则。[1]

四、本节小结

综上所述，比较主要国家和地区对"外观设计"的定义，可以看出，虽然外观设计的客体范围制度各异，但是构成要素基本相同，均为形状、图案和色彩。外观设计最为根本的属性就是由形状、图案和色彩所综合形成的视觉印象。虽然和发明、实用新型相比同属智力活动创造的成果，但是发明和实用新型追求的是技术上的改进和功能上的完善，外观设计追求的是耳目一新的视觉印象。外观设计制度与发明制度、实用新型制度在价值定位方面存在根本不同。

第二节　国际外观设计法律保护制度的历史沿革

外观设计法律保护制度的历史可以追溯到 14 世纪比利时的弗兰德斯和意大利的佛罗伦萨。一般认为，现代外观设计制度起源于法国。[2] 1711 年，为了保护当地丝绸产品的图案和色彩，法国里昂政府颁布了有关保护丝绸图案、色彩等外观设计的规定。1787 年，英国颁布《英国亚麻、棉布、印花布和帆布印刷和设计法》，对新颖或者独创的亚麻、棉布、印花布和平纹细布式样给予为期 2 个月的保护，而后延长到 3 个月。[3] 可以说，无论是英国还是法国，工业品外观设计的保护均是从纺织工业中开始对工业品外观设计进行

[1] 吴拓. 新专利法基础教程［M］. 广州：中山大学出版社，2004：42－43.

[2] 蒂娜·哈特，琳达·法赞尼. 知识产权法［M］. 北京：法律出版社，2003：204.

[3] 布拉德·谢尔曼，莱昂内尔·本特利. 现代知识产权法的演进［M］. 金海军，译. 北京：北京大学出版社，2006：74.

保护，而后扩展到其他工业领域的。[1] 在法国和英国的影响下，美国于 1842 年、澳大利亚于 1851 年、德国于 1876 年、西班牙于 1884 年、日本于 1888 年分别颁布外观设计法。1883 年《巴黎公约》推动各国立法将外观设计列为保护对象。1925 年《海牙协定》促进外观设计的国际合作和保护。目前，包括我国在内的 100 多个国家和地区建立了外观设计保护制度。

一、法国外观设计法律制度发展历史

法国工业品外观设计法律制度历史悠久，是世界上最早建立现代外观设计制度的国家。1711 年，为了保护当地丝绸产品的图案和色彩，法国里昂政府颁布了有关保护丝绸图案、色彩等外观设计的规定。1787 年，法国将里昂地区的上述外观设计保护条例上升为全国范围内的外观设计保护法令。但是，由于工业革命的兴起，该法令被废止。

1806 年，保护工业品外观设计的法令再次被提出，正式颁布工业品外观设计法令。1806 年 3 月 18 日，法国在里昂建立了一个特别委员会，对工业品外观设计加以保存并调停与工业品外观设计有关的制造商之间的纠纷。该特别委员会最初是为里昂的工业特别是那些丝绸制造工业安排，保存体系和特别委员会的调停后来扩展到了其他城市，通过司法解释，又扩展到工业活动的所有领域的二维和三维外观设计。1909 年，法国制定颁布《法国外观设计法》。1925 年、1979 年，法国对《法国外观设计法》进行修正。1992 年，法国将 23 个知识产权领域的单行立法汇编整理形成统一的《法国知识产权法典》，外观设计的相关法律制度被规定在《法国知识产权法典》第 2 部分“工业产权”中的第 5 卷，共分为两编 5 章 21 条，对外观设计的客体、申请手续、权利内容、保护期限和

---

[1] World Intellectual Property Office. Intellectual Property Reading Material [EB/OL]. [2014 - 08 - 01]. http://www.wipo.int/about - ip/en/index.html.

纠纷解决作出了明确的规定。

二、英国外观设计法律制度发展历史

英国的外观设计保护制度是由其版权法和外观设计法的发展演变而成。[1] 英国的工业革命首先发端于棉纺织领域。1787 年，英国颁布《英国亚麻、棉布、印花布和帆布印刷和设计法》，该法对“那些发明、设计和印刷，或者导致发明、设计和印刷并成为任何新的和原创的印刷亚麻、棉布、印花布和帆布的图形图案的任何所有人”给予为期 2 个月的保护，而后延长到 3 个月。[2]

1839 年，为了鼓励外观设计创新，英国制定了《英国外观设计著作权法》和《英国外观设计登记法》。其中，《英国外观设计著作权法》将《英国亚麻、棉布、印花布和帆布印刷和设计法》的保护范围进一步扩大，扩展至包括动物织品，其规定相关权利伴随着外观设计的公开而自动产生。《英国外观设计登记法》则将保护范围从织物扩展到所有制造品，并且将保护对象从款式和印花扩展到任何制造品的外形和结构，并根据采用该外观设计的产品属性规定了从 3 个月到 12 个月不等的保护期。1842 年、1843 年，颁布《英国装饰性外观设计法》和《英国实用外观设计法》，废止和取代了《英国外观设计著作权法》和《英国外观设计登记法》，并将外观设计区分为装饰性外观设计和功能性外观设计。

英国逐步区分了艺术作品和实用艺术作品，避免版权法和外观设计法的双重保护。1949 年，英国制定《英国注册外观设计法》，为外观设计提供注册保护。1956 年，《英国版权法》排除了对外观设计著作权和注册外观设计的双重保护。1968 年，《英国外观设计版权法》进一步划定工业产权和版权之间的界限。1988 年，出台

---

[1] 胡充寒. 外观设计专利侵权判定理论与实务研究［M］. 北京：法律出版社，2010：7.

[2] 布拉德·谢尔曼，莱昂内尔·本特利. 现代知识产权法的演进［M］. 金海军，译. 北京：北京大学出版社，2006：74.

《英国版权、外观设计和专利法》。可以说，英国工业品外观设计既受到版权法保护，也可以受到外观设计法保护，凡是享有版权的外观设计，在付诸工业应用之后，版权保护自动丧失。

三、美国外观设计法律制度发展历史

1841 年，美国专利委员会指出，专利保护应当扩展到“新的和原创的产品外观设计”从而填充机械工艺中著作权保护和专利权保护之间的鸿沟。1842 年，美国议会通过了外观设计专利法，[1] 将保护客体界定在“任何新的和原创的产品外观设计”。该法令对外观设计提供 7 年保护期（发明专利保护期为 14 年），并且将专利申请费用规定为发明专利申请费用的一半。1861 年，外观设计专利法得以修改，允许申请人在 3.5 年、7 年和 14 年保护期中加以选择，保护期越长申请费用越高。[2] 外观设计专利法稍作修改后并入 1870 年统一专利法中，并作为 1874 年修改后专利法的组成部分。

美国联邦最高法院对外观设计专利制度的适用体现在三个重大判例方面：*Gorham* 案[3]、*Lehnbeuter* 案[4]和 *Smith* 案[5]。

Gorham 案涉及一种勺子和叉子的柄部（如图 1－2 所示），主要争议焦点在于是否构成专利侵权。美国联邦最高法院强调了外观的重要性，其指出，“议会给外观设计授予专利权主要是为了激励装饰艺术方面的创新，……被授予专利权加以保护的创新在于，给予产品特有的、独特的外观。专利法的主旨在于给产品增加某些新的和原创的外观可以提升产品的销售价值，可以增强对该产品的需求，可以为公众提供更好的服务……外观可以是配置、装饰或者二者结合所致，但是无论以哪种方式制造，它应当是新的产品……我们不

---

[1] Act of August 29, 1842. ch. 263. § 2. 5 Stat. 543.

[2] Act of March 2, 1861. ch. 88. § 11. 12 Stat. 246.

[3] *Gorham Mfg. Co. v. White*, 81 U. S. (14 Wall.) 511 (1872).

[4] *Lehnbeuter v. Arnold Holthaus*, 105 U. S. 94 (1882).

[5] *Smith v. Whitman*, 148 U. S. 674 (1893).

认为，确定两个外观设计是否构成实质相同，关键是看作为结果的现实效果。”该案件将外观设计相近似性确定为外观设计侵权判定的基本标准，并将外观设计侵权判定的主体界定为“普通观察者”，而非专家。美国联邦最高法院进一步指出，“采用专家眼光的测试会破坏专利法预期的专利保护……我们认为，以普通观察者的眼光，考虑到购买者通常的注意程度，两个设计是实质相同的，如果这种类似程度使得普通消费者在购买过程中发生混淆，那么构成专利侵权。”

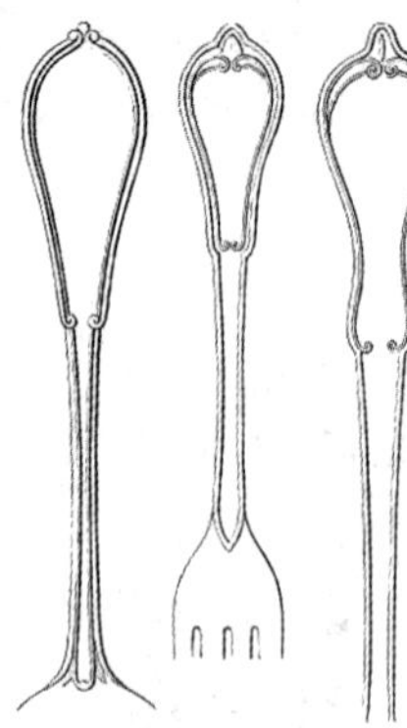

图1－2　*Gorham* 案涉案外观设计

Lehnbeuter 案涉及橱窗的外观设计，法院认定该专利有效并且侵权成立。在本案件中，法院提出外观设计应当具有“实用性”。“无论该外观设计相对于现有设计多么精美和漂亮，这不是决定性因素。如果该外观设计具有新颖性和实用性，那么符合外观设计的授权标准……曾经被被告侵犯的专利权本身就是其具有实用性的充分证明。”

在 *Smith* 案中，法院认定涉案的马鞍外观设计无效，或者如果狭义解释使得该外观设计有效，那么侵权不成立。“所产生的形状必须是工业生产的结果，并且必须是用于产品的、新的和原创的设计……如果从现有形式中作出的选择超越了单纯的模仿，那么该结果就是一个新的创造，该设计就可以被授予专利权。”可见，*Smith*

案将新的、实用的和原创的确立为授予外观设计专利权的三个基本要求。

1902 年，美国修改外观设计法，将外观设计的授权客体定义为“产品的任何新的、原创的和装饰性的设计”，[1] 改变了 *Lehnbeuter* 案和 *Smith* 案将“有用性”作为授权条件之一的观点，坚持了 *Gorham* 案强调外观的重要要求。1952 年，《美国专利法》修改，将外观设计法的内容纳入专利法，对法律规则本身并未作出修改。1982 年专利费用法案放弃了根据外观设计专利保护期采用不同专利费用标准的做法，所有外观设计均给予 14 年保护。

四、德国外观设计法律制度发展历史

德国外观设计制度晚于英国和法国。1876 年，为了解决德国著作权法无法充分保护艺术家应用于工业产品上的作品不被复制的问题，起到对著作权法的补充作用，德国在借鉴法国、英国经验的基础上，颁布《德国图案及模型设计的版权法》（以下简称《德国外观设计法》），一直沿用到 2004 年。《德国外观设计法》严格区分纯艺术作品和工业设计的界限，不会出现著作权法和外观设计法重叠保护的问题。如果一个作品的作者允许其艺术作品在工业上应用，则其丧失了通过著作权保护的权利，只能通过外观设计制度加以保护。但是，1907 年，德国颁布关于绘画艺术和照片的著作权法，将著作权保护延伸到具有艺术性的工业品上，由此打破著作权法保护和工业设计法保护之间的严格界限。

1986 年 12 月 18 日，德国对《德国外观设计法》进行部分修改，对申请实行集中管理并对图片公开出版，设立新颖性宽限期制度，设置撤销程序，设置组合申请程序，明确对国外申请的规定等。1990 年 3 月 7 日，德国颁布关于加强知识产权保护并反对产品仿冒的法案，对外观设计增加了刑罚条款和民事诉讼禁令条款。根

[1] Act of May 9, 1902. ch. 783. 32 Stat. 193.

据欧洲议会和欧洲联盟理事会外观设计保护指令的要求，2004 年 3 月 12 日，德国制定了《德国外观设计改革法》，该法于 2004 年 6 月 1 日起生效。此次修改是德国历史上最大的一次修改，条款由 17 条增加到 67 条，在实体法和程序法上都做了诸多修改。

德国与美国一样，在提供著作权法和外观设计法保护时都力图区分技术和艺术，有条件地对外观设计给予保护。这一立法例在全世界影响很大，后来的很多国家和地区都对这一模式有所借鉴。[1]

五、欧盟外观设计法律制度发展历史

欧盟各成员国文化和哲学观念存在差异，使得对外观设计的定义和保护制度存在不同。[2] 如前所述，法国、德国等典型大陆法系国家强调将设计作为实用艺术作品给予版权保护，像英国等国家则否认工业品外观设计的版权保护，对工业品外观设计给予特别权保护。[3] 欧共体委员会认为，成员国没有对外观设计给予充分保护，只是保护了外观设计的装饰内容，而没有保护外观设计中的主要部分，即通过设计加强的功能；另外，成员国对外观设计的保护是分散的，不利于形成统一市场。[4] 正是在这一背景下，1991 年，欧共体委员会颁布《关于工业设计法律保护的绿皮书》，提出制定欧共体外观设计法规。

1998 年 10 月 13 日，欧盟通过了《欧洲议会及理事会颁布的关于外观设计法律保护的指令》(*European Parliament and of the Council of* 13 *October* 1998 *on the legal protection of designs*，以下简称《关于外观设计法律保护的指令》)。该指令于 2001 年 10 月 28 日正式生效，但是一些国家的实施时间晚于生效日。《关于外观设计法律

---

[1] 胡充寒. 外观设计专利侵权判定理论与实务 [M]. 北京：法律出版社，2010：13.

[2] Franzpsi. The Legal Protection of Industrial Design [J]. [1990] 5 E. I. P. R. 155.

[3] Guy Tritton, etc.. Intellectual Property in Europe (Third Edition) [M]. Sweet & Maxwell, 2008: 552.

[4] 李明德，黄晖，闫文军. 欧盟知识产权法 [M]. 北京：法律出版社，2010：397.

保护的指令》要求各成员国保护注册外观设计，并明确规定了外观设计保护的范围、条件、期限和权利范围等，对外观设计注册、续展、无效和侵权救济等没有规定，交由各国内法规定。它只是协调了注册外观设计的相关法律制度，对欧共体和各成员国的未注册外观设计、商标、字体、民事责任以及反不正当竞争法等都不产生影响。[1]

2001年12月12日，欧盟理事会通过了《欧盟理事会共同体外观设计保护条例》。该条例于2002年3月6日正式生效。《欧盟理事会共同体外观设计保护条例》规定了两类外观设计：注册制共同体外观设计（Registered Community - wide Design，RCD）和未注册制共同体外观设计（Unregistered Community - wide Design，UCD），注册制共同体外观设计是一种在共同体范围内有效的单一权利，注册条件和侵权认定与《关于外观设计法律保护的指令》相同；未注册制共同体外观设计针对生命周期非常短的产品外观设计，采取不登记即可保护的形式，给予自该外观设计第一次在共同体范围内提供给公众之日起3年的保护。

可见，欧盟外观设计保护体系包括国家注册的外观设计保护、国际注册的外观设计保护（基于《海牙协定》）以及欧共体外观设计保护，其中欧共体外观设计保护包括未注册制共同体外观设计保护和注册制共同体外观设计保护，二者在获得权利的方式、权利效力和保护期限等方面存在差异。就权利效力而言，注册制共同体外观设计实现了一次申请获得共同体范围内具有统一效力的权利，是一种在共同体范围内有效的单一权利，与共同体商标类似。[2] 注册制共同体外观设计赋予权利人排他使用及阻止任何第三人未经许可使用该外观设计的权利，所述“使用”包括制造、许诺销售、销售、进口、出口或者使用具有该外观设计的产品或者为了上述目的

[1] 《关于外观设计法律保护的指令》第16条。

[2] 李明德，黄晖，闫文军．欧盟知识产权法［M］．北京：法律出版社，2010：401.

储存具有该外观设计的产品。未注册制共同体外观设计只给予禁止复制的保护，亦即权利人有权阻止对被保护外观设计产品的抄袭，独立创作的外观设计不侵犯未注册制共同体外观设计的相关权利。就保护期限而言，注册制共同体外观设计获得授权后可以得到从申请日起 5 年的第一次保护期限，在每次到期前可以通过申请并交纳续展费的方式再获得 5 年保护期，总保护期最长为自申请日起 25 年，未注册制共同体外观设计保护期为自该外观设计第一次在共同体范围内提供给公众之日起 3 年。

2011～2013 年，欧共体注册外观设计的整体情况如图 1－3 所示，2011 年，欧共体注册外观设计总量达到 87819 件，其中包括直接申请的外观设计 78978 件和国际申请的外观设计 8841 件；2012 年，欧共体注册外观设计总量达到 92292 件，其中包括直接申请的外观设计 83129 件和国际申请的外观设计 9163 件；2013 年，欧共体注册外观设计总量达到 96588 件，其中包括直接申请的外观设计 86734 件和国际申请的外观设计 9854 件；2011～2013 年，国际申请比例超过 10%。2013 年，欧共体注册外观设计 10 年以上的续展达到 11972 件，与 2003 年注册外观设计申请量 40500 件相比，10 年续展率接近 30%。就欧共体注册外观设计申请人的国别来看，德国、意大利、法国、美国、英国和西班牙排名最为靠前。就欧共体注册外观设计申请类别分析而言，欧共体注册外观设计数量最高的类别分别为 06 类（家具）、02 类（服装和服饰用品）、14 类（录音、通信或信息再现设备）、09 类（用于商品运输或装卸的包装和容器）、23 类（液体分配设备，卫生、供暖、通风和空调设备，固体燃料）。[1]

[1] 我国与之不同，我国外观设计专利申请数量最为集中的类别是 05 类（纺织品、人造或天然材料片材）、09 类（用于商品运输或装卸的包装和容器）、06 类（家具）、02 类（服装和服饰用品）、14 类（录音、通信或信息再现设备）。

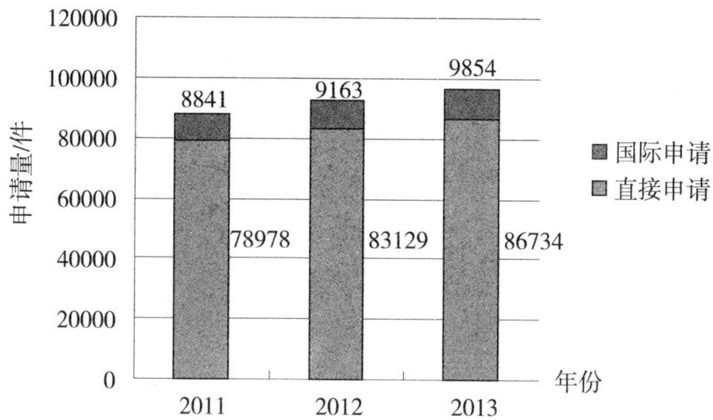

图 1-3　2011~2013 年外观设计申请情况

欧盟内部市场协调局（Office for Harmonization in the Internal Market，OHIM）同时承担外观设计和商标的申请、审查、公布、复审和无效宣告请求等，其注册生效的权利在欧盟范围内有效。2003 年 4 月 1 日，欧盟内部市场协调局开始接受外观设计申请。欧盟内部市场协调局在主席下设审查业务部门（包括 3 个商标审查处、1 个外观设计审查处和质量管理处）、审查支持部门（包括受理处、登记及费用管理处、客户服务处）、国际合作及法律事务部门（包括合作项目处、机构联系处、诉讼处、法律实践处）、资源部门（人力资源处、经费管理处等）以及基础设施部门（包括基建处、基础维修处等）。审查业务部门的外观设计审查处负责外观设计注册、无效和国际申请的审查。另外，欧盟内部市场协调局单设上诉委员会，负责外观设计的相关行政复议、复审以及无效宣告请求的审查。对上诉委员会的决定，当事人不服的可以起诉到第一审法院，对第一审法院判决不服的可以上诉到欧盟法院。《欧盟理事会共同体外观设计保护条例》建议设立欧共体外观设计法院，负责审理外观设计侵权诉讼、确认不侵权诉讼、未注册制共同体外观设计无效等案件，外观设计法院由各成员国制定，并将其名称和管辖地域通知欧盟委员会。欧盟内部市场协调局推行“Fast Track”

申请制度，以电子申请方式申请，通过 EuroLocarno 分类工具中的检索功能确定产品名称，98% 的注册制共同体外观设计申请可以在 10 天内完成注册。

六、日本外观设计法律制度发展历史

1888 年，日本出台《日本意匠条例》以及配套法规《日本意匠法实施条例》，开始实行发明专利、实用新型和外观设计分别单独立法的模式。当时的背景是，日本工艺美术品出口量急剧增加，工艺品出口已经成为日本政府获得外汇的重要手段，但是随之而来的大量低劣仿制品给市场造成混乱，[1] 明治 18 年（1885 年）的农商报告“工艺沿革”中专门指出：“仅顾一时之利，因产品稀缺而（大量）生产；这种新产品终将被摒弃，无人问津。若对此情势放任自流，工艺产业恐有竟灭之虞。”[2] 可见，当时“以粗制滥造产品的生产妨碍精良产品的制造”“某地的特产被各地仿造”以及“同业者恶性竞争导致价格下降”三个问题已经非常突出，在这一背景下，《日本意匠条例》得以出台。1899 年，日本在《日本意匠条例》基础上制定旧《日本意匠法》，对外观设计保护客体、申请要求以及审查程序作出明确规定。《日本意匠法》采取审查注册制，将获得注册的外观设计称为“注册意匠”，申请人由此获得“意匠权”。1909 年，日本修改《日本意匠法》，建立外观设计专利无效宣告请求审查制度和保密外观设计制度。1921 年，日本将外观设计保护客体进一步明确为与产品不可分离的形状等。

1959 年，日本全面修改调整知识产权制度，制定出台新《日本意匠法》，增加了立法目的条款，将新颖性从相对新颖性（本国公知的范围）扩展到绝对新颖性（世界公知的范围），在授权条件中引入创作非容易性，保护期从 10 年延长到 15 年，增加了类似外

---

[1] 日本特许厅意匠课. 意匠制度 120 年の步み [M]. 4-5.

[2] 农商务省报告. 工艺沿革 [N]. 官报，1885-02-17.

观设计禁止使用的规定，引入组合外观设计制度等。[1] 新《日本意匠法》是日本外观设计制度的核心，沿用至今。

日本外观设计制度具有如下特点：首先，日本外观设计制度独立于专利制度之外，单独立法；其次，日本外观设计制度采取实质审查制度，对外观设计申请不仅进行形式审查，还需要判断其是否具有新颖性和创造性；再次，日本外观设计制度具有关联意匠制度，申请人可以在注册意匠公告日之前，再提交一个或者数个与基础意匠类似的意匠申请，将其设定为基础意匠的关联意匠；最后，日本外观设计制度具有部分意匠制度，不仅保护产品整体的外观设计，还保护产品部分的外观设计。

七、本节小结

自1711年法国里昂政府颁布了有关保护丝绸图案、色彩等外观设计的规定以来，法国、英国、美国、德国、欧盟、日本等国家和地区在外观设计制度设计上作出了很多尝试，也在外观设计制度与版权制度（著作权制度）、商标制度等相关法律制度之间的关系方面有诸多徘徊之处。首先，在立法例上具有外观设计单独立法模式和外观设计纳入专利法的立法模式两种。美国将外观设计制度纳入专利法中，并且外观设计的诸多规定参照发明专利构建；欧盟、日本则将外观设计单独立法，充分考虑外观设计相对于其他知识产权客体的特殊性。其次，各国在外观设计制度与版权制度等关系方面做法不一。英国尝试将装饰性外观设计和实用性外观设计加以区分，从而尽量为外观设计制度与其他知识产权法律制度划定界限，法国则是赋予设计方案外观设计权和著作权的双重保护，直至欧盟区分注册制共同体外观设计和未注册制共同体外观设计，分别采用不同的审查制度并确定不同的保护力度。归根结底，主要国家和地

---

[1] 纹谷畅男．日本外观设计法25讲［M］．魏启学，译．北京：专利文献出版社，1986：2-4.

区在外观设计制度立法例上做法繁多，这主要是由于外观设计兼具有艺术性和功能性两大特征造成的，外观设计制度中的诸多方面都与这一根本性特征具有直接关系。

第三节　我国外观设计法律保护制度的历史沿革

与其他国家的外观设计法律制度相比，我国外观设计法律制度的历史较短。我国外观设计法律制度历程可以划分为三个阶段：1949 年以前的外观设计法律制度、1949～1984 年的外观设计法律制度和 1984 年以来的外观设计法律制度。

一、1949 年以前的外观设计法律制度

中国近代专利制度萌芽于清朝末年的太平天国时期，将专利思想带入中国的是太平天国后期的领导人洪仁玕。1859 年，他在其为太平天国提出的施政纲领《资政新篇》中最早提出了要效仿西方国家，学习他们先进的科学技术，将实行专利制度作为发展工业、富强国家的一个必备条件的理念。同时，他提出，将“大专利”（发明创造）和“小专利”（实用新型）分开，并在保护期限和奖赏方面作了不同的规定，反映出中国处于萌芽状态中的专利立法思想。[1] 但是，洪仁玕所提出的专利立法思想并未充分考虑外观设计的情况。在此之后，洋务运动中的官督商办企业专利权主要针对工艺，对外观设计亦考虑不多。百日维新时期，我国颁布第一个有关专利的法规《振兴工艺给奖章程》，[2] 这是我国建立专利制度的初次尝试，但是随着慈禧太后发动政变和百日维新的终结，该章程也

---

[1] 徐海燕．中国近代专利制度萌芽的过程［J］．科学学研究，2010（9）：1294－1297.

[2] 徐海燕．中国近现代专利制度研究（1859～1949）［M］．北京：知识产权出版社，2010：12.

并未得以贯彻实施。❶ 需要说明的是，该章程也并未将外观设计纳入奖励范围。

直至国民政府时期，开始出现真正意义上的外观设计制度。1932 年 9 月，国民政府农商部颁布《奖励工业技术暂行条例》。1934 年，修订《奖励工业技术暂行条例》，增加了新式样（外观设计）和新型（实用新型）两种专利，对新式样给予 5 年专利保护期限，正式将“外观设计”作为专利的一种类型加以保护。1940 年 11 月，设立专利法筹议委员会草拟专利法，1944 年 5 月 29 日，国民政府主席和立法院院长联名颁布了专利法，该专利法规定了三种类型的专利：发明、实用新型专利和新式样专利（外观设计专利）。这是我国历史上第一部正式专利法律，也是第一部明确将工业品外观设计纳入专利保护的法律。需要说明的是，这部专利法当时并未真正实施。

二、1949 ~ 1984 年的外观设计法律制度

新中国成立后，我国先后颁布了《关于奖励有关生产的发明、技术改进及合理化建议的决定》《发明奖励条例》《科学技术进步奖励条例》等法律、法规和政策，但是均未涉及工业品外观设计的保护。1979 年 3 月，我国专利法起草小组正式成立。1979 年我国颁布的《中外合资经营企业法》第一次将“工业产权”作为一种无形财产权。我国与美国签订的中美贸易协定也承诺保护专利权。可以说，对外开放政策加速了我国专利立法的进程。1979 年 6 月，第一份专利法草案产生。❷

在 1979 年 6 月专利法第一稿中，法律保护的对象仅仅包括发明专利。当时，起草者认为，在国外，“专利”（Patent）一词通常仅指发明专利，实用新型和外观设计并不能称为专利。鉴于我国没

❶ 赵元果. 中国专利制度的孕育与诞生［M］. 北京：知识产权出版社，2003：6－7.

❷ 郑成思. 知识产权法［M］. 北京：法律出版社，2004：208－210.

有实行专利制度的经验，因此实行专利制度的初期仅仅保护发明专利权。对于实用新型和外观设计的保护，在发明专利法实施一段时间取得一定经验后再予以考虑。[1]

1979 年 7 月 20 日专利法第三稿中增加了实用新型和外观设计两种专利。经过深入讨论，基于两点原因，专利局决定同时保护发明、实用新型和外观设计三种专利。一是，外观设计是关于工业产品外表造型、图案和色彩的设计，不涉及产品内部的设计，一般无法与发明或者实用新型合并保护，所以全世界有 110 多个国家或地区保护外观设计；二是，由于当时一些单位已经开始创造新的设计，但缺乏保护，不得不采取封锁保密的措施，这严重阻碍了工业和外观设计工作发展。[2] 因此，专利法第三稿将实用新型和外观设计分别作为独立一章加以规定。在专利法第三稿中，将外观设计定义为“对产品的形状、图案、色彩或其结合作出富有美感而适于工业上应用的新设计”，[3] 将外观设计授权条件界定为“与申请前他人在刊物、文件上公开发表或在国内公开使用的外观设计不相同或不相近似”，[4] 将外观设计保护期限规定为 5 年，同时规定对外观设计不进行实质审查。

三、1984 年以来的外观设计法律制度

1984 年 3 月，我国第一部《专利法》（以下简称“1984 年制定的《专利法》”）颁布，将外观设计制度纳入专利制度体系中，外观设计专利申请人向中国专利局（以下简称“专利局”）提出

---

[1] 刘秀臣．外观设计知识产权保护的立法模式［J］．广西社会科学，2001（2）：5．

[2] 林笑跃，刘桂荣．外观设计专利 30 年历史回顾与展望［G］//田力普．历史的抉择 伟大的实践——国家知识产权局成立 30 周年纪念文集．北京：知识产权出版社，2010：549．

[3] 该外观设计的定义与 2001 年 6 月 15 日颁布实施的《专利法实施细则》第 2 条中关于“外观设计”的定义完全相同。

[4] 该外观设计授权条件与 1984 年 9 月颁布实施的《专利法》第 23 条的规定一致。

外观设计申请之后通过初步审查，可以获得最长8年的专有保护。

《专利法》第一次修改。1986年，《关税及贸易总协定》乌拉圭回合多边贸易谈判将知识产权问题纳入其中。1991年，包括我国在内的20个国家达成协议，签署《与贸易（包括假冒商品贸易）有关的知识产权协议（草案）》。在此背景下，1992年，我国第一次修改《专利法》（以下简称“1992年修改的《专利法》”）。在《专利法》第一次修改中，将外观设计专利权的保护期限从原来规定的5年可以续展3年延长到从申请日起算10年，并将外观设计授权前异议制度[1]修改为授权后撤销制度。[2]

《专利法》第二次修改。2000年8月，全国人大常委会通过专利法修改的决定（以下简称“2000年修改的《专利法》”），使我国专利制度符合TRIPS的要求。此次对外观设计制度的修改主要体现在四个方面，一是调整了外观设计的定义，色彩要与形状、图案结合才能获得外观设计专利权保护；二是取消了撤销程序并优化了专利无效宣告程序，规定自专利授权之日起任何单位和个人均可以提出无效宣告请求；三是取消了专利复审委员会对外观设计和实用新型的终局决定权，将专利复审委员会作出的所有决定纳入到司法审查范围之内；[3] 四是禁止外观设计专利权与他人在先的合法权利（包括商标权、著作权等）相冲突。[4]

《专利法》第三次修改。2008年，我国对《专利法》进行第三次修改（以下简称“2008年修改的《专利法》”），应对和解决外

---

[1] 自外观设计审定公告之日起3个月内可以提出异议。

[2] 自外观设计授权之日起6个月内可以请求撤销该外观设计专利权。

[3] 王红．中国外观设计专利保护制度的发展［G］//杨铁军．纪念改革开放30周年暨中国知识产权发展论坛论文集．北京：知识产权出版社，2009：495.

[4] 国家知识产权局条法司．专利法第二次修改导读［M］．北京：知识产权出版社，2000：50.

观设计授权标准较低产生的大量专利质量不高等问题。[1] 此次修改对外观设计制度修改调整较多，其中包括较为完整地调整外观设计专利制度。[2] 主要包括：首先，在专利保护客体制度中，将“对于平面印刷品的图案、色彩或者二者的结合作出的主要起标识作用的设计”排除在外观设计专利制度保护客体范围之外。这主要是考虑到，组合形成标示作用的外观设计（如瓶贴、平面包装袋等）申请数量过大，增加了外观设计专利权与商标权、知名商品包装和装潢相关权益之间交叉、重叠和冲突的可能性。其次，提高外观设计授权标准，增加“授予专利权的外观设计与现有设计或者现有设计特征的组合相比，应当具有明显区别”的规定，修改了外观设计与在先合法权利相冲突的内容，增加了外观设计抵触申请制度，将“现有设计”的范围扩展到“申请日以前在国内外为公众所知的设计”。还有，设立相似外观设计合案申请制度，明确“同一产品两项以上的相似外观设计”可以合案申请。另外，引入外观设计专利评价报告制度，专利权人或者利害关系人可以请求出具外观设计专利权评价报告，避免外观设计专利侵权程序中的权利滥用。最后，将外观设计专利权的范围予以扩大，从以前的禁止制造和销售扩展到“不得为生产经营目的的制造、许诺销售、销售、进口其外观设计专利产品”。

四、本节小结

回顾我国外观设计制度历史，可以得出：首先，我国专利制度建设起步较晚，尤其是外观设计专利制度。其次，我国并非天然地将外观设计制度纳入专利制度加以规定，在《专利法》制定之初我国即考虑过将外观设计单独立法，仅仅因为受到“宜粗不宜细”的

---

[1] 聚焦第三次《专利法》外观设计专利修改［EB/OL］.［2014－08－01］. http：//www.chinaipmagazine.com/journal－show.asp? id＝364.

[2] 尹新天. 中国专利法详解［M］. 北京：知识产权出版社，2011：6.

立法宗旨的影响和立法能力的限制，鉴于我国不能在短时间内制定一部外观设计保护单行法，同时为了日后加入《巴黎公约》的需要，立法者将目光转向专利法，在专利法中对外观设计进行保护。[1]换句话说，我国采取外观设计制度纳入专利法的立法模式，并非自觉的选择，而是自发的认识。最后，我国外观设计制度还在不断调整完善过程中，如何充分发挥外观设计制度鼓励设计创新、促进设计产业发展的作用，仍然是我们需要长期思考的重要法律问题和政策问题。

第四节　外观设计专利制度与相关法律制度的关系

在知识产权法律的保护对象中，外观设计是一个特殊的保护对象。就外观设计属于专利法所称的发明创造来说，可以受到专利法的保护；就外观设计是一种美学观念的表述来说，可以受到版权法的保护；而当外观设计在市场上获得了可识别性时，又可以作为商标受到商标法的保护，或者作为商品装潢受到反不正当竞争法的保护。正是基于这样的原因，《巴黎公约》和 TRIPS 虽然都规定各成员应当保护工业品外观设计，但又没有具体要求采用何种方式予以保护。同样，世界各国对于外观设计的保护也不尽一致。有的国家将之纳入专利法的保护，有的国家将之纳入版权法的保护，有的国家既给予专利法的保护又给予版权法的保护，还有的国家则根据外观设计保护所具有的特殊性，制定了专门的工业版权保护法。同时，由于知识产权的权利客体非物质性，外观设计专利权易于与其他知识产权发生竞合与冲突，尤其是与实用艺术作品的著作权、商业外观的商标权和基于反不正当竞争法保护的合法权益等。《著作权法（修订草案送审稿）》明确了对“实用艺术作品”的著作权保护，并规定其财产权的保护期为发表之日起 25 年。作为知识产权

[1] 刘秀臣. 外观设计知识产权保护的立法模式［J］. 广西社会科学，2001（2）：5.

的客体，“实用艺术作品”和“外观设计”事实上具有很大的重合性，例如，《保护文学和艺术作品伯尔尼公约》（以下简称《伯尔尼公约》）第2条第7款就将“实用艺术作品与工业品平面和立体设计”两者相提并论。❶ 另外，商业外观等的法律制度保护也使得外观设计专利权的客体范围与商标权、反不正当竞争法所保护权益的客体范围发生交叉重叠。同时，外观设计专利权与其他相关知识产权之间亦存在一定差别，需要在权利客体方面有所区分。学术界对于外观设计专利权的权利扩张也有所讨论。❷ 借鉴美国、英国、德国和法国的法律经验，除法国给予完全重叠的保护之外，其他国家均在外观设计专利权的权利客体方面与其他知识产权加以区分。立足外观设计专利权与其他知识产权关系的法理分析和政策分析，提出完善我国外观设计客体审查是解决上述问题的关键所在。通过概括式和列举式两种方式，给出完善我国外观设计客体审查的建议，提出画作、书法、装饰艺术品等纯属著作权法保护的产品外观设计和标识、包装标贴、包装盒、包装袋、店面装饰装潢等纯属商标法和反不正当竞争法保护的产品外观设计，不应当属于外观设计专利制度的保护客体，同时提出可以获得外观设计专利权或者其他知识产权保护的设计范围。

一、外观设计专利权与其他知识产权竞合与冲突的缘起

外观设计专利权与其他知识产权竞合与冲突，其根源在于知识产权的权利客体非物质性。❸ 知识产权客体是相对独立于传统意义

---

❶ 《伯尔尼公约》第2条第7款规定：“……本同盟各成员国得通过国内立法规定其法律在何种程度上适用于实用艺术作品以及工业品平面和立体设计，以及此种作品和平面与立体设计受保护的条件……”

❷ 朱楠. 外观设计权的扩张——以美国和欧盟时尚设计知识产权保护变化为例[J]. 科技与法律，2013（2）：1-6.

❸ “权利客体的非物质性是知识产权区别于财产所有权的本质特性”，参见吴汉东. 知识产权法学［M］. 4版. 北京：北京大学出版社，2009：6-7.

的“物”的另类客体，不具有有形的物质形态，不占用一定的空间。知识产权的权利客体非物质性作为知识产权最重要的特点，决定了权利人很难通过占有的方式来保护自己的权利，从而为知识产权保护带来了一定的困难。[1] 知识产品一旦传播，极可能为第三人通过非法途径所占有。也因为知识产权的权利客体非物质性，使得这种标的所有人之外的使用人，因不慎而侵权的可能性大大高于有形财产的使用人，[2] 权利的重叠与冲突在所难免（如图 1－4 所示）。

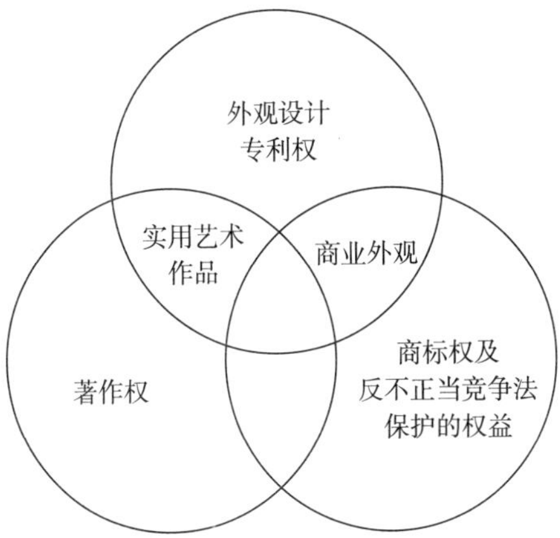

图 1－4　著作权、外观设计专利权与商标权及反不正当竞争法保护权益的竞合与冲突

（一）实用艺术作品与外观设计

由于外观设计专利保护的是产品外观设计方案，用于产生视觉感受方面的效果，因此外观设计的保护客体实际上与著作权法意义上的“作品”十分接近。[3] 尤其是，实用艺术作品的本质属性决定了易于出现著作权和外观设计专利权之间的竞合与冲突。

---

[1] 张广良. 知识产权侵权民事救济［M］. 北京：法律出版社，2003：10－11.

[2] 郑成思. 知识产权［M］. 3 版. 北京：法律出版社，2007：46－47.

[3] 尹新天. 中国专利法详解［M］. 北京：知识产权出版社，2011：24.

（1）实用艺术作品的本质属性。世界知识产权组织《保护文学和艺术作品伯尔尼公约指南》对实用艺术作品定义为："公约使用这个综合词（实用艺术作品）来泛指小装饰物品、珠宝饰物、金银器具、家具、墙纸、装饰物、服装等制作者的艺术贡献。"此定义确立了实用艺术作品的使用范围。世界知识产权组织编写的《著作权与邻接权法律术语汇编》对实用艺术作品的定义为具有实际用途的艺术作品，无论这件作品是手工艺品还是工业制品。从此定义可以看出，只有同时具备实用性和艺术性两方面特征的作品，才构成实用艺术作品，实用性和艺术性是实用艺术作品的两个最基本特征。我国有学者把实用艺术作品定义为，同时具有实用性和艺术性特征并具有独创性能够被有形复制的造型艺术作品，[1] 这一理解是非常有道理的。我国外观设计的保护客体。根据我国《专利法》第2条第4款的规定，外观设计专利权保护的是产品的形状、图案或者其结合以及色彩与形状、图案的结合所作出的富有美感并适于工业应用的新设计。可以说，我国外观设计重点保护的是富有美感并适于工业应用的新设计，"富有美感"对于艺术性提出一些要求，"适于工业应用"对于"实用性"提出了一些要求，"新设计"对于外观设计的新颖性和创造性提出了一些要求。

（2）著作权易于和外观设计专利权发生竞合与冲突的情形。基于上述原因，当著作权与外观设计专利权归于同一民事主体时，著作权与外观设计专利权产生竞合，此时一定是著作权在先，外观设计专利权在后，这也是由著作权可以不经审批或登记即可取得的方式所决定的；当著作权与外观设计专利权归于不同民事主体时，著作权与外观设计专利权产生冲突，主要包括外观设计内容全部或主要部分都是他人享有著作权的内容、外观设计内容只有少部分是他人享有著作权的内容、外观设计内容和他人享有著作权的内容相近

[1] 冉崇高，赵克．著作权与外观设计专利权的竞合与冲突——以实用艺术作品的保护为视角［J］．人民司法，2011（21）：90－92.

似三种情形。[1] 当著作权与外观设计专利权归于同一民事主体时，易于使得权利人通过分别以侵犯著作权和侵犯专利权为诉由的方式不当获益；当著作权与外观设计专利权归于不同民事主体时，尤其是外观设计内容全部或主要部分都是他人享有著作权的内容的情况下，两种不同权利的行使过程中通常会产生冲突。同时，当某一知识产权保护期限届满时，面临着其他知识产权仍然存在的情况。例如，外观设计专利权保护期限届满，权利人可能仍然享有著作权或者商标权，这与外观设计专利制度以公开换取一定时间的垄断的立法主旨相违背，阻碍了设计方案进入公有领域。

（二）商业外观与外观设计

商业外观的本质属性决定了易于出现商标权以及反不正当竞争法保护的合法权益和外观设计专利权之间的竞合与冲突。

（1）商业外观的本质属性。我国法律条文中并未出现过“商业外观”，该术语起源自美国商标法判例中所述的 Trade Dress。例如，美国联邦法院指出，商业外观是商品的整体形象或者整个外观，它“包括商品的整体形象，可以包括诸如尺寸、形状、颜色或颜色组合、质地、图画，甚至特定的销售技艺等特征”。[2] 1946 年《美国兰哈姆法》颁布时，并未规定任何有关商业外观的内容。随着司法判例的积累，1988 年《美国兰哈姆法》修改时引入第 43 条第（a）款（15 U. S. C. A. §1125（a）），其规定，当任何与商品、服务或商品包装相关的人在商业活动中使用：（A）可能导致混淆、错误或欺诈，使人认为其与他人有加盟、联合或关联的关系，或使人误认其产地、赞助者，或使人误认其商品、服务或商业行为为他人所允许的任何文字、术语、名称、符号、设计或以上这些组合

[1] 冉崇高，赵克. 著作权与外观设计专利权的竞合与冲突——以实用艺术作品的保护为视角［J］. 人民司法，2011（21）：90－92.

[2] *John H. Hasla Co. v. Claike Cheek, Inc.* 711FZd966，980（Call 1983）.

时，该行为人必须在民事诉讼中承担责任。❶《美国反不正当竞争法重述（三）》归纳出商业外观的定义："商业外观是商品的整体形象或者整个外观，其可以包括诸如尺寸、形状、颜色或者颜色组合、质地、图画，甚至特定的销售技艺等特征。"❷ WIPO 在其起草的《反不正当竞争示范条款》中将商业外观纳入反不正当竞争保护之中，但并未集中使用"商业外观"一词。该示范条款关于商业外观的表述包括"商品外观"和"商品或服务的表示"，前者包括商品的包装、形状、颜色或者其他非功能性特有的特征，且与工业设计的混淆也纳入该范围；后者包括企业的工作服和店铺风格。❸ 可见，商业外观一般是指商品的包装和产品本身的外形或外观设计，商业外观是商品的整体形象和全部外观。❹

（2）我国外观设计的保护客体。根据我国《专利法》第 2 条第 4 款的规定，外观设计专利权保护的是产品的形状、图案或者其结合以及色彩与形状、图案的结合所作出的富有美感并适于工业应用的新设计。可以说，我国外观设计保护的是产品的形状、图案或者其结合以及色彩与形状、图案的结合，显然与商业外观所保护的形状、颜色或者其他非功能性特有的特征具有重叠之处。但是，商

---

❶ 该条款规定，"Any person who, on or in connection with any goods or services, or any container for goods, uses in commerce any word, term, name, symbol, or device, or any combination thereof, or any false designation of origin, false or misleading description of fact, or false or misleading representation of fact, which (A) is likely to cause confusion, or to cause mistake, or to deceive [...] as to the origin, sponsorship, or approval of his or her goods, services, or commercial activities by another person, or

(B) in commercial advertising or promotion, misrepresents the nature, characteristics, qualities, or geographicorigin of his or her or another person's goods, services, or commercial activities, shall be liable in a civil acti - on by any person who believes that he or she is likely to be damaged by such an act."

❷ Restatement of the Law (Third) - Unfair Competition, § 16. comment a. 1.

❸ 孔祥俊. 反不正当竞争法新论 [M]. 北京：人民法院出版社，2011：841.

❹ *Knitwaves, Inc. v. Lollytogs, Ltd.*, United States Court of Appeals for the Second Circuit 71 F. 3d 996 (2d Cir. 1995).

业外观并不需要具有新颖性或独创性，哪怕是从公有领域中获取的，只要其具有显著性，能够标示不同商品的来源即可，商业外观作为商业标识，本身并不具有任何价值，即使商业外观本身具有一定的装饰、美化功能，那也只是附带的，它是作为一种区别性标识来区分产品的不同来源的，它的功能在于使消费者免于被欺骗和误导，因此商业外观并不需要具有新颖性或创造性，它不取决于任何可能促进发明创造、作品创作的达到一定程度的创造性劳动，它也不需要任何的思维想象、任何方面的天赋和智力思考，商业外观有可能是现实生活中已经存在的任何事物，商业外观的保护只是赋予了在商业活动中第一个使用了这个商业外观的人，因为这样的使用而使得第一个使用人对其具有一定的利益，并禁止后来者使用与其相似的、有可能导致混淆的商业外观。❶

（3）商业外观相关权利易于和外观设计专利权发生竞合与冲突的情形。以美国为例，《美国反不正当竞争法重述（三）》在总结判例的基础上，就商业外观与产品外观设计的保护归纳为，“构成展示给未来购买者的商品或服务的外观或形象的外观设计元素，包括包装设计、标签、容器、展览品、装饰品、产品外观设计、产品特征或者产品特征组合”，只要其具有显著性和非功能性，就可以作为商标保护；“对产品和包装特征的模仿自由，只有在模仿行为可能使将来的购买者对商品或服务的来源或认可产生混淆时，才受商标法的限制。”❷ 美国联邦第三巡回上诉法院仍拒绝适用传统的商业外观原则保护外观设计，而适用一种新的更加严格的保护标准，即产品外观受保护的条件是：独特且令人难忘；感觉上与产品

---

❶ ROBERT P. MERGES，PETER S. MENELL，MARK A. LEMLY. Intellectual Property in the New Technological Age（5 th edition）［M］. Aspen Publishers，2010：30.

❷ ROBERT P. MERGES，etc. Intellectual Property in the New Technological Age（2nd edition）［M］. Aspen Law & Business，604－605.

本身分离；可能主要发挥来源标识作用，而不是实用功能。❶ 之所以有如此苛刻的要求，是因为外观设计专利权与商标权有本质区别，其客体应当是产品本身的组成部分，而不是将其与产品联系起来的符号。然而，在法律实践中，上述界限比较模糊。我国情况同样如此，按照我国现行法律规定，除以外观设计专利、注册商标和著作权等特殊方式保护商业外观外，可以将其纳入反不正当竞争法的保护范围，但应当受有关不正当竞争行为构成要件的约束。❷ 可见，我国商业外观可能受到《专利法》《商标法》《著作权法》和《反不正当竞争法》的保护。

（三）外观设计专利权与实用艺术作品著作权、商业外观合法权益

外观设计与著作权（实用艺术作品）、商业外观竞合与冲突的主要表现如图 1 – 5 所示。著作权和外观设计专利权的竞合与冲突，主要体现在装饰品、纺织品、建筑等既能够构成外观设计又能够构成实用艺术作品的情况。外观设计专利权和商标权及反不正当竞争法保护的权益的竞合与冲突，主要体现在商业包装、店面标牌、店面装饰等既能够构成外观设计又能够构成商业外观情况。

外观设计专利权与其他知识产权产生竞合与冲突的原因在于知识产权的客体非物质性，产生相关法律问题的关键在于，外观设计专利权与其他知识产权在权利产生、保护期限和保护方式方面存在的不同。也就是说，恰恰是因为外观设计专利权与其他知识产权在权利产生、保护期限和保护方式方面存在不同，使得外观设计专利权与其他知识产权所产生的竞合与冲突必须加以解决。首先，定义不同。这一点在本文第一部分有所分析，此处不再赘述。其次，权利取得方式不同。外观设计专利权通过审查授权的方式获得，需要

---

❶ LIONEL BENTLY, etc. Intellectual Property Law (2nd edition) [M]. Oxford University Press, 712 – 713.

❷ 孔祥俊．论商业外观的法律保护 [J]．人民司法，2005 (4)：44 – 51.

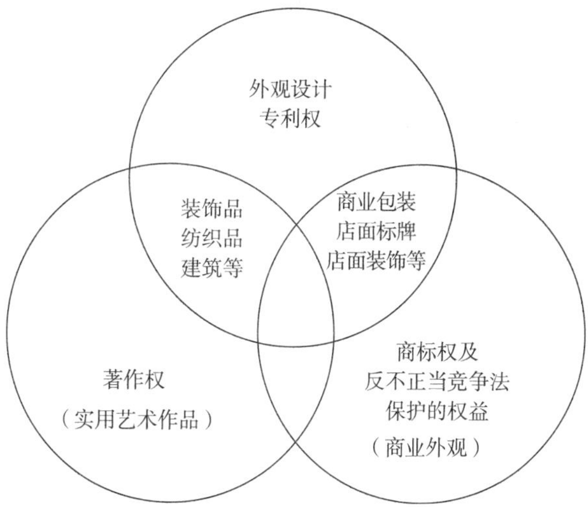

图 1－5　外观设计与实用艺术作品、商业外观竞合与冲突的主要表现

专利申请人向专利局提出申请，提交请求书以及该外观设计的图片或者照片以及简要说明等文件，经过初步审查没有发现有驳回理由的，予以登记和公告。著作权采取的是自动取得原则，作品一旦创作完成，作者就可以享有著作权，不需要任何登记或审批。商业外观如果构成知名商品的包装、装潢，那么其权利取得与其商业信誉紧密相连，不需要任何登记或审批；如果构成非注册商标，则需具有一定的知名度。还有，权利保护期限不同。外观设计专利权的保护期限为 10 年，实用艺术作品著作权的保护期限为发表之日起 25 年，商业外观的保护期限理论上可以通过续展的方式达到无限期。最后，获得权利实质性要件不同。外观设计专利要求工业实用性、富有美感、新颖性和创造性，著作权要求是原创性或独创性，实用艺术作品要求有实用性和艺术性，商标权及商业外观要求显著性、非功能性、非混淆性。外观设计专利权保护客体要求适于工业应用或者工业实用性，换句话说必须是工业产品，应当是具有一定实用功能的产品的外观设计。虽然实现该功能的技术方案不属于外观设计保护范围，但是作为外观设计保护载体的“产品”必须具有一定的实用功能，而且该实用功能应当不是简单的装饰功能或者标识功能；著作权的客体是作品，实用艺术作品中虽然有实用性成分，但其保护的是实用艺术品所具有创造性的造型艺术，不保护其上的实用功能；商标权客体是非功能性的平面或立体标识。

下面举例示之。一般而言，带有实用功能的生活用品、电子产品、汽车产品等的产品的外观设计，应当构成外观设计专利法的保护客体；绘画、书法、装饰品、艺术品、服装纺织品、平面设计作品、建筑设计作品，应当构成著作权法的保护客体；商标、商业包装装潢等商业外观应当构成商标法和反不正当竞争法的保护客体。

二、外观设计专利权与其他知识产权边界的比较法研究

世界上除了法国等少数国家对于实用艺术作品与平面和立体设计不加区分地给予外观设计专利权、著作权等多重保护之外，很多国家的知识产权客体制度对此都作出了限制和约束。

（一）美国立法例与法律实践

下面从美国外观设计专利保护与版权保护之间的关系、美国外观设计专利保护与商标权和反不正当竞争法保护之间的关系等角度分析美国立法例与法律实践。

1. 美国外观设计专利制度与版权制度的关系

根据1976年修改后的《美国版权法》第101条规定：“这类作品应当包括工艺美术品，但这只涉及工艺美术品的外形而不涉及其机械的或适用的方面；实用品的外观设计，当其所具有的图形、雕刻或雕塑的特征能够从物品的实用性方面分离出来，能够独立于物品的实用方面而存在，而且也只有在这种程度上，该外观设计应当被视为图形、雕刻或雕塑作品。”因此，《美国版权法》对具有实用性的物品的设计给予版权法保护，而《美国专利法》则可以对

"制造物的装饰性外观设计"给予专利法保护，因此，"如果该设计结合了图画的或者雕刻的特征，这一特征可以与物品实用功能区分识别并独立存在"，❶ 那么外观设计专利制度和版权制度在授权客体方面会产生重叠。同时，版权法保护并不延伸到具有实用功能的物品的所有装饰性设计，❷ 外观设计专利保护也不能仅仅专注于功能性考虑，其不需要满足版权法所要求的独立于功能而存在的表达的要求。

美国的法律实践同样验证了上述观点。1954 年美国联邦最高法院在 *Mazer v. Stein* 案❸中充分讨论了外观设计专利权和版权之间的关系。原告针对一个有着身着长裙、头顶圆盘、翩翩起舞的女子造型的实用艺术作品享有版权，该造型被用作台灯灯座。被告认为，对于在物品中实现或者再现的艺术品，不应当给予外观设计专利保护。美国联邦最高法院没有支持被告的观点并且指出了实用艺术作品版权保护与外观设计专利保护之间的区别。美国联邦最高法院认为，"版权法与专利法不同，其无法给予所公开的艺术品以排他性权利，版权法仅能保护思想的表达而不能保护思想本身……没有抄袭行为就不会构成版权侵权……对美学保护的区分并非功能性和艺术性的区分，而是版权作品和外观设计专利的原创性、装饰性设计的发明之间的区分。"❹ 该判例揭示出，只有为实际使用或创作成功后被实际上付诸使用的艺术作品，才能够被视为实用艺术

---

❶ 37 U. S. C. § 101, 102 (a).

❷ *Esquire, Inc. v. Ringer*, 591 F. 2d 796, 199 USPQ 1 (D. C. Cir. 1978) (housing for lamp fixture not copyright subject matter); *Kieselstein – Cord v. Accessories By Pearl, Inc.*, 632 F. 2d 989, 208 USPQ 1 (2d Cir. 1980) (design for belt buckles constitutes copyrightable subject matter). *Cf. Landscape Forms Inc. v. Columbia Cascade Co.*, 113 F. 3d 373, 375, 42 USPQ2d 1641, 1642 (2d Cir. 1997) ("Those who would seek monopolistic protection for industrial design, but are unable to obtain a design patent, have had little success under the lae of copyright even with the 'conceptual sepatateness' gloss provided by the 1976 Act.").

❸ *Mazer v. Stein*, 347 U. S. 201. 100 USPQ 325 (1954).

❹ 347 U. S. at 217 – 218, 100 USPQ at 333.

作品。*Mazer* 案在外观设计专利权和版权重叠保护方面留下了两个问题并未作出明确指引：一是获得版权保护是否会阻碍获得外观设计专利权保护，二是获得外观设计专利权保护是否会阻碍获得版权保护。

针对第一个问题，亦即获得版权保护是否会阻碍获得外观设计专利权保护，美国法院具有不同观点。*Louis v. Breuker* 案[1]明确提出拒绝给予外观设计专利权和版权的重叠保护。*Louis v. Breuker* 案的涉案作品是包装纸生成的小油画，在版权侵权诉讼中，法院认为，油画一旦离开艺术家的手就具备可以版权保护或者外观设计专利保护的条件，关键取决于权利人的选择……权利人可以选择作为艺术作品获取版权保护，也可以选择作为外观设计获取专利权保护……因为其可以获得两种法定类型的保护，没有理由不给予其中任何一种法定类型的保护，但是不能同时获得两种法定类型的保护。两种法定类型在获权程序、保护期限和侵权损害赔偿制度等方面均存在较大差别，从而权利人必须确定其智力成果需要获取的知识产权保护类型并且需要坚持这一选择……其只能获得这些法定类型中的一种类型加以保护。权利人可以作出选择，并且必须坚持其选择。[2] 遵循 *Louis v. Breuker* 案提出的选择原则，*In re Blood* 案[3]进一步明确给予外观设计专利权和版权的重叠保护会导致垄断期延长等问题。美国哥伦比亚特区上诉法院认为，获得“针织标签”的设计标签著作权之后，不能在同一客体上获得外观设计专利，著作权和外观设计专利权的“双重保护”将导致设计垄断权期限的延长。

---

[1] *Louis De Jonge & Co. v. Breuker& Kessler Co.*, 182 F. 150 (E. D. Pa. 1910), aff'd on other grounds, 191 F. 35 (3d Cir. 1911), aff'd 235 U. S. 33 (1914).

[2] 182 F. at 151 – 152.

[3] *In re Blood*, 23 F. 2d 772, 772 (D. C. Cir. 1927).

然而，对此问题不同法院亦有不同的观点。例如，在 *In re Yardley* 案[1]中，申请人意图针对已经获得版权登记的“螺旋表”的设计获得外观设计专利保护。美国专利商标局认为，由于版权的保护期较长，如果授予该已经获得版权保护的设计外观设计专利权的话，那么在该外观设计专利权到期时仍然无法进入公有领域。美国关税及专利上诉法院则认为，无论版权法、专利法还是宪法，都没有选择原则的适用依据，亦即无法要求申请人或者权利人在版权和外观设计专利权之间作出选择。

针对第二个问题，亦即获得外观设计专利权保护是否会阻碍获得版权保护，美国法院选择而作出宣告版权无效决定的方式维持外观设计专利权。由于获得版权通常比获得外观设计专利权更早、更容易，因此获得外观设计专利权保护之后寻求获得版权保护，这一种情形非常少见。在 *Korzybski v. Underwood & Underwood* 案[2]中，法院适用选择原则，针对已经获得外观设计专利权保护的作品，宣告其版权无效。法院认为，“当 Korzybski 提出外观设计专利申请并获得授权的时候，其应当完全公开其发明并且将其贡献给社会公众，以换取其在专利保护期内制造、使用等方面的垄断权。社会公众针

---

[1] *In re Yardley*, 493 F. 2d 1389, 181 USPQ 331 (CCPA 1974). 针对 *In re Yardley* 案的评论，参见 “Dual Copyright and Design Patent Protection: Works of Art and Ornamental Designs” [J]. 49 St. John's Law Review 543 (1975). 该案后，美国专利商标局修改了其审查规则（1989 年 1 月 1 日起实施），允许在外观设计专利申请中包含版权声明，同时要求专利申请人必须作出特定的授权声明，该授权声明允许任何人复制或者引述美国专利商标局记载的外观设计专利文档。美国专利商标局同时讨论了外观设计专利权、版权和商标权保护之间的关系：“在当前知识产权法背景下，针对特定设计或者技术同时获得版权保护或者商标权保护以及专利权保护是可能的。优势，作者或者发明人愿意在外观设计专利申请或者实用专利申请中包含版权或者商标权声明，该声明用于表明在先确立的版权或者商标权所针对的对象……在外观设计专利申请或者实用专利申请中所包含的版权或者商标权声明，有助于公开和保护发明人或者作者所享有的各种知识产权。进一步，要求公开版权或者商标权的情况，有助于保护公众无意地侵犯这些权利。”

[2] *Korzybski v. Underwood & Underwood, Inc.*, 36 F. 2d 727, 3USPQ 242 (2d Cir. 1929).

对其专利中公开的信息享有权利，可以使用和复制其中的文本和图表……在专利保护期限之外，专利公开的任何内容均会成为公众信息的一部分。”[1] 在 *Vacheron & Constantin – Le Coultre Watches, Inc. v. Benrus Watch Co.* 案[2]中，原告在其腕表上贴了版权声明，但是版权局拒绝颁发艺术品版权登记证书。原告同时针对该款腕表获得了外观设计专利权。原告以同时侵犯版权和外观设计专利权为由起诉被告。法院认为，被控侵权产品构成外观设计专利侵权，但是由于未能获得登记所以版权侵权并不成立。“我们并不认为，不具有可执行性的甚至是仅仅在理论上存在的版权，会成为保护和执行外观设计专利权的阻碍。”[3] 为了与 *Korzybski v. Underwood & Underwood* 案判决保持一致，美国版权局相关规则规定，“针对受到专利权保护的外观设计或者专利申请中的附图提出版权登记请求，在专利权获得授权后不得予以登记。”[4]

1998 年，美国国会颁布了《美国船舶的船体设计保护法案》，并将其作为数字千年版权法的组成部分。《美国船舶的船体设计保护法案》第 17 章涉及版权，为“具有实用性物品的原创性设计”提供注册和保护的完整方案。虽然该法案限定在船舶设计方面，[5] 但是该法案可以容易地延伸到包含其他具有实用性的物品类型，从而提供该类型的设计登记。该法案第 1329 项表述了外观设计专利法保护和这一新类型设计保护之间的关系，亦即“针对物品的原创性外观设计获得外观设计专利权，会终止依据本法所获得的任何原创性设计的保护。”[6]

---

[1] 36 F. 2d at 729.

[2] *Vacheron & Constantin – Le Coultre Watches, Inc. v. Benrus Watch Co.*, 260 F. 2d 637, 119 USPQ 189 (2d Cir. 1958).

[3] 260 F. 2d at 642, 119 USPQ at 192 – 93.

[4] 37 C. F. R. § 202.10 (b). 参见 *Clarke v. G. A. Kayser & Sons, Inc.*, 205 USPQ 610, 612 (W. D. Pa. 1979), aff'd, 631 F. 2d 725 (3rd Cir. 1980).

[5] 17 U. S. C. § 1301 (a) (2).

[6] 17 U. S. C. § 1329.

2. 美国外观设计专利保护制度与商标权保护制度的关系

在美国，外观设计专利保护制度与商标权保护制度、反不正当竞争制度之间也会存在重叠，[1] 例如，根据外观设计专利保护制度，针对“物品的装饰性设计”可以获得外观设计专利权，根据商标权保护制度和反不正当竞争制度，如果产品或者商品的配置通过使用获得了“第二含义”，也就是说，产品或者商品的配置通过使用具有了显著性，而非仅仅具有功能性，那么厂商或者销售商可以针对产品或者商品的配置获得相关权益。

美国联邦最高法院力图避免由于商标权保护制度、反不正当竞争制度与外观设计专利保护制度的重叠保护导致违背外观设计专利制度的立法主旨。1896 年，在 *Singer Mfg. v. June Mfg. Co.* 案[2]中，原告诉称，被告仿造了原告缝纫机的技术方案，原告就该缝纫机技术方案享有的专利已经到期，被告的行为构成不正当竞争。美国联邦最高法院认为，专利权到期后，即将以专利技术方案的形式制造机器的权利转移给公众。[3] 1938 年，在 *Kellogg Co. v. National Biscuit Co.* 案[4]中，National Biscuit 公司诉称，其针对制造枕形小麦片饼干的机器享有实用专利并且针对枕形小麦片饼干的形状享有外观设计专利，Kellogg 公司复制了其枕形小麦片饼干，虽然上述专利已经到期，但是 Kellogg 公司的行为构成不正当竞争。美国联邦最高法院不支持

---

[1] 参见 *Hubbell Inc. v. Pass & Seymour, Inc.*, 883 F. Supp. 995, 960, 35USPQ2d 1760, 1763 (S. D. N. Y. 1995). 该案判决指出，“外观设计专利法并不会妨碍设计特征的商标法保护……商标权人可能获得无限期的保护，但是在侵权诉讼中需要证明第二含义和混淆可能性，外观设计专利侵权则不需要证明这些，两种保护模式之间并没有必然的矛盾。”

[2] *Singer Mfg. v. June Mfg. Co.*, 163 U. S. 169 (1896).

[3] 163 U. S. at 185.

[4] *Kellogg Co. v. National Biscuit Co.*, 305 U. S. 111 (1938). 另外可参考：*Anti-Monopoly, Inc. v. General Mills Fun Group*, 611 F. 2d 296, 300, 204 USPQ 978, 981 (9th Cir. 1979) “商标不能用作专利的替代物以延长产品垄断权的期限”，*Lucien Lelong, Inc. v. Lander Co.*, 164 F. 2d 395, 75 USPQ 302 (2d Cir. 1947).

National Biscuit 公司主张，其使用了另外一个理由：如果允许其他形式的知识产权保护适用于枕形饼干，那么会增加饼干成本并且会降低饼干质量。1945 年，在 *Scott Paper Co. v. Marcalus Co.* 案[1]中，美国联邦最高法院强调，任何意图将专利授权客体的垄断权延长超过其专利保护期的方式“都与专利法的基本政策和立法宗旨相违背”。[2]

1964 年，在 *Sears & Roebuck, Co. v. Stiffel Co.* 案[3]中，Stiffel 公司针对柱状灯享有外观设计专利和实用专利，Sears 公司销售一款具有类似形状的柱状灯，Stiffel 公司诉 Sears 公司专利侵权和不正当竞争。初审法院宣告外观设计专利权和实用专利权无效，并以两种类型柱状灯具有较高近似度从而产生混淆可能性为由，认定构成不正当竞争。美国联邦最高法院认为，“在专利系统，统一的标准被用于促进创新的同时保持自由竞争……不应当将专利保护延长到保护期之外或者给予不符合专利授权必要条件的产品以专利权保护。将专利保护延长到保护期之外或者给予不符合专利授权必要条件的产品以专利权保护，都将与议会仅将专利权授予真正的发明的立法主旨背道而驰。就像不能直接超越专利法基本界限一样，不能在其他法律（包括反不正当竞争法）中给予与专利法立法目的相冲突的保护……如果允许依据反不正当竞争法防止对产品的复制，该产品相对于现有技术或者现有设计改善过少以至于不能获得专利权保护，那么相当于允许阻止公众使用专利法已经声称进入公有领域的技术或者设计。”[4] 1964 年，在 *Compco Corp. v. Day - Brite Lighting, Inc.* 案[5]中，Day - Brite 公司拥有照明器材十字肋板型反射装置的外观设计专利，Compco 公司销售一款类似的反射装置，Day -

[1] *Scott Paper Co. v. Marcalus Co.*, 326 U. S. 249 (1945).

[2] 326 U. S. at 256.

[3] *Sears & Roebuck, Co. v. Stiffel Co.*, 376 U. S. 225 (1964).

[4] 376 U. S. at 230 - 32.

[5] *Compco Corp. v. Day - Brite Lighting, Inc.*, 376 U. S. 234 (1964). 另外，参考 *Riback Enterprises, Inc. v. Denham*, 452 F. 2d 845, 172 USPQ 33 (2d Cir. 1971).

Brite 公司以专利侵权和不正当竞争为由提起诉讼。美国基层法院认为，该外观设计专利权应当宣告无效，但是基于不正当竞争给予 Day – Brite 公司救济，主要理由在于该设计已经获得了“第二含义”从而使得消费者会将具有该外观设计的反射装置识别为 Day – Brite 公司的产品。美国联邦最高法院推翻了该判决。其认为，非功能性和第二含义与“仿冒”的法律责任有关，但是不能形成施加防止产品复制的责任的基础。

1989 年，在 *Bonito Boats, Inc. v. Thunder Craft Boats, Inc.* 案[1]中，美国联邦最高法院再次确认 *Sears & Roebuck, Co. v. Stiffel Co.* 案和 *Compco Corp. v. Day – Brite Lighting, Inc.* 案（以下简称“*Sears – Compco* 案”）的观点。Bonito Boats 公司设计了玻璃钢游乐船（Model 5VBR）的船体设计，并且自 1976 年开始销售该类型游乐船。Bonito Boats 公司并未针对该船体设计申请实用专利或者外观设计专利保护。1983 年，佛罗里达州通过一项法律，任何人“为销售目的使用直接成型工艺复制船体……该船体的制造中没有获得其他人的许可”或者“明知是复制的船体而加以销售”都是非法的。[2] 1984 年，Bonito Boats 公司起诉 Thunder Craft Boats 公司，声称被告违反了上述佛罗里达州法律的规定。佛罗里达州法院认为，佛罗里达州法律被 *Sears – Compco* 案所体现的联邦专利法政策所替代。美国联邦最高法院维持上述判决，并指出，“*Sears – Compco* 案的核心结论是，联邦专利系统的有效运行，有赖于对自由公知的、没有外观设计专利权的设计和实用概念的自由贸易……我们相信，*Sears* 案正确地得出结论，该结论就是政府不能针对智力成果提供类似于专利的保护，该智力成果根据联邦法律的要求不应当受到保

---

[1] *Bonito Boats, Inc. v. Thunder Craft Boats, Inc.*, 489 U. S. 141, 9USPQ2d 1847 (1989). 另外参见 *Dow Chemical Co. v. Exxon Corp.*, 139 F. 3d 1470, 1474 – 75, 46 USPQ2d 1120, 1124 (Fed. Cir. 1998), reh' g & reh' g in banc denied, 144 F. 3d 1478, 46 USPQ2d 1859 (Fed. Cir. 1998), cert. denied, 525 U. S. 1138 (1999).

[2] Fla. Stat. § 559. 94 (1987).

护。”该判决要求，“反不正当竞争法的保护和商业秘密保护法的保护应当与专利法确定的利益平衡相一致”。

3. 美国外观设计专利制度与商业外观制度的关系

1992年，在 *Two Pesos Inc. v. Taco Cabana Inc.* 案[1]中，美国联邦最高法院指出，“餐厅的商业外观可以基于第43（a）条[2]获得保护，基于存在内在显著性并且没有证据表明该商业外观具有第二含义。”[3] 美国联邦最高法院并没有针对争议的商业外观的功能性或者商业外观保护与专利政策的关系作出决定，[4] 其指出，“只有具有非功能性和识别性的商业外观可以获得第43（a）条的保护。第五巡回法院认为，如果其是竞争者可以采用的有效方式的有限选择并且根据外观设计保护会损害自由竞争，那么外观设计不能获得保护……另外，增加第二含义会具有妨碍竞争的不良影响，对处于创业阶段的小公司产生特定负担。其会增加例如在有限区域开始新产品并延伸到新市场的特定困难。直到具有第二含义之后，才给予具有内在显著性和非功能性的商业外观保护。”[5] 1995年，在 *Qualitex Co. v. Jacobson Products Co.* 案[6]中，美国联邦最高法院认为，“如果产品外观设计的美学价值在于其体现了一种重要的价值，而这种价值是不可能通过其他代替设计的使用来获得的，那么这种设计就具有‘美学功能性’……‘美学功能性’的最终检验标准在于承认该美学特征的商标权是否会严重妨碍竞争。”

---

[1] *Two Pesos Inc. v. Taco Cabana Inc.*, 505 U. S. 763, 23 USPQ2d 1081（1992）.

[2] 指的是《美国兰哈姆法》第43（a）条（15 U. S. C. A. §1125（a）），涉及商业外观保护。

[3] 505 U. S. at 764－65, 23 USPQ 2d at 1082.

[4] 美国联邦最高法院指出，“基于第43（a）条规定获得的保护必须以非功能性作为前提条件”，505 U. S. at 769, 23 USPQ2d at 1084，另外参见 *Landscape Forms Inc. v. Columbia Cascade Co.* 113 F. 3d 373, 375, 379, 42 USPQ2d 1641, 1642, 1646（2d Cir. 1997）.

[5] 505 U. S. at 775, 23 USPQ2d at 1086.

[6] *Qualitex Co. v. Jacobson Products Co.*, 514 U. S. 159, 34 USPQ2d 1161（1995）.

外观设计专利制度与商业外观制度关系最为重要的问题在于，产品特征能否基于兰哈姆法具有商业外观的“非功能性”，同时基于专利法具有外观设计的相关属性？也就是说，商业外观保护是否会和专利保护产生冲突？对于这一点不同巡回法院持有不同观点。在 *Vornado Air Circulation Systems Inc. v. Duracraft Corp.* 案[1]中，Vornado公司获得烤架的实用专利，该烤架具有螺旋格栅，该螺旋格栅不具有新颖性。当 Duracraft 公司销售具有螺旋格栅的烤架时，Vornado 公司诉称该格栅具有非功能性并且受到商业外观保护。联邦第十巡回上诉法院认定，如果争议的部件是实用专利的一部分，并且其属于实用专利的“重要方面”，那么即使具有非功能性也不能获得商标法保护。在 *Elmer v. Icc Fabricating Inc.* 案[2]中，联邦第十一巡回上诉法院认为应当基于实用专利权利要求的保护范围，确定专利保护和商业外观保护之间的关系，其指出“商业外观被广泛地定义，可以与专利并存，并且实质上保护范围宽于专利，从而商业外观可以有效地延长专利保护期限”。在 *Thomas & Betts Corp. v. Panduit Corp.* 案[3]中，联邦第七巡回上诉法院认为，一个产品（外观设计）特征即使被包含在（发明）专利中，但只要该特征并非是权利要求的一部分，有可能是非功能性特征，那么就可能受到商业外观法律的保护。对于上述问题，美国联邦最高法院早期判例也不尽相同，在 1896 年 *Singer Mfg. Co. v. June Mfg. Co.* 案[4]、1938 年 *Kellogg Co. v. National Biscuit Co.* 案[5]、1945 年 *Scott Paper Co. v. Marcalus Mfg. Co.* 案[6]、1964 年 *Sears & Roebuck, Co. v. Stiffel*

---

[1] *Vornado Air Circulation Systems Inc. v. Duracraft Corp.*, 58 F. 3d 1498, 35 USPQ2d 1332 (10 th Cir. 1995).

[2] *Elmer v. Icc Fabricating Inc.*, 67 F. 3d 1571, 36 USPQ2d 1417 (Fed. Cir. 1995).

[3] *Thomas & Betts Corp. v. Panduit Corp.*, 138 F. 3d 277, 46 USPQ2d 1026 (7th Cir. 1998).

[4] *Singer Mfg. Co. v. June Mfg. Co.*, 163 U. S. 169 (1896).

[5] *Kellogg Co. v. National Biscuit Co.*, 305 U. S. 111, 39 USPQ 296 (1938).

[6] *Scott Paper Co. v. Marcalus Mfg. Co.*, 326 U. S. 249, 67 USPQ 193 (1945).

Co. 案[1]和 1964 年 *Comco Corp. v. Day – Brite Lighting*, *Inc.* 案[2]中，美国联邦最高法院认为“已经由专利公开的特征不能获得商标权保护”，但是这些判例并未得到广泛尊重。1989 年，美国联邦最高法院在 *Bonito Boats*, *Inc. v. Thunder Craft Boats*, *Inc.* 案[3]中指出，上述观点在商业外观保护方面没有广泛的阻止效应。联邦巡回上诉法院在 *Midwest Industries* 案[4]中指出，独特的、非功能性的特征可以获得商业外观保护，即使有或者曾经有外观设计专利权保护。

2001 年，美国联邦最高法院在 *TraFix Devices*, *Inc. v. Marketing Displays*, *Inc.* 案[5]中全面审视了过期实用专利的存在是否会排除权利人针对产品设计获得商业外观保护的可能性。[6] 美国联邦最高法院指出，实用专利提供了“强有力的证据”证明该专利中要求保护的特征是功能性的，因此无法获得商业外观保护；通过证明“这些特征并不用作实用专利一个条款”的方式，权利人可以用商业外观保护任意装饰性产品特征；如果到期专利所保护的关键改进与商业外观的关键特征相同，商业外观无法承担证明这一特征非功能性的证明责任。在该案中，美国联邦最高法院进一步提出，产品特征功能性的判断标准是该特征是否“构成产品实用中的或者产品用途中的主要部分”或者“影响产品质量或者价值”。

4. 美国外观设计专利制度与实用专利制度的关系

实用专利能否因为具有装饰性特征而被驳回或者宣告无效？装饰性特征是否只能通过外观设计专利制度加以保护？这一问题在美

---

[1] *Sears Roebuck & Co. v. Stiffel Co.*, 376 U. S. 225, 140 USPQ 524 (1964).

[2] *Comco Corp. v. Day – Brite Lighting*, *Inc.*, 376 U. S. 234, 140 USPQ 528 (1964).

[3] *Bonito Boats*, *Inc. v. Thunder Craft Boats*, *Inc.*, 489 U. S. 141, 9 USPQ2d 1847 (1989).

[4] 175 F. 3d at 1363, 50 USPQ2d at 1678 – 1679.

[5] *TraFix Devices*, *Inc. v. Marketing Displays*, *Inc.*, 532 U. S. 23, 58 USPQ2d 1001 (2001). 另外参见 Valenzuela," Can inventor continue protecting an expired patented product via trade dress protection?", 81 N. D. L. Rev. 145 (2005).

[6] 175 F. 3d at 1363, 50 USPQ2d at 1678 – 1679.

国司法实践中得到了广泛的讨论。

1995 年，美国某地区法院在 *Levi Strauss & Co. v. Golden Trade, S. r. L.* 案❶中，涉及服装随机褪色效果的生成方法，服装例如牛仔裤，独立权利要求为一种依据该方法获得的服装，该服装具有“不统一的、常规的不同颜色褪色情况的补丁块或者补丁区域”。地区法院宣告该专利权无效，其认为“本案权利要求中具有随机褪色效果的产品不能满足发明专利保护客体的要求，其更像是外观设计专利的保护客体。牛仔裤随机褪色效果的外观吸引消费者的注意力但是并不影响牛仔裤本身的使用功能，即使在一些其他制造物上这一效果也并非独一无二或者具有吸引力”。

2005 年，在 *Datamize LLC. v. Plumtree Software, Inc.* 案❷中，涉案专利涉及一种允许用户对电子书报亭对用户接口进行编辑的方法，该方法允许多种屏幕元素类型“与期望的规格相一致并且具有审美的外观和美感”。联邦巡回上诉法院认为：“美感”是不明确的，因此宣告专利权无效。该判决指出，“缺乏可行的客观标准，‘美感’不仅仅包含主观因素，而且其也完全依赖于人的主观意见。”权利人认为，美国联邦最高法院使用“并非单纯由功能决定的美感”描述外观设计专利法的保护范围，因此如果“美感”能够足以使得外观设计专利确定保护范围，那么其也足以使得实用专利确定保护范围，本领域技术人员能够理解，“具有美感的外观”将功能性和美观性分开。联邦巡回上诉法院认为，权利人的主张具有“创造性”但是并不成立，外观设计专利和实用专利的基本区别在于，外观设计专利保护特定装饰设计，实用专利保护有用的发明并且其保护范围由权利要求确定。❸

---

❶ *Levi Strauss & Co. v. Golden Trade, S. r. L.*, 1995 U. S. Dist. LEXIS 22145 (S. D. N. Y. 1995).

❷ *Datamize LLC. v. Plumtree Software, Inc.*, 417 F. 3d 1342 (Fed. Cir. 2005).

❸ 417 F. 3d at 1354 – 1355.

（二）欧盟立法例与法律实践

总体而言，欧共体外观设计保护客体非常广泛，并且非注册制共同体外观设计自动获得，欧共体不排斥外观设计和著作权的双重保护。

英国和德国的立法例与法律实践。在英国，虽然原则上对实用艺术品给予版权保护，不管其实用成分和艺术成分是否可以分离，只要没有用于工业生产，就与一般的美术作品一样受著作权法保护，保护期限是作者终身加死后70年。但是，如果一个艺术作品经版权人许可或者版权人自己将其制作成工业品或销售这样的产品，就只享有缩短到25年（从将该艺术作品制作成工业品首次销售的年度结束起计算）的工业版权保护，此后就不能禁止他人制作这样的产品。[1]

《德国著作权法》明确规定保护实用艺术作品。但是，因为德国对作品的独创性有较高的要求，那些仅仅具有客观方面的独特性的产品——它们没有体现艺术家独特的观点与特殊的创造力，而仅仅体现了大众口味或者某种新颖的时尚趋势、对某种新颖风格的感受——就只能根据外观设计法来进行保护。[2]

法国的立法例与法律实践。1806年，法国颁布了工业品外观设计专门法，给工艺品以工业产权的保护。后来法国司法界产生争议：有些美术创作成果如果已经受到1806年外观设计专门法的保护，是否还应当受到1793年《法国著作权法》的保护。适用外观设计法进行保护还是适用版权法进行保护难以区分，实践中在受到工业品外观设计保护之后是否还可以受到版权法保护，法律没有明确规定，实践中争议很大。于是，为了区分外观设计和美术创作成果，将美术创作成果回归到版权法领域，法国法官们引入了一个

---

[1] 1988年《英国版权、外观设计和专利法》第52条［EB/OL］. http://www.wipo.int/wipolex/zh/text.jsp?file_id=127294.

[2] M. 雷炳德. 著作权法［M］. 张恩民，译. 北京：法律出版社，2005：1422-1433.

"纯艺术性"概念，用以区分外观设计专利权法和著作权法保护的不同对象。但后来法官们发现：几乎一切能够付诸工业应用的、受工业品外观设计专门法保护的外观设计都不缺乏纯艺术性的一面。[1]于是，他们又试图采用一些其他划分界线的标准，但都没有满意的答案。于是，1902 年颁布的《法国著作权法》规定，"一切工业品外观设计（包括已经受到工业产权法保护的外观设计在内）都可以享有著作权。"自此，法国对实用艺术作品的保护属于双重保护模式。这种双重保护的前提是要履行一定手续，亦即对于一件实用艺术品，如果满足外观设计法的条件获得外观设计专利权，只要再履行一定手续，就可以继续获得著作权法保护。法国认可著作权和外观设计专利权对同一客体的双重保护。1992 年法国颁布的《法国知识产权法典》仍然坚持这一观点。但是，这一立法模式对于权利保护带来了较大的困难，在司法实践中需要考虑权利人重复获利的禁止。

（三）日韩立法例与法律实践

（1）日本著作权与外观设计权之间的交叉保护。《日本著作权法》第 10 条规定，本法所说的作品，大致可举例如下：①小说、脚本、论文和讲演等语言作品；②音乐作品；③舞蹈或者哑剧作品；④绘画、版画、雕刻及其他美术作品；⑤建筑作品；⑥地图或者具有学术性的图纸、图表、模型及其他图形作品；⑦电影作品；⑧摄影作品；⑨程序作品。其中美术作品包含如下种类：绘画、版画、雕刻、漫画、书籍、舞台装置、茶碗、壶等，同时也包含刀剑之类的美术工艺品。其中建筑作品包含如下种类：具有艺术性的建筑物本身（此外，设计图属于图形作品）。其中地图、图形作品包含如下种类：地图及学术性的设计图、图表、模型等。由此可见，在日本著作权保护客体中，摄影作品如果被用于产品外观，其本身可能作为产品的一部分获得外观设计法保护，卡通动漫形象本身不

[1] 郑成思. WTO 知识产权协议逐条讲解［M］. 北京：中国方正出版社，2000：99.

是外观设计专利制度的保护客体，但是含有卡通动漫形象的书籍等可能获得外观设计法保护，建筑作品、图形用户界面（GUI）则可以同时作为外观设计法和著作权法保护客体。

（2）日本商标权与外观设计权之间的交叉保护。根据《日本商标法》第2条的规定："本法中的'商标'，指文字、图形、符号、立体图形或其组合或其与色彩的组合（以下简称'标志'），具体为：①以生产、证明或转让商品为业者于其商品上所使用之标志；②以提供服务或证明为业者就其服务所使用之标志（前款所列情况除外）。"可见，日本立体商标专用权可能会与外观设计权产生交叉，一般采用保护在先权利的方式加以处理。[1]

（3）韩国著作权与外观设计权之间的交叉保护。《韩国著作权法》制定于1957年1月28日，先后进行了18次修正，最近一次较大修改后于2006年12月28日正式公布（8101号法令），2007年6月29日起施行；现行著作权法于2009年7月31日（9785号法令）公布，2010年2月1日起施行。《韩国著作权法》第4条规定："本法所称的作品包括：（1）小说、诗歌、论文、讲座、演讲、戏剧和其他文学作品；（2）音乐作品；（3）戏剧、舞蹈、哑剧以及其他戏剧作品；（4）绘画、书法、雕刻、印刷、工艺、实用艺术作品及其他艺术作品；（5）建筑、建筑模型、设计图以及其他建筑作品；（6）照片作品（包括以类似方法创作的作品）；（7）电影作品；（8）地图、图表、设计图、草图、模型以及其他图表作品；（9）计算机程序作品。"根据《韩国著作权法》第2条的规定，"作品"是指对人的思想或情感的独创性表达，"实用艺术作品"是指能够以相同的形象复制到物品上的艺术作品，并可以脱离此类物品而独立存在，也包括设计等。

可见，就实用艺术品而言，如果达到著作权法要求的创作高度则享有实用艺术作品著作权，如果符合外观设计法的注册要求则享

---

[1] 青木博通．日本的立体商标与外观设计［J］．中华商标，2003（11）：46－50．

有外观设计权，同一实用艺术品可能获得著作权法和外观设计法的交叉保护。就绘画作品而言，绘画作品本身可以受到著作权法的保护，如果将该绘画作品应用于产品上并符合外观设计法的注册条件，该产品外观设计同样可以受到外观设计法保护。《韩国工业品外观设计法》《韩国著作权法》没有排除交叉保护的规定，《韩国著作权法》对“实用艺术作品”的定义中明确记载其“也包括设计”。

三、外观设计专利权与其他知识产权边界的法理研究

WIPO《知识产权法教程》明确指出，“像其他所有形式的知识产权的法律保护条款一样，外观设计保护的法律体系的形成也需要一个利益平衡的建立。一方面，需要提供有效的和有效率的保护，为此，该法必须实现它的促进生产中外观设计要素的功能。另一方面，需要保证杜绝该法向激励外观设计创造活动所需要的保护之外的不必要的保护，因此为了自由使用可用的外观设计，只能引进最少数量的障碍。”❶ 根据 WIPO 的看法，工业品外观设计需要保护，同时要做到适度保护，这是保护工业品外观设计的基本原则。根据这一基本原则并根据工业品外观设计本身的性质，工业品外观设计的法律保护模式既可以采用著作权法模式，也可以采用专利法模式，还可以单独立法进行保护，但是多重保护是不合适的，它给予工业品外观设计所有人过度的保护，使得工业品外观设计所有人的权利有可能强于专利权人、外观设计权人和著作权人，不利于社会公共利益。❷

外观设计专利权提供的是禁止他人擅自制造外观设计产品的权利，实用艺术作品著作权提供的是禁止他人擅自复制实用艺术作品

---

❶ World Intellectual Property Office. Intellectual Property Reading Material [EB/OL]. [2014-08-01]. http://www.wipo.int/about-ip/en/index.html.

❷ 王太平. 工业品外观设计的法律保护模式 [J]. 科技与法律，2002 (3)：28-35.

的权利，但是，因为著作权法原则上对于实用艺术作品可以提供“从平面到立体的复制”的保护，商标法和反不正当竞争法原则上对于商业外观可以提供“防止相近似导致的混淆误认”的保护，上述保护与外观设计专利权的保护具有一定差别。因此，世界上除了法国等少数国家对于实用艺术作品与平面和立体设计不加区分地给予外观设计专利权和著作权的双重保护之外，很多国家的著作权制度对此都作出了限制和约束，以避免对同一客体的重叠保护。

对同一客体的重叠保护会产生诸多法律问题。由于不同种类知识产权法律制度具有独立的制度价值，因此对同一客体的重叠保护不仅会产生保护过度的问题，也会打破原有知识产权法律体系的内部结构。例如，将外观设计纳入专利制度加以保护，那么必须遵从公开换取垄断的基本原理，如果同时获得著作权、商标权等的保护，那么显然会产生保护期延长、社会公众行为预期受损等问题。

我国司法实践的主流做法亦能体现上述观点。例如在“晨光笔特有装潢”不正当竞争案中，最高人民法院指出：“多数情况下，如果一种外观设计专利因保护期届满或者其他原因导致专利终止，该外观设计就进入了公有领域，任何人都可以自由利用。但是，在知识产权领域内，一种客体可能同时属于多种知识产权的保护对象，其中一种权利的终止并不当然导致其他权利同时也失去效力。同时，反不正当竞争法也可以在知识产权法之外，在特定条件下对于某些民事权益提供有限的、附加的补充性保护。”[1] 并且，在本案中，提出了外观设计终止后构成知名商品特有名称、装潢的4个条件，其中要求“这种设计既不属于由商品自身的性质所决定的设计，也不属于为实现某种技术效果所必需的设计或者使商品具有实质性价值的设计”。可见，最高人民法院亦认为，在多数情况下应当避免针对同一创新的重叠保护导致的多重救济、保护期延长等问

---

[1] 参见最高人民法院（2010）民提字第16号民事裁定书。

题，尤其是避免针对同一创新的重叠保护导致的专利保护期届满无法进入公有领域的问题。

"知识产权乃最重要之公共政策问题"，❶ 应当说，知识产权保护客体问题是一个法律属性和政策属性交织的问题，其不仅仅是形式上的专门法优于补充法的关系，还存在实质性的政策协调问题。❷我们在分析专利法的保护客体时，一方面，要理解立法者不得不使用一些概括性的语言来定义专利法保护客体的范围，因此必须尊重概括性语言所具有的逻辑力量，保证立法者的意图得到落实；另一方面，在逻辑之外，我们需要透彻理解立法者的各类政策性考虑，随时修正单纯的法律语言逻辑所得的结论。❸ 考虑我国整体法律制度设计体现的政策背景，我国目前缺乏类似英国的实用艺术品从版权保护转化为工业版权保护的制度设计，缺乏类似德国的从独创性高度的角度来区分外观专利设计和实用艺术作品、商业外观的制度设计，这使得我国外观设计专利制度的保护客体将与著作权、商业外观等产生重叠，从而使得相关法律制度竞合与冲突。目前而言，这一竞合与冲突需要外观设计专利制度加以面对和解决。

从另外一个角度而言，如果我国外观设计专利制度不作出回应，那么我国外观设计专利制度的保护客体将与著作权、商业外观等产生重叠，从而出现针对同一创新享有多项知识产权、可以分别以各项知识产权提起民事诉讼的情况，侵权行为人也将对于同一创新构成多个侵权，承担多个侵权责任。这显然有违侵权责任法的立法主旨，另外，由于其他知识产权保护期可能长于外观设计专利权的保护期，当外观设计专利权到期之后，如果同一项创新还可以由其他知识产权继续保护，将违背外观设计专利制度设定的外观设计

❶ 威廉·M. 兰德斯，理查德·A. 波斯纳. 知识产权法的经济结构［M］. 金海军，译. 北京：北京大学出版社，2005：526.

❷ 孔祥俊. 知识产权法律适用的基本问题——司法哲学、司法政策与裁判方法［M］. 北京：中国法制出版社，2013：145.

❸ 崔国斌. 专利法：原理与案例［M］. 北京：北京大学出版社，2012：53－54.

到期将进入公有领域的本意，无法达到让社会共享创新成果，进一步促进设计创新的目的。

四、我国外观设计专利权与其他知识产权边界的实证研究

在目前的司法实践中，实用艺术作品的著作权与外观设计专利权双重保护已见端倪。例如，在英特莱格公司诉可高玩具公司著作权纠纷案中，英特莱格公司是53 种乐高玩具积木块实用艺术作品在中国的著作权及相关权益的所有者，并就相关实用艺术作品在中国申请了外观设计专利。可高公司认为没有证据证明中国法律对实用艺术作品提供著作权和专利权的双重保护，北京市高级人民法院认为没有证据表明中国法律对于外国人的实用艺术作品排斥著作权和专利权的双重保护，英特莱格公司就其实用艺术作品虽然申请了中国外观设计专利，但并不妨碍其同时或继续得到著作权法的保护，北京市高级人民法院维持了一审判决，认定被告可高玩具公司侵犯了英特莱格公司的著作权。[1] 这两个判决被称为我国给予实用艺术作品双重保护的初次尝试。[2] 如此案例所示，针对同一创新同时享有外观设计专利权和实用艺术作品著作权，可以分别以专利侵权和著作权侵权为由分别提起民事诉讼，侵权行为人也将对于同一创新构成多个侵权，承担多个侵权责任。这有违《侵权责任法》的立法主旨。

司法实践中也存在避免实用艺术作品的著作权与外观设计专利权双重保护的有益尝试。在三茂公司诉永隆商行著作权侵权纠纷案中，原告三茂公司于 1998 年委托董文海设计完成香麻油的包装标贴，约定著作权归原告所有。2000 年 3 月，原告将该包装标贴向国家知识产权局申请了外观设计专利并获得授权，后来三茂公司未缴

---

[1] 北京市第一中级人民法院（1999）一中知初字第 132 号民事判决书和北京市高级人民法院（2002）高民终字第 279 号民事判决书。

[2] 冉崇高，赵克．著作权与外观设计专利权的竞合与冲突——以实用艺术作品的保护为视角［J］．人民司法，2011（21）：90－92.

纳年费，该包装标贴的外观设计专利失效。随后原告发现被告永隆商行未经许可经销贴有上述标贴的香麻油，便向法院提起诉讼。一审法院经审理认为，三茂公司对涉案标贴作品拥有著作权，因其选择了外观设计专利权保护，而外观设计专利已进入公共领域，从而失去了著作权的保护。二审法院也认为三茂公司自愿将涉案标贴申请并获得外观设计专利权，涉案标贴已从版权保护进入工业产权保护，现该外观设计专利已进入公共领域，故被告并没有侵犯原告的权利。❶ 需要指出的是，正如本文所引用的英特莱格公司诉可高玩具公司著作权纠纷案和三茂公司诉永隆商行著作权侵权纠纷案，司法实践中对于这一问题充满争议。❷ 但是，无论持有何种观点，均会对于以下共识不持异议，亦即针对同一创新同时享有不同知识产权，使得侵权行为人也将对于同一创新构成多个侵权，承担多个侵权责任，这有违《侵权责任法》的立法主旨。

针对外观设计专利权保护期限届满之后是否可以获得著作权保护问题，司法实践中也有所探索。在无锡市海谊工艺雕刻公司与李嘉善著作权侵权纠纷案❸中，原告的钻石形印章手柄（参见图 1－6）于 1997 年申请了外观设计专利，并于 1998 年获得专利权。在外观设计专利权终止之后，原告控告被告侵犯了其印章的著作权，法院认为：我国《著作权法实施条例》第 4 条第（8）项规定，美术作品是指绘画、书法、雕塑等以线条、色彩或者其他方式构成的有审美意义的平面或者立体的造型艺术作品。根据该规定，美术作品除包括一般艺术品之外，还应当包括实用艺术作品。而实用艺术作品不仅应具备作品的独创性和可复制性，还应当具备作为美术作品所

---

❶ 参见深圳市中级人民法院（2004）深中法民三初字第 670 号民事判决书和广东省高级人民法院（2005）粤高法民三终字第 236 号民事判决书。

❷ 参见钱翠华．失效的外观设计专利不再受著作权法保护［J］．人民司法，2009（14）：11．另参见凌宗亮．失效的外观设计专利仍受著作权法保护［J］．人民司法，2010（4）：9．

❸ 参见江苏省高级人民法院（2007）苏民三终字第 0115 号民事判决书。

享有的因审美意义而产生的艺术性，以及因其实际使用价值而产生的实用性。涉案钻石形印章手柄属于工业品外观设计，可用于工业化大批量生产，其实用性及可复制性毋庸置疑。同时，该印章手柄在设计时采用了钻石造型这一特有的表现形式，给人以晶莹剔透之感，具有一定的欣赏性及审美价值，具备实用艺术作品的艺术性。因此可以得到我国《著作权法》保护。

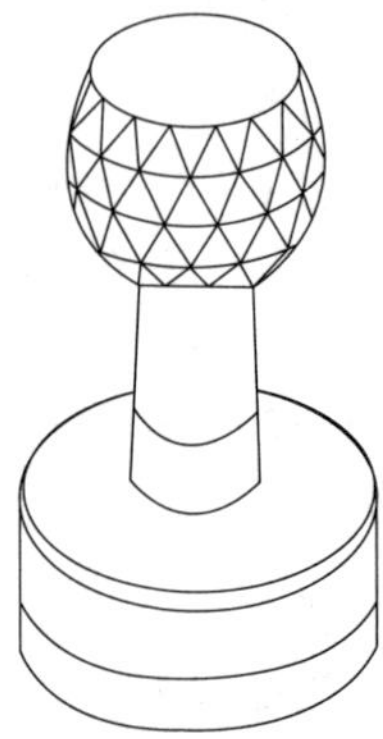

图1-6　无锡市海谊工艺雕刻公司与李嘉善著作权侵权纠纷案附图

五、我国外观设计专利客体范围建议

借鉴美国、英国、德国和法国的法律经验，除了法国给予完全重叠的保护之外，其他国家均在外观设计专利权的权利客体方面与其他知识产权加以区分。立足我国整体制度背景，我国外观设计专利保护客体制度需要解决上述外观设计专利权与著作权、商业外观相关权益的竞合与冲突。避免对同一客体进行重叠保护，如果权利人选择外观设计专利权进行保护，进入公有领域后，不应获得其他知识产权类型的保护。建议厘清外观设计专利权的本质属性，对“适于工业应用”和“富有美感”等授权条件进行深层次的研究，排除不应当用外观设计专利权保护的客体。例如，装饰品的装饰功

能、服装的穿着功能、商品包装的标识功能等不应属于产品的"实用功能"，区分商品的包装和包装产品，对起标识作用的商品包装不予保护。

（一）纯属著作权保护的作品

纯属著作权（非实用艺术作品）保护的产品的外观设计，用著作权保护即可，应当不给予外观设计专利权。例如：画作（刺绣画、草编画、立体画、装饰画）、书法、摄影作品、各种平面设计作品（服装设计、邮票设计、海报设计、书籍封面、名片设计、CI设计、标识设计）、形象设计（动画形象、人物造型）、建筑设计❶（平面或立体效果图、建筑模型、家装设计），无实用功能仅起装饰效果的物品（雕刻作品、摆设、剪纸）等。如图 1－7 所示的服装设计、书籍封面设计、动画形象设计、建筑设计、小摆设均不应当构成外观设计专利权保护客体，类似申请不符合《专利法》第 2 条第 4 款的规定。

图 1－7　纯属著作权保护的作品示例

（二）纯属商标权保护的标识

纯属商标权保护的外观设计，用商标权保护即可，应当不给予外观设计专利权。例如：标识设计、无实用功能仅起标识作用的物品等。如图 1－8 所示，该外观设计专利申请仅仅涉及一种标识设

❶ 参见徐晓雁，张鹏．建筑装饰设计的知识产权保护路径选择［J］．电子知识产权，2010（3）：54－59.

计，用于标识商品与特定生产者或者销售者之间的联系，构成主要起标识作用的平面印刷品，不符合《专利法》第25条第1款的规定，不应当构成外观设计专利权保护客体。类似的还包括商标、徽标等，亦不符合《专利法》第25条第1款的规定。进一步考虑到反不正当竞争法保护的合法权益，例如类似商业外观相关权益，对商品包装盒、商品包装袋、商品包装瓶等一般不应当授予外观设计专利权，除非其在实用功能或形状结构上有新创造，对带标识的店面门头、店面装饰装潢等，一般不应当授予外观设计专利权。

图1－8　纯属商标权保护的标识设计示例

（三）可以选择获得外观设计专利权或者其他知识产权保护的设计

对实用功能或形状结构有新创造的设计，可选择获得实用艺术作品著作权保护或者外观设计专利权保护。对实用功能或形状结构没有新创造的设计，则仅可能获得实用艺术作品著作权保护，不能获得外观设计专利权保护。例如，仅表达装饰作用的花瓶、首饰设计、艺术玻璃、瓷砖、壁纸、地毯、纺织品（面料、花边、服装制品），由于实用功能或形状结构没有新创造，不应当授予外观设计专利权。同时，如图1－9所示的首饰收纳摆件、瓷砖和塑身裤在实用功能或形状结构上具有新创造，可以授予外观设计专利权。具体而言，首饰收纳摆件具有装饰作用和收纳首饰功能，可以获得外观设计专利权保护；对表面图案不同、整体结构突破以往的瓷砖设计，如果能够实现贴合墙面的功能，那么可以获得外观设计专利权保护；塑身裤是一种功能性的服装，其上的纹理和结构设计能达到塑形的功能，不同于一般的仅供穿着的服装，可以获得外观设计专利权保护。

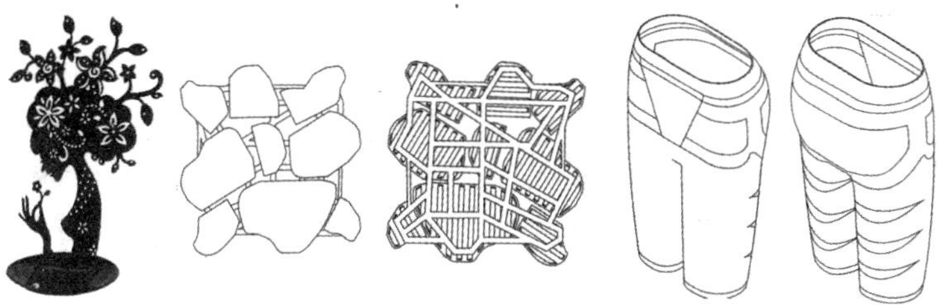

图1－9　可以选择获得实用艺术作品著作权或外观设计专利权保护的设计示例

六、本节小结

由于知识产权的权利客体具有非物质性，因此外观设计专利权易与其他知识产权发生竞合与冲突，尤其是与实用艺术作品的著作权、商业外观的商标权和基于反不正当竞争法保护的合法权益等。伴随着我国司法实践的进展，上述权利竞合与冲突的问题日益严重。同时，外观设计专利权与其他相关知识产权之间亦存在一定差别，需要在权利客体方面有所区分。借鉴美国、英国、德国和法国的法律经验，除了法国给予完全重叠的保护之外，其他国家均在外观设计专利权的权利客体方面与其他知识产权加以区分。立足外观设计专利权与其他知识产权关系的法理分析和政策分析，完善我国外观设计客体审查是解决上述问题的关键所在。画作、书法、装饰艺术品等纯属著作权法保护的产品外观设计和标识、包装标贴、包装盒、包装袋、店面装饰装潢等纯属商标法和反不正当竞争法保护的产品外观设计，不应当属于外观设计专利制度的保护客体，同时，对实用功能或形状结构有新创造的设计，可选择获得实用艺术作品著作权保护或者外观设计专利权保护。

第二章　申请篇：外观设计专利的申请与审查

我国外观设计专利申请量和授权量持续增加。1993 年，我国外观设计申请量超过 1 万件；1997 年，我国外观设计申请量超过 3 万件；2000 年，我国外观设计申请量超过 5 万件；2004 年，我国外观设计申请量超过 10 万件。2013 年，我国外观设计专利申请量已经达到 65. 96 万件，外观设计授权量达到 41. 25 万件。如图 2 – 1 所示。根据世界知识产权组织的统计，我国外观设计申请量全球占比从 2007 年的 34. 8% 提高到 2012 年的 54% 。

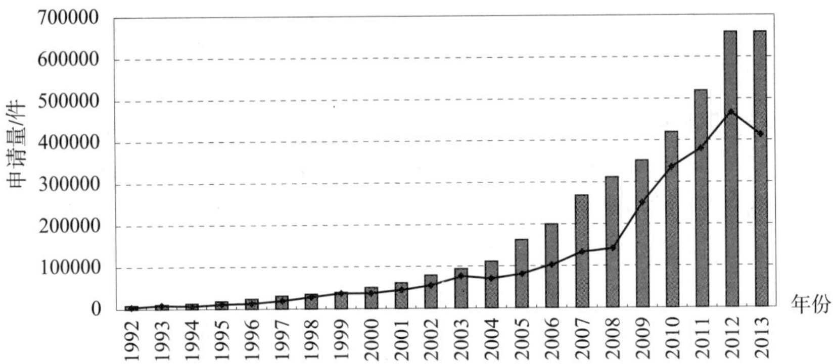

图 2 – 1　1992 ~ 2013 年我国外观设计专利申请量和授权量增长情况

随着我国外观设计专利申请量的增加，我国外观设计专利申请已经成为在数量上与发明专利申请、实用新型专利申请基本持平的专利申请类型，参见图 2 – 2。2011 年，我国外观设计专利申请量达到 52. 1 万件。与之对比，2011 年，发明专利申请量和实用新型专利申请量为 52. 6 万件和 58. 5 万件。2012 年，我国外观设计专利申请量达到65.7万件。与之对比，2012年，发明专利申请量和实用新型专利申请量分别达到65.2万件和74万件。应当说，外观设计专利申请是获得外观设计专利权保护的基础，因此，需要在外观设计专利申请量持续增加的前提下，通过外观设计申请制度的优化和外观设计初步审查制度的运用，提高外观设计专利质量。立足第一章关于外观设计概念和基本特征描述以及与其他知识产权的区别，本部分深入讨论外观设计保护客体的判断和外观设计清楚的表达判定，并对外观设计合案申请制度、外观设计专利申请文件的修改制度以及外观设计优先权制度的法律适用加以分析。

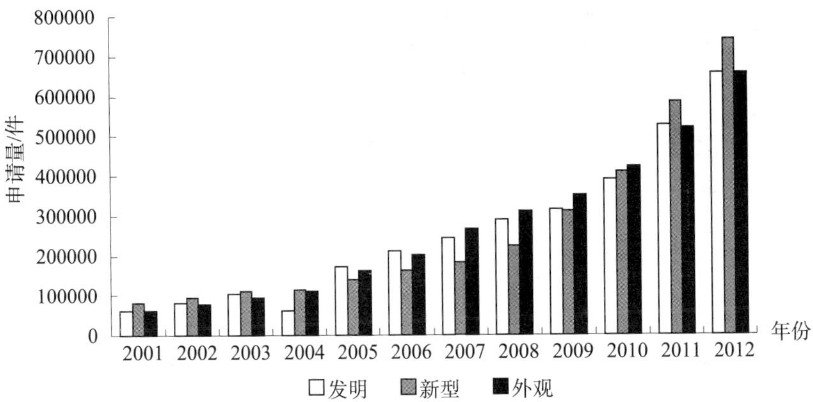

图2-2 2001~2012年我国发明、实用新型和外观设计专利申请量对比情况

第一节 外观设计专利申请文件与初步审查制度概述

《专利法》第27条规定："申请外观设计专利的，应当提交请求书、该外观设计的图片或者照片以及对该外观设计的简要说明等文件。申请人提交的有关图片或者照片应当清楚地显示要求专利保护的产品的外观设计。"本条是与《专利法》第26条相平行的条文，规定了申请外观设计应当提交的申请文件。外观设计与发明或者实用新型相比具有根本性的不同，外观设计专利制度的保护客体是设计方案，不同于发明或者实用新型的保护客体——技术方案。《专利法》第40条规定：“实用新型和外观设计专利申请经初步审查没有发现驳回理由的，由国务院专利行政部门作出授予实用新型专利权或者外观设计专利权的决定，发给相应的专利证书，同时予以登记和公告。实用新型专利权和外观设计专利权自公告之日起生效。”可见，根据《专利法》第40条以及第34条的规定，发明、实用新型和外观设计专利申请均需要进行初步审查，不同之处在于，发明专利申请经过初步审查之后即予以公布，但不立即授予发明专利权，是否授予发明专利权需要经过之后的包含检索在内的实质审查步骤加以确定；外观设计或者实用新型专利申请经过初步审查合格之后，即授予外观设计或者实用新型专利权。本部分首先分析外观设计申请文件的基本构成，然后详细分析外观设计专利申请的审查制度。

一、外观设计申请文件的构成

根据现行《专利法》第27条第1款规定，外观设计申请文件包括请求书、图片或者照片、简要说明。1984年制定的《专利法》、1992年修改的《专利法》和2000年修改的《专利法》第27条均规定，“申请外观设计专利的，应当提交请求书以及该外观设计的图片或者照片等文件，并且应当写明使用该外观设计的产品及其所属的类别。”可见，2008年修改的《专利法》对本条进行了修改，修改之处在于：一是删除了修改前的外观设计申请文件“应当写明使用该外观设计的产品及其所属的类别”的要求；二是规定了外观设计专利申请文件必须提交简要说明；三是对外观设计专利申请的图片或者照片提出了实质性的要求，均要达到“清楚地显示要求专利保护的产品的外观设计”的程度。

（一）请求书

申请外观设计专利应当提交请求书，其是向国家知识产权局标识请求授予外观设计专利权的愿望的文件。2010 年修改前的《专利法实施细则》对外观设计专利申请请求书的撰写要求没有明确规定，2010 年修改后的《专利法实施细则》第 16 条对发明、实用新型和外观设计专利申请请求书的撰写内容作出了统一要求，明确规定："发明、实用新型或者外观设计专利申请的请求书应当写明下列事项：（一）发明、实用新型或者外观设计的名称；（二）申请人是中国单位或者个人的，其名称或者姓名、地址、邮政编码、组织机构代码或者居民身份证件号码；申请人是外国人、外国企业或者外国其他组织的，其姓名或者名称、国籍或者注册的国家或者地区；（三）发明人或者设计人的姓名；（四）申请人委托专利代理机构的，受托机构的名称、机构代码以及该机构指定的专利代理人的姓名、执业证号码、联系电话；（五）要求优先权的，申请人第一次提出专利申请（以下简称"在先申请"）的申请日、申请号以及原受理机构的名称；（六）申请人或者专利代理机构的签字或者盖章；（七）申请文件清单；（八）附加文件清单；（九）其他需要写明的有关事项。"外观设计专利请求书基本情况如图 2－3 所示。[1]

外观设计专利请求书应当载明"使用外观设计的产品名称"。"使用外观设计的产品名称"的作用在于，对图片或者照片中表示的外观设计所应用的产品种类具有一定的说明作用。因为外观设计确权和侵权判定中均需要考虑"相同或者相近的产品种类"，因此，使用外观设计的产品名称可以用于结合考虑对图片或者照片中表示的外观设计所应用的产品种类。"使用外观设计的产品名称"的撰写要求是，产品名称应当与图片或者照片中表示的外观设计相符合，应当准确、简明地表明要求保护产品的外观设计，一般应当符合国际外观设计分类表中小类列举的名称，不得超过 20 个字。

---

[1] 张咪．外观设计专利申请实用资料手册［M］．2 版．北京：知识产权出版社，2011．

外观设计专利请求书

请填写"注意事项"■■■■■■

■■■■■■■■

①使用外观设计的产品名称 ■■

①申请号（外观设计）

②分案提交日

①设计人

③申请日

④■■■■

①第一设计人国籍　居民身份证件号码

⑤挂号号码

①申请人

申请人（1）

姓名或名称

电话

居民身份证件号码或组织机构代码

电子邮箱

■■或注册■■（地区）　■■居所或营业■■■■

邮政编码　■■地址

申请人（2）

姓名或名称

电话

居民身份证件号码或组织机构代码

■■或注册■■（地区）　■■居所或营业■■■■

邮政编码　■■地址

申请人（3）

姓名或名称

电话

居民身份证件号码或组织机构代码

■■或注册■■（地区）　■■居所或营业■■■■

邮政编码　■■地址

①联系人

姓　名　电话　电子邮箱

邮政编码　■■地址

①代表人为非■■■■名申请人时声明　■■■■__■■申请人为代表人

①专利代理机构

名称　机构代码

代理人（1）

姓　名

专业证号

电　话

代理人（2）

姓　名

专业证号

电　话

①分案申请

原申请号

针对的分案申请号

原申请日　年　月　日

图 2-3　外观设计专利请求书示例

外观设计专利请求书中的“使用外观设计的产品名称”应当避免下述情形：含有人名、地名、国名、单位名称、商标、代号、型号或以历史时代命名的产品名称，概括不当、过于抽象的名称，描述技术效果、内部构造的名称，附有产品规格、大小、规模、数量单位的名称，以外国文字或无确定的中文意义的文字命名的名称。同时，需要考虑的是，已经众所周知并且含义确定的文字可以使用。例如，“景德镇瓷壶”“文具”“节油发动机”“34 英寸电视机”“克莱斯酒瓶”等不能作为外观设计产品名称，但是“MP3 播放器”“LED 灯”“节能灯”等可以作为外观设计产品名称。

2008 年《专利法》修改之前，还要求外观设计专利申请写明使用该外观设计的产品所属的类别。其中，该外观设计产品所属的类别是根据《国际外观设计分类表》确定的产品类别。由于外观设计的分类具有较为特殊的分类规则，要求申请人写明外观设计的产品所属类别具有一定困难，即使写明了也不一定准确，不能代替国家知识产权局的专职人员对外观设计专利申请的所属类别逐一进行核实确认，与之相对应，发明和实用新型专利申请也需要依据《国际专利分类表》确定其分类位置，然而《专利法》和《专利法实施细则》并未要求申请人自己写明其发明或者实用新型的所属类别，因此，2008 年修改《专利法》时删除了本条这一规定。[1]

（二）图片或者照片

《专利法》第 59 条第 2 款规定：“外观设计专利权的保护范围以表示在图片或者照片中的该产品的外观设计为准，简要说明可以用于解释图片或者照片所表示的该产品的外观设计。”可以说，外观设计专利与发明专利、实用新型专利相比，外观设计专利的图片或者照片既起到了“说明书”的作用，也起到了“权利要求书”的作用，这是外观设计专利与发明专利、实用新型专利之间的明显区别，同时也使得图片或者照片成为外观设计专利申请文件和专利

[1] 尹新天．中国专利法详解［M］．北京：知识产权出版社，2011：373．

文件中最为重要的部分。[1]

2008年修改前的《专利法》对发明和实用新型专利申请的权利要求书和说明书作出了实质性的要求（例如《专利法》第26条第3款、第4款），但是对外观设计专利申请的图片或者照片的绘制、拍摄并未提出相应的实质性要求。2010年修改前的《专利法实施细则》第27条规定，“依照《专利法》第27条规定提交的外观设计的图片或者照片，不得小于3厘米×8厘米，并不得大于15厘米×22厘米。同时请求保护色彩的外观设计专利申请，应当提交彩色图片或者照片一式两份。申请人应当就每件外观设计产品所需要保护的内容提交有关视图或者照片，清楚地显示请求保护的对象。”但是，该条文仅仅是外观设计专利申请初步审查过程中的审查条款之一，并非授予外观设计专利权之后请求宣告无效的理由。因此，2008年修改后的《专利法》增加了第27条第2款的规定，同时将《专利法实施细则》第27条修改为“申请人请求保护色彩的，应当提交彩色图片或者照片。申请人应当就每件外观设计产品所需要保护的内容提交有关图片或者照片。”可见，第三次《专利法》及《专利法实施细则》修改时，考虑到由于外观设计电子申请越来越普遍，关于图片或者照片尺寸的要求已无意义，因此删除了外观设计图片或者照片尺寸的要求，同时调整一些表述。

对外观设计专利申请图片或者照片的要求，最核心的是清楚表达，亦即清楚地显示要求专利保护的产品的外观设计。这一点在本章第三节详细讨论。

（三）简要说明

（1）外观设计的简要说明在专利法修改前后的比较。2008年修改前的《专利法》，明确要求外观设计专利申请文件“应当写明使用该外观设计的产品及其所属的类别”，但是没有明确规定在哪一个申请文件中予以说明。2010年修改前的《专利法实施细则》

[1] 尹新天．中国专利法详解［M］．北京：知识产权出版社，2011：374．

第 28 条要求，申请外观设计专利的，必要时应当写明对外观设计的简要说明。外观设计的简要说明应当写明使用该外观设计的产品的设计要点、请求保护色彩、省略视图等情况。简要说明不得使用商业性宣传用语，也不能用来说明产品的性能。同时，2008 年修改前的《专利法》规定外观设计专利权的保护范围以表示在图片或者照片中的外观设计产品为准。2008 年修改后的《专利法》赋予外观设计专利申请的简要说明以明确的法律地位，亦即“简要说明可以用于解释图片或者照片所表示的该产品的外观设计”。与之配合，外观设计简要说明不再是可有可无，在专利申请人认为必要时才予以提交。外观设计简要说明成为必要的专利申请文件。2010 年修改后的《专利法实施细则》第 28 条进一步要求，“外观设计的简要说明应当写明外观设计产品的名称、用途，外观设计的设计要点，并指定一幅最能表明设计要点的图片或者照片。省略视图或者请求保护色彩的，应当在简要说明中写明。对同一产品的多项相似外观设计提出一件外观设计专利申请的，应当在简要说明中指定其中一项作为基本设计。简要说明不得使用商业性宣传用语，也不能用来说明产品的性能。”《专利法实施细则》第 28 条并非外观设计简要说明内容的完整性列举，专利申请人可以根据具体情况的需要写入对确定其保护范围有用的其他信息。

（2）外观设计简要说明的内容。外观设计简要说明应当写明的内容包括，外观设计产品的名称、外观设计产品的用途、外观设计的设计要点，并指定一幅最能表明设计要点的图片或者照片。其中，外观设计产品的名称应当与请求书中的产品名称一致，外观设计简要说明中写明的产品用途有助于确定产品类别，所指定的图片或者照片用于出版专利公报。必要时，外观设计简要说明应当写明：请求保护色彩或者省略视图的情况；对同一产品的多项相似外观设计提出一件外观设计专利申请的，应当在简要说明中指定其中一项作为基本设计；对于花布、壁纸等平面产品，应当描述平面产品中的单元图案两方连续或四方连续等而无限定边界的情况；对于细长物品，应当写明细长物品的长度采用省略画法；产品由透明材料或者具有特殊视觉效果的新材料制成，必要时应当写明；对于成套产品，必要时应当写明各套件所对应的产品名称。

（3）外观设计简要说明的法律地位。根据《专利法》第59条的规定，外观设计简要说明是确定外观设计专利权保护范围的参考，是判断外观设计专利申请是否充分公开的参考，是判断外观设计与现有设计是否相同或者实质相同以及与现有设计或者现有设计的特征组合相比是否具有明显区别的参考，是判断外观设计与被控侵权设计是否相同或者相近似的参考。首先，简要说明中对外观设计产品的名称、用途、设计要点、视图省略情况以及色彩保护情况的说明，直接关系到外观设计专利权的保护范围，外观设计简要说明可以用于解释图片或者照片。其次，在外观设计专利申请文件省略部分视图的情况下，简要说明应当说明视图省略情况，省略的是哪面视图以及省略的原因。如果简要说明未能就视图省略情况充分说明，那么可能导致外观设计专利申请因为视图不完整、未能清楚表达该外观设计而得以驳回，获得授权的外观设计因为这些原因而被宣告无效。最后，外观设计简要说明关于设计要点的描述、关于是否请求保护色彩的界定等对外观设计无效宣告请求的审查和对外观设计专利侵权的判定具有重要参考作用。

（4）外观设计简要说明中的设计要点。设计要点，是指与现有设计相区别的产品的形状、图案及其结合，或者色彩与形状、图案的结合，或者与现有设计相区别的部位。例如，如果产品的形状是一种新的设计，那么设计要点可以写作“设计要点在于产品的形状”；如果产品的图案是一种新的设计，例如纺织品图案，那么设计要点可以写作“设计要点在于主视图上的图案”；如果产品的某个部位的设计是新的，那么可以写作“设计要点在于某部位”。

二、外观设计审查制度国际比较

（1）美国外观设计审查制度。1842年，美国将外观设计纳入

《美国专利法》的保护范围。根据1952年《美国专利法》的规定，对实用专利、外观设计专利和植物专利三种专利进行保护，对外观设计专利申请实行实质审查制。根据《美国专利审查程序手册》(*Manual of Patent Examining Procedure*, *MPEP*)[1] 2014年3月第9版第1504节的规定，外观设计专利申请需要具备装饰性、新颖性、非显而易见性、可实现性和清楚表达性，外观设计专利申请新颖性和非显而易见性的判断需要基于相同或者相近产品类别外观设计的检索，如果审查员认为外观设计专利申请没有满足法定条件，审查员将撰写审查意见通知书阐述驳回理由。如果专利申请人提交的意见陈述书克服了审查意见通知书指出的缺陷，该专利申请可以获得授权。

（2）日本、韩国外观设计审查制度。日本外观设计保护采用单独立法，实行实审制。韩国的外观设计保护采用单独立法，韩国对外观设计采用外观设计实质审查登记制度和外观设计非实质审查登记制度并行的方法，二者专利权效力相同。外观设计实质审查，是指对外观设计申请进行所有授权要件的审查之后，给予登记的制度。经过审查的外观设计就不再为异议程序而被公布，在注册时直接在“审查（实质性审查）系统下的外观设计注册发布”公报上公开。外观设计非实质审查，是1998年3月1日韩国修改《外观设计注册法》时增加的审查系统。是指对规定的形式审查登记对象进行简单的审查而给予登记的制度。审查员仅进行形式上的审查及是否扰乱公共秩序或公德的审查。在申请人缴纳登记费后，在“形式审查（非实质性审查）系统下的外观设计注册发布”公报上公开。外观设计非实质审查申请的对象是寿命周期较短的产品，有如下5类：B1（衣物）、C1（床单、地板席子、帷幕）、F3（办公用纸、印刷品）、F4（包装纸、包装容器）、M1（纺织物等）。在成套物品外观设计申请物品中属于形式审查登记的只有下列4种：女

[1] USPTO. Manual of Patent Examining Procedure (MPEP). Ninth Edition, March 2014 [EB/OL]. [2014-08-01]. http://www.uspto.gov/web/offices/pac/mpep/index.html.

性韩服套装、男性韩服套装、女性内衣套装、床上用品套装。因为非实质审查，仅对一部分授权要件进行审查，因此授权之后成为异议申请的对象，即任何人都可以在登记公告之日起3个月内对其专利权提起异议申请。异议申请的时候，如果是复数外观设计专利权，可以就每一个外观设计提出异议申请。

（3）欧共体外观设计审查制度。按照《欧盟理事会共同体外观设计保护条例》的规定，共同体外观设计权可有两种保护形式：注册制共同体外观设计和未注册制共同体外观设计。未注册制共同体外观设计无须提交注册申请，自该外观设计在欧共体内首次为公众可获得（通过出版、展览、销售等方式披露，为相关行业的专业人士所知）之日起，即享有3年保护期。因其保护期短，适合较流行的产品设计。注册制共同体外观设计必须向欧盟内部市场协调局或通过欧盟成员国的工业产权局提出注册申请，世界上任何国家的自然人或法人都可以提出申请。经欧盟内部市场协调局形式审查合格，予以注册。经形式审查合格的外观设计申请即予注册并公布，不进行实质审查。

三、我国外观设计初步审查制度概况

根据我国《专利法》第40条规定，“实用新型和外观设计专利申请经初步审查没有发现驳回理由的，由国务院专利行政部门作出授予实用新型专利权或者外观设计专利权的决定，发给相应的专利证书，同时予以登记和公告。实用新型专利权和外观设计专利权自公告之日起生效。”可见，我国外观设计专利制度采用初步审查制度。在初步审查制度下，外观设计的申请、审查与保护程序包括，外观设计专利申请的受理、分类、初步审查、授权及公告与授权后保护等。下面重点介绍其中的两个程序：外观设计专利申请的分类、外观设计专利申请的初步审查。

外观设计专利申请的分类主要针对产品，其目的在于，确定外观设计产品的类别属性，对外观设计专利进行归类管理，便于对外观设计专利进行检索查询，按照分类号顺序编排和公告外观设计专利文本。1968 年 10 月 8 日，《巴黎公约》全体成员国在瑞士洛迦诺召开外交会议，缔结了《建立工业品外观设计国际分类洛迦诺协定》（以下简称《洛迦诺协定》），《洛迦诺协定》规定了工业品外观设计的国际分类法，制定了《国际外观设计分类表》（《洛迦诺分类表》）。《洛迦诺协定》要求其成员国采用统一的外观设计分类法（国际外观设计分类法），各成员国保留将国际外观设计分类法作为主要的分类体系或者作为辅助的分类体系使用的权利，国际外观设计分类法纯属管理性质。各成员国对本国给予外观设计专利保护的性质和范围不受国际外观设计分类法的约束。截至 2014 年 9 月，《洛迦诺协定》成员国达到 54 个。世界知识产权组织、欧洲内部市场协调局和非洲知识产权组织等也在使用。《国际外观设计分类表》现使用第九版。1996 年 9 月 19 日，我国加入《洛迦诺协定》，采用《国际外观设计分类表》作为外观设计专利申请分类的基本依据。《国际外观设计分类表》（第九版）的三级结构是“大类号—小类号—产品项”，目前包括 32 个大类、219 个小类和 7024 个具体产品项。外观设计分类的主要依据是，产品名称、图片或者照片、简要说明中记载的产品用途。外观设计分类的主要方法是，一般应遵循用途原则，先大类后小类的顺序进行，产品的零部件，除有专属类别的分到专属类别之外，其他分到其上位产品所属的类别。例如，“带有收音机的闹钟”，其分类号为 LOC（9）Cl. 10－01；14－03。目前，我国外观设计专利申请分类最大的问题在于，各小类数据量分布不均衡（如图 2－4 所示），使得外观设计专利按类别检索不够便利。笔者认为，我国外观设计专利申请分类体系的优化思路在于，采用用途、功能、形态特征和图案特征作为细分的依据，对现行的洛迦诺分类表进行细分，建立基于洛迦诺分类体系的中国外观设计分类体系。亦即，通过用途、功能、形态特征和图案特征的增加，使得各小类数据量尽量均衡，同时促进提高检索小类。

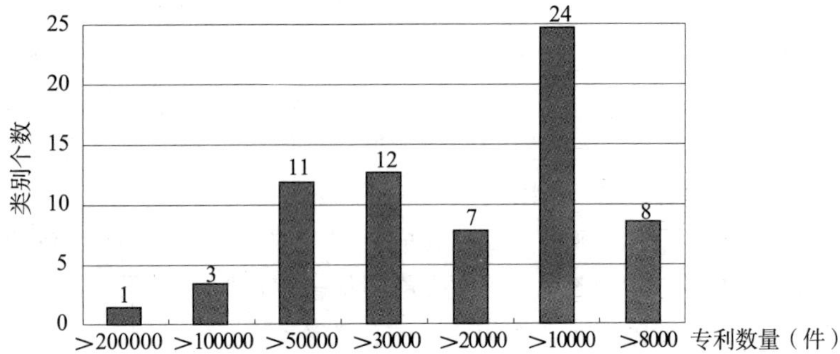

图 2－4　分类别外观设计专利数量

外观设计初步审查的对象是设计，主要判断设计是否符合《专利法》以及《专利法实施细则》的相关规定。外观设计专利申请初步审查的基本原则包括，一是保密原则，审查员在专利申请的审批程序中，对于尚未公告的外观设计专利申请和与专利申请有关的其他内容，以及案卷中其他不适宜公开的信息，审查员负有保密的责任。二是书面审查原则，审查员应当以申请人提交的书面文件为基础进行审查，审查意见（包括补正通知）和审查结果应当以书面形式通知申请人。初步审查程序中，原则上不进行会晤。三是听证原则，审查员在作出驳回决定之前，应当将驳回所依据的事实、理由和证据通知申请人，至少给申请人一次陈述意见和/或修改申请文件的机会；驳回决定时，驳回决定所依据的事实、理由和证据，应当是已经通知过申请人的，不得包含新的事实、理由和/或证据。四是程序节约原则，在符合规定的情况下，审查员应当尽可能提高审查效率、缩短审查过程；尽量全面审查，在一次通知书中指出全部缺陷；对于可依职权修改克服的缺陷，可以不发补正通知书。如果外观设计专利申请符合初步审查的所有要求，那么发出授予专利权通知书。如果外观设计专利申请文件存在需要补正的内容，那么发出补正通知书；如果外观设计专利申请文件存在明显实质性缺陷，那么发出审查意见通知书，要求专利申请人予以答复和/或对专利申请文件进行修改。如果外观设计专利申请存在明显的实质性缺陷，或者同一缺陷补正两次后仍没有消除，那么可以驳回外观设计专利申请。

四、我国外观设计初步审查范围

根据《专利法》第 34 条和第 40 条的规定，对发明、实用新型和外观设计专利申请均要进行初步审查，不同之处在于，发明专利申请经初步审查合格之后将予以公布，但不立即授予发明专利权，能否授予发明专利权还需要经过随后进行的专利实质审查程序加以确定；实用新型和外观设计专利申请经过初步审查合格后则直接授予专利权。《专利法实施细则》第 44 条的规定：《专利法》第 34 条和第 40 条所称初步审查，是指审查专利申请是否具备《专利法》第 26 条或者第 27 条规定的文件和其他必要的文件，这些文件是否符合规定的格式，并审查下列各项：……（三）外观设计专利申请是否明显属于《专利法》第 5 条、第 25 条第 1 款第（6）项规定的情形，是否不符合《专利法》第 18 条、第 19 条第 1 款或者本细则第 16 条、第 27 条、第 28 条的规定，是否明显不符合《专利法》第 2 条第 4 款、第 23 条第 1 款、第 27 条第 2 款、第 31 条第 2 款、第 33 条或者本细则第 43 条第 1 款的规定，是否依照《专利法》第 9 条规定不能取得专利权；（四）申请文件是否符合本细则第 2 条、第 3 条第 1 款的规定。国务院专利行政部门应当将审查意见通知申请人，要求其在指定期限内陈述意见或者补正；申请人期满未答复的，其申请视为撤回。申请人陈述意见或者补正后，国务院专利行政部门仍然认为不符合前款所列各项规定的，应当予以驳回。可见，我国外观设计专利申请的初步审查，主要包括申请文件的形式审查、申请文件明显实质性缺陷的审查、其他文件的形式审查和有关费用的审查，申请文件的形式审查，主要是审查专利申请是否具备《专利法》第 26 条或者第 27 条规定的文件；其他文件的形式审查，主要是审查其他必要的文件；申请文件明显实质性缺陷的审查，主要是审查《专利法实施细则》第44条第1款第（3）项列举的明显实质性缺陷。

《专利审查指南2010》进一步将外观设计专利申请初步审查的范围明确为："申请文件的形式审查，包括专利申请是否具备《专利法》第27条第1款规定的申请文件，以及这些文件是否符合《专利法实施细则》第2条、第3条第1款、第16条、第27条、第28条、第29条、第35条第3款、第51条、第52条、第119条、第121条的规定。申请文件的明显实质性缺陷审查，包括专利申请是否明显属于《专利法》第5条第1款、第25条第1款第（6）项规定的情形，或者不符合《专利法》第18条、第19条第1款的规定，或者明显不符合《专利法》第2条第4款、第23条第1款、第27条第2款、第31条第2款、第33条，以及《专利法实施细则》第43条第1款的规定，或者依照《专利法》第9条规定不能取得专利权。其他文件的形式审查，包括与专利申请有关的其他手续和文件是否符合《专利法》第24条、第29条第1款、第30条，以及《专利法实施细则》第6条、第15条第3款和第4款、第30条、第31条、第32条第1款、第33条、第36条、第42条、第43条第2款和第3款、第45条、第86条、第100条的规定。有关费用的审查，包括专利申请是否按照《专利法实施细则》第93条、第95条、第99条的规定缴纳了相关费用。"

这其中最为关键的法律问题在于，如何理解《专利法实施细则》第44条规定的"申请人陈述意见或者补正后，国务院专利行政部门仍然认为不符合前款所列各项规定的，应当予以驳回"。亦即，其中"前款所列各项规定"的明确含义是否限制在所列举条款范围之内。《专利审查指南2010》显然有所突破，例如，《专利审查指南2010》将《专利法实施细则》第121条作为外观设计初步审查的范围，这一条文在《专利法实施细则》第44条并未列入。同时，《专利法实施细则》第121条有关各类申请文件应当打字或者印刷、字迹呈黑色、整齐清晰并不得涂改，可以看作《专利法》

第27条第2款规定的细化，如果狭义字面解释《专利法实施细则》第44条，不认定其属于外观设计初步审查的范围，那么显然不当。同时，也不宜对《专利法实施细则》第44条做过度的扩张性解释，使得其涵盖外观设计专利申请的所有要求。如何把握《专利法实施细则》第44条的解释范围，应当根据《专利法》第26条、第27条的规定加以把握。同时，建议在下一次《专利法》以及《专利法实施细则》的修改中对《专利法实施细则》第44条进一步修改明确。

这其中涉及的另外一个法律问题在于，“补正”的法律地位以及“补正”与“修改”之间的关系。《专利法》中只提到了专利申请文件的修改，并没有提出专利申请文件的补正，《专利法实施细则》第44条第2款提出了“补正”的概念，《专利审查指南2010》则进一步区分了补正通知书和审查意见通知书。从《专利法实施细则》第44条的字面表述来看，“国务院专利行政部门应当将审查意见通知申请人，要求其在指定期限内陈述意见或者补正”，审查意见通知似乎应当包含补正通知，二者加以严格区分的必要性值得商榷。同时，“补正”也属于“修改”，应当符合《专利法》第33条有关修改的要求。

五、外观设计专利审查制度的未来

目前，美国、日本等对外观设计实施实质审查，欧盟等对外观设计实施形式审查。事实上，美国也一直存在借鉴版权保护制度对外观设计实行登记制的建议，亦即不进行实质审查而直接登记注册，在很大程度上缓解审查周期过长以及审查门槛过高的问题，[1]例如，服装等行业的生命周期明显很短，根本无法承受专利审查周

---

[1] DAVID GOLDENBERG. The Long and Winding Road, A History of the Fight over Design Protection in the United States [J]. 45 Journal of the Copyright Society of the U. S. A. 21, 27 Fall, 1997.

期过长的负担。[1] 这一观点建构在外观设计保护方向是工业产品的装饰性特征这一观点基础之上，从而使得外观设计的保护客体和保护方式更接近版权，但是这一立法方向显然在美国实践中没有获得成功。美国曾探索“立法试点”，针对不同行业采用不同的外观设计专利审查制度，例如自 2006 年起美国国会提出的 7 个旨在加强服装设计保护的特殊法案《美国禁止仿冒设计法案》，[2] 然而上述尝试多数因为国会换届等原因未能实现。[3] 在针对特定行业的单独立法方面有限的几个立法突破，例如 1998 年美国国会颁布的《美国船舶的船体设计保护法案》，效果较为成功。美国的经验表明，外观设计审查制度似乎应当根据每个行业的特点采取不同的制度安

---

❶ RAYMOND L. WALTER. A ten year Survey of Design Patent Litigation [J]. 35 J. Pat. Off. Society 389, 404 (1953).

❷ 2006 年 3 月，第 1 个《美国禁止仿冒设计法案》提交众议院，《美国禁止仿冒设计法案》旨在通过修改《美国法典》(U. S. Code) 第 17 编第 13 章，即“版权”编中的“原创设计保护”一章，给予时尚设计产品 3 年的保护期；同时，规定了一系列诸如“知道要件”“独立设计抗辩”、侵权赔偿额度等具体事项。《美国禁止仿冒设计法案》的发起者认为，美国服装行业每年可以产生超过 3500 亿美元的销售额，不但为美国政府带来大量税收，还为美国经济和就业率作出了巨大贡献。但是，进行服装设计的一方却未能享有足够的知识产权保护，服装行业存在大量的抄袭与模仿行为。这种状况，与欧盟在这一领域的保护水平相去甚远。因此，《美国禁止仿冒设计法案》的提出及其最终立法，能够为“本国真正具有原创力和创新精神的团体带来利益平衡，同时能激发时尚界的创造力和避免不必要的诉讼，并使美国能够长期保持其在这一行业中的世界领先地位”。由于《美国禁止仿冒设计法案》涉及多方利益，许多行业协会如加州时装协会 (California Fashion Association)、美国时装设计师理事会 (Council of Fashion Designers of America)、美国服装和鞋类协会 (American Apparel & Footwear Association) 等，自《美国禁止仿冒设计法案》被提交之初便积极参与斡旋，以便为协会会员争取到最大限度的利益。最近一次的相关法案是 S. 3523 号议案。2012 年 9 月，参议院专门委员会将 S. 3523 号议案上报至参议院，虽然被参议院列入议程，但最终未能得到多数议员的同意而进入议员席审议阶段。

❸ DAVID GOLDENBERG. The Long and Winding Road, A History of the Fight over Design Protection in the United States [J]. 45 Journal of the Copyright Society of the U. S. A. 38 - 44 Fall, 1997.

排才能较好地达到振兴产业的目的。[1]

我国对外观设计实施初步审查，同时建立了外观设计评价报告制度。截至2012年7月底，我国已经受理外观设计评价报告请求882份，完成755份，其中肯定结论613份、否定结论136份。可以说，外观设计评价报告制度在审理、处理侵权纠纷中具有证据作用。也就是说，我国目前采取初步审查制度与评价报告制度协同运行的方式保证外观设计专利授权质量。

近期而言，我国外观设计专利审查制度的优化方向在于，扩大外观设计专利申请初步审查范围。社会期待进一步提高外观设计专利质量，建议逐步扩大外观设计初步审查范围，将明显构成权利冲突、明显不具有新颖性、明显与现有设计和公知设计的特征组合相比不具有明显区别、明显构成现有设计的转用等情形纳入外观设计初步审查范围，针对类似图2－5所示的情形在初步审查过程中予以驳回。

图2－5 明显实质性缺陷示例（书包、储藏柜、烟灰缸）

[1] DAVID GOLDENBERG. The Long and Winding Road, A History of the Fight over Design Protection in the United States [J]. 45 Journal of the Copyright Society of the U. S. A. 21 Fall, 1997.

中期而言，我国外观设计专利审查制度的优化方向在于，建立外观设计实质审查制度。在完善外观设计初步审查制度的基础上，建议在《专利法》以及《专利法实施细则》修改中考虑和论证将外观设计评价报告制度演变成为外观设计实质审查制度，针对外观设计专利申请进行实质审查，在实质审查过程中除了审查目前初步审查的相关内容之外，还需要通过检索等方式判断外观设计专利申请是否符合《专利法》第23条的规定。

长期而言，我国外观设计专利审查制度的优化方向在于，建立外观设计登记注册与实质审查并行的审查制度，同时针对外观设计专利申请量集中的产品类别设立不同审查制度。未来，可以考虑建立类似欧盟非注册制外观设计制度的登记注册制外观设计制度，针对产品生命周期较短的外观设计给予创新主体更多制度选择，可以申请登记注册制外观设计，针对该类外观设计申请不进行实质审查，仅仅采取登记注册的方式，赋予与其他外观设计专利权相比较短的保护期限和较弱的保护效力。同时，针对不同行业特点设立不同类别产品外观设计的新颖性和创造性判定标准。

六、本节小结

外观设计的申请文件包括请求书、图片或者照片、简要说明。外观设计专利请求书应当载明“使用外观设计的产品名称”。外观设计专利申请图片或者照片要清楚地显示要求专利保护的产品的外观设计。外观设计简要说明应当写明的内容包括，外观设计产品的名称、外观设计产品的用途、外观设计的设计要点，并指定一幅最能表明设计要点的图片或者照片，外观设计简要说明是确定外观设计专利权保护范围的参考，是判断外观设计专利申请是否充分公开的参考，是判断外观设计与现有设计是否相同或者实质相同以及与现有设计或者现有设计的特征组合相比是否具有明显区别的参考，是判断外观设计与被控侵权设计是否相同或者相近似的参考。就外观设计审查制度的未来发展而言，建议近期扩大外观设计专利申请初步审查范围，中期建立外观设计实质审查制度，长期建立外观设计登记注册与实质审查并行的审查制度，同时针对外观设计专利申请量集中的产品类别设立不同审查制度。

第二节 外观设计保护客体的判断

《专利法》第2条第4款规定，“本法所称的外观设计，是指对产品的形状、图案或者其结合以及色彩与形状、图案的结合所作出的富有美感并适于工业应用的新设计。”同时，《专利法》第25条将“对平面印刷品的图案、色彩或者二者的结合作出的主要起标识作用的设计”排除在外观设计保护客体之外。下面结合这两个条文对外观设计保护客体加以分析。2008年《专利法》修改前，该条规定在《专利法实施细则》第2条第3款中。

一、法律实践解读

【案例2－1】在“接种盒”外观设计专利无效纠纷案❶中，涉案外观设计如图2－6所示。无效宣告请求人主张，接种盒安装于播种机内部，仅起到二次导种的作用，仅具有功能性作用，并且是在使用中看不见、无美感的零部件。也就是说，本专利为零部件产品，安装在机械的隐蔽部位，主要起功能性作用，不会产生美感，因此不符合2010年修改前的《专利法实施细则》第2条第3款的规定。国家知识产权局专利复审委员会认为，本专利产品为接种盒，安装于播种机内部，属于播种机的零部件，其属于在工业上可以重复批量生产的产品，可以根据播种机整体设计的需要作出形状及图案、色彩的变化，并实现其接种的功能。并且外观设计专利产品的美感不等同于美术作品、工艺品等纯美学作品的美感，因此对

❶ 参见国家知识产权局专利复审委员会第20986号无效宣告请求审查决定和北京市第一中级人民法院（2013）一中知行初字第3331号行政判决书。

于外观设计专利是否富有美感的评判标准不同于纯美学作品，况且无论是产品还是纯美学作品是否就可以带来美的主观视觉享受也是因人而异的，单凭个体的质疑不足以判定某项设计不富有美感，一般来说，只要外观设计不是极丑陋的，其形状、图案不是明显违反社会风俗，不会引起人们的憎恶与反感，即可认为其具有专利法意义上的美感。本专利为对产品形状作出的设计，也不是由功能唯一限定的形状设计，因此其符合2010年修改前的《专利法实施细则》第2条第3款有关外观设计专利客体的判断标准，合议组对请求人的主张不予支持。北京市第一中级人民法院维持上述决定。

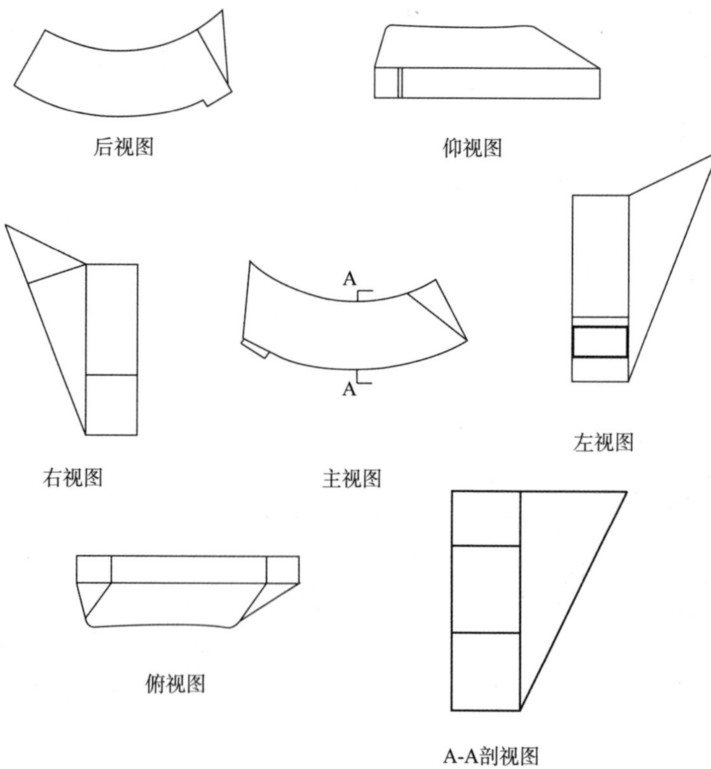

图2-6 “接种盒”外观设计专利无效纠纷案涉案外观设计

【案例2-2】在“装饰纸（银白龙石纹L26）”外观设计专利无效纠纷案[1]中，国家知识产权局专利复审委员会认为，《专利审查指南2006》第一部分第三章6.4.3（7）规定，“以自然物原有形状、图案、色彩作为主体的设计”属于不符合《专利法实施细则》第2条第3款规定而不给予外观设计专利保护的客体的情况。本案中，根据涉案专利主视图（见图2-7）可知，装饰纸产品呈方形，主体颜色为深色，纵向间隔排列断断续续的浅色细条纹，各个条纹略微弯曲，有些细条纹间距极小而组成一组粗条纹。合议组认为，该设计中的图案是以自然物大理石纹理为基础形成的，其上纵向排列的细条纹由所使用的大理石的自然属性决定，整体上不能体现设计人员的创新设计构思。由于涉案专利的图案属于以自然物原有图案作为主体的设计，整体上不属于设计人员设计出的具有自己特定创新设计的发明创造，因此涉案专利不属于外观设计专利保护的客体，故不符合2010年修改前的《专利法实施细则》第2条第3款的规定。北京市第一中级人民法院维持上述决定。

图2-7　“装饰纸（银白龙石纹L26）”外观设计专利无效纠纷案涉案专利主视图

[1] 参见国家知识产权局专利复审委员会第21608号无效宣告请求审查决定和北京市第一中级人民法院（2014）一中知行初字第2503号行政判决书。

【案例2-3】在“包装罐（B）”外观设计无效纠纷案[1]中，如图2-8所示。无效宣告请求人提出，“美国厨师”的设计是中文汉字，该文字并非外观设计要素，并非《专利法》第2条第4款所述的色彩、形状、图案或者其二者任意的组合。同时，无效宣告请求人提出，“美国厨师”不能被个人独占。因此，涉案外观设计不符合《专利法》第2条第4款和第5条的规定。另外，无效宣告请求人指出，有关“男性厨师形象”和“玉米实物”图案要素的设计都指明该专利产品所包装的食品，起到了标识性作用，对平面印刷品的图案、色彩或者二者的结合作出的主要起标识作用的设计是不授予专利权的，涉案专利不符合《专利法》第25条第1款第（6）项的规定。对此，国家知识产权局专利复审委员会认为，经查，涉案专利的包装罐为圆柱体形状，圆周面上有图案，涉案专利简要说明记载“请求保护的外观设计包含有色彩”，因此涉案专利是形状、图案与色彩的结合，图案中“美国厨师”的文字仅是图案的一个构成元素。故涉案专利符合《专利法》第2条第4款的规定。根据涉案专利的附图以及简要说明，涉案专利要求保护的是形状、图案和色彩的结合作出的设计，其中没有违反法律、社会公德或者妨碍公共利益的内容。尽管涉案专利中使用了“美国厨师”四个字，但涉案专利的实施不会构成对“美国厨师”的独占。同时，国家知识产权局专利复审委员会认为，适用《专利法》第25条第1款第（6）项规定的首要条件是设计的载体为平面印刷品，其次是其中图案、色彩或二者的结合设计主要起标识作用。就本案而言，涉案专利产品是圆柱体形状的立体产品，尽管其表面用到了平面印刷品，但显然涉案专利不属于平面印刷品，因此其符合《专利法》第25条第1款第（6）项的规定。

[1] 参见国家知识产权局专利复审委员会第20914号无效宣告请求审查决定。

图 2－8　“包装罐（B）”外观设计
无效纠纷案涉案专利主视图

二、外观设计保护客体构成要件的比较法分析

在美国，如果外观设计满足新颖性、原创性和装饰性的要求，则可以获得外观设计专利权保护。外观设计专利不需要满足实用性的要求，如果外观设计仅仅由功能考虑所决定，那么不应当被被授予专利权。美国在类似我国外观设计保护客体判断方面，主要考虑外观设计专利申请是否符合设计的定义和产品的定义。

在欧盟，外观设计是指由线条、轮廓、颜色、形状、质地和/或有产品本身的材料和/或产品装饰等特征形成的产品整体或者部分外观。欧盟外观设计注册和有效的条件是：申请针对的是指令中的“设计”，设计是新的，设计是独特的，设计不是由唯一只能依靠技术功能决定的内容组成的，设计不是机械界面，设计不违反公共政策和社会道德，申请人是该设计的权利人。欧盟在类似我国外观设计保护客体判断方面，主要考虑外观设计审定是否符合“设计”的要求以及是否由唯一只能依靠技术功能决定的内容组成的。

在日本，外观设计是指实物……的形状、模样或者色彩以及它们的结合物，即通过视觉给人美感的有形物。《日本意匠法》第 2

条规定："外观设计是指能够引起视觉上美感的物品（含物品的构成部分）的形状、图案、色彩或者其结合。"日本部分外观设计制度是1998年《日本意匠法》修改过程中增加的法律制度，上述定义括号中强调的"物品的构成部分"即指部分外观设计。日本要求外观设计专利申请具备实物性，可视性，美感性，形状、模样以及色彩，工业上可利用性；同时不能是违反公序良俗的外观设计、可能引起出处混同的外观设计以及为确保实物机能不可或缺的形状构成的外观设计。

三、外观设计保护客体构成要件的法理分析

根据《专利法》第2条第4款的规定，外观设计保护客体具有以下构成要件：产品的外观设计，产品的形状、图案或者其结合以及色彩与形状、图案的结合，富有美感，适于工业应用，新的设计，并非主要起标识作用的平面印刷品以及不属于违反法律、社会公德或者妨害公共利益的发明创造。

（一）产品的外观设计

外观设计必须以产品为依托，外观设计必须在产品上加以实现。外观设计是产品的外观设计，其载体是产品，不能脱离产品而单独存在。可以说，外观设计专利权保护的是设计而不是产品，但是该设计要应用于产品。

1. "产品"认定的比较法研究

美国、欧盟、日本等均要求外观设计必须以产品为载体，但是对"产品"的界限有不同的界定。

在美国，只有在产品上实现的设计才具有可专利性。[1] 根据《美国专利法》第171条的规定，外观设计必须体现在工业产品载体之中，并且与工业产品载体不可分离。"单独存在的图形不能获得外观设计保护，区别一个单独的图形与外观设计法上的保护客体

---

[1] 参见美国专利商标局《美国专利审查程序手册》（MPEP）第§1504.01节。

的因素是设计是否体现在工业产品上”。[1] 美国对于“产品”给予非常宽泛的解释。1909 年，美国联邦第二巡回上诉法院在 *Crier v. Innes* 案[2]中，维持产品名称为“石棺纪念碑”的外观设计专利权有效，没有接受当事人关于该石棺纪念碑是特定类型建筑物而非产品的主张。1927 年，在 *In re Hadden* 案[3]中，美国哥伦比亚上诉法院撤销了一份驳回决定，该驳回决定驳回了产品名称为“正面看台（现代体育场馆）”的外观设计专利申请。哥伦比亚上诉法院认为，尺寸和固定性并非“产品”认定的标准。1967 年，在 *In re Hruby* 案[4]中（见图2－9），涉案外观设计专利申请是喷泉的外观设计。专利审查员驳回该外观设计专利申请后，申请人向美国专利商标局复审委员会提出复审请求。大多数专利复审委员会委员认为，由于喷泉是“具有喷嘴装置的短暂作品”，因此不是产品。当事人向美国关税与专利上诉法院提起诉讼，案件的争议焦点即为“完全由动态的水构成的喷泉的一部分，是否构成专利法意义上的‘产品’”。美国关税与专利上诉法院则认为，“‘产品’是由人的双手对原材料加工形成的任何物品，无论是采用手工方式还是器械方式或者人工方式。当然，喷段是由人的双手对原材料加工形成的……由水形成的设计与产生这一设计的装置之间的依赖性，与是否构成‘产品’没有必然联系。许多外观设计有赖于外部因素产生观看者看到的外观。灯罩的外观设计在电灯不亮的情况下无法显现。女士丝袜的外观设计在没有穿在腿上的时候无法显现。充气制品的外观设计在没有充入气体产生形状的时候无法显现，例如玩具气球、水上玩具、充气床垫，正如此处水压使得喷泉的形状得以显现一样。”

---

[1] Ex Parte Strijland, 26 U. S. P. Q. 2d 1259, P2. 1992 WL470727 (Bd. Pat. App. & Interf.).

[2] *Crier v. Innes*, 170 F. 324 (2d Cir. 1909).

[3] *In re Hadden*, 20 F. 2d 275 (D. C. Cir. 1927).

[4] *In re Hruby*, 373 F. 2d 997 (CCPA 1967).

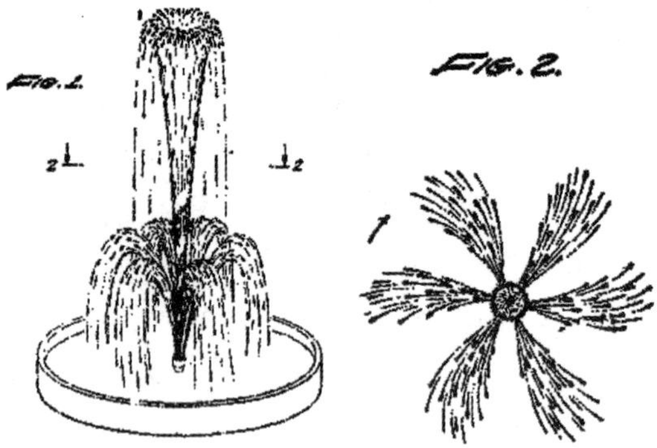

图 2-9 *In re Hruby* 案附图

美国甚至将产品的组成部分解释属于专利法意义上的“产品”。在 *In re Zahn* 案[1]中（见图 2-10），专利申请人就电钻的手柄部分提出外观设计专利申请，专利审查员认为，电钻的手柄部分和钻头部分不可分割，仅仅就电钻的手柄申请外观设计不符合《美国专利法》第 171 条的规定。美国专利商标局专利复审委员会所持观点基本相同。美国关税与专利上诉法院认为，《美国专利法》第 171 条授权可以对产品组成部分（例如电钻的手柄部分）的外观设计授予专利权。关税与专利上诉法院指出，“第 171 条授权对产品的装饰性设计授予专利权。虽然外观设计必须在特定产品中加以实现，但是法条并未限制到全部产品或者部分产品的外观设计，也没有限制到单独销售的产品的外观设计……针对外观设计如何在产品中实现这一点的任何限制都没有适当依据。此处，外观设计被实现在电钻的手柄部分并且钻头毋庸置疑是产品。由此，这使得此处的外观设计与抽象设计产生区别……我们也注意到，第 171 条并非指向外观设计产品，而是指向产品的外观设计，其包括所有类型的装饰性设计。”本案正式回答了外观设计必须与其整个工业产品载体完全结

[1] *In re Zahn*, 617 F. 2d (CCPA 1980).

合，还是可以体现在部分工业产品载体上。由此，美国逐步确立部分外观设计专利制度。

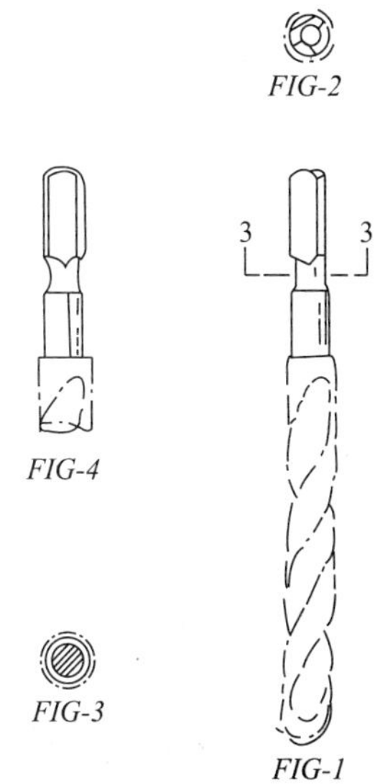

图 2-10　*In re Zahn* 案附图

欧盟外观设计制度中的“产品”是指，任何工业产品或者手工业制品，包括包装、样式、图形符号和印刷字体，还有用以装配成组合物的部件，但是计算机程序除外。首先，欧盟外观设计制度中的“产品”范围宽广，不区分装饰性和功能性。其次，欧盟注册外观设计不予保护的客体包括，隐形零部件的外观设计、由技术功能限定的设计、备件外观设计等。隐形零部件的外观设计，主要是最终用户正常使用过程中无法观察到的零部件外观设计，其中正常使用不包括维护和维修，例如钟表装置内部可见的零部件、电话机或者激光打印机内部可见的零部件不能获得欧盟注册外观设计保护。对不作为隐形零部件的产品内部构造能否获得外观设计保护，还存在一定争议。由技术功能限定的设计，例如钥匙齿等。备件外观设计主要是为了恢复原始外形、修理复杂产品而使用的零件的外观设计，如果产品并非仅仅用于恢复原始外形，而是带来了新的外形设计，那么该产品并非备件而是附件，可以获得外观设计制度保护，例如汽车轮毂可以获得外观设计保护。对于备件外观设计排除在注册外观设计保护客体之外这一点，欧盟内部有不同观点，例如德国国内法对备件外观设计给予保护。再次，产品的界定包含了图形和印刷文图，因此商标、书的封面设计和版式设计、卡通人物等均可以获得外观设计保护。再次，产品的定义是否包含大件建筑物的外观设计，目前尚存争议。有学者认为，鉴于无法确定建筑物属于工业品或者手工品，因此难以得到外观设计保护，但是该观点并未在欧盟内部市场协调局审查实践的确认。最后，欧盟外观设计制度中的"产品"是指一个产品。例如，在第 ICD 000002913 号审查决定[1]中（见图 2－11），欧盟内部市场协调局指出，第一张图和第四张图均有 16 根垂直管，第二张图和第三张图则有 13 根垂直管，第五张图则显示了 11 根垂直管，因此"无效宣告请求人和专利权人都同意所示的该注册制共同体外观设计标示了至少两个不同的设计，从而该外观设计并未满足一个产品的外观设计的要求"，基于此，以涉案外观设计不符合《欧盟理事会共同体外观设计保护条例》第 3（a）条为由，宣告该外观设计权无效。

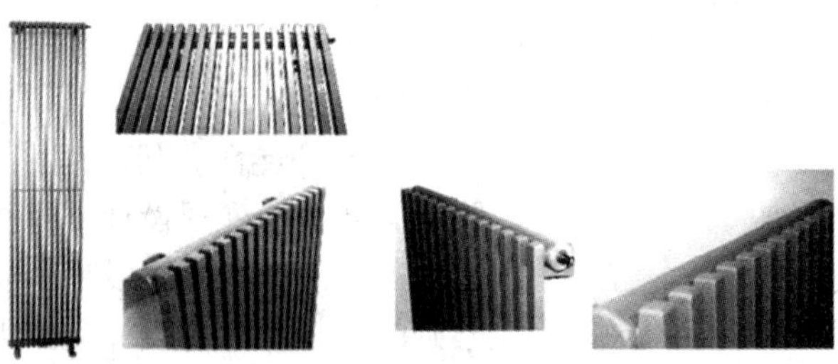

图 2－11　ICD 000002913 案附图

---

[1] 欧盟内部市场协调局第 ICD 000002913 号审查决定［EB/OL］.［2014－07－01］. http：//oami. europa. eu/pdf/design/invaldec/ICD%202913%20%28EN%29. pdf.

日本要求外观设计专利申请具备实物性。也就是说，物品与形态成一体不可分，脱离物品的形态创作例如单纯图案或色彩的创作不属于外观设计的保护客体。日本意匠法保护的产品外观设计，应当是“实物……的形状、模样或者色彩以及它们的结合物”，其中的“实物”应当是有形物，通常是在市场流通的动产。对所创作的与实物的物理性制约无关的设计（例如电脑制图），只给予著作权法保护即可，没有必要给予意匠法保护。❶ 根据《日本意匠法》和《日本外观设计审查基准》的规定，作为外观设计载体的“实物”原则上应当是动产，所谓土地及其固定物的不动产不认定为“实物”。但是，使用时即使成为不动产，工业上可批量生产，在销售时作为动产处置的例如门、装配的有游廊的平房则可认定为“实物”。另外，电、光、热等无体物不认定为“实物”，即使是有体物，气体、液体等具有其固有形态的产品也不认定为“实物”。粉状物、粒状物等即使构成的各产品为固体且具有一定的形态，但由于作为其集合体不具有特定的形态，不认定为“实物”。但是，构成的各物即使为粉状物或粒状物，其集合体也具有固定的形态，例如方砂糖，则认定为“实物”。

另外，针对实物的组成部分，一般认为，若不破坏则不能分离的部分、通常交易状态不作为独立标的加以交易的部分不应认定为“实物”。如图 2－12 所示，作为“袜子”一部分的“袜跟”不认定为“实物”。但是，如果构成成品一部分并且具有互换性，在通常交易状态下可以作为独立制品交易时，则可以认定为意匠法意义上的“实物”。

美国、欧盟、日本等均要求外观设计必须以产品为载体，但是对“产品”范围的界定各有不同，同时，美国、欧盟、日本均将产品的组成部分纳入外观设计保护客体范围之内。美国

❶ 田村善之. 日本知识产权法［M］. 4 版. 周超，李雨峰，李希同，译. 北京：知识产权出版社，2011：355.

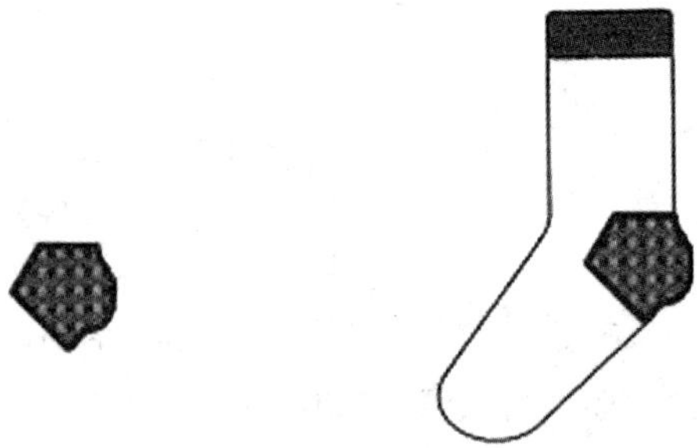

图 2 - 12　袜跟外观设计示例

认为，单独存在的图形不能获得外观设计保护，区别一个单独的图形与外观设计法上的保护客体的因素是设计是否体现在工业产品上。欧盟认为，外观设计制度中的“产品”范围较宽，不论装饰性还是功能性均能够符合外观设计制度中的“产品”的要求。日本则将有形物中的动产作为可以保护的“实物”的界限，同时将不破坏则不能分离的部分、通常交易状态不作为独立标的加以交易的部分排除在外。

2. “产品”认定的法理分析与实证研究

首先，产品是构成外观设计专利保护客体的必要条件。外观设计不能脱离产品存在，如果脱离产品的设计那么应当作为著作权法的保护客体，而非外观设计专利制度的保护客体（见图 2 - 13）。

图 2 - 13　贴纸图案与标志

其次，作为外观设计载体的“产品”具有三种类型：以装饰性为主的产品、以功能性为主的产品以及装饰性和功能性相结合的产品。以装饰性为主的产品例如摆设、花瓶等，装饰性和功能性相结合的产品例如产品零部件、机器设备等，以功能性为主的产品例如电器、家具等产品。如图 2－14 所示。就外观设计专利制度基本属性而言，虽然和发明、实用新型相比同属智力活动创造的成果，但是外观设计追求的是耳目一新的视觉印象，发明和实用新型追求的是技术上的改进和功能上的完善，外观设计制度与发明制度、实用新型制度在价值定位方面存在根本不同。因此，外观设计载体的“产品”的判定中，需要考虑外观设计设计性和功能性结合的特征，装饰性和功能性相结合的产品外观设计通常而言属于外观设计保护客体，以装饰性为主的产品外观设计是否构成外观设计保护客体，需要判断外观设计专利权保护客体与著作权保护客体之间的界限，以功能性为主的产品外观设计需要考虑该设计是否完全由功能所决定，如果该类外观设计完全由功能所决定，则不属于外观设计专利制度保护客体。

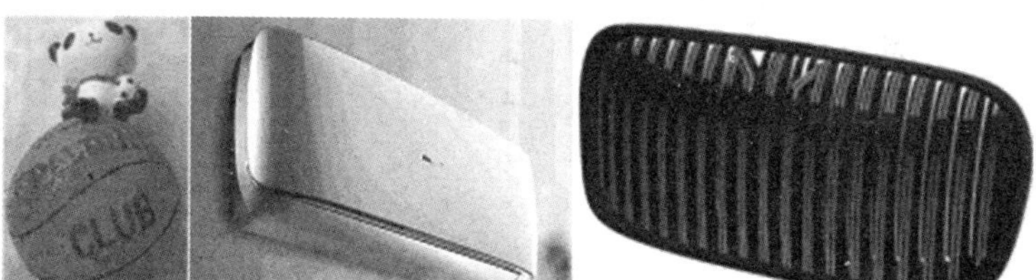

图 2－14　摆设、空调和散热格栅的外观设计

最后，不能重复生产的农产品、畜产品、自然物不能作为外观设计的载体，纯属美术、书法、摄影范畴的作品不应当作为外观设计保护的客体。包括以纯属美术范畴的绘画、书法、摄影等作品为基础通过临摹、印刷等方式制作而成的产品，如卡通画、扑克牌、鼠标垫等平面产品，以及以“纯属美术作品”结合“常规几何形状”的立体产品（见图 2－15）。

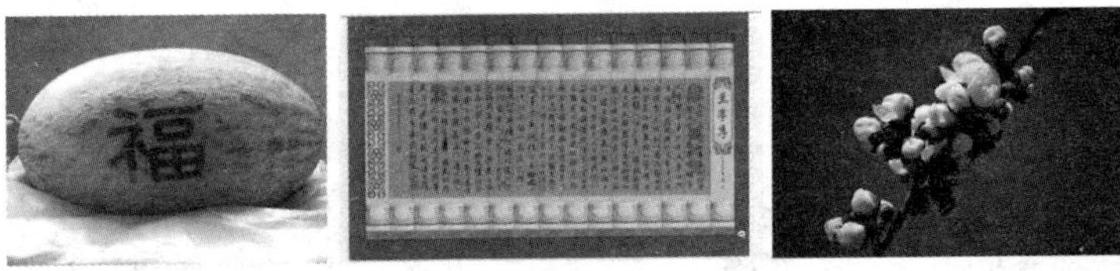

图 2-15　不符合“产品”要求的示例（印字哈密瓜、工艺品、茶杯垫）

3. 部分外观设计制度

所谓部分外观设计，是指对产品上的某一部分的形状、图案及位置关系进行的新设计，不是指对组成该产品的零部件进行的外观设计。[1] 到目前为止，世界上的一些主要国家和地区对外观设计保护均包括对部分外观设计的保护，如美国、欧盟、英国、德国、日本、韩国和我国台湾地区等。

美国将产品的组成部分解释属于专利法意义上的“产品”。如前所述，美国关税与专利上诉法院在 *In re Zahn* 案[2]中指出，“虽然外观设计必须在特定产品中加以实现，但是法条并未限制到全部产品或者部分产品的外观设计，也没有限制到单独销售的产品的外观设计……针对外观设计如何在产品中实现这一点的任何限制都没有适当依据。此处，外观设计被实现在电钻的手柄部分并且钻头毋庸置疑是产品。由此，这使得此处的外观设计与抽象设计产生区别……我们也注意到，第 171 条并非指向外观设计产品，而是指向产品的外观设计，其包括所有类型的装饰性设计。”本案正式确立部分外观设计专利制度。

欧盟认为，外观设计法保护由线条、轮廓、颜色、形状、质地和/或有产品本身的材料和/或产品装饰等特征形成的产品整体或者部分外观，因此将产品组成部分的外观设计作为外观设计保护客体。大多数欧盟成员国持有基本相同的观点。例如，《德国外观设

[1] 梁浩. 产品部分外观设计保护［J］. 法制与社会，2010（2）.

[2] *In re Zahn*, 617 F. 2d (CCPA 1980).

计法》第1条对外观设计保护客体进行了具体定义。其中规定：外观设计是指一个完整的产品或其一部分在两维或三维上呈现的外观形式，该外观形式特别是通过产品本身或其装饰件的线条、轮廓、色彩、构造、表面结构或材料的特征表现的。芬兰的专利法规定："设计"是指由产品本身的或其装饰物的线条、轮廓线、色彩、形状、结构、原料构成的整个产品或产品的一部分的外观。"产品"是指任意工业产品和手工艺品。意大利作为外观设计进行注册的可以是产品整体或者一部分的外观。

日本、韩国外观设计制度不仅保护完整产品的外观设计，也保护产品部分的外观设计。曾经的《日本意匠法》将外观设计保护客体限定在"独立的产品"的外观设计，对无法单独使用、交易的产品部分之设计，不给予意匠保护，但是考虑到事实上一件产品往往由多个部分组成，只要避开了完全的抄袭，其部分的设计极易被人盗用。[1] 此外，产品设计的整体进步，往往是通过大量地对产品的一小部分进行改进、积累而成的；这些过渡产品，只有部分的外观设计达到了申请授权标准，如果只有产品整体的外观设计才能得到授权的话，那么便无法保护这些外观设计。[2] 因此，在平成10年（1998年）《日本意匠法》修订时，引入部分外观设计制度，将产品的定义扩大到"产品整体和组成部分"。现行《日本意匠法》将外观设计定义为，能够引起视觉上美感的物品（含物品的构成部分）的形状、图案、色彩或者其结合。对于部分外观设计申请和整体外观设计申请的关系，《日本意匠法》第3条规定，产品整体外

---

[1] 参见日本特许厅．部分意匠导入の趣旨［EB/OL］．http：//www.jpo.gov.jp/tetuzuki/t_ishou/bubun_isyou/bubun_ishou_dounyu.htm．转引自李小武，马云鹏，连冠．电子产品图形用户界面（GUI）的外观设计保护［M］．北京：知识产权出版社，2014：118．

[2] 参见日本国立国会図書館．デザイン保護による産業競争力強化－意匠法の改正－［EB/OL］．［2014－08－30］．http：//www.ndl.go.jp/jp/data/publication/issue/0520.pdf．

观设计提出申请后，不得再就该产品的某个部分提出部分外观设计申请。但是，如果是由同一个人提出注册的话，即便后申请的部分外观设计和先申请的整体外观设计的一部分相同或者类似，只要先申请的整体外观设计没有公开，在后的部分外观设计仍然被允许注册。在日本，常见部分外观设计例如咖啡杯把手、帽子帽檐、衣服图案、钳子把手、手机按键等。2001 年 7 月 1 日，韩国开始保护部分外观设计，即对物品的形状、构造、色彩或及其组合的外观设计的一部分进行注册。申请部分外观设计的物品，必须是独立的物品，必须为物品的一部分，必须与其他设计存在对比对象，必须明显区别想要申请的部分。

可见，美国、欧盟和日本均保护产品和产品的一部分，欧盟和日本在外观设计定义中明确保护产品组成部分的外观设计，美国通过扩张解释“产品”的方式将产品组成部分的设计纳入外观设计客体范围。同时，这些国家和地区均具有部分外观设计制度。目前，我国专利法意义上的“产品”必须是“完整的产品”，我国外观设计专利制度仅保护完整产品的外观设计，产品组成部分的外观设计不是适格的外观设计保护客体。对于由多个不同特定形状或图案的构件组成的产品，如果构件本身不能单独出售且不能单独使用，则其不属于保护客体。也就是说，判断“构件”是否符合外观设计专利制度保护客体“产品”的要求，基本标准在于能够单独出售并且单独使用。如图 2－16 左侧所示的麻将牌，不能够单独出售不能够单独使用，其外观设计不符合外观设计专利制度保护客体要求。如图 2－16 右侧所示的餐盒实线部分显示了完整产品的产品组成部分的外观设计，不属于完整产品的外观设计，不符合外观设计专利制度保护客体要求。根据 TRIPS 第 25 条的规定，TRIPS 并未对外观设计给出明确具体的定义，仅仅强调最低保护是“独立创造的、具有新颖性或者独创性的工业产品外观设计”，我国将“产品”作为外观设计保护客体构成要件符合 TRIPS 的要求。但是，就外观设计保护的未来趋势而言，笔者认为，根据设计的未来发展，我国外观设计专利的确权和侵权均采用“整体观察、综合判断”的基本原则，以产品外观设计的整体视觉效果作为判断基准，从而使得产品组成部分作出的局部创新无法获得充分保护，建议我国在专利法修改中，将产品组成部分的设计作为外观设计专利制度的保护客体，亦即将《专利法》第2条修改为：“本法所称的外观设计，是指对产品或者产品组成部分的形状、图案或者其结合以及色彩与形状、图案的结合所作出的富有美感并适于工业应用的新设计。”

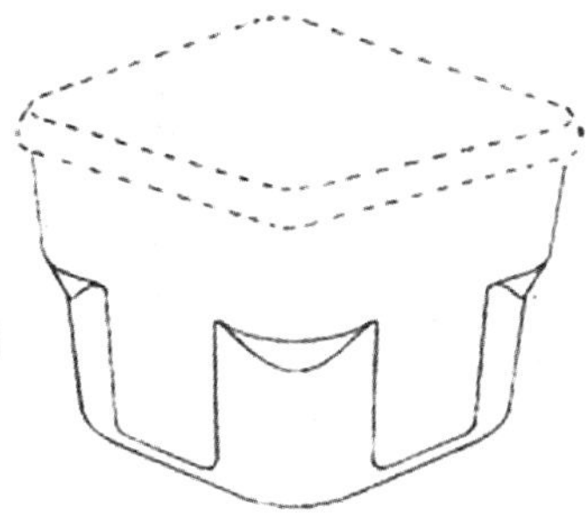

图2-16　产品组成部分的示例（麻将牌、餐盒）

（二）产品的形状、图案或者其结合以及色彩与形状、图案的结合

比较主要国家和地区对“外观设计”的定义，可以看出，虽然外观设计的客体范围制度各异，但是构成要素基本相同，均为形状、图案和色彩。外观设计最为根本的属性就是由形状、图案和色彩所综合形成的视觉印象。构成外观设计的形状、图案、色彩共同构成了外观设计专利权的保护范围。

首先，产品的形状、图案、色彩应当固定可见。依据《美国专利法》第171条的规定，美国法律实践中强调外观设计专利制度保护的客体不是产品，而是产品的外观设计，亦即产品的形状、图案或者其结合以及色彩与形状、图案的结合。在 *In re Zahn* 案[1]中，

[1] *In re Zahn*, 617 F. 2d (CCPA 1980).

美国关税与专利上诉法院指出，在外观设计专利申请中，外观设计专利保护的是在产品上实现的外观设计，而非产品本身，因此是产品的外观设计（Design of an Article）而非实现外观设计的产品（Design for an Article），外观设计专利权针对所有类别的装饰性设计，包括表面装饰和配置设计。美国专利商标局要求："外观设计是与产品不可分离的，不能仅仅存在于一种表面装饰的设计方案。其必须是明确的和可预期的，并且可以复制，并非仅仅是某方法的偶然性结果。"[1] 上述确定的、可复制的要求，排除了特定工艺制成的设计和具有移动部分的产品的外观设计。与美国类似的逻辑推理，我国法律实践同样认为，形状、图案、色彩不固定的产品外观设计不属于外观设计专利制度的保护客体。其中，不固定形状的产品是指气体、液体或流动的物质以及粉末状、颗粒状的集合体。例外的情形是，有些产品虽然含有粉末状物质，但该物质的存在并未导致产品的形状、图案、色彩不规定，属于外观设计专利制度的保护客体。不能作用于视觉或者肉眼难以确定，需要借助特定的工具才能分辨其形状、图案、色彩的物品不属于外观设计专利制度的保护客体。如放大镜下观察的尼龙纤维外观设计、集成电路的外观设计。只有肉眼可见的形状、图案、色彩方面的外观设计才有可能得到外观设计专利制度的保护。如图 2－17 所示的鸡尾酒外观设计，由于形状、图案、色彩不固定，不构成外观设计专利制度的保护客体。

其次，形状、图案和色彩应当是常规形态。通过折叠、压缩或者使用线、绳等物对产品进行简单捆扎以方便运输的状态，不属于产品的常规状态，例如，手帕本身常规形态是正方形，将其扎成花、老鼠等小动物形状申请外观设计专利，因其不是产品本身常规形态，因此不能得到外观设计专利的保护。文字和数字的位置和排列方式属于外观设计专利保护的内容，但是文字和数字的字音和字

---

[1] U. S. Patent & Trademark Office. Manual of Patent Examining Procedure §1502.

义不属于外观设计专利保护的内容。如图 2－18 所示，左侧图所示的餐巾并非其常规状态，不属于适格的外观设计保护客体，右侧图所示的餐巾则属于适格的外观设计保护客体。

图 2－17 不适格外观设计保护客体的示例（鸡尾酒外观设计）

图 2－18 产品外观设计的示例（两种餐巾外观设计）

（三）富有美感和适于工业应用

1. 外观设计是否具有美感的判断

美国对外观设计专利申请具有“装饰性”的要求。一项外观设计专利申请必须具有装饰性才能被授予专利权，该外观设计必须

“从视觉上让人感到漂亮”。[1] 装饰性判断中的一个重要问题就是装饰性与功能性的关系。在 *Blisscraft of Hollywood v. United Plastics Co.* 案[2]中，涉案外观设计是塑料水罐的外观设计，美国联邦第二巡回上诉法院基于缺少“必不可少的发明必要部分”宣告专利权无效，同时根据“另一原因”宣告专利权无效。美国联邦第二巡回上诉法院认为，“为了获得专利权，外观设计除了要具有新颖性和创新性之外，必须具有装饰性。这意味着外观设计专利申请必须是审美能力和艺术构思的产物……涉案水罐在线条、形状、颜色或者其他方面没有特别的美学作用。其无论在细节方面还是在整体方面都没有任何艺术意念。它的盖子、罐体、手柄和基座在相互结合使用的时候各自具有独立的特征，没有结合产生任何新的美学效果。水罐激发的反应仅仅体现在通常的、有用的但是没有吸引力的厨房用具上。该设计未能满足专利法关于装饰性的要求。”该案件中，第二巡回法院认为没有必要考虑水罐的实用性功能特征是否占主体地位以至于其无法获得外观设计专利权保护，也就是说，装饰性不仅仅是要单纯避免功能性。

与 *Blisscraft of Hollywood v. United Plastics Co.* 案形成对比的是 *In re Koehring* 案。在 *In re Koehring* 案中，涉及混凝土搅拌器的外观设计。美国关税与专利上诉法院认为，涉案外观设计将搅拌器的部件放置的“更为对称和紧凑”，并且移除了机器上的“很多不美观之处”……相对于现有设计拥有更多魅力和令人愉悦的外观的产品得以生成。关税与专利上诉法院强调，外观设计的美感和装饰性并不局限在美学艺术方面。

我国的法律实践与 *In re Koehring* 案类似，与 *Blisscraft of Holly-*

---

[1] *Bliss v. Gotham Indus.*, *Inc.*, 316 F. 2d 848, 851 (9 th Cir. 1963) (pitcher “is not ornamental and does not appeal to the eye as a thing of beautify; does not relate more to appearance and to matters of ornament than to utility and does not appeal to the asthetic emotion.”). see also *Warbern Packaging Indus.*, *Inc. v. Cut Rate Plastic Hangers*, *Inc.*, 652 F. 2d 987, 988.

[2] *Blisscraft of Hollywood v. United Plastics Co.*, 294 F. 2d at 696.

wood v. United Plastics Co. 案采用不同观点。也就是说，我国对外观设计的美感持有相对宽松的解释，一般认为，《专利法》第 2 条第 4 款规定外观设计应当“富有美感”的主要意图，就在于将外观设计专利权保护客体的属性与发明和实用新型专利权保护客体的属性区分开来，表明前者是一种使人产生视觉感受的设计方案。目前，我国在外观设计初步审查和无效宣告请求审查中没有出现过关于美感程度的判断，国家知识产权局对是否“富有美感”只作定性判断，不作定量判断，从来没有以一项外观设计“不够美”“不好看”“很难看”之类理由驳回一份外观设计专利申请或者宣告一项外观设计专利权无效。[1]

2. 使用中不可见的产品外观设计是否具有美感的判断

美国法院曾在大量案件中以使用中遮蔽的、不可见的产品外观设计以不具备装饰性为由宣告专利权无效。[2] 在 *In re Webb* 案[3]中（见图 2－19），涉案外观设计系假肢外观设计。美国专利商标局以“在实际使用中不可见”为由驳回了该外观设计专利申请，联邦法院认为，专利商标局错误地适用了“本身违法原则”，[4] 如果在商

---

[1] 尹新天．中国专利法详解［M］．北京：知识产权出版社，2011：29.

[2] 参见 *In re Stevens*, 173 F. 2d 1015（CCPA 1949）, *In re Cornwall*, 230 F. 2d 457, 459（CCPA 1956）, *Ex parte Jaffe*, 147 USPQ 45（1964）, *Ex parte Hansen*, 10 USPQ2d 1399, 1400（Bd. Pat. App. & Int’f 1988）, *Metrokane, Inc. v. Wine Enthusiast*, 185 F. Supp. 2d 321, 327（S. D. N. Y. 2002）.

[3] *In re Webb*, 916 F. 2d 1553（Fed. Cir. 1990）.

[4] 本身违法原则（Per se Rule）本身是反垄断法适用的一个重要原则；根据这个原则，对市场上某些类型的反竞争行为不管其产生的原因和后果，均得被视为非法。适用本身违法原则对案件至少可以产生两方面的影响：第一，原告极有可能胜诉；第二，审理案件的法院或者行政执法机关不必对案件作很多调查和研究，就可以认定某个违法行为，从而可以节约判案时间和费用。根据各国反垄断的立法和实践，适用本身违法原则的限制竞争行为主要有价格卡特尔、生产数量卡特尔和分割销售市场的卡特尔。此外，纵向价格约束一般也被视为本身违法。其形成经历了一系列判例，在 1940 年“索科尼真空石油公司案”中最终得以确定。因此，只要一个垄断行为被认定为本身违法，就没有必要通过其反竞争的后果证明其违法性，也不用考虑当事人实施垄断行为的主观状态，便可认为其行为非法。

业生命周期之内外观是考虑因素之一，那么该外观设计符合装饰性的要求，因此假肢外观具有外观设计保护的可能性。在 *Contessa Food Products v. Conagra Inc.* 案[1]中，联邦法院认为外观设计专利侵权判定中要考虑产品正常使用任何时间的可见部分设计。

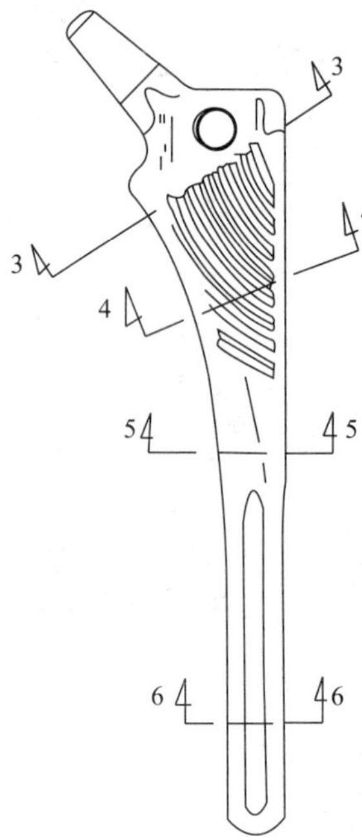

图 2－19　*In re Webb* 案附图（假肢）

我国法律实践中所持的观点类似，对最终消费者而言实际使用中不可见的产品外观设计，例如型材的外观设计，通常不会以不具备美感为由不授予外观设计专利权。

3. 适于工业应用的判断

首先，不能应用于产业上并形成批量生产的手工艺品不属于外

[1] *Contessa Food Products v. Conagra Inc.*, 282 F.3d 1370 (Fed. Cir. 2002).

观设计专利制度的保护客体。手工艺品是否属于外观设计专利制度的保护客体应以其是否能够应用于产业上并形成批量生产为判断原则。能够批量生产的手工艺品，如花篮、带有装饰图案的竹凉席等，属于外观设计专利制度的保护客体。不能应用于产业上并形成批量生产的手工艺品，例如根雕，不属于外观设计专利制度的保护客体。

其次，取决于特定地理条件、不能重复再现的固定建筑物、桥梁等不属于外观设计专利制度的保护客体；能够重复再现的建筑物、各种可移动的活动房屋，例如普通别墅、住宅楼、活动报刊亭等，属于外观设计专利制度的保护客体。如图 2－20 所示，左侧图为山水别墅的外观设计，其依托于特定的山水地理条件，不能重复再现，不属于外观设计专利制度的保护客体；右侧图为移动房屋的外观设计，属于外观设计专利制度的保护客体。

图 2－20　外观设计授权客体示例（山水别墅、移动房屋）

最后，缺乏专业的细节设计、实用性差、明显不适于工业应用的外观设计不属于外观设计专利制度的保护客体。

4. 美观性和功能性之间的关系

美观性和功能性之间的关系，亦即富有美感和适于工业应用的关系，是外观设计客体判定中需要考虑的重要因素。有用的产品配置构成可以授权的外观设计，因此外观设计元素在一定程度上是功能性的。正如本书第一章所述，外观设计兼具艺术性和功能性两大特征。在 *Hupp v. Siroflex of America, Inc* 案[1]中，美国法院指出，如果设计或者形状完全是功能性的，没有任何装饰性方面，那么不会满足外观设计专利的法定条件。在 *Bonito Boats, Inc. v. Thunder Craft Boats, Inc.* 案[2]中，美国法院指出，尽管外观设计专利指向有用产品的装饰部分，特定产品外观设计与产品功能具有一定联系并不会导致外观设计不具备可专利性；如果外观设计主要是装饰性的，尽管其也具有一定的实用功能，该外观设计专利申请可以被授予专利权，也就是说，外观设计专利必须具有并非由功能唯一限定的装饰特征。在 *Door - Master Corp. v. Yorktowne Inc.* 案[3]中，美国法院强调，仅"外观设计专利所示的非功能性的、装饰设计方面"构成外观设计专利保护的基础。在 *Unidynamics Corp. v. Automatic Products International, Ltd.* 案[4]中，美国法院指出，在外观设计专利申请中未引用在先实用专利不构成不公平行为，如果一项外观设计于现有设计相比所具有的新颖性或者非显而易见性仅仅由功能上的提高或者改进造成，那么该项外观设计专利申请不应当被授予专利权。

在 *Robert W. Brown & Co. v. De Bell* 案[5]中，美国联邦第九巡回上诉法院维持了驾照夹外观设计专利权有效，其不同意被控侵权人"该专利完全是功能性和实用性的"这一主张。第九巡回上诉法院认为，国会授权给予外观设计专利权的主旨在于激励装饰性艺术，具有一定用途同时具有装饰性的外观设计可以被授予专利权，对授予专利权的外观设计而言，外观设计客体可以实现一定的功能性或

---

[1] *Hupp v. Siroflex of America, Inc.*, 122 F. 3d 1456, 1460 (Fed. Cir. 1997).

[2] *Bonito Boats, Inc. v. Thunder Craft Boats, Inc.*, 489 U. S. 141, 148, 9 USPQ2d 1847, 1851 (1989).

[3] *Door - Master Corp. v. Yorktowne Inc.*, 256 F. 3d 1308, 1312 (Fed. Cir. 2001).

[4] *Unidynamics Corp. v. Automatic Products International, Ltd.*, 157 F. 3d 1311 (Fed. Cir. 1998).

[5] *Robert W. Brown & Co. v. De Bell*, 243 F. 2d 200 (9th Cir. 1957).

者实用性目的这一点并不重要。在 *Barofsky v. General Elec. Corp.* 案[1]中，联邦第九巡回上诉法院宣告电视柜外观设计专利权无效，该案判决认可 *Robert W. Brown & Co. v. De Bell* 案的观点，同时指出，因为外观设计的一个或者多个细小特征主要用作实用功能即宣告外观设计专利权无效，这是不适当的。但是，如果外观设计的主要目的是功能性的，那么不应当被授予外观设计专利权。在 *Best Lock Corp. v. Ilco Unican Corp.* 案[2]中，专利权人主张，钥匙芯有多种可选设计并且与钥匙凸起相应的钥匙孔也有外观设计，因此钥匙凸起的外观设计不是功能性的。联邦巡回上诉法院宣告钥匙凸起的外观设计专利权无效，因为该外观设计“是功能性的从而不具有装饰性”，只有具有所请求保护的凸起设计才能放入相应的钥匙孔中。

在 *Hupp v. Siroflex of America, Inc.* 案中，涉案外观设计为用混凝土模仿石块路的模具的外观设计，该模具的肋条形成混凝土石块的形状，并形成石块之间的空间，如图 2－21 所示。美国联邦巡回上诉法院认为，产品具有功能是外观设计可专利性的先决条件，而非外观设计可专利性的阻却条件。产品本身的功能不能与产品外观设计的功能性相混淆。*Avia Group Int'l Inc. v. L.A. Gear California, Inc.* 案[3]将特征的功能性与特征的设计加以区分。另外，现有证据表明，模具的功能并不能唯一获得该外观设计，其他形式的外观设计也可以实现相同的功能。在确定“外观设计是否具有装饰性”这一问题时，功能性的考虑是否可以得出特定设计，或者其他设计是否可以使用，这一标准非常重要。外观设计的选择主要基于美观性和非功能性目的的考虑。该模具用作产生石块路的用途，同时模具

---

[1] *Barofsky v. General Elec. Corp.*, 396 F. 2d at 342－343.

[2] *Best Lock Corp. v. Ilco Unican Corp.*, 94 F. 3d 1563, 40 USPQ2d 1048 (Fed. Cir. 1996).

[3] *Avia Group Int'l Inc. v. L. A. Gear California, Inc.*, 122 F. 3d at 1460, 43 USPQ2d at 1890.

的特定设计主要是装饰性的。正如现有设计所展现的，很多不同形状、结构的模具被用于形成混凝土的形状，也包括形成很多种形状的道路。另外，两份专家证言也证明该模具的设计是装饰性的。基于此，美国联邦巡回上诉法院认为，用混凝土模仿石块路的模具的外观设计符合“装饰性”的要求。

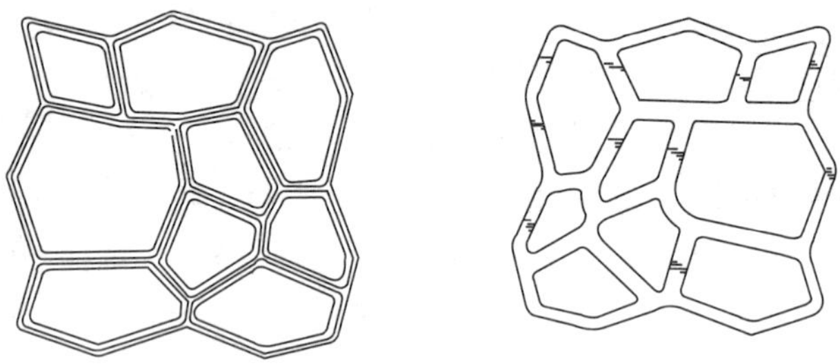

图 2－21　外观设计授权客体示例（用混凝土模仿石块路的模具）

可见，在司法实践中，“由功能唯一限定的外观设计”不符合外观设计专利授权客体的要求。之所以采用这一观点，原因在于，一是功能主要由结构造成，其中没有任何艺术性创新，因此外观设计专利法的立法主旨在于促进装饰艺术的发展；二是外观设计专利权如果赋予功能性特征以垄断权，那么这与发明或者实用新型专利的立法主旨也有所冲突。在判断是否构成“由功能唯一限定的外观设计”时，要在分析外观设计每一要素之后，进行外观设计的整体判断。[1] 也就是说，在分析外观设计要素之后，确定外观设计是否由功能唯一限定时，需要依靠对外观设计的整体判断。

（四）新的设计

《专利法》第 23 条对外观设计的新颖性和类似创造性作出了明确的规定，是结合现有设计判断外观设计是否符合确权条件的直接法律依据。因此，此处“新的设计”用于界定能够获得外观设计专

---

[1] 参见 *Berry Sterling Corp. v. Pescor Plastics, Inc.*, 122 F. 3d at 1455, 43 USPQ2d at 1958.

利权保护的设计方案的性质，并不意味着《专利法》第 2 条第 4 款包含了新颖性的要求，不具备新颖性就不构成设计方案。也就是说，《专利法》第 2 条第 4 款不是判断外观设计的新颖性和类似创造性的具体审查标准。

在法律实践中，明显不属于“新的设计”的情况包括，所属领域司空见惯的几何形状，常规几何形状结合简单文字、图案的设计，由国家标准规定的螺纹紧固件等类产品，仿真设计，明显抄袭现有设计，明显以现有设计图案为主要内容的设计，直接运用知名动漫形象的设计。其中，仿真设计是指模仿自然物原有形态的设计。完全模仿自然物原有形态、非常逼真的仿真设计，例如完全模仿自然物原有形态的玩具、工艺品等产品外观设计，完全模仿自然物原有形态并且用于替代自然物原有用途的产品外观设计，不是新设计。例如，本节引述的案例 2 即为如此。如图 2－22 所示，左侧图系明显抄袭现有设计，中间图系明显以现有设计图案为主要内容的设计，右侧图系直接运用知名动漫形象的设计，均明显不属于“新的设计”。

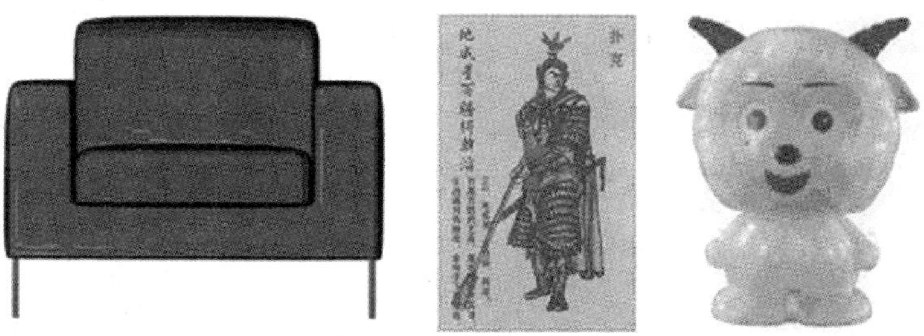

图 2－22　外观设计授权客体示例（沙发、扑克牌、台灯）

（五）排除性规定

《专利法》第 5 条第 1 款规定，“对违反法律、社会公德或者妨害公共利益的发明创造，不授予专利权。”当然，对于对违反法律、社会公德或者妨害公共利益的外观设计，不授予外观设计专利权。根据《专利法实施细则》第 10 条的规定，《专利法》第 5 条所称违反法律的发明创造，不包括仅其实施为法律所禁止的发明创造。根据《专利法》第25条第（6）项的规定，对平面印刷品的图案、色彩或者二者的结合作出的主要起标识作用的设计，不授予专利权。这一规定是2008年《专利法》第三次修改时加入的新规定。可见，对外观设计保护客体的排除性规定而言，主要要判断外观设计专利是否构成对平面印刷品的图案、色彩或者二者的结合作出的主要起标识作用的设计，以及外观设计专利是否构成违反法律、社会公德或者妨害公共利益的外观设计。对于该两条排除性规定的法律后果“不授予专利权”，其包含两方面含义：一是，在专利申请的审查过程中要核实申请专利的外观设计是否属于本条规定的情形，如果属于，则应当驳回该外观设计专利申请，不授予外观设计专利权；二是，在审查过程中本来应当发现申请专利的外观设计属于本条规定的情形，但是由于疏忽或者其他原因授予了专利权，因此授予了外观设计专利权，那么任何人在授予专利权之后可以依据《专利法》的有关规定请求宣告被授予的专利权无效。[1]

1. 外观设计专利授权客体排除性规定的比较法研究

美国将违背社会公德的外观设计专利申请列入驳回范围。美国专利商标局将“任何包含讽刺画或者讽刺描述的有损种族、宗教、性别、少数民族或者国家合法利益的外观设计”排除在外观设计保护客体之外。根据《美国专利审查程序手册》第1504.01部分（e）的规定，“如果外观设计申请表达的主题会被任何种族、宗教、性别、民族或国家认为是违反公共道德的，包括歪曲讽刺或描绘，则不属于合法的主题，根据《美国专利法》第171条将被驳回。”[2] 在*In re Finch*案[3]中，美国专利商标局复审委员会维持驳回

---

[1] 尹新天. 中国专利法详解［M］. 北京：知识产权出版社，2011：47.

[2] 参见 U. S. Patent & Trademark Office. Manual of Patent Examining Procedure §1504.01（e）.

[3] *In re Finch*，535 F. 2d 70，190 USPQ 64（CCPA 1976）.

了某“完全仿制”人类形状的持键器的外观设计，美国专利商标局复审委员会认为，完全仿制人体形状是“侮辱性的和轻薄的”。关税与专利上诉法院基于非显而易见性维持了驳回的结论，但是没有解决带有侮辱性质的外观设计是否可以基于装饰性的要求予以驳回的问题。根据欧盟《关于外观设计法律保护的指令》第11（2）b条可以得知，外观设计不得违反公共政策和社会公德。

日本、韩国将违背社会公德的外观设计专利申请列入驳回范围。《日本意匠法》第5条规定，下列外观设计不能取得外观设计注册：（1）可能有害于公共秩序或善良风俗的外观设计不能取得外观设计注册；（2）可能与他人的业务有关的物品发生混淆的外观设计不能取得外观设计注册；（3）为了确保物品的功能只由不可缺少的形状构成的外观设计不能取得外观设计注册。其中，会妨害公共秩序的外观设计指表示日本或外国元首的像或国旗的外观设计、表示日本皇室的菊花徽章或外国王室的徽章（包含类似物）等的外观设计，但作为图案表示的运动会情景中的万国旗等除外。会妨害善良风俗的外观设计是指对于健全身心者的道德观有不当刺激、引起羞耻、厌恶的念头的外观设计。根据韩国《意匠法》第6条的规定，有4类产品不给予外观设计专利保护，分别是：与国旗、国徽、军旗相同或相近似的外观设计；可能危害公共秩序或善良风俗的外观设计；可能导致与他人的业务有关的物品发生混淆的外观设计；构成产品的主要形状仅仅是实现该产品的功能所必不可缺的外观设计。

2.《专利法》第5条的法理与实证分析

违反法律的外观设计的判定。违反国家法律，是指外观设计专利申请的内容违反了由全国人民代表大会或者全国人民代表大会常务委员会依照立法程序制定和颁布的法律。其中的法律是指全国人民代表大会或者全国人民代表大会常务委员会依照立法程序制定和颁布的法律。例如，以国旗、国徽作为图案内容的外观设计，违反了我国国旗法、国徽法，因而不能被授予专利权。需要强调的是，此处所说的违反法律，是指外观设计本身违反法律，而非外观设计本身并未违反法律但是其被滥用会导致违反法律的情况，也不包括外观设计本身并未违反法律，只是其实施为法律所禁止（外观设计产品的生产、销售或使用受到法律的限制或约束）的情况。

违反社会公德的外观设计的判定。社会公德，是指公众普遍认为是正当的、并被接受的伦理道德观念和行为准则。它的内涵基于一定的文化背景，随着时间的推移和社会的进步不断地发生变化，而且因地域不同而各异。中国专利法中所称的社会公德限于中国境内。通常而言，以下三类外观设计被认为违背社会公德：带有暴力、凶杀内容的外观设计，带有淫秽内容而导致公众反感的外观设计，某些成人用品的外观设计。如图 2－23 所示，左侧图系床单外观设计，根据《中国人民银行法》第 19 条的规定，禁止在宣传品、出版物或者其他商品上非法使用人民币图样。因此，带有人民币图案的床单的外观设计属于违反法律的情形，不能被授予外观设计专利权。右侧图系文身机外观设计，其中骷髅形状较为狰狞，而且还包含有匕首和手枪的造型，整体外观设计令人感到恐怖和反感，明显违反社会公德，不能被授予外观设计专利权。

图 2－23　外观设计授权客体排除性规定示例（床单、文身机）

对于成人用品外观设计，需要重点判断是否违反社会公德。成人用品外观设计是否违反社会功德，分为三种情况：外观设计内容明显模仿人体器官，通常认为违反社会公德，适用《专利法》第5条第1款予以驳回或者宣告专利权无效；结合产品名称、产品用途说明可以判断属于成人用品，但外观设计的内容不属于仿真设计，适用《专利法》第5条第1款予以驳回或者宣告专利权无效；从产品名称、产品用途、外观设计的内容均不易判断其属于成人用品。由于无法将其与其他按摩类产品区别，正常审查，不适用《专利法》第5条第1款予以驳回或者宣告专利权无效。

妨害公共利益的外观设计的判定。妨害公共利益，是指外观设计的实施或使用会给公众或社会造成危害，或者会使国家和社会的正常秩序受到影响。专利申请中外观设计的文字或者图案涉及国家重大政治事件、经济事件、文化事件，或者涉及宗教信仰，以致妨害公共利益或者伤害人民感情或民族感情的或者宣扬封建迷信的或者造成不良政治影响的，该专利申请不能被授予专利权。以著名建筑物（如天安门）以及领袖肖像等为内容的外观设计不能被授予专利权。主题不妨害公共利益，但表现形式造成的负面效果会导致妨害公共利益的，不能被授予专利权。需要区分封建迷信与民俗、宗教信仰的区别，例如包含“跳大神包治百病”文字图案的外观设计，属于封建迷信；包含“灶王爷”图案的外观设计，则属于中国民俗的外观设计；包含“观音”形状或者图案的外观设计，则属于宗教信仰的设计。如图2－24所示，左侧图系鼠标垫的外观设计，其含有奥林匹克五环标志和第29届奥运会五个吉祥物等，涉及国家重大文化事件，以致妨害公共利益，不能被授予外观设计专利权。如果申请人提交了获得奥林匹克标志权利人许可提出专利申请的证明文件，则该专利申请不属于《专利法》第5条第1款规定的“妨害公共利益”的外观设计。右侧图所示的扑克牌外观设计，相关内容在物品上的使用是合法的，并且主题积极正面，则不属于妨害公共利益的外观设计。

图 2－24　外观设计授权客体排除性规定示例（鼠标垫、扑克牌）

《专利法》第 5 条的法律实践。国家知识产权局专利复审委员会第 354 号复审请求审查决定涉及的是申请号为 92307475、名称为“人体艺术造型瓶起子”的外观设计专利申请。该申请的外观设计内容是以裸体女性为题材而设计的瓶起子的形状，该裸体女性造型为片状，其表面刻有明显的有关性部位的线条。经专利局审查，于 1993 年 2 月 10 日驳回了该申请，其驳回理由是：“该产品是以开启瓶盖为自身功能的工具，并不是如雕塑、绘画、摄影一类纯美术作品，而作为普遍使用的一种手持工具，以非常写实的裸体女人为其外观造型，既无美感，又不符合我国传统的审美观念，难以为人们所接受。人体艺术是一门十分严肃、十分高雅的艺术，具有很强的欣赏性。因此，不应将人体造型随意挪用于任何一件工业品上，特别是瓶起子这种进入千家万户的小工具，就更为不妥。”申请人不服上述驳回决定，向专利复审委员会提出了复审请求，其理由是：“该外观设计虽以女人形体作为基本形状，但并不违反《专利法》第 5 条规定，人体艺术在西方国家普及较早，并在绘画、雕塑等方面有大量的反映，而在中国，由于封建制度存在时间长，人们对人体艺术长期得不到正确认识，随着改革开放的不断深入进行，思想观念的更新，人们对人体艺术的正确认识日益提高，并在绘画、摄影、雕塑中已越来越多地反映出来，如长春电影制片厂所发行的

《电影世界》的封底及其他杂志都刊登过裸体人体照片，这些裸体人体之所以刊登，并不是要引起人们的某种邪念，而是作为一门艺术向人们展示。申请人所申请的外观设计是一种金属制品，外表涂为金黄色，所利用之处为人的头发及胳膊，不会涉及违反社会公德，所以不违反《专利法》第5条之规定。”该复审请求经前置审查，原审查部门仍坚持原驳回决定。专利复审委员会依法组成合议组对该复审请求进行了审理。合议组认为该申请确属有碍社会公德的外观设计，并建议请求人对该申请作适当的修改。1993年9月9日，请求人根据合议组的意见提交了经修改的申请文件，在原基础上删除了该外观设计上所表现的有关性部位的线条。在请求人对原申请外观设计做了修改的基础上专利复审委员会撤销驳回决定。该审查决定指出，人体艺术是一门严肃而高雅的艺术，在文化艺术领域里根据其文艺创作的需要，可以作出适当的表现，但作为工业产品特别是在实用性较强的产品外观设计上用写实的方法表现人体，并明显地刻画出性部位的线条，将这样的人体造型应用在手持工具上，既是对人体艺术的不尊重，又很容易在社会上引起不良影响，应当认为该外观设计申请不符合《专利法》第5条的规定。

本案申请人在复审程序中接受了合议组的修改建议，删除了图片中所表现的性部位线条，符合了《专利法》第5条的规定，但是申请人对该申请文件的修改是否导致修改超范围从而不符合《专利法》第33条的规定，值得商榷。[1]

3.《专利法》第25条的法理与实证分析

2008年《专利法》修改时，在第25条增加了第（6）项，规定“对平面印刷品的图案、色彩或者二者的结合作出的主要起标识作用的设计”不授予专利权。这主要是考虑到，我国每年受理的外

[1] 国家知识产权局专利复审委员会. 外观设计［M］. 北京：知识产权出版社，2009：28－29.

观设计专利申请量已经位居世界第一，但在受理的外观设计申请和授予的外观设计专利中，有一些涉及的是瓶贴、平面包装袋等主要起标识作用的平面图案设计。我国专利质量不高的原因，与存在大量低水平外观设计专利有关。外观设计专利权的保护对象，应当集中在对产品本身的改进。[1] 这既不利于提高我国对产品本身外观的创新水平，促进我国品牌产品的形成，提高我国产品的国际竞争力，也会增大外观设计专利权与商标专用权、著作权之间的交叉与冲突。为了鼓励设计人将其创新能力更多地集中到产品本身外观的创新上，增加了上述规定。[2]

《专利法》第 25 条第（6）项的构成要件是，使用外观设计的产品属于平面印刷品，该外观设计是针对图案、色彩或者二者的结合而作出的，该外观设计主要起标识作用。首先，平面印刷品，主要指包装装潢类印刷品中的平面产品，例如平面包装袋、包装纸、瓶贴、标贴、平面标牌和标签等。因此，包装盒等立体产品不属于“平面”印刷品。另外，纺织品、玻璃制品、陶瓷制品等平面产品以及名片、印有公共标识的标贴和印有警示标识的标牌等平面产品不属于平面“印刷品”。其次，标识作用主要是指其具有的标明信息和识别信息的作用，通常在产品的外观设计中显示的商标、标志等图案或色彩的视觉信息及产品名称、品牌、厂家名称及地址等文字信息都具有标识作用。主要起标识作用是指该外观设计主要用于使公众识别所涉及的产品、服务的来源等。主要起标识作用的情形包括，结合产品名称及图片或者照片可以明确确定属于以商标或标识为主的外观设计，属于主要起标识作用；对于平面印刷品，针对图案、色彩或者二者结合作出的，仅由商标、标识、产品名称、厂家名称及地址等图案和文字信息构成的，并且不含有明显的装饰性

[1] 全国人大常委会法制工作委员会经济法室．《中华人民共和国专利法》释解及实用指南［M］．北京：中国民主法制出版社，2009：57．

[2] 尹新天．中国专利法详解［M］．北京：知识产权出版社，2011：352－353．

图案的设计，属于主要起标识作用。如图 2-25 所示，左侧图属于结合产品名称及图片或者照片可以明确确定属于以商标或标识为主的外观设计，右侧图属于针对图案、色彩或者二者结合作出的，仅由商标、标识、产品名称、厂家名称及地址等图案和文字信息构成设计，并且不含有明显的装饰性图案。

图 2-25　外观设计授权客体排除性规定示例（标识牌、包装袋）

四、外观设计保护客体判断的具体适用

（一）建筑设计的外观设计保护❶

我国有关建筑设计的侵权案件频频发生，如美国著名咖啡品牌“星巴克”诉上海星巴克咖啡馆仿冒商业外观案、山寨“肯德基”、山寨“麦当劳”等。建筑设计，一般包括建筑的室内外装饰设计，属于建筑装饰行业范畴。在我国的外观设计和实用新型专利申请中，也有不少企业和个人提交有关建筑设计的申请，尤其是一些类似于商业店面设计的申请，但是这类申请在审查实践和司法实践中

---

❶ 参见徐晓雁，张鹏．建筑装饰设计的知识产权保护路径选择［J］．电子知识产权，2010（3）：54-59.

却产生了很大的分歧。建筑设计是否属于我国外观设计和实用新型专利权的保护客体，以及何种形式的建筑设计可以被授予外观设计和实用新型专利权值得深入研究。

1. 建筑设计知识产权保护的比较法研究

下面对于美国、欧盟、德国、法国等对于建筑设计的知识产权保护立法例加以分析。

1）主要采用外观设计法保护的立法例

主要采用外观设计对建筑设计加以保护的国家和地区有欧盟和法国。

（1）欧盟的相关立法经验。❶ 欧盟对于建筑设计通过外观设计制度加以保护。外观设计是由线条、轮廓、色彩、形状、产品自身和/或其装饰物的纹理和/或材料等特征所产生的整个产品或者产品的一部分的外观。产品指任何工业产品或者手工业制品，包括包装、样式、图解符号和印刷字体，还有用以装配成组合物的部件，但是计算机程序除外。其中，上述组合物指由若干能被替代的组件组成的能够拆卸和重新组装的产品，其包括室内设计等建筑设计。图2-26系获得外观设计的浴室、卧室、鞋店、房屋的室内外装饰设计，尤其是鞋店室内装饰设计还包含了商品的陈设等，说明共同体外观设计对建筑装饰设计的保护范围非常广泛。

（2）法国的相关立法经验。法国所定义的外观设计是指所有新设计、新造型、新工艺品。因此保护客体非常宽，例如计算机显示界面、产品局部的设计、建筑物等均属于外观设计的保护可体。在法国，外观设计不一定要与产品结合，纯粹的设计也同样可以获得外观设计权。从法国外观设计定义来看，对建筑类的外观设计保护的范围也较宽，与共同体外观设计保护形式类似。

❶ 下述有关欧盟观点的介绍，引自负责欧盟成员国外观设计专利申请和商标申请审查的欧共体机构——欧盟内部市场协调局（Office of Harmonization for the Internal Market，OHIM）的相关案例。欧盟内部市场协调局授权的外观设计专利和商标，在欧盟成员国获得外观设计专利权和商标权的保护。

图 2-26　欧盟建筑装饰外观设计专利示例

2）主要采用商标法保护的立法例

主要采用商标法对建筑设计加以保护的国家包括美国和德国。

（1）美国的相关立法经验。美国采用商标法中的商业外观（Trade Dress）制度对建筑物的装饰格调及室内设计加以保护。美国 1946 年制定的《联邦商标法》（又称《美国兰哈姆法》，*Lanham Act*）第 43 条第 1 项规定，任何人，对于商品、服务，或商品之容器，使用任何文字、术语、名称、标志、图案或其组合，或使用任何来源不实表示，或使用任何不实陈述或表征，使得可能造成混淆或错误，或欺骗性地令人与他人的产品或服务产生联系，或者是造成混淆或错误，或欺骗性地令人认为其是他人的产品或服务的来源、赞助商或获得了许可，须对因上述欺骗行为而受损害或可能受损害之人，负民事责任。[1] 从此开始，美国采用商标法对建筑物的装饰格调及室内设计的商业外观加以保护。[2]

---

[1] 李明德. 美国对外观设计及其相关权利的保护［J］. 外国法译评，1998：82-83.

[2] 林晓云. 美国知识产权法律关于工业品外观设计保护范围的规定（下）［J］. 知识产权，2003（6）：55-59.

在此之后，美国法院逐步扩展了商业外观的客体范围，从最开始的产品包装、产品独特外形逐步扩展到餐厅装饰格调、建筑物的室内设计、产品的颜色、气味、艺术风格等。在 1992 年 *Two Pesos, Inc. v. Taco Cabana*[1] 案中，美国联邦最高法院宣布，凡是具有内在识别性的商业外观都应如商标一样享受《美国兰哈姆法》（包括商标法与反不正当竞争法）的保护。在该案中，原告要求得到商标法保护的是一家墨西哥餐馆的室内装潢设计。美国联邦最高法院虽然并未明确指出这一决定并不限于传统的商业外观，也包括产品外观设计，但采纳了商业外观的较宽定义即产品的全部视觉效果和总体形象，包括诸如尺寸、形状、颜色或颜色组合、图案，甚至包括具有特点的营销技巧等。从而，明确了建筑装饰设计的商标法保护。

需要补充的是，1990 年 12 月 1 日起施行的《美国 1990 年建筑作品著作权保护法》对非实用性建筑纪念物以外的建筑物设计给予著作权保护。亦即，著作权客体包括“以任何有形媒介表达体现的建筑物设计，包括建筑物、建筑方案或者设计图。作品包括设计要素和空间的安排与组合以及全面形式，但不包括个别的标准特征。”

（2）德国的相关立法经验。《德国商标法》第 5 条规定，企业名称和作品标题作为商业标记受到法律保护。企业名称，是指企业登记主管机关依法登记注册以及进行商业适用的企业名称，商号是企业名称的核心部分。在相关交易阶段内被用于将该企业区别于其他企业的商业记号，视同于企业的特殊标记。综上所述，德国法上的商业标记包括了五种不同的客体：企业名称、商号、特殊标记、商业记号及其他符号、作品标题。司法实践中，像咖啡壶的特定造型、产品内外的颜色组合、广告用语、餐厅服务员的服饰、企业商务统一用车的外观、连锁店统一的店面装潢均属于“商业记号及其他符号”。建筑装饰设计在德国被视为“商业记号或其他符号”的

[1] *Two Pesos, Inc. v. Taco Cabana*, 505 U. S. 763, 764 n. 1 (1992).

一种，从而采用商标法加以保护。

3）主要采用反不正当竞争法保护的立法例

在日本，除版权可以保护一部分具有独创性的建筑设计外，只有当真正涉及不正当竞争行为时，才通过反不正当竞争相关条例进行规范。日本在1994年修改的反不正当竞争法中增加了模仿产品外观的规定，将商业外观纳入不正当竞争法保护的范围。[1] 日本外观设计的保护客体对建筑物有严格的限制，只有可以移动的建筑物才是保护的客体，房地产建筑物等不予保护。根据《日本外观设计审查指南》规定，产品是指能够在市场上流通的东西，土地及附着在土地上的不动产不保护，但用于工业上生产销售的房屋可以保护。由于这种严格的保护客体的限制，很多建筑设计无法通过外观设计进行保护。

韩国首尔地方法院在 *Oxy Corporation v. Sang Won Co.* 案中确认韩国用反不正当竞争法来保护商业外观。[2]

由上述各国的保护现状可知，具有独创性的建筑设计作品可以作为美术作品受版权保护；具有新颖性、工业实用性及美感的建筑设计，可以通过申请外观设计，受专利制度保护；具有显著性、非功能性的三维标志，可以申请注册为立体商标，受商标法的保护；而这些建筑设计尤其是与商业密切相关的商业外观在一定条件下还可以受反不正当竞争法的保护。其中，前两者将建筑设计视作创造性智力成果，赋予权利人一定期限的垄断权利，保护权利人在此期间的专有使用权，但是期限届满后将进入公有领域、允许公众自由复制，以达到鼓励创新、传播文化的目的。后两者则将建筑设计视作识别性商业标志，保护它背后所代表的商业信誉和商业机会，只要权利人不断地维护并培育它的识别性，从理论上讲这种保护就可

---

❶ 孔祥俊. 论商业外观的法律保护［J］. 人民司法，2005（4）：45－47.

❷ 曹阳. 中国商业外观保护立法模式选择［EB/OL］.［2010－01－15］. http：//article. chinalawinfo. com/Article_ Detail. asp？ArticleId＝39196.

以无限延长。

2. 建筑设计的知识产权保护路径选择

就建筑设计的知识产权保护而言，主要包括著作权保护、商标权保护、反不正当竞争法保护、外观设计专利权保护、实用新型专利权保护等多种保护路径。

（1）著作权保护。具有独创性的建筑装饰设计可以作为美术作品受著作权法的保护。美术作品是指绘画、书法或以其他方式构成的有审美意义的平面或立体造型艺术作品。而建筑装饰装潢作品，能够起到为识别与美化作用，只要这种装饰装潢具有独创性，完全可以符合美术作品的构成要件，就可以受著作权法的保护。但是，就著作权法而言，主要保护作者的权利，而对于作品本身、经营者、使用者能否得到有效保护还有待于进一步解释，在司法实践中能够通过著作权法有效保护的情况非常少见。

（2）商标权保护。如果符合商标注册的条件，那么建筑装饰类的商业外观还可以以立体商标的形式申请注册，获得商标法的保护。[1] 依我国商标法，申请注册的商标必须有合格的主体、适当的商品或服务及恰当的标志，恰当的标志是指该标志应当具有合法性、显著性、非功能性及在先性。我国《商标法》第 12 条规定："以三维标志申请注册商标的，仅由商品自身的性质产生的形状、为获得技术效果而需有的商品形状或者使商品具有实质性价值的形状，不得注册。"这是以立体商标形式保护商业外观时所必备的非功能性条件。这些具有功能性的商业外观除非受著作权法或专利法的保护，否则不应为某人所独家垄断，也不应注册为商标，我国现实中多数商业外观不能满足商标注册的条件。而相对于美国那种历经多年非常成熟的用商标法来保护商业外观的知识产权体系而言，我国商标法制度还没有达到相应的高度，我国商标法对建筑装饰类

[1] 何祥菊. 商业外观的保护——从商标法和反不正当竞争法的角度［J］. 电子知识产权，2005（1）：46－49.

商业外观的保护是有限的。

（3）反不正当竞争法保护。根据《最高人民法院关于审理不正当竞争民事案件应用法律若干问题的解释》的规定，由经营者营业场所的装饰、营业用具的式样、营业人员的服饰等构成的具有独特风格的整体营业形象，可以认定为《反不正当竞争法》第5条第（2）项规定的“装潢”。《国家工商行政管理总局关于擅自将他人知名餐饮服务特有的装饰、装修风格作相同或近似适用的行为定性处理问题的答复》中亦指出，对服务起到美化和识别作用的装饰设计、装修风格，属于餐饮服务的装潢。因此，商业店面设计这种商业外观在一定条件下还可以受反不正当竞争法的保护，❶ 赋予已经取得市场优势的经营者禁止他人搭便车、抢占市场的权利，以防止和消除相关消费者的误认和混淆，保障市场公平竞争的经济秩序。但是，根据反不正当竞争法的规定，商品特有的包装、装潢的保护以构成知名商品作为前提条件，不是知名商品的建筑装饰设计，无法得到充分的知识产权保护。

（4）外观设计专利权保护。我国著作权法、商标法等对于建筑装饰设计的保护相对于其他国家尚有很大的差距，而目前我国外观设计专利制度在立法目的和保护方式等方面都较有优势。❷ 例如，外观设计专利给予权利人独占的权利，权利范围涵盖相同及相近似的外观设计，未实施过的外观设计同样给予保护，并且在侵权判定上已有丰富的司法实践经验，这多方面的优势使得外观设计专利是其他几种知识产权制度无法替代的。

（5）实用新型专利权保护。《专利法》第2条第3款规定，“实用新型，是指对产品的形状、构造或者其结合所提出的适于实用的新的技术方案。”可见，实用新型专利权保护客体需要具备以

---

❶ 钱光文，孙巾淋．我国商业外观的法律保护问题探讨——以《反不正当竞争法》的适用为中心［J］．知识产权，2009（1）：50-54．

❷ 夏路．我国商业外观保护的法律策略［J］．安徽农业大学学报（社会科学版），2009（4）：60-63．

下要素：产品、形状或构造、适于实用、新的、技术方案，这就是通常所说的“六要素”或者“五要素”。对于建筑设计而言，产品、形状或构造均没有问题，至于“适于实用的”和“新的”条件，在《专利法》第2条第3款的判定中仅仅是一般性的要求，而不能将其作为判断新颖性、创造性、实用性的具体审查标准。可见，建筑设计如果构成专利法意义上的“技术方案”，就可以获得实用新型专利权的保护。

3. 建筑设计的外观设计专利制度保护

下面对于建筑设计的外观设计专利制度保护加以解读，主要分析可以授予专利权的建筑设计类型，以及相应建筑装饰设计的申请要求。《专利法》第2条第4款规定，“外观设计，是指对产品的形状、图案或者其结合以及色彩与形状、图案的结合所作出的富有美感并适于工业应用的新设计。”而建筑装饰设计以建筑产品为载体，由一定的形状、图案、色彩的结合所构成，具有美感并且能够重复再现、可以批量生产、完全可以是新设计，符合外观设计的定义，可以授予外观设计专利权。而且《专利审查指南2010》第一部分第三章第7.4节不给予外观设计专利保护的客体中列举的“取决于特定地理条件、不能重复再现的固定建筑物、桥梁等”，例如，包括特定的山水在内的“山水别墅”。这里被排除的“建筑物”被限定在“取决于特定地理条件、不能重复再现”，那么对于不取决于特定地理条件、能够重复再现的建筑装饰设计产品，是无法排除在外观设计专利保护的客体之外的。虽然在法律规定层面上并未排除建筑装饰设计可以作为我国外观设计保护客体，但是在审查实践和司法实践中仍然有相当大的分歧。主要观点认为，建筑装饰都必须依附建筑物存在，是一种表面甚至是内部的装潢设计，通常都是多种装饰手段集合，还可能包含多种类别的其他产品，不是独立完整的产品。首先，建筑装饰设计依附建筑物，与常见的产品外观设计依附产品同样道理，而表面甚至内部装饰，均是多种装饰手段的集合，具备可以受到外观设计专利权保护的条件，因此，不应单纯将建筑装饰设计排除在外观设计保护客体之外。而对于可能包含的其他类别的产品，只要包含的其他类别产品可以与整体设计视为一体，那么就可以保留，将其整体视为一项独立完整的产品。其次，如前所述，其他知识产权保护类型并不能替代外观设计专利。下面对于可授权的与建筑装饰设计相关外观设计进行分析。根据可保护的产品的类型分为建筑单体和建筑构件。建筑单体类产品外观设计包括可移动的、独立的各种建筑物及建筑模型设计，从大型的住宅楼的设计到小型的展示间的设计。对于建筑单体，可分为外部装饰设计和内部装饰设计。外部装饰设计，主要包括商业店面的外立面设计，以及上述各种建筑单体的外部设计，如图 2－27 所示。一般而言，外部装饰设计属于外观设计专利保护客体的范围，在审查实践和司法实践中只要提交的视图符合规范，就可以授予外观设计专利权，给予外观设计保护。

住宅楼　　　　城市休闲亭

图 2－27　建筑单体类外观设计示例

4. 建装饰筑外观设计专利的申请

对于建筑装饰设计类外观设计，其提交的视图应符合《专利法》第 27 条第 2 款的规定，即申请人提交的有关图片或者照片应当清楚地显示要求专利保护的产品的外观设计。外部建筑装饰设计，应当提交相应的正投影视图及立体图，如图 2－28 所示：

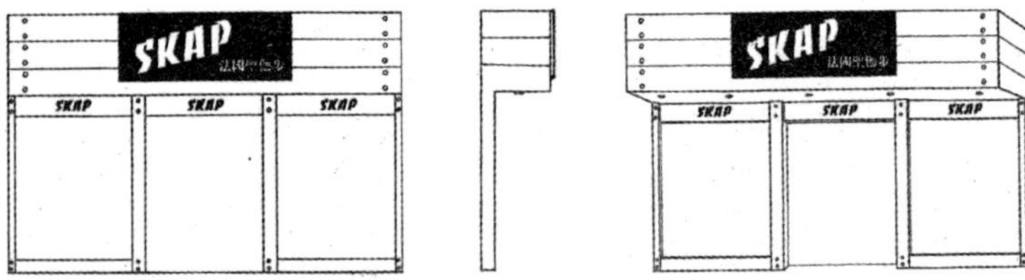

图 2-28　外部建筑装饰设计视图示例

在当前我国外观设计电子申请比例快速提高的背景下，不排除将来使用电子化的设计记载方式，今后也许可以看到用动画手段或动态拍摄手段来记载包括建筑装饰设计的外观设计，对于外观设计的保护也将会有更多拓展的空间。建筑设计是一种较独特的设计，在法律属性上可以受到多重知识产权制度的保护，这种交叉保护在各国普遍存在，在我国也不例外。而在实践中遇到的相关案例也显示建筑装饰行业开始注重知识产权保护，而大量的建筑设计也符合我国外观设计的定义，给予外观设计专利保护有利于推动该产品类别的设计创新。笔者建议将上述建筑设计的保护方式在审查实践和司法实践中逐步确立。

（二）图形用户界面设计的外观设计保护

20 世纪 70 年代初，施乐公司帕洛阿尔托研究中心率先提出了图形用户界面的概念，经历了萌芽阶段和发展阶段，在商业竞争环境中以微软 Windows 和苹果 Mac OS X Server 作为进入成熟阶段的重要标志。[1] 图形用户界面诞生之初是为了解决功能性的人机对话，发展到现在已经逐步转变成为以图形界面引导技术的发展创新，它的形式美感不再是附加的装饰形式，它更加富有目标性，力求以鲜明的信息感和形象力构成强大的商品力、促销力和感染力。[2]

---

❶ 参见方敏. 文化传播视野下的图形用户界面设计研究［D］. 江苏：苏州大学，2009.

❷ 国家知识产权局专利局外观设计审查部组织编写，吴溯，孟雨，谢怡雯，陈晓. 设计之战：移动终端工业设计的知识产权博弈［M］. 北京：知识产权出版社，2014：236.

1. 图形用户界面设计保护的比较法研究

美国、欧盟图形用户界面的外观设计保护与部分外观设计制度相辅相成。最初，在一系列涉及与计算机显示有关的“图标”外观设计的决定中，美国专利商标局复审委员会认为，图标外观设计并未“指明该外观设计专利针对的特定产品”，因此并不符合外观设计保护客体的要求。20 世纪 80 年代，美国开始对计算机用户界面的外观设计进行保护，当时施乐公司获得了计算机软件图标外观设计专利。1980 年，在 *In re Zahn* 案[1]中，美国关税与专利上诉法院指出，特定产品组成部分的外观设计可以获得专利权。[2] 由此，对图标外观设计的保护得以启动。1992 年 4 月，美国专利商标局复审委员会在 *Ex parte Donaldson*、*Ex parte Donoghue*、*Ex parte Strijland* 等一系列涉及“计算机图标”的外观设计专利申请的复审案件[3]中，强调单独存在的图片不是外观设计专利权保护客体，“将适格外观设计保护客体与单纯的图片或者装饰表面（也就是抽象设计）加以区分的关键是，产品外观设计的具体实现方式……为了满足外观设计专利的基本需要，专利申请文件必须揭示由该外观设计装饰的产品”。在 *Ex parte Strijland* 案[4]中，美国专利商标局复审委员会指出，如果外观设计专利申请充分揭示“用以在编程计算机等的显示屏上显示的图标”，可以被授予专利权。同时美国专利商标局复审委员会强调，单纯屏幕上显示的图片与在纸上显示的图片并无不同，因此，专利申请人必须充分展示该图标是编程计算机整体的组成部分。1996 年 7 月，美国专利商标局的《美国专利审查程序手册》在外观设计客体部分增加了“计算机生成图标的审查指南”，

---

[1] *In re Zahn*, 617 F. 2d 261, 204 USPQ 988 (CCPA1980).

[2] 参见在本节第三（一）3 部分。

[3] *Ex parte Donaldson*, 26 USPQ2d 1250 (Board of Patent Appeal and Interface 1992), *Ex parte Donoghue*, 26USPQ2d 1266 (Board of Patent Appeal and Interface 1992), *Ex parte Strijland*, 26 USPQ2d 1259 (Board of Patent Appeal and Interface 1992).

[4] *Ex parte Strijland*, 26 USPQ2d 1259 (Board of Patent Appeal and Interface 1992).

明确规定“计算机产生的图标可以构成专利法意义上的‘产品’”❶。尽管“计算机图标”和“用户界面”并非同一概念，但是“计算机图标”是“用户界面”的基本组成元素，“图标”受到外观设计保护意味着“用户界面”受到外观设计保护的大门已经打开。❷ 2006 年 7 月，美国专利商标局的《美国专利审查程序手册》将动态图形纳入外观设计保护范围。根据这一规定，即使在观察过程中外观有变化的计算机生成图标的外观设计，也能够受到专利法保护。此种类型的专利申请必须描述视图转换的性质，例如“如图 1 到图 8 按时间顺序进行转换的图像外观，由一个图像转换为另外一个图像的过程以及其间不构成外观设计的组成部分”。❸

欧盟情况与美国类似。尽管欧盟《关于外观设计法律保护的指令》和《欧盟理事会共同体外观设计保护条例》对“产品”给出了定义，但是产品所包含的范围非常广泛，包含“任何工业或者手工品”。同时，欧盟强调外观设计保护的主要对象是设计本身，对产品本身没有特定的要求。或者说，在欧盟外观设计制度中产品本身的地位仅在于外观设计的载体，用于审查分类等辅助功能。欧盟《关于外观设计法律保护的指令》和《欧盟理事会共同体外观设计保护条例》均规定了计算机程序排除规则，在产品定义中将“计算机程序”明确排除在外，❹ 但是并不延伸到由计算机程序运行生成

❶ Department of Commerce, Patent and Trademark Office. Guideline for Examination of Design Patent Applications for Computer - Generated Icons. 61 Fed. Reg. 11380 (March 20, 1996).

❷ 李小武，马云鹏，连冠. 电子产品图形用户界面（GUI）的外观设计保护［M］. 北京：知识产权出版社，2014：37.

❸ Manual of Patent Examining Procedure § 1504, 01 Part Ⅳ (8th ed., 5d rev. 2006, 转引自李小武，马云鹏，连冠. 电子产品图形用户界面（GUI）的外观设计保护［M］. 北京：知识产权出版社，2014：40.

❹ 此规定的依据在于，“对于计算机程序和半导体这样的产品，共同体已经有不同的立法予以规范，出于该原因的考虑，在随后外观设计保护的指令和条例中，计算机程序和半导体均不应当被认定为属于产品。”转引自李小武，马云鹏，连冠. 电子产品图形用户界面（GUI）的外观设计保护［M］. 北京：知识产权出版社，2014：70.

的图标、标志或者用户界面。

日本、韩国依托部分外观设计制度保护部分图形用户界面外观设计。1993 年，随着带有液晶显示设备的家电产品逐渐普及，日本特许厅制定了《日本关于液晶显示等的审查指南》，❶ 对符合某些条件的液晶显示加以保护。在平成 10 年（1998 年）《日本意匠法》修订时，引入部分外观设计制度，将产品的定义扩大到“产品整体和组成部分”，由此为图形用户界面外观设计保护奠定制度基础。2002 年，日本特许厅出台了《日本与液晶显示有关的指引》，将适格的图形用户界面外观设计界定为“通过产品自带显示设备显示出来的，与产品功能密切相关之初始选单的设计”。日本在 2006 年对《日本意匠法》进行了修改，将外观设计专利的定义扩大到包括对于产品界面设计。《日本意匠法》第 2 条规定，本法所称“外观设计”，是指由物品（含物品的构成部分）的形状、图案或色彩或者其结合构成的，能够引起视觉上美感的设计。在前款中，产品的部分形状、款式或色彩或者其组合中包括用于产品的操作（仅限于为了使此产品处于能够发挥其功能的状态所进行的操作）的、此产品或与其一体使用的产品上所显示的界面。❷ 基于上述规定，2007 年 9 月，日本特许厅对《日本外观设计审查基准》进行了修改，明确了对可以注册的图形图像设计的四项具体的审查要求。亦即，根据意匠法的规定：（1）包含图形图像的外观设计能够作为产品被接受；（2）图形图像的外观设计在操作该产品的过程中必须是要使用的。保证操作性是指为了保证产品根据自身的功能需要完成某些工作提供指示/使用说明；（3）图形图像必须是为了使产品处于某种状态/环境下以发挥其本来功能而必需的界面设计；（4）此图形图像不仅可以显示在产品自身的显示部位或者与其一体方式使

❶ Design Committee. Study on Protection of “The Displayed Images” under Japanese Design Law [J]. Journal of JIPA, 2003, 3 (1): 26 - 34.

❷ 参见国家知识产权局条法司.《专利法实施细则》修改专题研究报告（上卷）[M]. 北京：知识产权出版社，2008：442.

用的其他产品上所显示的界面，例如当使用磁盘记录器是显示在电视监视器上的图形图像。由此可见，可以显示到显示装置上的操作界面属于保护的客体。图 2 – 29 所示的手机、数字记录仪都可以依据《日本意匠法》的要求获得授权。

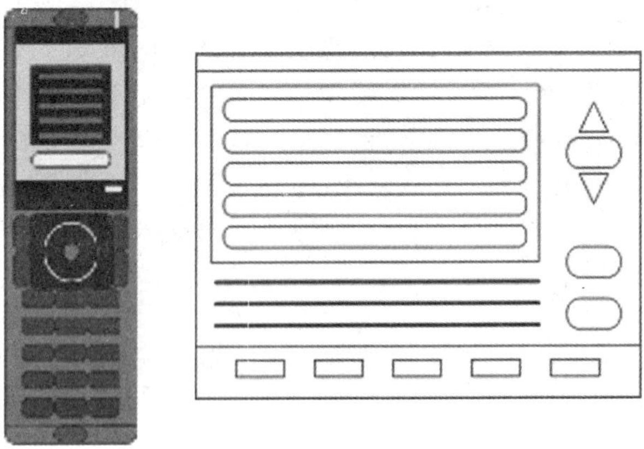

图 2 – 29　图形用户界面意匠示例

但以下三种都不是为了完成操作目的的图形图像，因此不属于保护的客体：(1) 仅仅为了装饰显示背景的图形图像不属于保护的客体，例如墙纸；(2) 电影剪辑的画面构成的图形图像不属于保护的客体；(3) 记录在记录装置中的图形图像不属于保护的客体。(4) 计算机处理的图形图像不属于外观设计保护的客体，例如通过操作软件显示的图形图像、通过互联网显示的图形图像，通过游戏软件显示的图形图像。如图 2 – 30 所示的示例，分别为墙纸、电影剪辑画面、压缩盘上记录的图像、计算机游戏显示的图形图像，即不属于外观设计保护的客体。

韩国可受保护的显像外观设计包括，网页图形用户界面、应用软件图形用户界面、移动图形用户界面等图形用户界面，应用图标、工具图标、非编码图形组件图标等图标，字体图示设计、计算机显示屏保护器、字体、虚拟人物组套、3D 动画片、表示电池剩

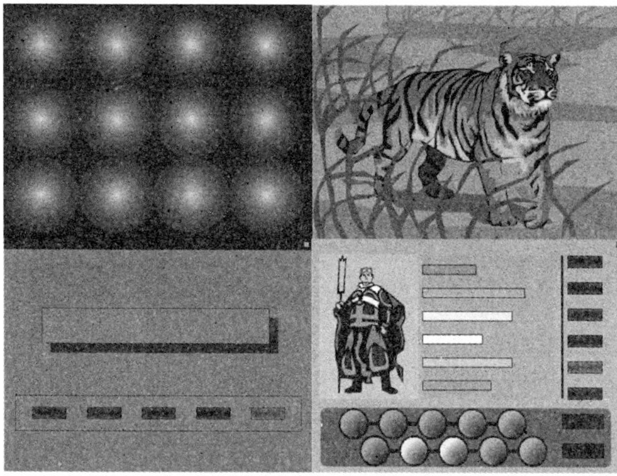

图 2 -30　不适格的图形用户界面意匠示例（墙纸、电影剪辑画面、压缩盘上记录的图像、计算机游戏显示的图形图像）

余量等机能状态的标识等非编码图形。可受保护的显像外观设计要件是必须表示在实际物品上，设计要显示产品的一种形态，动态外观设计变化前后的图形必须存在“形态关联”。

从美国、欧盟、日本和韩国法律实践情况可以得知，图形用户界面外观设计保护与部分外观设计专利制度具有紧密关联。根据世界知识产权组织的问卷调查显示，在参与调查的 42 个国家和地区中，有 31 个国家和地区保护部分外观设计，24 个国家和地区同时保护图形用户界面。[1] 有研究成果将美国、欧盟、日本和韩国法律规则状况用表 2 -1 加以综述：

---

[1] SCT（WIPO 商标、工业品外观设计和地理标志法律常设委员会）会议材料：Summary of Replies to the Questionaires（Part I and Part II）on Industrial Design Law and Practice（SCT/18/7 and SCT/18/8 rev.），转引自国家知识产权局专利局外观设计审查部组织编写，吴溯，孟雨，陈晓．设计之战：移动终端工业设计的知识产权博弈［M］．北京：知识产权出版社，2014：253.

表 2-1　各主要国家和地区的图形用户界面保护现状[1]

<table>
<tr><th>类型</th><th>欧盟</th><th>美国</th><th>韩国</th><th>日本</th></tr>
<tr><td>专用设备显示的界面</td><td rowspan="6">○</td><td rowspan="6">○</td><td rowspan="5">○</td><td>△</td></tr>
<tr><td>通用设备的操作系统界面</td><td>×</td></tr>
<tr><td>软件的图形用户界面</td><td>×</td></tr>
<tr><td>网页</td><td>×</td></tr>
<tr><td>电子屏幕壁纸</td><td>×</td></tr>
<tr><td>图标</td><td>△</td><td>△</td></tr>
</table>

2. 图形用户界面设计专利保护的规则变迁

自《审查指南 2006》以来，一直将包括图形用户界面在内的产品通电后显示的图案排除在保护客体之外，该规定同时列举了电子表表盘显示的图案、手机显示屏显示的图案、软件界面等作为排除保护的示例。如此规定的原因在于，"产品通电后才能显示的图案不是产品的外观固有的图案，该图案的设计不属于产品外观设计的固有部分，不符合《专利法实施细则》第 2 条第 3 款的规定。"[2] 2008 年《专利法》第三次修改后，《专利审查指南 2010》保留了这一规定。学术界一般认为，审查指南中的这一规定，是否与专利法中关于外观设计的上位的定义存在矛盾，的确值得商榷；同时由于国际上并没有针对外观设计的统一实体规定，将 GUI 排除在外观设计保护客体之外并不违背国际层面的规定。[3]

随着我国消费电子产业的发展，业界对图形用户界面外观设计保护提出强烈的呼声。例如，华为公司专利事务负责人周文宇指

---

[1] 吴溯，孟雨，陈晓．设计之战：移动终端工业设计的知识产权博弈［M］．北京：知识产权出版社，2014：255.

[2] 参见国家知识产权局专利局审查业务管理部．审查指南修订导读 2006［M］．北京：知识产权出版社，2006：92.

[3] 李小武，马云鹏，连冠．电子产品图形用户界面（GUI）的外观设计保护［M］．北京：知识产权出版社，2014：177.

出，尽管基站及基础电信业务是华为公司最主要的经济增长点，但是在消费者终端业务这一块，外观设计的申请量明显占有优势。[1]联想公司的法务认为，对图形用户界面的外观设计保护非常必要，因为实用专利和外观设计可以各自发挥自己的优势，外观设计显著，易于识别，在实用技术的发展遭遇瓶颈，很难有所突破的情况下，具有吸引消费者眼球的外观设计产品无疑更容易获得市场认可。[2] 可以说，2012 年底，企业与政府管理部门基本达成共识，国家知识产权局专利局审查业务管理部负责人提出，图形用户界面外观设计保护已经迫在眉睫，加强对图形用户界面的保护，是对企业创新的要求，将促进企业发展繁荣经济。[3]

在这一背景下，2013 年 10 月 22 日，国务院法制办公布《专利审查指南修改草案（征求意见稿）》和“关于《专利审查指南修改草案（征求意见稿）》的说明”，公开向公众征求意见。2014 年 3 月 12 日，国家知识产权局公布《国家知识产权局关于修改〈专利审查指南〉的决定》（第 68 号局令），对《专利审查指南 2010》进行修改，将部分图形用户界面纳入外观设计专利权客体范围。2014 年 5 月 1 日，《专利审查指南 2010》的修改内容正式施行。

3. 图形用户界面设计专利保护的规则理解

此次《专利审查指南 2010》的修改主要内容如下。

---

[1] 牛津会议周文宇报告 PPT 第 4 页，2012 年 11 月，http：//ip. law. indiana. edu/wp - content/uploads/2012/11/Design - Patent - in - Telecommunication - Industry - FINAL2. pdf，转引自李小武，马云鹏，连冠. 电子产品图形用户界面（GUI）的外观设计保护［M］. 北京：知识产权出版社，2014：212.

[2] 国家知识产权局专利局外观设计审查部 2012 年 11 月 30 日香山会议，“图形用户界面外观设计保护研讨会”，联想产品链管理部专利中心陈媛青发言，转引自李小武，马云鹏，连冠. 电子产品图形用户界面（GUI）的外观设计保护［M］. 北京：知识产权出版社，2014：211.

[3] 国家知识产权局专利局外观设计审查部 2012 年 11 月 30 日香山会议，“图形用户界面外观设计保护研讨会”，国家知识产权局专利局审查业务管理部部长葛树发言，转引自李小武，马云鹏，连冠. 电子产品图形用户界面（GUI）的外观设计保护［M］. 北京：知识产权出版社，2014：214.

一是关于纳入保护客体的规定。首先，删除《专利审查指南2010》第一部分第三章第7.2节中的“产品的图案应当是固定的、可见的，而不应是时有时无的或者需要在特定条件下才能看见的”。其次，将《专利审查指南2010》第一部分第三章第7.4节不授予专利权的情形中的“产品通电后显示的图案。例如，电子表表盘显示的图案、手机显示屏上显示的图案、软件界面等”修改为“游戏界面以及人机交互无关或者与实现产品功能无关的产品显示装置所显示的图案，例如，电子屏幕壁纸、开关机画面、网站网页的图文排版”。

二是关于申请要求的规定。首先，在《专利审查指南2010》第一部分第三章第4.2节第三段之后新增一段，“就包括图形用户界面的产品外观设计而言，应当提交整体产品外观设计视图。图形用户界面为动态图案的，申请人应当至少提交一个状态的上述整体产品外观设计视图，对其余状态可仅提交关键帧的视图，所提交的视图应当能唯一确定动态图案中动画的变化趋势。”其次，在《专利审查指南2010》第一部分第三章第4.3节第三段第（6）项之后新增一项，内容如下：（7）对于包括图形用户界面的产品外观设计专利申请，必要时说明图形用户界面的用途、图形用户界面在产品中的区域、人机交互方式以及变化状态等。

三是关于确权的规定。在《专利审查指南2010》第四部分第五章第6.1节第二段第（4）项之后新增一项，“（5）对于包括图形用户界面的产品外观设计，如果涉案专利其余部分的设计为惯常设计，其图形用户界面对整体视觉效果更具有显著的影响。”

综合看这些规定，《专利审查指南2010》力图在不改变外观设计定义（尤其是外观设计定义中“产品”要件）的前提下，将图形用户界面放入到包含图形用户界面的整体产品中，就该包含图形用户界面的整体产品给予外观设计保护。同时，在外观设计确权和侵权判定中，鉴于整体产品其余部分的设计为惯常设计，图形用户界面对整体视觉效果具有更加显著的影响，从而达到间接保护图形用户界面设计的法律效果。可以说，这是在《专利法》第2条未做修改的前提下能够作出的制度设计。同时，需要看到的是，就比较法而言，保护图形用户界面外观设计的国家和地区基本上均为运用部分外观设计制度加以保护；就法理而言，将图形用户界面看作产品组成部分更符合图形用户界面的本身属性；就实践而言，将图形用户界面绑定在整体产品上加以保护的方式在确权和侵权判定中存在诸多障碍。因此，本书笔者建议，在《专利法》修改中引入部分外观设计制度，在部分外观设计制度下划定可以获得外观设计专利权的图形用户界面设计范围，例如将"人机交互"和"功能相关"作为划界标准。

详细分析这些规定，删除《专利审查指南 2010》第一部分第三章第 7.2 节中的"产品的图案应当是固定的、可见的，而不应是时有时无的或者需要在特定条件下才能看见的"，是为了解决电子用户界面外观设计可以受到专利法保护的前提问题，因为大多数图形用户界面通常需要在通电条件下才能看见，并且通常是可以变化的。其次，将《专利审查指南 2010》第一部分第三章第 7.4 节不授予专利权的情形中的"产品通电后显示的图案。例如，电子表表盘显示的图案、手机显示屏上显示的图案、软件界面等"修改为"游戏界面以及人机交互无关或者与实现产品功能无关的产品显示装置所显示的图案，例如，电子屏幕壁纸、开关机画面、网站网页的图文排版"。这一规定用以划定可以获得外观设计专利权的图形用户界面设计范围，将"完整产品""人机交互"和"功能相关"作为划界标准。同时，考虑到电子屏幕壁纸、开关机画面、网站网页的图文排版等图形用户界面可以通过著作权法加以保护，因此加以排除。对于"游戏界面"，主要考虑到游戏界面画面多变，保护范围不宜确定，同时考虑到游戏厂商保护游戏界面外观设计的诉求不强烈等因素。[1]

---

[1] 吴溯，孟雨，谢怡雯，陈晓. 设计之战：移动终端工业设计的知识产权博弈［M］. 北京：知识产权出版社，2014：264.

另外，由于我国目前并未引入部分外观设计制度，因此在图形用户界面设计的外观设计保护中，需要提交整体产品外观设计视图。图形用户界面为动态图案的，申请人应当至少提交一个状态的上述整体产品外观设计视图，对其余状态可仅提交关键帧的视图，所提交的视图应当能唯一确定动态图案中动画的变化趋势。同时，为了充分保护外观设计专利权，专利申请人可以考虑将相同的图形用户界面与多款可以适用该图形用户界面的不同物理造型产品相结合，提出多件外观设计专利申请。

4. 图形用户界面设计专利保护的规则适用

带有图形用户界面的产品外观设计通常包括如下类型：带设备专用界面的产品外观设计、带通用操作系统界面的产品外观设计、带应用软件界面的产品外观设计、带网页应用的产品外观设计、带图标的产品外观设计、带网站网页图文排版的产品外观设计、带电子屏幕壁纸（及屏保动画）的产品外观设计、带开关机动画的产品外观设计以及带游戏界面的产品外观设计。如图 2 - 31 所示，第一行左侧图中产品为带界面的可视电话，该外观设计属于带设备专用界面的产品外观设计；第一行右侧图中产品为带界面的智能电视，该外观设计属于带通用操作系统界面的产品外观设计；第二行左侧图中产品为带通信软件界面的手机，该外观设计属于带应用软件界面的产品外观设计；第二行中图中的产品为带网页应用的计算机，该外观设计属于带网页应用的产品外观设计；第二行右侧图中的产品为带图标的手机，该外观设计属于带图标的产品外观设计，上述外观设计符合授权客体要求。

如前所述，“完整产品”“人机交互”和“功能相关”是带有图形用户界面的产品外观设计获得保护的必要条件。带网站网页图文排版的产品外观设计与实现产品功能无关，带电子屏幕壁纸（及屏保动画）的产品外观设计与实现产品功能无关并且未实现人机交互功能，带开关机动画的产品外观设计与实现产品功能无关并且未实现人机交互功能，带游戏界面的产品外观设计属于法定排除的对

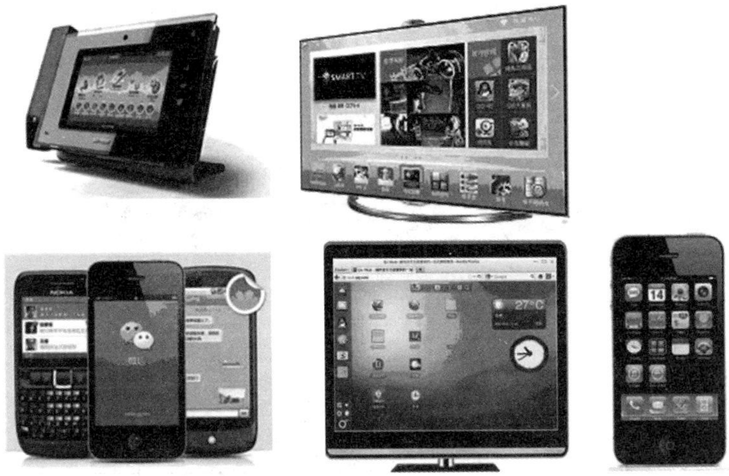

图 2－31 包含图形用户界面的产品外观设计示例（带界面的可视电话、带界面的智能电视、带通信软件界面的手机、带网页应用的计算机、带图标的手机）

象，均不属于电子界面外观设计专利权保护的适格客体。如图 2－32 所示，分别为带论坛图文排版的计算机的外观设计、带电子屏幕壁纸的计算机的外观设计、带开机界面的手机的外观设计、带游戏界面的计算机的外观设计，不属于电子界面外观设计专利权保护的适格客体。

5. 带有图形用户界面的产品外观设计专利申请的审查

（1）关于产品名称。带有图形用户界面的产品外观设计专利申请的产品名称应当采用“带有……界面的产品”的表述形式，例如带有交互界面的手机、带有图标的手机等。不能采用图形用户界面的内容作为产品名称，也不能仅仅采用图形用户界面的物理载体作为产品名称，例如，图标、手机这样的产品名称不符合带有图形用户界面的产品外观设计专利申请产品名称的要求。

（2）关于产品视图。带有图形用户界面的产品外观设计专利申

图 2－32　包含图形用户界面的不适格产品外观设计示例
（带论坛图文排版的计算机、带电子屏幕壁纸的计算机、
带开机界面的手机、带游戏界面的计算机）

请的产品视图应当是带有图形用户界面的整体产品的外观设计视图，要清楚完整地显示图形用户界面以外的产品部分，不能仅仅提交图形用户界面本身的视图，也不能将图形用户界面之外的产品部分用虚线的方式表示。图形用户界面比例较小，则采用局部放大图的方式展现，如图 2－33 示例。涉及动态图形用户界面，应当至少提交一个状态的上述整体产品外观设计视图，对其余状态可仅提交关键帧的视图，所提交的视图应当能唯一确定动态图案中动画的变化趋势，也就是说，用变化状态图的方式说明图形用户界面起始关键帧图形。

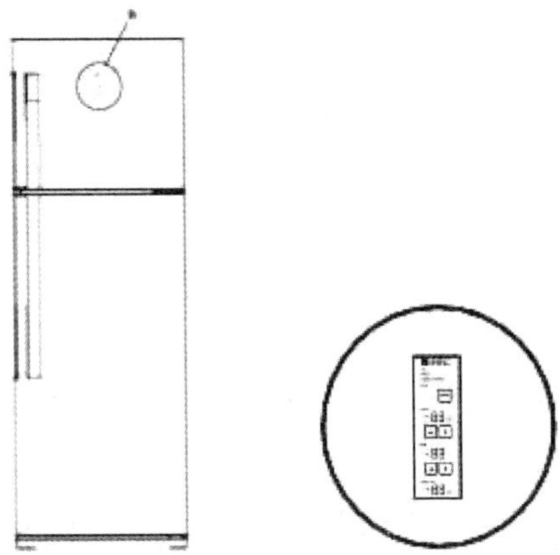

图 2-33　包含图形用户界面的产品外观设计申请示例（带有触摸界面的冰箱）

6. 带有图形用户界面的产品外观设计专利的确权与侵权判定

目前，尚未有带有图形用户界面的产品外观设计专利的确权与侵权判定的典型案例。学术界和实务界普遍的认识是，在带有图形用户界面的产品外观设计专利的确权与侵权判定中，如果涉案专利其他部分是惯常设计，其图形用户界面对整体视觉效果更具有显著的影响。

五、本节小结

外观设计保护客体判定是外观设计制度的一个基础性问题。外观设计保护客体需要符合“产品”“产品的形状、图案或者其结合以及色彩与形状、图案的结合”“富有美感”“适于工业应用”“新的设计”等诸多要件。就《专利法》第 25 条第 1 款第（6）项所规定的“对平面印刷品的图案、色彩或者二者的结合作出的主要起标识作用的设计”，建议扩展为“主要起标识作用的设计”，以排除纯粹标识性设计方案的外观设计专利保护。在本节开篇引述的案例中，案例1涉及“富有美感”要件的法律适用，一般认为，只要外观设计不是极丑陋的，其形状、图案不是明显违反社会风俗，不会引起人们的憎恶与反感，即可认为其具有专利法意义上的美感。案例2涉及“新的设计”要件的法律适用，以自然物原有形状、图案、色彩作为主体的设计不属于新的设计。在符合上述要件的同时，还需要符合《专利法》排除性规定的要求，亦即不构成“违反法律、社会公德或者妨害公共利益的发明创造”并且不构成“对平面印刷品的图案、色彩或者二者的结合作出的主要起标识作用的设计”。案例3涉及“对平面印刷品的图案、色彩或者二者的结合作出的主要起标识作用的设计”的法律适用，该条文的首要条件是设计的载体为平面印刷品，其次是其中图案、色彩或二者的结合设计主要起标识作用。就案例3而言，涉案专利产品是圆柱体形状的立体产品，尽管其表面用到了平面印刷品，但显然涉案专利不属于平面印刷品，因此其符合《专利法》第25条第1款第（6）项的规定。

第三节 外观设计清楚表达的判定

《专利法》第27条第2款规定，“申请人提交的有关图片或者照片应当清楚地显示要求专利保护的产品的外观设计。”《专利法实施细则》第27条规定，“申请人请求保护色彩的，应当提交彩色图片或者照片。申请人应当就每件外观设计产品所需要保护的内容提交有关图片或者照片。”这两个条文的规定类似于发明专利和实用新型专利的说明书公开充分的要求。

一、法律实践解读

【案例2-4】在“汽车杯直饮单跳杯盖”外观设计无效纠纷案[1]中，涉案外观设计系汽车杯直饮单跳杯盖的外观设计，如图2-34

[1] 参见国家知识产权局专利复审委员会第19275号无效宣告请求审查决定。

所示，简要说明写明“外观设计产品的设计要点：该外观设计产品主要有，杯盖顶部的中央设有两个半圆组成一个圆形的开关按钮，杯盖上设有向上凸起并有一定倾斜的圆锥状形外圈，杯盖顶部出水口设置在外圈最高侧，出水口为圆弧形”。无效宣告请求人主张，涉案专利的圆锥形外圈与杯盖上端面间是圆弧过渡还是直接过渡无法判断，杯盖顶部中央的圆形开关与上端面是相平还是高出或低于上端面无法判断，因此涉案专利不符合《专利法》第27条第2款的规定。国家知识产权局专利复审委员会认为，涉案专利杯盖上部类似圆台形，外圈上部为倾斜，杯盖上端面位于外圈内部，其上有半圆形出水口位于外圈的最高侧，以及中部由两个半圆构成的圆形的开关按钮，按钮上具有“OPEN”“CLOSE”两个英文单词及两个示意图形，杯盖下部直径小于上部，其上具有螺纹。结合涉案专利公开的视图及简要说明，其上端面的出水口位于外圈最高侧，开关按钮位于上端面中央，由于其外圈为倾斜，从外圈较低一侧看向较高一侧，即后视图所示并未显示出水口及开关按钮，则表明杯盖的上端面整体低于外圈最低处所示的高度，由于上端面位于外圈的内部，公开的视图中仅俯视图中显示了杯盖上端面，而仅从俯视图无法确定杯盖上端面的具体形状是平面或是弧面或是其他形状，专利权人认为杯盖上端面不存在圆弧面，与四周为直角相连的主张没有事实依据。综上，由于根据涉案专利公开的视图无法确定杯盖上端面的具体形状，因此涉案专利未清楚地显示要求专利保护的产品的外观设计，不符合《专利法》第27条第2款的规定。

【案例2－5】在“电震动按摩器”外观设计无效纠纷案[1]中，无效宣告请求人主张，涉案专利俯视图中的握柄和仰视图中的握柄视图关系不对应，在俯视图中，握柄的大小使其遮罩了延伸臂边际间波浪形过渡的凹入部，如此，对应的在仰视图中应该能够看到突出于延伸臂边际间波浪形过渡凹入部的握柄部分，但在涉案专利的

[1] 参见国家知识产权局专利复审委员会第21954号无效宣告请求审查决定。

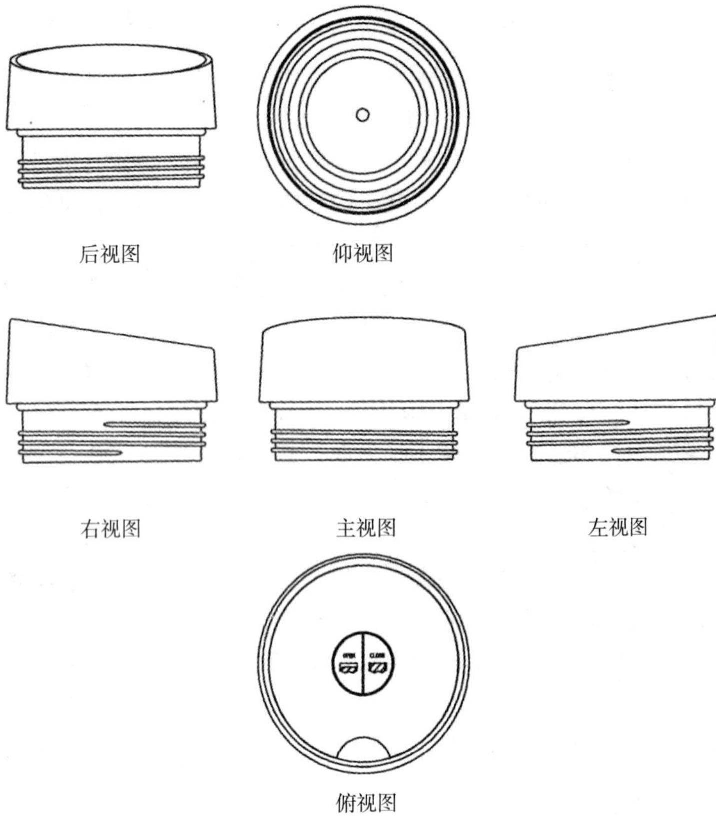

图 2－34 “汽车杯直饮单跳杯盖”外观设计

仰视图中握柄并不可见，使之无法确定握柄相对于延伸臂边际的大小。此外，涉案专利的主视图可以清楚看到位于底部正中的突起部，而左右视图却完全看不到，视图关系不对应，无法正确了解其外观产品真正的结构。专利权人主张，涉案专利的部分视图可能由于视角的问题存在缺陷，但仍能实现工业上的应用。其次，本领域普通技术人员通过主视图、后视图、俯视图的示意内容结合按摩器的公知常识，可以清楚理解涉案专利外观设计各视图的对应关系。

涉案专利制图上的缺陷属于明显制图误差或失误造成的缺陷，只要不影响公众的理解，公众可以实施该专利，则相应缺陷不属于导致该外观设计无效的缺陷。

国家知识产权局专利复审委员会经过审查认为，涉案专利涉及的产品是“电震动按摩器”，涉案专利由六面正投影视图表示，其简要说明记载其设计要点在于形状。如图 2－35 所示，电震动按摩器主要由握柄、连接颈、延伸臂和按摩头组成。其中握柄呈圆盘状，具有一定的厚度，上部有环状突起；连接颈呈圆柱形，上段有一条绕颈装饰部，下段向外延伸后形成延伸臂；三个延伸臂各呈 120 度角分布，且呈脚蹼扁平状；三个半球形按摩头分别位于延伸臂最远端的下方，还有一个体积略小的半球形按摩球位于底部正中。涉案专利俯视图显示，握柄圆盘的直径较大，圆盘外周边缘超过了两个延伸臂夹角处边缘，然而从仰视图中并没看到握柄边缘，即仰视图中看到的圆盘外周是小于延伸臂夹角处边缘的，由于俯视图和仰视图所见三延伸臂最外周比例相同，在此基础上不可能采取以尽量接近底部高度的观察方式而遮挡握柄圆盘，由此俯视图和仰视图中有关握柄圆盘的大小是矛盾的，无法确定其实际大小和相对于延伸臂的横向比例。此外，由主视图和仰视图中可以清楚看到底部正中有一个较小的按摩球，该按摩球的最下端低于延伸臂的最下端，根据涉案专利各个视图反应的角度关系，从左右视图中应当能够看到该较小按摩球的一部分，然而左右视图中并未显示该较小按摩球。因此，涉案专利仰视图和俯视图中有关握柄圆盘大小的显示有矛盾，并且左右视图和主视图、仰视图中显示的中心较小的按摩球存在矛盾，使得各个视图无法清楚显示要求专利保护的产品的外观设计，故涉案专利不符合《专利法》第 27 条第 2 款的规定。

针对专利权人的意见，国家知识产权局专利复审委员会认为：(1) 如专利权人所言，如果涉案专利的六幅视图均为机械制图而非照片图，则从各个视图的大小比例来看，仰视图和俯视图的绘制比例应该是一样的，因此仰视图应该也能显示上部的握柄，专利权人主张由于视角不同造成握柄不可见的理由不成立。(2) 尽管按摩器底部中心的按摩球体积小于其他三个按摩球，但由主视图可以看出，其下端点明显低于延伸臂的下端，并且中间按摩球的圆心并不在任意两个大按摩球圆心的连接线上，因此，专利权主张的中间的按摩球在右视图中被左边的按摩球挡住、在左视图中被右边的按摩球挡住了的理由不成立。

综上所述，涉案专利视图缺陷不属于明显制图误差或失误造成的缺陷，视图中的矛盾影响了涉案专利保护范围的确定，因此对专利权人的主张均不予以支持，涉案专利不符合《专利法》第27条第2款的规定。

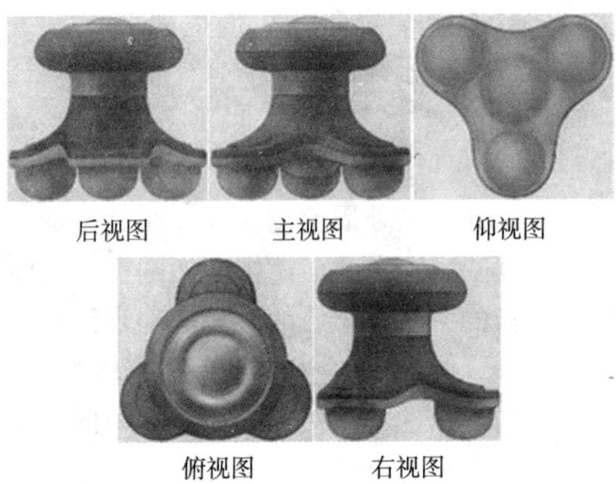

图2-35 “电震动按摩器”外观设计

【案例2-6】在“冰箱（三门）”外观设计无效纠纷案❶中，无效宣告请求人主张与设计4相关无效宣告请求理由包括，涉案专利授权公告的视图存在下列绘制问题（见图2-36）：(1) 设计4的主视图和A部放大图中可以看出，冰箱门左、右两侧竖直边缘的内侧都还分别画有一条与外侧边相互平行的竖直线条，而其他视图

❶ 参见国家知识产权局专利复审委员会第20311号无效宣告请求审查决定。

均无对应结构的表达；（2）设计 4 的左视图和右视图中，仅上门侧面采用了扣手形结构，而在俯视图中表达为该扣手形结构是从上至下贯穿整个冰箱三个门的侧面。上述两方面视图问题导致涉案专利的保护范围存在不确定的情形，因此涉案专利均不符合《专利法》第 27 条第 2 款的规定。国家知识产权局专利复审委员会认为，对于上述视图问题（1）而言，根据涉案专利设计 4 主视图，尤其是 A 部放大图的表达，冰箱门左、右两侧竖直边缘的内侧的确各存在一条与外侧边相互平行的竖直线条，但这两条平行竖直线之间的距离非常接近，即这两条平行竖直线构成的镶边非常细窄，在 A 部放大图中才可以相对明显地看出其宽度，并且从其俯视图、仰视图可以看出冰箱门表面并无明显突起弧度，因此当该镶边非常薄且并非明显突出于冰箱门表面时，按照正投影视图规则，结合视图绘图时采用的线条粗细情况和产品整体尺寸比例情况，在其他视图上该镶边与产品外轮廓线难免会产生线条重合，这并不属于视图绘制错误。对于上述视图问题（2）而言，在设计 1 和设计 4 的俯视图、仰视图中冰箱门板外轮廓线形状类似字母“T”，根据正投影规则其表达的冰箱门应当为自上而下三个门侧面均为具有长条状凹槽的扣手形结构，而在右视图、左视图中冰箱门侧面表达为上门为具有长条状凹槽的扣手形结构、中门和下门为无凹槽的平面结构，显然上述视图在冰箱门侧面结构的表达上存在不一致。但结合冰箱门侧面的惯常设计以及设计的合理性考虑，三门冰箱通常不会采用左视图、右视图表达的此种中门和下门与上门侧面凹槽不一致的设计，而是可以根据俯视图、仰视图推断出冰箱三个门侧面采用了相同的扣手形结构。因此设计 1 和设计 4 在冰箱门侧面扣手形结构上的视图的不对应属于绘制瑕疵，其并不影响其产品外观设计保护内容的确定，因此不能据此认定涉案专利的授权图片未清楚地显示要求专利保护的产品的外观设计。综上所述，无效宣告请求人关于涉案专利不符合《专利法》第 27 条第 2 款的无效宣告理由不成立。

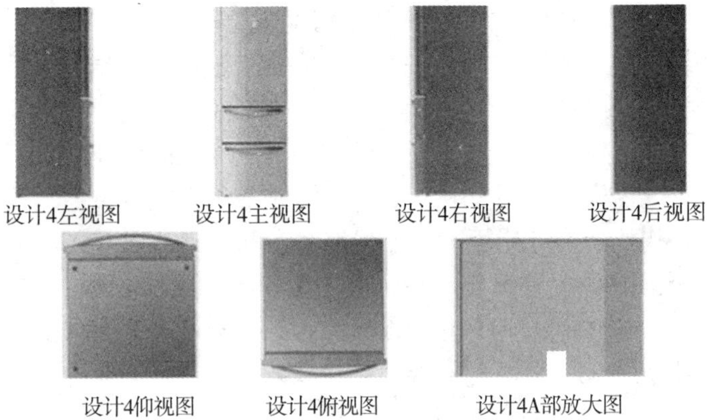

图 2-36 “冰箱（三门）”外观设计

【案例2-7】在“玩具遥控机器人套装”外观设计无效纠纷案❶中，无效宣告请求人认为：涉案专利组件1包括了部件A和部件B，然而在后视图中的部件A和部件B的投影关系和其他视图不符，不能清楚地显示要求专利保护的产品的外观设计。国家知识产权局专利复审委员会经审查认为，判断外观设计专利视图错误是否会导致不能清楚地显示要求保护的产品的外观设计，应当考虑视图错误对产品整体的影响程度，判断是否存在影响清楚表达的实质性缺陷，以致该专利权的保护范围无法确定。就本案来说，后视图与其他视图的投影关系不对应由于未进行视图镜像导致，属于明显笔误并明显可以通过其他附图予以弥补的情形，是一般消费者结合其所具有的知识能够明确专利权的保护范围，则其通常不属于“未清楚表达”的情况。因此，对于无效请求人提出的该无效宣告请求理由不予支持。

【案例2-8】在“LED充电式手电筒（YG-3260）”外观设计专利无效纠纷案❷中，无效宣告请求人主张，涉案专利立体图公开

---

❶ 参见国家知识产权局专利复审委员会第22566号无效宣告请求审查决定。

❷ 参见国家知识产权局专利复审委员会第20573号无效宣告请求审查决定。

的手电筒灯头内的反光罩为银色反光材料，而俯视图中显示的反光罩为黑色，投影关系不对应，涉案专利公开视图不能清楚显示要求保护的产品外观设计。国家知识产权局专利复审委员会认定，经过核实，涉案专利公开的立体图显示反光罩为银色，俯视图中显示为黑色。涉案专利照片中反光罩颜色不同的主要原因系拍照角度不同形成光线反射所致，对产品整体形状没有影响，且涉案专利未请求保护色彩，因此，请求人认为涉案专利不符合《专利法》第27条第2款规定的主张不成立。

【案例2-9】在“电机外壳”外观设计专利无效纠纷案[1]中，无效宣告请求人主张，涉案专利的各视图尺寸不一致，导致涉案专利无法清楚地显示要求保护产品的外观设计，具体不对应的部分（见图2-37）：（1）主视图的横向最大尺寸A1与仰视图的横向最大尺寸A2不一致；（2）主视图纵向最大尺寸B1与左视图的纵向最大尺寸B4不一致；（3）主视图顶部的散热片的中部形成一连接平面，主视图中该连接平面的横向尺寸与俯视图中该连接平面的横向尺寸不一致，主视图顶部的散热片的横向分布尺寸与俯视图中散热片的横向分布尺寸不一致；（4）主视图中左侧散热片的纵向尺寸与左视图中散热片纵向尺寸不一致；（5）仰视图的横向最大尺寸与俯视图的横向最大尺寸不一致；（6）仰视图的纵向最大尺寸与俯视图的纵向最大尺寸不一致；（7）仰视图的纵向最大尺寸与左视图的横向最大尺寸不一致；（8）俯视图的纵向最大尺寸与左视图的横向最大尺寸不一致。因此，涉案专利不符合《专利法》第27条第2款的规定。专利权人认为视图比例不一致是拍摄实物照片时所造成的，视图已清楚表示涉案专利的设计特征。国家知识产权局专利复审委员会经审查认为，涉案专利的申请文件是以照片形式提交的，由于拍摄照片存在近大远小的原因，离镜头近的位置显示尺寸要比离镜头远的位置要大，因此从单一侧面观察会存在与正面观察比例

[1] 参见国家知识产权局专利复审委员会第21837号无效宣告请求审查决定。

不一致或尺寸不对应之处，但是本涉案专利中这种不一致或尺寸的不对应的情况符合照片拍摄的正投影规则，因此并不影响涉案专利外观设计的表达，通过涉案专利的各视图能够清楚显示产品的外观设计。因此，涉案专利符合《专利法》第27条第2款的规定。

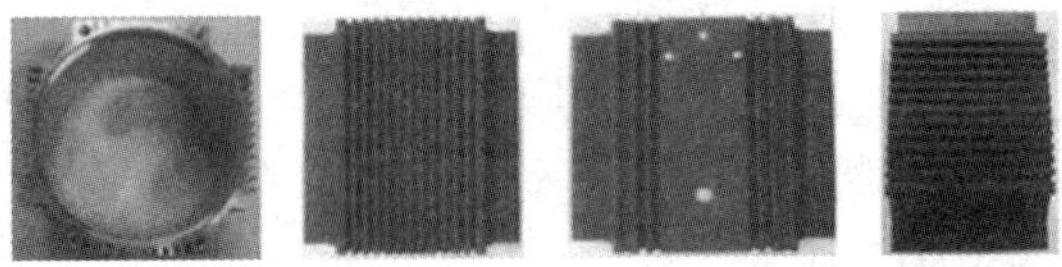

主视图　仰视图　俯视图　左视图

图2－37　“电机外壳”外观设计

【案例2－10】在“灯（玉兰）”外观设计无效纠纷案中，无效宣告请求人主张：(1) 涉案专利主题不明确，其视图与其保护主题不一致，公众无法得知涉案专利要求保护的内容；(2) 根据涉案专利的主视图、俯视图和立体图，无法确定产品外观设计的具体形状和结构，故涉案专利不符合《专利法》第2条第4款的规定。

国家知识产权局专利复审委员会经审查认为，(1) 涉案专利产品名称为灯，分类号是26－05，而“灯”并不仅限定于灯泡，还可以包括灯的整体结构及其构件，并且，根据第9版洛迦诺分类表，小类26－05的名称为“灯，落地灯，标准灯，枝形吊灯，墙壁和天花板装置，灯罩，反光罩，摄影和电影投光灯”，因此，涉案专利并不存在保护主题不明确的缺陷；(2) 涉案专利由主视图、俯视图、俯视放大图和立体图表示，简要说明中载明省略后视图、左视图、右视图、仰视图。关于灯上部的灯臂及灯泡外观设计形状，从主视图和立体图观察，可以看出灯上部分为三层共九个灯臂和九个灯罩，其中最上层为一个灯臂支撑一个灯罩，中间层为四个灯臂分别支撑四个灯罩，最下层为四个灯臂分别支撑四个灯罩，每个灯臂均为上、下两层的支撑结构，其中位于中间层和最下层的灯臂的下层底部具有白色图案；从俯视图和俯视放大图观察，灯臂及灯罩整体呈四方对称，灯臂呈花瓣状、灯臂上层为实心结构（详见

图 2－38）。关于灯中部和下部的立柱的外观设计形状，涉案专利产品外观设计虽然仅有主视图和立体图，但结合对灯的立柱这类产品的认知常识，灯的立柱通常为对称结构或回转体结构，且省略视图的原因一般为视图相同或对称，因此，在涉案专利已有视图的基础上结合对灯的立柱这类产品的认知常识，专利权人关于灯杆下部是实心的方形柱，上部是十字棱柱的形状，灯杆自上而下由黑色渐变为白色是光线反射造成的主张能够与视图相对应。综上所述，虽然涉案专利外观设计视图存在瑕疵，但是上述瑕疵尚不足以导致涉案专利产品不能在工业上生产制造。因此，请求人提出的涉案专利不符合《专利法》第 2 条第 4 款有关“适于工业应用的新设计”的规定的无效理由不成立。

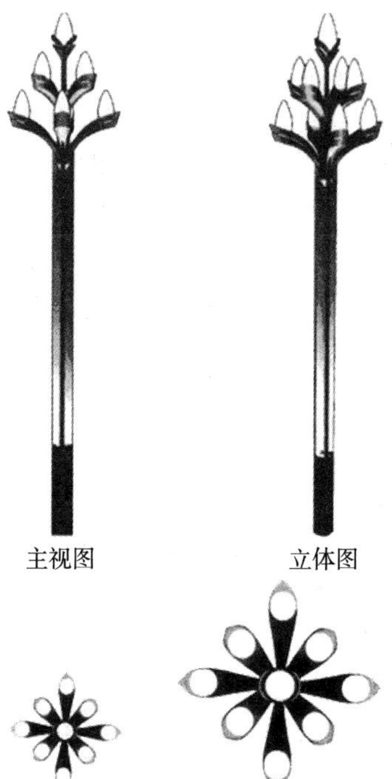

图 2－38 “灯（玉兰）”外观设计

二、外观设计清楚表达的比较法分析

《美国专利法》第112条有关充分公开和保护范围清楚的要求同样适用于外观设计专利。美国外观设计专利申请包含权利要求书、说明书和图片。外观设计专利和实用专利的最大区别在于，说明书、附图以及权利要求书的相对重要性不同。对实用专利而言，说明书和权利要求书最为重要，说明书附图的作用其次。对外观设计专利而言，情况正好相反：说明书和权利要求书是形式上的，说明书附图是确定保护范围的最重要依据。[1] 在 *In re Rubenfield* 案[2]中，美国关税与专利上诉法院指出，外观设计专利申请可以包含多个实施例但是仅有一项权利要求。美国专利商标局非常强调外观设计专利申请中适当的视图的重要性。[3] 1997年之前，美国专利商标局要求图片"必须包含充足数量的视图以完整揭示产品外观"。[4] 1997年，美国专利商标局修改了审查规则，改为要求图片"必须包含充足数量的视图以完整揭示产品设计的外观"。[5] 如果视图并不充分，应当依据《美国专利法》第112条的规定宣告该外观设计专利无效。在 *Philco Corp. v. Admiral Corp.* 案[6]中，由于该电视机是便携式的并且由于纤细型效果有赖于背部设置，因此美国法院以涉案外观设计缺乏后视图为由宣告纤细型便携式电视机外观设计专利权无效。在 *Moore v. Stewart* 案[7]中，美国法院认为，尽管视图仅仅展现了多音火车两面并且没有描述该多音火车是对称的，但该视图

---

[1] *In re Daniels*, 144 F. 3d 1452, 1456, 46 USPQ2d1788, 1790 (Fed. Cir. 1998).

[2] *In re Rubenfield*, 270 F. 2d 391, 123 USPQ 210 (CCPA 1959).

[3] US Patent and Trademark Office. Manual of Patent Examining Procedure § §15. 03. 20.

[4] 37 C. F. R. §1. 152.

[5] 37 C. F. R. §1. 152 (a).

[6] *Philco Corp. v. Admiral Corp.*, 119 F. Supp. 797, 801, 131 USPQ 413 (D. Del 1961).

[7] *Moore v. Stewart*, 600 F. Supp. 655, 660, 225USPQ 313, 315 (W. D. Ark. 1985).

描述是充分的。在 *Ex parte Sweeney* 案[1]中，美国法院指出，外观设计视图充分披露必须做到“充分地、清楚地描述实现外观设计的产品的完整外观，如此明确以至于本领域技术人员能够制造该产品”。

根据《美国专利审查程序手册》第1503.02节的规定，外观设计专利申请人应当提交足够数量的绘制视图或者照片视图以充分公开要求保护的外观设计，视图可包括主视图、后视图、俯视图、仰视图、左视图和右视图。建议提交透视图，以清楚地显示三维设计的外观。在提交有透视图的情况下，如果某些面在该透视图中已可清楚地为人理解和充分公开，此时可以不用提交这些面的其他视图。与外观设计其他视图相同的视图或者涉及没有表面装饰的平面视图，如在说明书中已对上述情形进行了清楚的说明，可以省略上述视图。例如，外观设计的左边和右边是相同或者呈镜像对称，则可以仅提交其中一面的视图，并在绘图说明中说明另一面是相同或者对称的。如果外观设计底面是一个平面，并且在说明书中有该产品的底面是平面且没有任何的表面装饰的说明，则可以省略该底面的视图。“无装饰性的”的术语不应当用来描述含有非扁平结构的可见面。[2] 仅用于显示外观设计的内部结构或者功能/机械特征的剖面图并不必要提交，其可能导致要求外观设计保护范围不确定。[3]审查员应当依据35U. S. C. 112第二段的规定拒绝这样的视图并要求将其删除。然而，如要求保护的外观设计外表面的精确轮廓和外形未在视图上清楚显示，也并非出于显示内部结构特征的目的，可以允许加入一个外观设计的剖面图以便更清楚地说明该设计的外形。[4]

---

[1] *Ex parte Sweeney*，123 USPQ 506，507（USPTO Board of Appeal 1959）.

[2] *Philco Corp. v. Admiral Corp.*，199 F. Supp. 797，131 USPQ 413（D. Del. 1961）.

[3] *In re Tucker*，1901C. D. 140，97 O. G. 187（Comm'r Pat. 1901）；*Ex parte Kohler*，1905 C. D. 192，116 O. G. 1185（Comm'r Pat. 1905）.

[4] 参见 *In re Lohman*，1912 C. D. 336，184 O. G. 287（Comm'r Pat. 1912）.

三、外观设计清楚表达的法律适用

首先需要指出的是，在我国《专利法》第27条成为无效条款之前，在外观设计未能清楚表达的情况下，依据外观设计的定义作出无效宣告请求审查决定。例如，在案例2-10中，国家知识产权局专利复审委员会即指出，在2010年修改前的《专利法》第2条第4款的审查中，应判断所要求保护的外观设计是否是适用于工业应用的新设计。对于外观设计视图的错误或瑕疵，应考虑视图错误或瑕疵对产品整体表达的影响程度，由此视图错误或瑕疵是否导致其外观设计专利产品不能适于工业应用。如果视图错误或瑕疵不足以从整体上影响到该外观设计产品在工业上的生产制造，则不应认为该外观设计专利不符合《专利法》第2条第4款的规定。现在，则可以根据《专利法》第27条加以判断。

（一）视图数量充足性的判定

就立体产品的外观设计而言，产品设计要点涉及六个面的，应当提交六面正投影视图；产品设计要点仅涉及一个或几个面的，应当至少提交所涉及面的正投影视图和立体图，并应当在简要说明中写明省略视图的原因。就平面产品的外观设计而言，产品设计要点涉及一个面的，可以仅提交该面正投影视图；产品设计要点涉及两个面的，应当提交两面正投影视图。必要时，申请人还应当提交该外观设计产品的展开图、剖视图、剖面图、放大图以及变化状态图。此处的“必要时”通常是指表面有凹凸变化、存在局部细节、存在变化状态等情形。另外，申请人可以提交参考图，参考图通常用于表明使用外观设计的产品的用途、使用方法或者使用场所等。可以省略的视图包括相同或对称面以及大型设备的底面。

平面产品外观设计通常应提交两面正投影视图。扁平的立体产品外观设计应提交主视图、剖面图或者立体图。使用时部分被遮挡的产品外观设计是否需要提交被遮挡部分的视图在法律实践中存在争议，这一点与外观设计确权和侵权中的判定主体有密切关系，如果将判定主体界定为产品使用者，那么显然使用时部分被遮挡的部分对整体视觉效果影响很小；如果将判定主体界定为产品购买者，那么显然使用时部分被遮挡的部分对整体视觉效果可能有一定的影响。表面有凸凹变化的产品外观设计应当展现出凸凹变化的状况。如图 2－39 左侧图所示，包装袋外观设计属于平面产品外观设计，应当提交两面正投影视图；右侧图所示系带凹凸花纹的门，应当提交主视图、剖面图或者清楚显示凹凸结构及侧面厚度的立体图，如果缺乏最右侧所示的剖视放大图，则不符合《专利法》第 27 条的规定。

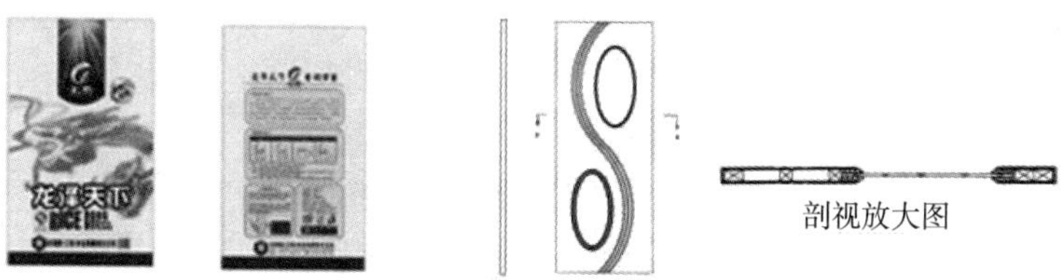

图 2－39　视图数量充足性示例外观设计（包装袋、门）

（二）视图清晰度的判定

图片应当参照我国技术制图和机械制图国家标准中有关正投影关系、线条宽度以及剖切标记的规定绘制，并应当以粗细均匀的实线表达外观设计的形状。不得以阴影线、指示线、虚线、中心线、尺寸线、点画线等线条表达外观设计的形状。可以用两条平行的双点画线或自然断裂线表示细长物品的省略部分。图面上可以用指示线表示剖切位置和方向、放大部位、透明部位等，但不得有不必要的线条或标记。图片可以使用包括计算机在内的制图工具绘制，但不得使用铅笔、蜡笔、圆珠笔绘制，也不得使用蓝图、草图、油印件。对于使用计算机绘制的外观设计图片，图面分辨率应当满足清晰的要求。各视图比例应当一致。需要注意的是，绘制视图线条应当符合规定，均匀清晰；渲染视图分辨率应当满足清晰。

照片应当清晰，避免因对焦等原因导致产品的外观设计无法清楚地显示。照片背景应当单一，避免出现该外观设计产品以外的其他内容。产品和背景应有适当的明度差，以清楚地显示产品的外观设计。照片的拍摄通常应当遵循正投影规则，避免因透视产生的变形影响产品的外观设计的表达。照片应当避免因强光、反光、阴影、倒影等影响产品的外观设计的表达。照片中的产品通常应当避免包含内装物或者衬托物，但对于必须依靠内装物或者衬托物才能清楚地显示产品的外观设计时，则允许保留内装物或者衬托物。需要注意的是，照片视图不能过暗或者过曝，照片视图应当避免反光和倒影，照片视图细节也应当清晰

（三）视图正确性与申请文件一致性的判定

视图正确性的要求是，图片或者照片符合正投影规则，视图的投影光源必须与三维坐标轴平行。申请文件一致性的要求是，结合外观设计图片或者照片判断产品名称及简要说明的描述是否准确一致。

需要指出的是，在专利确权程序中，外观设计清楚表达的判断需要区分视图错误和视图瑕疵。如果构成视图错误，那么应当根据《专利法》第 27 条的规定宣告专利权无效；如果仅仅构成视图瑕疵，那么无须根据《专利法》第 27 条的规定宣告专利权无效。视图错误和视图瑕疵的区分，关键是结合惯常设计以及设计合理性的考虑，判断视图存在的问题是否会影响涉案外观设计专利保护范围的确定。如果视图不一致或尺寸不对应的情况符合照片拍摄的正投影规则，那么显然符合《专利法》第 27 条的规定。同时，如果属于结合其他视图判断属于明显笔误并明显可以通过其他附图予以弥补的情形，那么一般消费者结合其所具有的知识能够明确外观设计专利权的保护范围，通常不应当根据《专利法》第 27 条的规定宣告专利权无效。

四、本节小结

外观设计清楚表达是外观设计专利申请的一个关键性问题。外观设计清楚表达通常从视图数量充足性、视图清晰度、视图正确性和申请一致性四个方面加以判断。在外观设计清楚表达的判断中，需要立足视图存在的问题是否会影响涉案外观设计专利保护范围的确定，区分视图瑕疵和视图错误。就案例2-4而言，由于根据涉案专利公开的视图无法确定杯盖上端面的具体形状，因此涉案专利未清楚地显示要求专利保护的产品的外观设计，不符合《专利法》第27条第2款的规定。就案例2-5而言，涉案专利仰视图和俯视图中有关握柄圆盘大小的显示有矛盾，并且左右视图和主视图、仰视图中显示的中心较小的按摩球存在矛盾，使得各个视图无法清楚显示要求专利保护的产品的外观设计，故涉案专利不符合《专利法》第27条第2款的规定。就案例2-6而言，结合冰箱门侧面的惯常设计以及设计的合理性考虑，三门冰箱通常不会采用左视图、右视图表达的此种中门和下门与上门侧面凹槽不一致的设计，而是可以根据俯视图、仰视图推断出冰箱三个门侧面采用了相同的扣手形结构，因此设计1和设计4在冰箱门侧面扣手形结构上的视图的不对应属于绘制瑕疵，其并不影响其产品外观设计保护内容的确定，因此不能据此认定涉案专利的授权图片未清楚地显示要求专利保护的产品的外观设计。就案例2-7而言，后视图与其他视图的投影关系不对应由于未进行视图镜像导致，属于明显笔误并明显可以通过其他附图予以弥补的情形，是一般消费者结合其所具有的知识能够明确专利权的保护范围，则其通常不属于"未清楚表达"的情况。就案例2-8而言，涉案专利照片中反光罩颜色不同的主要原因系拍照角度不同形成光线反射所致，对产品整体形状没有影响，且涉案专利未请求保护色彩，不属于"未清楚表达"的情况。就案例2-9而言，不一致或尺寸的不对应的情况符合照片拍摄的正投影规则，因此并不影响涉案专利外观设计的表达。就案例2-10

而言，在涉案专利已有视图的基础上结合对灯的立柱这类产品的认知常识，专利权人关于灯杆下部是实心的方形柱，上部是十字棱柱的形状，灯杆自上而下由黑色渐变为白色是光线反射造成的主张能够与视图相对应，虽然涉案专利外观设计视图存在瑕疵，但是上述瑕疵尚不足以导致涉案专利“未清楚表达”。

第四节　外观设计合案申请制度的法律适用

根据外观设计单一性的要求，可以作为一件申请提出的外观设计包括：一项外观设计、成套产品的多项外观设计以及同一产品的两项以上的相似外观设计。基于相似外观设计的合案申请制度，是我国《专利法》第三次修改中创造性地创设的一项法律制度，通过单一性例外的方式解决同一申请人在同一申请日就多项相似外观设计请求保护的问题。《专利法》第 31 条第 2 款规定，“一件外观设计专利申请应当限于一项外观设计。同一产品两项以上的相似外观设计，或者用于同一类别并且成套出售或者使用的产品的两项以上外观设计，可以作为一件申请提出。”下面讨论外观设计合案申请制度的法律适用。

一、法律实践解读

【案例 2－11】在“染色机”案中，信达公司以“染色机(J)”“染色机（K)”“染色机（L)”“染色机（M)”“染色机(N)”五项外观设计专利不符合《专利法》第 23 条和《专利法实施细则（2002 修订)》第 13 条第 1 款的规定为由，向专利复审委提出无效宣告请求。无效决定认为窗口数量相近的外观设计专利相互近似，在专利权人未选择放弃本专利或对比专利的情况下，属于重复授权，宣告本专利无效。

北京市第一中级人民法院一审判决认为，《专利法实施细则》第 13 条第 1 款规定，同样的发明创造只能被授予一项专利。《审查指南2006》第一部分第三章第4.5.1节规定，同样的外观设计是指两项外观设计相同或者相近似。这一规定是完全符合《专利法实施细则》第13条第1款的立法目的。科万公司关于同样的外观设计只是指相同的外观设计的主张，是对专利法的曲解，不符合上述立法宗旨。维持被诉决定。

北京市高级人民法院二审判决认为，对于外观设计而言，《审查指南2006》规定“同样的外观设计是指两项外观设计相同或者相近似”。当不同主体就同一产品申请两项以上相近似的外观设计，以及同一主体先后就同一产品申请两项以上相近似的外观设计时，《审查指南2006》的上述规定并无不妥。但是同一主体就相同产品同日申请了两项以上相近似的外观设计时，则《审查指南2006》的上述规定明显与专利法及其实施细则的立法本意不符。这种情况下，“同样的外观设计”仅应解释为外观设计相同，而不应包括相近似的情况。

经专利复审委员会申诉，最高人民法院提审此案。最高人民法院认为，《专利法实施细则》第13条第1款系关于禁止重复授权的规定，即：同样的发明创造只能被授予一项专利。就外观设计而言，为防止外观设计专利权之间的相互冲突，无论是相同的外观设计，还是相近似的外观设计，也不论是否为同一申请人，均应按照上述行政法规的规定授予一项专利权。在本案中，二审判决关于同一主体同日就相同产品申请两项以上近似的外观设计不适用《专利法实施细则》第13条的认定，没有现行法律的依据。专利复审委被诉决定依据专利法实施细则及审查指南的相关规定，将同样的外观设计解释为两项外观设计相同或者相近似，并无不当。[1]

---

[1] 参见国家知识产权局专利复审委员会第7858号、第7859号、第7861号、第7862号无效宣告请求审查决定以及北京市第一中级人民法院（2006）一中行初字第540号、第541号、第542号、第543号行政判决书，北京市高级人民法院（2006）一中行初字第469号、第470号、第471号、第472号行政判决书和最高人民法院（2008）行提字第4号、第5号、第6号、第7号行政判决书。

二、相关法律制度的比较法研究

1999年《日本意匠法》修改之前，外观设计申请人对与自己申请外观设计类似的外观设计可以取得外观设计登记，但是类似外观设计的外观设计权与基本外观设计的外观设计权被视为一体，由此类似外观设计的登记具有较弱的实际意义。1999年《日本意匠法》修改引入了关联意匠制度。根据现行《日本意匠法》第10条第1款的规定，在注册意匠依法应当公告日之前，意匠申请人可以再提交一个或者数个与基础意匠类似的意匠申请，将它们设定为基础意匠的关联意匠。可以申请为关联意匠的条件为，(1) 与主外观设计为同一的外观设计注册申请人的外观设计注册申请；(2) 有关与主外观设计类似的外观设计的外观设计注册申请；(3) 在主外观设计的外观设计注册申请日之后、与主外观设计相关的外观设计公报（保密请求的刊载了申请书的内容以及附在申请书的附图等内容的与外观设计相关的外观设计公报除外）发行日前申请的外观设计注册申请。关于主外观设计与关联外观设计之间的关系，《日本意匠法》第22条规定，“主外观设计及其关联外观设计的外观设计权不能分离和转让。主外观设计的外观设计权根据第44条第4款的规定失效时，应无效内容的审判确定时或者放弃时，与该主外观设计有关的关联外观设计的外观设计权不可分离和转让。”

三、外观设计重复授权制度与合案申请制度的演进

在《专利法》第三次修改之前，外观设计重复授权制度的适用如表2－2所示。外观设计重复授权制度的适用中，同样的发明创造，对于外观设计而言包括外观设计相同和相近似，而同一专利权人的具有相同或者不同申请日的两项专利权，不同专利权人的具有相同或者不同申请日的两项专利权均适用相同和相近似的判断标准。

表 2－2 《专利法》《专利法实施细则》修改前以及《专利审查指南 2010》的审查实践

法条	制度含义	适用情形	适用标准
《专利法》第 9 条、《专利法实施细则》第 13 条	禁止重复授权	同一专利权人的具有相同或者不同申请日的两项专利权，不同专利权人的具有相同或者不同申请日的两项专利权	同样的发明创造，对于外观设计而言包括外观设计相同和相近似

《专利法》第三次修改通过引入同一产品两项以上的相似外观设计合案申请制度解决上述问题。如表 2－3 所示，修改后的《专利法》第 31 条第 2 款规定，一件外观设计专利申请应当限于一项外观设计。同一产品两项以上的相似外观设计，或者用于同一类别并且成套出售或者使用的产品的两项以上外观设计，可以作为一件申请提出。

对于合案申请制度中相似的判断标准，与“相同”“实质相同”和“明显区别”的判断标准没有直接逻辑关系。根据《专利审查指南 2010》第一部分第五章的规定，经整体观察，如果其他外观设计和基本外观设计具有相同或者相似的设计特征，并且二者之间的区别点在于局部细微变化、该类产品的惯常设计、设计单元重复排列或者仅色彩要素的变化等情形，则通常认为二者属于相似的外观设计。也就是说，区别点在于局部细微变化、该类产品的惯常设计、设计单元重复排列或者仅色彩要素的变化这四种情形属于明显相似的外观设计，除此之外的其他情形是否构成相似，需要根据相同或者相似的设计特征以及整体设计风格综合判断。

表2-3 《专利法》《专利法实施细则》修改后以及《专利审查指南2010》的重复授权制度

法条	制度含义	适用情形	适用标准
《专利法》第9条	禁止重复授权	同一专利权人或者不同专利权人具有相同申请日的两项专利权	相同、实质相同
《专利法》第23条第1款	不属于现有设计	与现有设计对比	相同、实质相同
	抵触申请	与任何单位或者个人在申请日之前申请并在申请日后公告的设计对比（同一专利权人或者不同专利权人具有不同申请日的两项专利权）	相同、实质相同

四、外观设计合案申请的审查

外观设计合案申请主要出现在两种情形下，一是同一产品两项以上的相似外观设计可以作为一件申请提出，二是成套产品外观设计作为一件申请提出。

（一）相似外观设计的合案申请

根据《专利法实施细则》第35条的规定，“依照专利法第31条第2款规定，将同一产品的多项相似外观设计作为一件申请提出的，对该产品的其他设计应当与简要说明中指定的基本设计相似。一件外观设计专利申请中的相似外观设计不得超过10项……将两项以上外观设计作为一件申请提出的，应当将各项外观设计的顺序编号标注在每件外观设计产品各幅图片或者照片的名称之前。”外观设计合案申请的审查，主要包括如下方面：（1）一件申请中的多项外观设计应当是同一产品的外观设计；（2）应当在简要说明中指定一项基本设计，其他外观设计应当与简要说明中指定的基本设计相似；（3）一件外观设计专利申请中的相似外观设计不得超过10

项；（4）每一项外观设计应当分别具备授权条件，其中一项不具备授权条件的，除非删除该项外观设计，否则该专利申请不具备授权条件。因此，相似外观设计单一性判断的关键包括：同一产品的判断、基本设计的判断以及其他设计和基本设计的设计特征的观察和判断。

同一产品的判断。同一产品是指使用其他设计和基本设计的产品名称相同并且二者含有相同用途的产品。因此，同一产品的判断要点是相同的产品名称和相同的产品用途，需要注意的是，产品分类与同一产品的判断没有直接关系。如图 2－40 所示的盘、碟、杯、碗的外观设计，则不属于同一产品，不构成适格的相似外观设计。

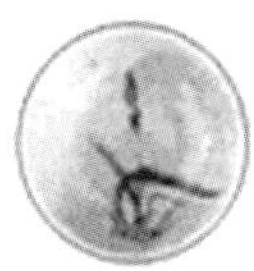

设计1主视图　设计2主视图　设计3主视图　设计4主视图

图 2－40　不适格相似外观设计示例（盘、碟、杯、碗）

针对多用途的产品，只需要在产品用途中有部分用途相同即可。如图 2－41 所示，设计 1、2、3 分别为带录音功能的笔、带 U 盘功能的笔以及带 MP3 功能的笔，其均为多用途产品，均具有笔的用途。因此，设计 1、2、3 可以构成适格的相似外观设计。

设计1.带录音功能的笔

设计2.带U盘功能的笔

设计3.带MP3功能的笔

多功能笔

图 2－41　适格的相似外观设计示例（带录音功能的笔、带 U 盘功能的笔以及带 MP3 功能的笔）

基本设计的判断以及其他设计和基本设计的设计特征的观察和判断。将其他外观设计与基本外观设计单独对比，一般情况下，经整体观察，如果其他外观设计和基本外观设计具有相同或者相似的设计特征，并且二者之间的区别点通常在于局部细微变化、该类产品的惯常设计、设计单元重复排列或者仅色彩要素的变化等情形，则认为二者属于相似的外观设计。

（二）成套产品外观设计的合案申请

《专利法》第 31 条第 2 款规定，用于同一类别并且成套出售或者使用的产品的两项以上外观设计，可以作为一件申请提出。《专利法实施细则》第 35 条第 2 款规定，“专利法第 31 条第 2 款所称同一类别并且成套出售或者使用的产品的两项以上外观设计，是指各产品属于分类表中同一大类，习惯上同时出售或者同时使用，而且各产品的外观设计具有相同的设计构思。”可见，成套产品是指由两件以上（含两件）属于同一大类、各自独立的产品组成，各产品的设计构思相同，其中每一件产品具有独立的使用价值，而各件产品组合在一起又能体现出其组合使用价值的产品。也就说，成套产品具有三个构成要件：各产品属于同一大类、各产品成套出售或者使用、各产品具有相同的设计构思。

各产品属于同一大类，是指属于外观设计分类的同一大类，例如酒瓶和酒包装盒。各产品成套出售或者使用，是指习惯上同时出售或者同时使用并具有组合使用价值。对于成套出售或者使用这一条件，只要具备其一即可，组合使用价值是指多个产品不仅可以单独使用，也可以在一起组合使用，多个产品组合使用可以是出于功能上的紧密联系、文化习俗的要求或者装饰性等方面的需要。各产品具有相同的设计构思通常是具有形状的统一或者图案的统一。亦即，具有统一的形状或者统一的图案，则可以认定具有相同的设计构思，但是如果具有统一的色彩则需要形状和图案的情况加以判断。形状的统一是指各个构成产品都以同一种特定的造型为特征，或者各构成产品之间以特定的造型构成组合关系。图案的统一，是指各产品上图案设计的题材、构图、表现形式等方面应当统一。图 2－42 所示为成套产品外观设计的示例。

图 2－42 成套产品外观设计示例（餐桌椅、沙发茶几套件）

五、本节小结

根据外观设计单一性的要求，可以作为一件申请提出的外观设计包括：一项外观设计、成套产品的多项外观设计以及同一产品的两项以上的相似外观设计。外观设计合案申请制度包括基于相似外观设计的合案申请制度和基于成套产品的合案申请制度。2008 年《专利法》修改时，通过引入基于相似外观设计的合案申请制度解决外观设计禁止重复授权制度中出现的问题，相对于日本关联意匠制度而言，法律关系更为简便，具有良好的法律效果。在“染色机”案中，如果该案件适用现行《专利法》，那么专利申请人可以采用外观设计合案申请的方式对上述外观设计加以保护。

第五节 外观设计申请文件的修改

一、法律实践解读

【案例 2－12】在“洗盆的混合龙头”外观设计无效纠纷案[1]中，涉案专利授权公告的各视图以及原始申请文件的立体图如

[1] 参见国家知识产权局专利复审委员会第 9862 号无效宣告请求审查决定。

图 2 –43 所示（左侧为涉案专利授权公告各视图，右侧为原始申请文件立体图）。国家知识产权局专利复审委员会经审查认为，在本案中，专利权人在提出申请时提交的外观设计图或照片包括立体图 1、立体图 2、立体图 3 和主视图 3；专利权人于 2004 年 5 月 24 日提交的修改文件中，外观设计或图片仅保留了一种设计，即“洗盆的混合龙头”，其中包括主视图、后视图、左视图、右视图和立体图，并以此文本为基础于 2004 年 11 月 24 日获得授权并公告。请求人认为授权公告文本中的外观设计超出了原始申请时提交的图片或者照片表示的范围。专利权人认为授权公告文本中的外观设计与原始申请时提交的立体图 1 和立体图 2 涉及的产品外观设计一致。

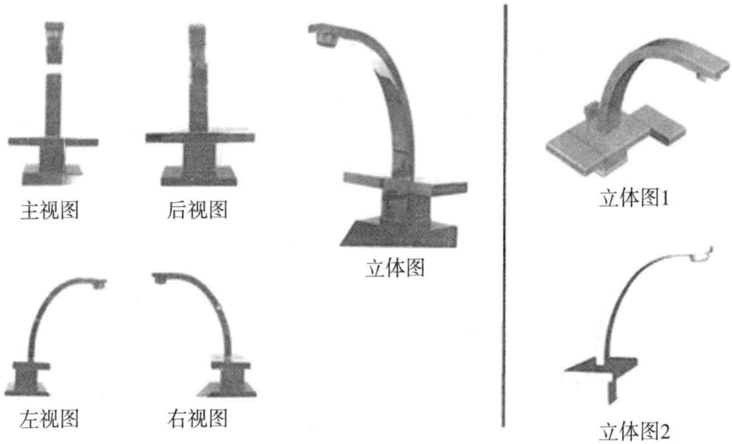

图 2 –43 “洗盆的混合龙头”外观设计

将专利权人提出申请时提交的立体图 1 和立体图 2 与本专利授权公告文本中的五幅视图相比较可以看出，在原始提交的立体图 2 表示的龙头中主要包括弯曲的颈部、与颈部相连的长方形扁平中间座和方柱形底座这三个设计要素，颈部延伸的末端下方有圆柱形出水口，中间座分为居中和两侧的三个矩形部分，之间有分隔线；原始提交的立体图 1 表示的龙头中也包括弯曲的颈部、与颈部相连的长方形扁平中间座和方柱形底座这三个设计要素，颈部延伸的末端下方有圆柱形出水口，中间座分为居中和两侧的三个矩形部分，之间有分隔线，中间座后部有向上突出的部分，该部分下端较薄、上端较厚，中间座最右侧矩形部分向前突出（详见本专利原始申请时提交的立体图 1 和立体图 2）

本专利授权公告文本中包括后视图、立体图、右视图、左视图和主视图，这五幅视图中均能反映出该龙头包括弯曲的颈部、与颈部相连的长方形扁平中间座和方柱形底座，颈部延伸的末端下方有圆柱形出水口，中间座分为居中和两侧的三个矩形部分，但除此之外，各个视图中还包括位于方柱形底座下方、与其相连的梯形台状底座，该梯形台状底座具有形状和轮廓，并且与龙头的方柱形底座构成一体。该梯形台状底座的这些设计要素并未包含在原始提交的申请文件范围内，使得授权公告的外观设计与原始申请文件中表示的相应的外观设计相比，属于不相同的设计，因此超出了原图片或者照片表示的范围。另外，原始提交的视图中并不包含该龙头的后视图，根据原始提交的立体图 1 或立体图 2 也均不能反映出从后侧观察该龙头时的外观设计要素，并且原始申请时也未对省略后视图的原因进行简要说明，也就是说原始提交的外观设计图片所要求的保护范围中并不包含后视图，而本专利授权公告文本中包含后视图，这种修改也超出了原图片或者照片表示的范围（详见本专利授权公告时的后视图、立体图、右视图、左视图和主视图）。

专利权人认为该梯形台状底座是拍摄时不可避免的，是照片的背景。根据《审查指南 2006》第一部分第三章第 4.2.4 节的规定，照片应当背景单一，产品和背景有适当的明度差，并且应当避免强光、反光、阴影、倒影、衬托物。国家知识产权局专利复审委员会认为，该梯形台状底座的轮廓反映出了该底座形状的外观设计，其与上部的方柱形底座构成一体，并且明显与各个视图的背景存在明度差，因此不能将该梯形台状底座视为照片的背景，而应视为该本专利洗盆的混合龙头外观设计的一部分，在原始提交的外观设计图片所限定的保护范围中并不包含该梯形台状底座，如果该梯形台状底座不是本专利外观设计的一部分，而是衬托物，即使在拍摄时不能避免其出现在照片中，专利权人也完全可以并应当对照片或图片进行处理，避免其出现在照片或图片中从而影响本专利的保护范围。因此专利权人的上述主张不能成立。

【案例2-13】在“婴幼儿车车轮护罩”外观设计无效纠纷案[1]中，涉案专利授权公告的各视图以及原始申请文件的左视图如图2-44所示（左侧为涉案专利授权公告各视图，右侧为原始申请文件左视图）。第一和第二请求人的无效宣告请求理由为第1组证据证明本专利专利权人于申请日提交的原始图片与授权公告的图片的保护范围明显不同，专利权人的补正文件改变了左视图中突起部分在该物品中的比例，超出了原始申请文件图片表达的范围，不符合《专利法》第33条的规定。国家知识产权局专利复审委员会经审查认为，外观设计的修改是否超出原图片或者照片表示的范围，是指修改后的外观设计与原始申请文件中表示的相应的外观设计相比，是否属于不相同的设计。第一和第二请求人提交的第1组证据表明，本专利的专利权人在本专利的专利申请阶段根据国家知识产权局于1999年7月22日发出的补正通知书的要求对其专利申请文件进行了修改并提交了左视图的修改替换页。第一和第二请求人认为：第1组证据证明本专利专利权人于申请日提交的原始图片与授权公告的图片的保护范围明显不同，专利权人的补正文件改变了左视图中突起部分在该物品中的比例，超出了原始申请文件图片表达的范围。因此，修改后的左视图中部的突起相对于原图片从后端向前端平移了一定距离，但修改后的左视图与其他视图的突起位置一致，从而克服了国家知识产权局发出的补正通知书中所指出的“左视图与俯、仰视图不对应”的缺陷，而不是对原始申请文件的图片进行实质性修改，因此修改后的外观设计与原始申请文件中表示的

[1] 参见国家知识产权局专利复审委员会第12286号无效宣告请求审查决定。

相应的外观设计相比，属于实质上相同的设计，上述修改没有超出原图片表示的范围，符合《专利法》第33条的规定。

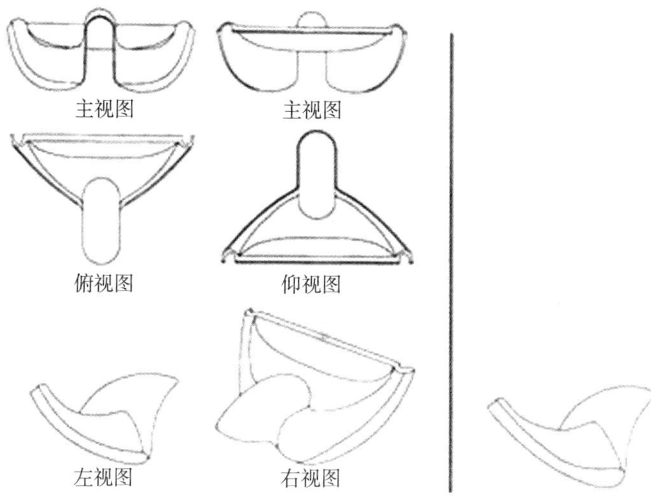

图2-44 “婴幼儿车车轮护罩”外观设计

【案例2-14】在“汽车轮胎”外观设计复审请求案❶中，国家知识产权局专利复审委员会经审查认为，修改超出原图片或照片表示的范围，是指修改后的外观设计与原始申请文件中表示的相应外观设计相比，属于不相同的外观设计。本申请涉及汽车轮胎的外观设计，在原始申请文件的图片中汽车轮胎各个视图的外轮廓线为虚线表示，但上述虚线表示的是可见轮廓线或可见过渡线，因此尽管在本申请的申请文件中使用虚线表示汽车轮胎的外轮廓线，但是汽车轮胎已经被清楚地表示出来，这些虚线与实线所表示的产品外观是相同的，将上述外轮廓线由虚线改为实线并未改变其所要表示的内容，因此这一修改并未超出原图片表示的范围。

❶ 参见国家知识产权局专利复审委员会第13407号复审请求审查决定。

【案例2－15】在“天线”外观设计复审请求案❶中，针对复审请求人2007年4月12日提交的新的修改文本是否超范围的问题，国家知识产权局专利复审委员会经审查认为，原申请文本仅有一幅立体图，而且非常模糊，既非用线条绘制的视图，也非清晰的照片，实际上是一张图片复印件，其背景杂乱，无法区分背景与产品轮廓本身，无法确定视图中产品的外观设计，因此，任何修改均不可能克服原申请文本中存在的缺陷，复审请求人于2007年4月12日向专利复审委员会提出复审请求时提交的新的修改文本，包括天线的主视图和立体图，清楚地体现了一款天线的外观设计，但该天线的外观设计不能从原申请文本中得出，因此，上述新的修改文本超出原申请文本表示的范围，不符合《专利法》第33条的规定。

二、外观设计修改超范围判定的比较法分析

根据《美国专利法》，外观设计专利申请人可以修改专利申请，但是与实用专利相同，该项修改的权利限制在不能引入“新内容”。在*Ex Parte Kosugi*案❷中，美国法院指出，为了纠正不一致而对图片作出的修正并不必然引入“新内容”。但是，在*Whiteway Mfg. Co. v. Oscar Philips Co.*案❸中，美国法院持有不同观点，其指出，在修改后的专利申请文件和原始专利申请文件的图片的不一致，会导致引入“新内容”，因此应当宣告专利权无效。在*Ex parte Hanback*案中，美国法院指出，外观设计专利申请人具有在提交专利申请后修改外观设计专利申请的权利，当对图片的修改引入了新的内容，外观设计专利申请将以不符合专利法第112条为由予以驳回……外观设计专利申请人有权在作出驳回决定之前修改专利申请文件，专利申请人有权要求修改后的申请文件重新得到审查……如

❶ 参见国家知识产权局专利复审委员会第13561号复审请求审查决定。

❷ *Ex Parte Kosugi*, 144 USPQ 136, 137 (USPTO Board of Appeal, 1964).

❸ *Whiteway Mfg. Co. v. Oscar Philips Co.*, 261 F. Supp. 841 (S. D. Ohio 1966).

果图片或者照片的修改并非纯粹细节方面的澄清，并非源自原始申请而是引入新的内容，那么不符合专利法第 112 条的规定。在 *Australia Vision Services Pty. Ltd. V. Dioptics Medical Products, Inc.* 案[1]中，美国法院指出，图片或者照片上一些细微的不一致或者瑕疵并不导致引入新的内容，从而导致涉案专利无效。

根据《美国专利审查程序手册》，对于外观设计名称的修改，不论指向的是应用外观设计的产品还是其适用的环境，必须在有原始公开的内容中有体现，而不能增加新的内容。[2] 如果对外观设计名称的修改指向的是该设计的适用环境，并且引入了新的内容，该修改将依据 35U. S. C. 132 被驳回。如果对外观设计名称的修改指向适用该设计的产品，并且修改增加了新的内容，该修改将依据 35U. S. C. 132 被驳回，此外相应的权利要求也将依据 35U. S. C. 112 第一款被驳回。对外观设计名称进行修改后也应当在申请文件中该名称出现的地方做相应的修改，除了在宣誓或声明中。如果外观设计的名称没有出现在原始的附图说明中，则不需要将修改后的外观设计名称引入说明之中。

三、外观设计修改超范围判定的法理分析

关于《专利法》第 33 条的立法本意，“之所以规定修改不得超出原说明书和权利要求书记载的范围，是因为我国专利制度采用的是先申请原则。如果允许申请人对申请文件修改超出原始提交的说明书和权利要求书记载的范围，就会违背先申请原则，造成对其他申请人来说不公平的后果。”[3]

进一步而言，设立《专利法》第 33 条有两方面的目的，第一

---

[1] *Australia Vision Services Pty. Ltd. V. Dioptics Medical Products, Inc.*, 29 F. Supp. 2d 1152, 1159 - 1160 (C. D. California 1998).

[2] 参见 *In re Strijland*, 26 USPQ2d 1259 (Bd. Pat. App. &Inter. 1992).

[3] 国家知识产权局条法司. 新专利法详解 [M]. 北京：知识产权出版社，2001：228 - 229.

是防止申请人以未完成的发明创造申请专利，并在申请日以后通过修改专利申请文件来完成发明创造，从而获得不正当的利益；第二是防止申请人不重视申请文件的撰写，使得公众不能清楚准确地理解发明。众所周知，申请专利的发明创造应当为在申请日之前已经完成的发明创造；一项发明尚未完成就申请专利，要求较早的申请日来获得专利保护，是对公共利益的侵犯，不利于鼓励真正的发明创造。❶

可见，与日本、欧洲和美国的比较法经验一致，我国《专利法》第33条亦是出于先申请原则的角度出发。外观设计修改超范围法律制度的立法主旨同样如此。

四、外观设计修改超范围判定的实务分析

外观设计的修改是否超出原图片或者照片表示的范围，是指修改后的外观设计与原始申请文件中表示的相应的外观设计相比，是否属于不相同的设计。也就是说，外观设计修改是否超出原图片或者照片表示的范围的判定中，关键是认定修改前后的外观设计是否属于相同的外观设计。如图2－45所示，外观设计专利申请在修改中增加了与右视图对称的左视图，修改前后的外观设计属于相同的外观设计，因此这一修改并未超出原图片或者照片表示的范围。

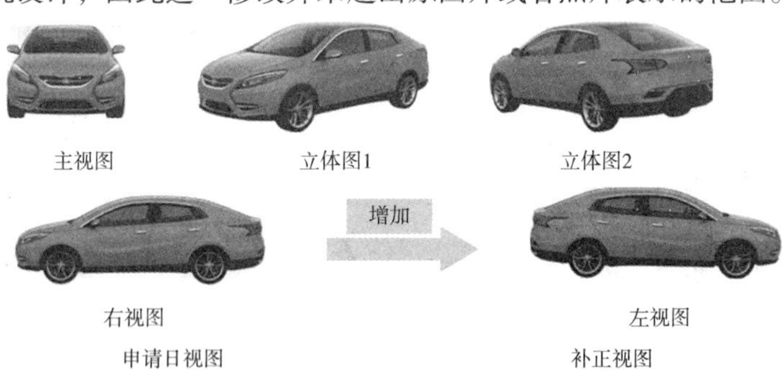

图2－45　适格的外观设计修改示例

❶ 金泽俭．专利申请文件修改的限制［J］．知识产权，2002（增）：203－205.

如果修改前后的外观设计不属于相同的外观设计，那么这一修改超出了原图片或者照片表示的范围。如图 2-46 所示，涉案外观设计为茶几外观设计，在修改过程中在左视图中部增加了图案。也就是说，原始申请文件中茶几的下部左侧并没有图案，但是修改后的外观设计图片茶几的下部左侧具有图案，这一修改超出了原图片或者照片表示的范围。

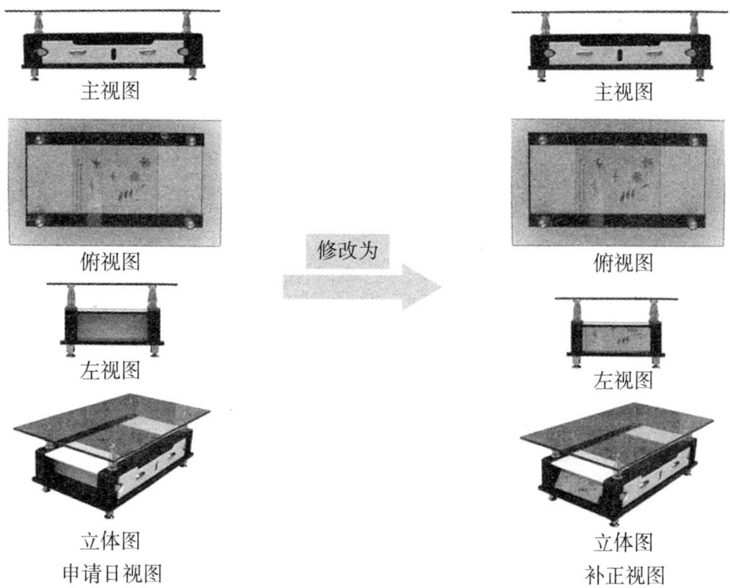

图 2-46 不适格的外观设计修改超范围判断示例

五、本节小结

美国法律实践中要求，外观设计专利申请人可以修改专利申请，但是与实用专利相同，该项修改的权利限制是不能引入“新内容”。我国要求外观设计的修改不能超出原图片或者照片表示的范围，法律实践中的把握即为，修改后的外观设计与原始申请文件中表示的相应的外观设计相比属于相同的设计。在案例 2-12 中，修改后的外观设计各个视图中还包括位于方柱形底座下方、与其相连的梯形台状底座，该梯形台状底座具有形状和轮廓，并且与龙头的方柱形底座构成一体，该梯形台状底座的这些设计要素并未包含在原始提交的申请文件范围内，使得授权公告的外观设计与原始申请文件中表示的相应的外观设计相比，属于不相同的设计，因此超出了原图片或者照片表示的范围。在案例2－13中，修改后的左视图中部的突起相对于原图片从后端向前端平移了一定距离，但修改后的左视图与其他视图的突起位置一致，从而克服了国家知识产权局发出的补正通知书中所指出的“左视图与俯、仰视图不对应”的缺陷，而不是对原始申请文件的图片进行实质性修改，因此修改后的外观设计与原始申请文件中表示的相应的外观设计相比，属于实质上相同的设计，上述修改没有超出原图片表示的范围。在案例2－14中，申请文件中使用虚线表示汽车轮胎的外轮廓线，但是汽车轮胎已经被清楚地表示出来，这些虚线与实线所表示的产品外观是相同的，将上述外轮廓线由虚线改为实线并未改变其所要表示的内容，因此这一修改并未超出原图片表示的范围。在案例2－15中，修改后的天线外观设计不能从原申请文本中得出，新的修改文本超出原申请文本表示的范围。

第六节　外观设计优先权制度的法律适用

一、法律实践解读

【案例2－16】在“手机”外观设计专利无效纠纷案[1]中，某外观设计专利援引一外国申请为优先权，该被援引作为优先权基础的

[1] 参见国家知识产权局专利复审委员会第10616号无效宣告请求审查决定、北京市第一中级人民法院（2008）一中行初字第437号行政判决书和北京市高级人民法院（2009）高行终字第232号行政判决书。

在先申请是位于另一时区的A国2004年8月17日的专利申请。请求人提交的公证书中载明公开该手机外观设计的部分网页，该网页上表示的公开时间系北京时间2004年8月17日9时45分27秒。专利复审委员会认定该证据的公开时间为北京时间2004年8月17日9时45分27秒，此事件的发生时间为A国的法定时间2004年8月16日，[1] 该时间处于涉案外观设计专利优先权日之前，即该公证书表明该网页所记载外观设计其公开这一事件发生先于本专利优先权日，进而认定该网页所公开的外观设计与涉案外观设计专利相近似，从而宣告涉案外观设计专利无效。

北京市第一中级人民法院和北京市高级人民法院认为，该公证书中所记载的外观设计在中国网站上载，上载时间为北京时间2004年8月17日9时45分27秒，可知该设计的公开时间是2004年8月17日，与涉案外观设计的优先权日为同一日，故不能作为本专利的在先设计，不能用来评价本专利的新颖性。将北京时间2004年8月17日9时45分27秒转换为A国法定时间2004年8月16日再与本专利优先权日进行比较没有法律依据。

二、优先权制度的理解

优先权制度包含外国优先权和本国优先权。根据《专利法》第29条的规定，申请人就相同主题的发明或者实用新型在外国第一次提出专利申请之日起12个月内，又在中国提出申请的，依照该国同中国签订的协议或者共同参加的国际条约，或者依照相互承认优先权的原则，可以享有优先权。这种优先权，称为外国优先权。申请人就相同主题的发明或者实用新型在中国第一次提出专利申请之日起12个月内，又以该发明专利申请为基础向专利局提出发明专利申请或者实用新型专利申请的，或者又以该实用新型专利申请为基础向专利局提出实用新型专利申请或者发明专利申请的，可以

[1] A国专利局认可并执行的时间由于所处时区而晚于北京时间12小时。

享有优先权。这种优先权称为本国优先权。

制定《巴黎公约》时，计算机网络并未广泛应用。然而，当人类社会进入了网络时代，“世界变平了”，[1] 无论何种方式的信息交流都无法与互联网络迅捷相比。在网络时代的大背景下，对于法律适用而言，不仅由于特殊证据形式导致事实查明出现了种种新的命题，对于传统的法律制度的理解也提出了挑战。

在计算机网络广泛应用所带来的信息交互的即时性面前，在新的案件情况中如何才能透过变幻莫测的普洛透斯之面，以符合立法本意的方式理解并适用优先权制度，这一问题在本案例所涉及的上述情况中得以凸显。下面将从“优先权日”的法律含义出发，结合优先权制度的立法本意探讨这一案件中所体现的优先权。

（一）“优先权日”的法律含义

下面从法律规定、基础理论和法律适用实践三个角度解读“优先权日”的法律含义。

1. 法律规定进路的解读

就法律规定的角度而言，根据现行《专利法》《专利法实施细则》以及《专利审查指南 2010》的规定，“优先权日”这一概念的正确界定是指“第一次提出申请之日”。

首先，根据《专利法》第 29 条“申请人自发明或者实用新型在外国第一次提出专利申请之日起 12 个月内，或者自外观设计在外国第一次提出专利申请之日起 6 个月内，又在中国就相同主题提出专利申请的，依照该外国同中国签订的协议或者共同参加的国际条约，或者依照相互承认优先权的原则，可以享有优先权。”上述规定是界定优先权的主要法律依据。

进一步结合《专利法实施细则》第 31 条的规定，“申请人依照《专利法》第 30 条的规定要求外国优先权的，申请人提交的在先申

[1] 托马斯·弗里德曼. 世界是平的——21 世纪简史［M］. 何帆，肖莹莹，郝正非，译. 长沙：湖南科学技术出版社，2006：42－154.

请文件副本应当经原受理机构证明。依照国务院专利行政部门与该受理机构签订的协议，国务院专利行政部门通过电子交换等途径获得在先申请文件副本的，视为申请人提交了经该受理机构证明的在先申请文件副本。要求本国优先权，申请人在请求书中写明在先申请的申请日和申请号的，视为提交了在先申请文件副本。"《专利审查指南 2010》第一部分第三章第 5.2 节"申请人要求享有优先权应当符合《专利法》第 29 条第 1 款、第 30 条，《专利法实施细则》第 31 条、第 32 条第 1 款以及《巴黎公约》的有关规定。根据《专利法》第 29 条第 1 款的规定，外观设计专利申请的优先权要求仅限于外国优先权，即申请人自外观设计在外国第一次提出专利申请之日起 6 个月内，又在中国就相同的主题提出外观设计专利申请的，依照该外国同中国签订的协议或者共同参加的国际条约，或者依照相互承认优先权的原则，可以享有优先权。根据《专利法实施细则》第 32 条第 1 款的规定，申请人在一件外观设计专利申请中，可以要求一项或者多项优先权。初步审查中，对多项优先权的审查，应当审查每一项优先权是否符合本章的有关规定"。

进一步结合《巴黎公约》的相关规定加以理解，《巴黎公约》第 4 条之一关于优先权制度的规定，其中的第（一）款第（3）项中的规定为"正常的国内申请，指能够确定在该国家中提交申请日期的一切申请……"亦即，《巴黎公约》第四条规定，"（一）（1）已在本同盟一个成员国内正式提出申请专利、实用新型、工业品外观设计或商标注册的人，或其权利合法继承人，在下列规定的期限内享有在本同盟其他成员国内提出申请的优先权。（2）凡依照本同盟任何成员国国内法或本同盟成员国之间签订的双边或多边条约相当于正常国内申请的一切申请，都认为产生优先权。（3）正常国内申请，指能够确定在该国家中提交申请日期的一切申请，而不问该申请的结局如何。（二）因此，在上述期限届满前，任何后来在本同盟其他成员国内提出的申请，都不因在此期间他人所作的任何行为，特别是另一项申请、发明的公布或利用、出售设计复制品或使用商标而失效；而且此类行为不能形成任何第三者的权利或任何个人占有的权利。第三者在作为优先权根据的初次申请日期以前所取得的权利，应按照本同盟各成员国的国内立法加以保留。（三）（1）上述优先权的期限，对于专利和实用新型为12个月，对于工业品外观设计和商标为6个月。（2）这种期限应自第一次提出申请之日起算，提出申请的当天不计入期限之内。（3）如果期限的最后一天是其提出保护请求的国家的法定假日或专利局当天不办理申请，则该期限应顺延至其后的第一个工作日。（4）如果后来提出申请时，在先的申请已被撤回、放弃或驳回，而没有提供公众审阅，也没有遗留任何未定的权利，并且如果在先的申请尚未成为请求优先权的根据，则应按照本款第（2）项规定在本同盟同一个国家内就在先的申请的同样主题所提出的后来申请应认为是第一次申请，其申请日应为优先权期限的开始日。此后，在先的申请就不得作为请求优先权的根据。”

2. 基础理论进路的解读

从基础理论的角度，我国学术著作中也普遍认为，优先权日是指第一次提出申请之日。❶ 有的学者进一步解释为，按照《巴黎公约》，公约成员国的国民在一个成员国提出发明专利、实用新型或者外观涉及注册的申请以后，又在一定期限内在其他成员国申请保护的，应当享有优先权。❷

3. 审查实践进路的解读

就审查实践的角度而言，在我国专利公报或者专利公告中，并不存在某个专利的“优先权日”是××日这一著录项目。在我国专利公报或者专利公告中，“优先权”作为一个著录项目，其内容包

❶ 参见文希凯. 专利法教程［M］. 北京：知识产权出版社，2003：93. 该部分指出，“根据巴黎公约的规定，申请人就同一发明或者实用新型在某缔约国第一次提出专利申请之日起12个月内，或者就同一外观设计在某缔约国第一次提出专利申请之日起6个月内……”

❷ 参见李明德. 知识产权法［M］. 北京：社会科学文献出版社，2007：99.

括第一次申请（在先申请）的国别、在先申请日以及在先申请号，如ZL200530004713.7号中国外观设计专利的优先权著录项目是“2004.8.17 US 29/211455”。可以说，优先权著录项目并不仅仅是单纯日期。

如上，从法律规定、基础理论、审查实践的角度可以得出，“优先权日”是指“第一次提出申请之日”。

（二）优先权制度的立法本意

根据《巴黎公约》第4条之1B的规定，“……在上述期限届满前，任何后来在本同盟其他成员国内提出的申请，都不因在此期间他人所作的任何行为，特别是另一项申请、发明的公布或利用、出售设计复制品或使用商标而失效，而且此类行为不能形成任何第三者的权利或任何个人占有的权利……”[1]

可见，优先权制度所关注的问题是，基于各个国家专利权互相独立的前提下，[2]由于当事人很难同时向所有巴黎公约缔约国提出申请，而当事人在向某一个缔约国提出第一次申请之后，在考虑选择后随后向其他缔约国分别就同一发明创造提出申请时，在这前后两次申请的期间之内，可能会有第三人将该技术方案或者涉及方案公开使用、发表或以其他形式使之于公众可获得，如果该当事人不能援引优先权，则会对该当事人造成实质上的不公平，于第一次提出申请之后，丧失了向其他国家提出申请的机会。[3]

---

[1] 《巴黎公约》中相应原文为“Consequently, any subsequent filing in any of the other countries of the Union before the expiration of the periods referred to above shall not be invalidated by reason of any acts accomplished in the interval, in particular, another filing, the publication or exploitation of the invention, the putting on sale of copies of the design, or the use of the mark, and such acts cannot give rise to any third - party right or any right of personal possession. Rights acquired by third parties before the date of the first application that serves as the basis for the right of priority are reserved in accordance with the domestic legislation of each country of the Union.”

[2] 即《巴黎公约》第4条之2所规定的专利权独立性原则。

[3] 在计算机网络广泛应用的信息化时代，这一问题可预见地会由于信息交流的如此迅捷而尤其突出。

也就是说，优先权制度的本意在于，当事人在提出第一次申请之后，其后该当事人第二次提出申请，[1] 在这两个时间上先后发生事件之间，第三人对该信息的公开，不能对该当事人向其他缔约国提出申请构成威胁，即如果有第三人公开了相同的内容，不能认为这一事件影响或破坏该当事人的在后申请。[2]

尽管在国内学术著作中多有将《巴黎公约》第4条优先权制度形象化地解读，类似于“……简单地说，就是认为在后申请好像是在第一个申请的申请日在我国提出的……”之类的描述。[3] 有学者详细介绍了上述观点的出处，“……优先权的上述这些效力，人们把它形象地说成是：在其他缔约国提出的第二次申请好像是在第一次申请的同一日提出的。”[4]

这种形象化的描述，实质在于从优先权制度的作用的角度，来形容这一制度在通常情况下所达到的效果，将在后申请的“提前”，仅仅只是为了达到“忽略”两次申请之间的“公开”行为的效果，从而实现优先权制度的本质即“……在优先权期间内，与第一个申请主题相同的发明、实用新型或者外观设计的公布或者实施，不论

---

[1] 此处该第二次申请是在《巴黎公约》规定的期限之内提出的。

[2] 即，如果在后申请的国家采用的是先申请制，那么本段中所述的第三人公开的信息不能构成第二次申请的现有技术。

[3] 例如：《专利法教程》（文希凯主编，知识产权出版社，2003年6月版）第93页第一自然段记载“……享受优先权的实质是尽管甲向美国提出申请的日期在其向中国提出申请的日期之后，但其向美国提出申请的日期视为是在向中国提出之日即已提出……”《中华人民共和国专利法释义》（卞耀武主编，法律出版社）第70页记载“……在特定期限内又就同一发明向乙国提出专利申请的申请时，有权将在甲国第一次提出申请的日期作为后来在乙国提出申请的申请日……”《专利法解说》（汤宗舜著，知识产权出版社，2002年8月版）第227页记载“……优先权的效力，主要是给申请人在优先权期间届满前在我国就同一主题提出专利申请以一个法律上的保护。这种保护，简单地说，就是认为在后申请好像是在第一个申请的申请日在我国提出的。所以，在某些方面，第一个申请的申请日（优先权日）取代了本法所称的申请日……”

[4] 参见A. 鲍格胥. 保护工业产权巴黎公约的一百年（英文版）[M]. 1983：30. 转引自汤宗舜. 专利法教程[M]. 3版. 北京：法律出版社，2002：269－270. 另参见汤宗舜. 专利法解说[M]. 修订版. 北京：知识产权出版社，2002：101.

是要求优先权的人还是第三人所为，都不能损害或者使后来提出的要求优先权的申请成为无效。尤其是，上述主题的公布或者实施不能使后来提出的申请丧失新颖性……”❶由此可见，并非所有具体案件均可以按照上述解释机械地适用。

（三）优先权制度含义的法律适用

下面立足优先权制度法律含义的理解解读其在本案中的法律适用。

1. 优先权日法律认识

从法律规定、基础理论、审查实践的角度可以得出，“优先权日”是指“第一次提出申请之日”。本专利所援引的优先权，该在先申请的受理国家是 A 国，被确定的提交申请之日是 2004 年 8 月 17 日。❷ 本专利授权公告的“优先权”一著录项目完整地包含了这三个内容。

2. 网络公开发生时间的事实认定

就无效宣告请求人提交的证据而言，该公证书表明，载明的图片在北京时间 2004 年 8 月 17 日 9 时 45 分 27 秒已经被公开，基于网络证据的即时通信的特性，该内容在该时刻已经在全世界范围内可以获得，而该时刻为 A 国的 2004 年 8 月 16 日，可见，该公开事件的发生时早于本专利所援引的在先申请递交之日。

由此可见，该份证据表明其载明的设计内容，在当事人“第一次提交申请之日”之前已经公开，本案所涉及的事实情况，这一网页载明的涉及内容公开时间，并不属于巴黎公约所涉及的“……在上述期限届满前，任何后来在本同盟其他成员国内提出的申请，都不因在此期间他人所作的任何行为，特别是另一项申请、发明的公布或利用、出售设计复制品或使用商标而失效，而且此类行为不能形成任何第三者的权利或任何个人占有的权利……”中的“期限”

❶ 文希凯．专利法教程［M］．北京：知识产权出版社，2003：93．

❷ 显然该日期是 A 国专利局所使用的法定时间。

之内，而在该期限开始计算之前。

三、外观设计优先权制度的法律适用

就外观设计专利优先权制度的法律适用而言，优先权提出的时间要求是第一次提出专利申请之日起6个月内。享有优先权的范围仅限于外国优先权。相同主题的判断中，在初步审查阶段一般不予审查，除非主题明显不相关。

外观设计专利优先权证明文件。在先申请文件副本应当在提出在后申请之日起3个月内提交。副本应当由该在先申请的原受理机构出具。同时应该提交中文题录译文。要求多项优先权的，应当提交全部在先申请文件副本。

要求优先权的在后申请的申请人应当与在先申请文件副本中记载的申请人一致，或是记载的申请人之一。完全不一致的，应当在提出在后申请之日起3个月内提交由在先申请的全体申请人签字或者盖章的优先权转让证明。

根据2011年9月16日签署的《美国发明法案》，发明人有义务向其转让发明的受让人或其他人，或是在此事项中有所有权益的人，都可以作为专利申请的申请人。因此，对于美国的申请，其申请人可以显示为发明人本人，也可以显示为相关的自然人或法人。从而，如果出现申请人与发明人不一致，且未提交专利权转让证明文件的，需要核查在先申请副本中的申请人信息栏，如果其中声明的申请人与首页译文一致，则视为符合规定，不应再要求提交转让证明文件。

四、本节小结

在“手机”无效纠纷案中，在A国法定时间2004年8月17日他人提出于本申请相同主题的在先专利申请A，就查明的事实而言，公证书中的网络证据所载明的设计内容公开时间在这一在先专利申请A申请之前公开，即在先设计公开这一事件发生在先。按照

一审法院的判决的观点，发生在作为优先权基础的第一次专利申请之前公开的事实，不能成为在后专利申请的现有技术，[1] 其法律适用显然违背了优先权制度的本意。诚然，所有的法律适用过程都离不开对以文字体现的制定法条文进行解读，以完成与具体案件事实的结合；然而，无论是"想象性重构"、进入立法者的"心智"，还是考虑法律解释所造成的后果，抑或是实用主义者所主张的"把制定法看作一种对待当下问题的资源"，[2] 不外乎是适用法律者在具体案件中如何适用才能更符合在以往制定的规则中立法者所预设的公平与正义。在特定情况下，如果一律不考虑时差问题，那么可能出现发生在作为优先权基础的第一次专利申请之前的事件，反而不能成为在后专利申请的现有技术，在优先权制度的法律适用中，需要根据《巴黎公约》关于优先权制度的立法本意加以分析解读。

---

[1] 我国采用先申请制，以申请日为分界点区分某一事实是否能用来评价该专利的专利性。

[2] 理查德·A. 波斯纳. 法理学问题［M］. 苏力，译. 北京：中国政法大学出版社，2001：131－133、340.

第三章　确权篇：外观设计专利无效宣告制度

外观设计确权制度是我国外观设计制度的重要组成部分。由于我国外观设计专利申请的审查采取初步审查制度，因此外观设计实体规则均在专利确权程序中加以适用。虽然我国外观设计专利申请量的持续增加，但是我国外观设计专利无效请求案件并未随之增加，而是呈现较为稳定的数量状况如图 3－1 所示，这一数量对比情况值得思考。

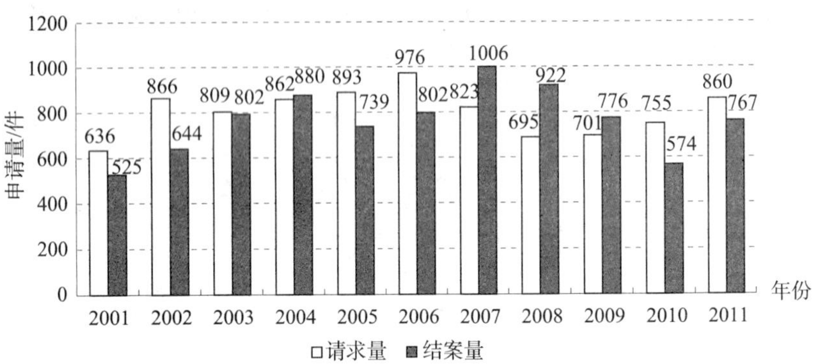

图 3－1　2001～2011 年我国外观设计无效宣告请求案件的请求量与结案量

第一节　《专利法》第 23 条第 1 款、第 2 款的法律适用

2010 年 2 月 1 日，经修改后的《专利法实施细则》正式实施，这也标志着《专利法》第三次修改告一段落。回顾本次《专利法》修改，其立法本意在于希望提升中国的专利质量。在诸多修改中，

有关外观设计的确权标准修改十分引人注目，而随着《专利法实施细则》和《专利审查指南2010》的确定，这一标准的具体适用也渐渐清晰。结合《专利法实施细则》和《专利审查指南2010》的修改内容，下面探讨了《专利法》第23条的法律适用，详细解读《专利法》第23条第1款、第2款中的“不属于现有设计”以及“与现有设计或者现有设计的特征组合相比具有明显区别”的判断规则。

一、法律实践解读

【案例3-1】在“瓶体（养乐多）”外观设计无效纠纷案[1]中（见图3-2），涉案专利是一种包装瓶的外观设计，要求保护色彩，并明确指出“本设计的要点在主视图上”，该主视图中所示瓶体上没有任何图案或色彩的组合，本专利整体形状为回转体，从上至下分为瓶沿、瓶颈、瓶肩、瓶腰和瓶身五部分，瓶沿为扁圆形，略向外凸出；瓶颈为从瓶沿向下延伸直径逐渐加大的圆台形，瓶肩为圆柱形，瓶腰呈弧线内凹，瓶身为圆柱形。对比文件为一种包装瓶的外观设计，整体形状为回转体，从上至下分为瓶沿、瓶颈、瓶肩、瓶腰和瓶身五部分，瓶沿为扁圆形，略向外凸出；瓶颈为从瓶沿向下延伸直径逐渐加大的圆台形，瓶肩为圆柱形，瓶腰呈弧线内凹，瓶身为圆柱形，其正面视图的瓶肩、瓶身上有文字设计，背视图无任何文字设计。国家知识产权局专利复审委员会经审查认为，本专利与对比文件均为一种包装容器类的外观设计，用途相同，属于相同种类的产品，具有可比性。本专利在简要说明中虽然要求保护色彩，但制造该产品所用材料的本色不是外观设计的色彩，不属于保护的客体，另外，使用状态参考图不属于外观设计的保护范围。本专利保护的要素是外观设计的形状。本专利与对比文件相比较，其不同点为：对比文件有局部的文字图案，在仅以产品的形状作为判断的对象时，被比外观设计以部分要素限定其保护范围时，其余的

[1] 参见国家知识产权局专利复审委员会第6327号无效宣告请求审查决定。

要素对整体视觉效果不具有显著的影响。因此，整体观察，综合判断，国家知识产权局专利复审委员会认为：本专利和对比文件整体形状的构成和瓶体的设计均是相同的，二者已产生了相同的视觉效果，一般消费者容易将二者的整体外观设计相混淆，因此二者属于相同的外观设计。

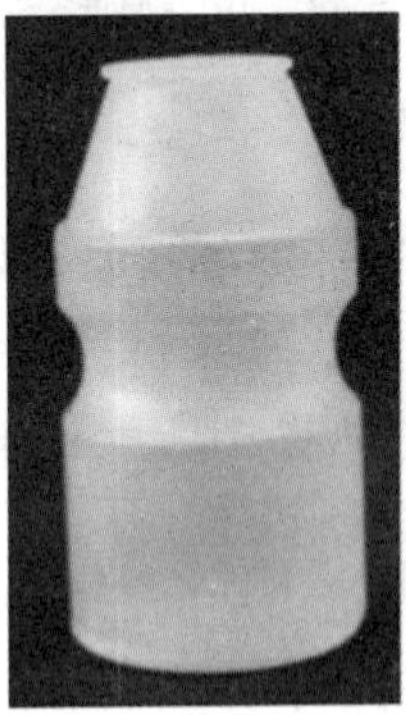

主视图

立体图

使用状态参考图

本专利

正面图

背面图

左侧面图

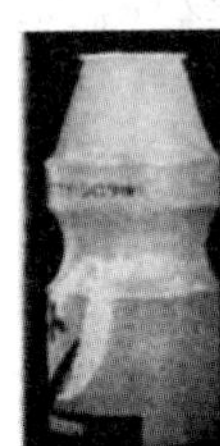

右侧面图

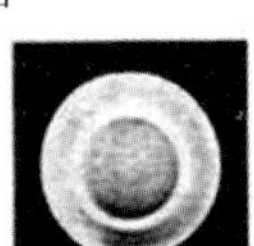

平面图

对比文件

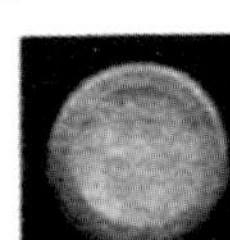

底面图

图 3-2 “瓶体（养乐多）”外观设计无效纠纷案附图

【案例3－2】在“汽车”外观设计专利无效纠纷案[1]中，无效宣告请求人使用在先设计证明涉案专利不符合《专利法》第23条[2]的规定，其中涉案专利如图3－3左侧图所示，在先设计如图3－3右侧图所示。

本专利　　　　在先设计

图3－3　“汽车”外观设计无效纠纷案附图

国家知识产权局专利复审委员会认为，涉案专利和在先设计的各组成部分的形状以及相互之间的比例关系基本相同，整体形状和设计风格基本相同，尽管二者在前大灯、保险杠、护板、中间窗玻璃、后组合灯等部位存在区别，但这相对于汽车整体形状和风格来说属于较细微的差别，不足以使普通消费者产生明显不同的视觉效果从而将二者认定为不同款式的产品，而二者的主体部分的相同之处却使普通消费者易于将二者混同，因此，本专利与在先设计属于

[1] 参见国家知识产权局专利复审委员会第8105号无效宣告请求审查决定以及北京市第一中级人民法院2006年度一中行初字第779号行政判决书、北京市高级人民法院（2007）高行终字第274号行政判决书和最高人民法院（2010）行监字3号行政判决书。

[2] 本案适用2000年修正后的《专利法》。

相近似的外观设计。

北京市第一中级人民法院认为，本专利和在先设计均为汽车整车外观设计，一般消费者在购买和使用的过程中，对汽车的整体进行观察是实际生活中经常出现的情形，故本专利和在先设计的比较应采用整体观察的方式。本专利和在先设计的外观设计虽存在一定的差别，但对于汽车整体外观设计而言，一般消费者更容易对汽车整体的设计风格、轮廓形状、组成部件的相互比例关系等因素施以更多注意，二者的差别尚不足以使一般消费者对两者整体外观设计产生明显的视觉差异，因此本专利和在先设计相近似。

北京市高级人民法院二审判决认为，本案中，如果一般消费者在对本专利与在先设计进行整体观察后，二者的差别对于产品外观设计的整体视觉效果不具有显著的影响，则本专利与在先设计构成相近似的外观设计。从整体上观察，二者在汽车各个组成部分的形状、相互之间的长、宽、高比例关系、车身整体形状以及设计风格是大致相同的。汽车的整体外形轮廓对一般消费者视觉感受的影响是最为显著的。本田株式会社列举出其他品牌的同类汽车具有相近似的整体外形，用以证明该类汽车设计空间有限。但本田株式会社所列举的同类汽车相近似的整体外形并非是由于其功能所限定的唯一形状，双环公司、新凯公司同时也提供了反证证明存在同类汽车具有不同的整体外形的情况，因此，本田株式会社认为设计空间有限的主张缺乏事实依据。本专利外观设计与在先设计之间的区别属于局部细微差别，因此二者相近似。

最高人民法院作出判决撤销原一、二审判决，撤销国家知识产权局专利复审委员会无效宣告请求审查决定。判决认为：所谓“常识性了解”，是指通晓相关产品的外观设计状况而不具备设计的能力，但并非局限于基础性、简单性的了解；所谓“整体”，包括产品可视部分的全部设计特征，而非其中某特定部分；所谓“综合”，是指对能够影响产品外观设计整体视觉效果的所有因素的综合。本案中，诉争类别汽车外观设计的“整体”，不仅包括汽车的基本外形轮廓以及各部分的相互比例关系，还包括汽车的前面、侧面、后面等，应当予以全面观察。在综合判断时，应当根据与诉争类别汽车的特点，权衡各部分对汽车外观设计整体视觉效果的影响。就本案诉争的汽车类别而言，因该类汽车的外形轮廓都比较接近，故该共性设计特征对于此类汽车一般消费者视觉效果的影响比较有限。相反，汽车的前面、侧面、后面等部位的设计特征的变化，则会更多地引起此类汽车一般消费者的注意。本案中，在以上几个方面涉案专利和在先设计的差别较为明显，对于本案诉争类别汽车的一般消费者而言是显而易见的，足以使其将本专利图片所示汽车外观设计与证据1所示汽车外观设计的整体视觉效果区别开来，二者不相近似。决定和一、二审判决实质上只着重于对两外观设计的整体外形轮廓进行比较，并认为汽车的整体外形轮廓对于汽车、而非诉争类别汽车的一般消费者视觉感受的影响最为显著，认定二者相近似，是错误的。

【案例3－3】在“鼠标”外观设计专利无效纠纷案[1]中，涉及一件鼠标产品的外观设计专利无效宣告请求，图3－4左侧系在先设计1，中侧系在先设计2，右侧系涉案外观设计。请求人主张在先设计1、2分别与涉案专利相比较，二者仅存在局部细微差别。

图3－4　“鼠标”外观设计专利无效纠纷案附图

国家知识产权局专利复审委员会认为，评价一项外观设计是否与在先设计相近似，应当基于一般消费者看到该外观设计时是否产生了明显不同于看到现有外观设计时所产生的整体视觉印象。就鼠

[1] 参见国家知识产权局专利复审委员会第15173号无效宣告请求审查决定。

标而言，一般消费者了解鼠标属于计算机的外部设备，其功能是在界面上实现指针控制、点击和滚动操作，所述功能由按键和滚轮实现。一般消费者所熟悉的鼠标外观设计通常包含两个按键（左、右键）和一个滚轮，以使鼠标可以实现它的功能。

将涉案专利和在先设计1、2相比较，其主要相同点在于二者整体形状都是扁平的圆角长方体，都有两个按键；上部都呈略微凸起的曲面。其主要的不同点在于：滚轮的位置不同，在先设计1、2的位于两个按键的中间，而涉案专利的滚轮位于鼠标的一侧；在先设计1、2的上部分割为3个区域，涉案专利的相应部位被分割成4个区域；涉案专利鼠标的四角各有两条自上而下的曲线，在先设计1、2没有表现出此设计。

国家知识产权局专利复审委员会认为，在一般消费者眼中，一款鼠标最基本的设计特征就是拥有左右按键和位于左右键中间的滚轮。由于滚轮是实现鼠标功能的重要组成部分，当一般消费者在观察涉案专利时，首先会寻找本专利设计的滚轮，验证滚轮所能实现的功能。上述过程必须通过视觉实现，所以尽管滚轮在整个鼠标中所占空间比例较小，然而涉案专利滚轮所在位置设计使涉案专利外观设计产生了与现有外观设计明显不同的整体视觉印象，即，其设计的变化对视觉效果具有显著影响，且二者正面的区域分割不同，涉案专利特有的四块区域划分设计导致二者的正面视觉效果明显不同。故涉案专利和在先设计1、2不相同也不相近似。基于同样的理由，无效决定认定三项在先设计与涉案专利的差别不属于局部细微差别，相反，均对整体视觉效果具有显著影响，遂维持涉案专利权有效。

【案例3－4】在“型材”外观设计专利无效纠纷案[1]中，图3－5下方系在先设计，上方系涉案外观设计。针对涉案专利与在先设计进行比对时，国家知识产权局专利复审委员会认为：二者的截面均呈近似梯形的连续凹凸设计，虽然凹凸深浅和具体的梯形形状有所

[1] 参见国家知识产权局专利复审委员会第14963号无效宣告请求审查决定。

不同，但均为梯形的常规形状，对整体视觉效果不具有显著影响，因此，二者应属于相近似的外观设计。

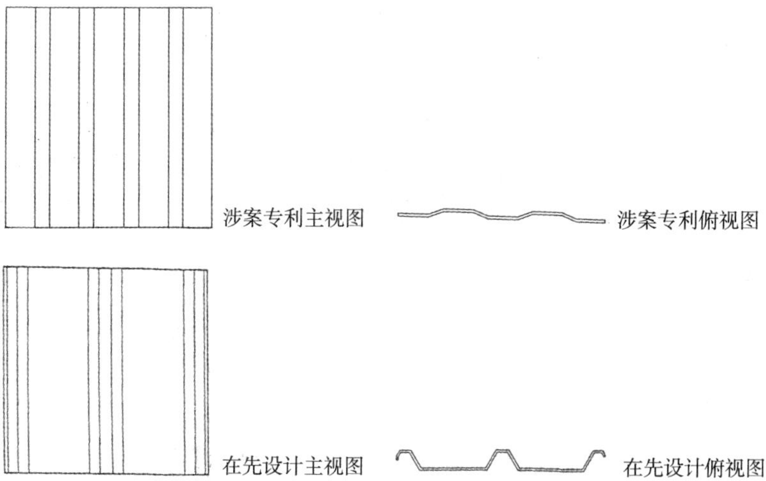

图 3-5　“型材”外观设计无效纠纷案附图

然而，可以看出的是，涉案专利与在先设计在凹凸深浅和具体的梯形形状存在较大差异，直接认定二者之间的差别对整体视觉效果不具有显著影响，属于局部细微差别尚欠缺说服力。因专利权人强调二者整体视觉效果差异显著，故不易接受该观点。如果在局部细微差别的判断中考虑“根据现有设计以及对产品的认知判断差别是否容易作出”，方能够使得上述问题的处理符合法律逻辑。亦即，根据对于现有设计的认知，采取近似梯形的连续凹凸设计的型材属于常规设计，在在先设计的基础上通过改变凹凸深浅和具体的梯形形状容易作出涉案专利的外观设计。

二、《专利法》第 23 条第 1 款、第 2 款的基本含义

《专利法》第 23 条第 1 款规定：“授予专利权的外观设计，应当不属于现有设计；也没有任何单位或者个人就同样的外观设计在

申请日以前向国务院专利行政部门提出过申请，并记载在申请日以后公告的专利文件中。”《专利法》第 23 条第 2 款规定，“授予专利权的外观设计与现有设计或者现有设计特征的组合相比，应当具有明显区别。”

如表 3－1 所示，在《专利法》第三次修改之前，对于《专利法》第 23 条以及《专利法》第 9 条、《专利法实施细则》第 13 条的法律适用而言，均包括相同和相近似。其中，相近似的判断规则在于，一般消费者经过对被比设计与在先设计的整体观察，判断二者的差别对于产品外观设计的整体视觉效果是否具有显著的影响。其中，一般消费者对被比设计产品的同类或者相近类产品的外观设计状况具有常识性的了解，并且对外观设计产品之间在形状、图案以及色彩上的差别具有一定的分辨力，但不会注意到产品的形状、图案以及色彩的微小变化。

表 3－1 《专利法》《专利法实施细则》以及《审查指南 2006》修改前的审查实践

法条	制度含义	适用情形	适用标准
《专利法》第 23 条	相同、相近似的判断	与“申请日以前在国内外出版物上公开发表过或者国内公开使用过的外观设计”对比	相同和相近似，其中相近似的适用标准是二者的差别，对于产品外观设计的整体视觉效果是否具有显著的影响
《专利法》第 9 条、《专利法实施细则》第 13 条	禁止重复授权	同一专利权人的具有相同或者不同申请日的两项专利权，不同专利权人的具有相同或者不同申请日的两项专利权	同样的发明创造，对于外观设计而言包括外观设计相同和相近似，其中相近似的适用标准是二者的差别对于产品外观设计的整体视觉效果是否具有显著的影响

修改前的《专利法》《专利法实施细则》以及《审查指南 2006》将外观设计的确权标准定位于相同和相近似，对于外观设计

重复授权制度的适用亦采用相同和相近似的标准。[1] 修改后的《专利法》《专利法实施细则》以及《专利审查指南》在确权标准中不再适用相近似的概念，而是适用“相同”“实质相同”和“不具有明显区别”三个标准。表 3－2 较为详细地描述了《专利法》《专利法实施细则》修改后以及《专利审查指南 2010》的外观设计确权标准的逻辑体系结构。

表 3－2　《专利法》《专利法实施细则》修改后以及《专利审查指南 2010》的确权标准的逻辑体系结构

法条	制度含义	适用情形	适用标准
《专利法》第 9 条	禁止重复授权	同一专利权人或者不同专利权人具有相同申请日的两项专利权	相同、实质相同
《专利法》第 23 条第 1 款	不属于现有设计	与现有设计对比	相同、实质相同
	抵触申请	与任何单位或者个人在申请日之前申请并在申请日后公告的设计对比（同一专利权人或者不同专利权人具有不同申请日的两项专利权）	相同、实质相同
《专利法》第 23 条第 2 款	明显区别	与相同或者相近种类现有设计对比	二者的差别对于产品外观设计的整体视觉效果不具有显著影响
	现有设计的转用	具有转用手法的启示	不具有明显区别
	现有设计的组合	具有组合手法的启示	不具有明显区别

[1] 在最高人民法院所公布的《2008 年中国知识产权司法保护 50 件典型案件》中，最高人民法院（2008）行提字第 4 号、第 5 号、第 6 号、第 7 号、第 8 号行政判决（科万商标投资有限公司诉国家知识产权局专利复审委员会、第三人佛山市顺德区信达染整机械有限公司外观设计专利无效纠纷申请再审系列案）对于上述标准亦予以认同。

三、相同和实质相同的判断思路

《专利审查指南2010》第四部分第五章第5节规定："不属于现有设计，是指在现有设计中，既没有与涉案专利相同的外观设计，也没有与涉案专利实质相同的外观设计，""同样的外观设计是指外观设计相同或者实质相同。"

因此，《专利法》第9条所述的同样的发明创造、第23条第1款所述的"属于现有设计"以及"同样的外观设计"都是对两项外观设计是否构成相同或实质相同的判断。在对上述几个相关概念进行界定时，主要基于立法本意，考虑保证禁止重复授权的外观设计的合理范围，以及与发明和实用新型标准的一致性，尽量使得第一款的执行更加客观，标准易于统一。

（一）相同的判断

《专利审查指南2010》第四部分第五章第5.1.1节规定："外观设计相同，是指涉案专利与对比设计是相同种类产品的外观设计，并且涉案专利的全部外观设计要素与对比设计的相应设计要素相同，其中外观设计要素是指形状、图案以及色彩。"

需要注意的是，在适用《专利法》第23条第1款及第9条判断两项外观设计是否构成"相同"时，其客体的比较范围有所差别。前者是将涉案专利的全部外观设计要素与对比设计的相应设计要素进行比较。而后者是以两项外观设计全部设计要素进行比较，只有全部外观设计要素都相同时才能认定二者相同。外观设计相同概念的外延包括三种情况，即常用材料的替换；仅存在产品功能、内部结构、技术性能的不同；仅存在尺寸的不同。例如，外观设计要素相同的触摸开关和声控开关。关键是不同点未导致产品外观设计整体的变化，二者才能属于相同的外观设计。

关于产品种类相同或相近的判断标准本次指南修订没有变化，仍然沿用以往的标准。还是以用途为准，参考产品的名称、国际外观设计分类以及产品销售时的货架分类位置。

（二）实质相同的判断

《专利审查指南 2010》第四部分第五章第 5.1.2 节规定："外观设计实质相同的判断仅限于相同或者相近种类的产品外观设计。""如果一般消费者经过对涉案专利与对比设计的整体观察可以看出，二者的区别仅属于下列情形，则涉案专利与对比设计实质相同：（1）其区别在于施以一般注意力不能察觉到的局部的细微差异，例如，百叶窗的外观设计仅有具体叶片数不同；（2）其区别在于使用时不容易看到或者看不到的部位，但有证据表明在不容易看到部位的特定设计对于一般消费者能够产生引人注目的视觉效果的情况除外；（3）其区别在于将某一设计要素整体置换为该类产品的惯常设计的相应设计要素，例如，将带有图案和色彩的饼干桶的形状由正方体置换为长方体；（4）其区别在于将对比设计作为设计单元按照该种类产品的常规排列方式作重复排列或者将其排列的数量作增减变化，例如，将影院座椅成排重复排列或者将其成排座椅的数量作增减；（5）其区别在于互为镜像对称。"

上述规定具有如下含义：第一，实质相同的判断是整体观察，不是局部观察。第二，实质相同包括五种情形，这五种情形不一定仅有一种情形，可能会有两种情形同时存在于一项外观设计中，尤其是第（1）种情形与其他情形。关于第（1）种情形的差别要远远小于原指南中规定的相近似。而第（3）种情形中的惯常设计的概念在第 2 节中有规定，应是一般消费者所熟知的、只要提到产品名称就能想到的相应设计。

四、明显区别的判断实务

修改后的《专利法》第 23 条规定，授予专利权的外观设计与现有设计或者现有设计特征的组合相比，应当具有明显区别。上述规定系新增条文，在审查实践中如何把握值得深入探讨，下面加以介绍。

（一）单独比对的明显区别判断

《专利审查指南2010》第四部分第五章第6.1节规定了“不具有明显区别”的第一种情形，即涉案专利与相同或相近种类产品外观设计单独进行比较。该部分内容是对修订前专利审查指南中“4.判断原则”部分内容的继承。除了将原有的尺寸的变化、材料的替换以及产品的功能、内部结构以及技术性能等几种情形移入外观设计相同的规定中，其余的情形均归在“明显区别”这种情形。与实质相同的五种情形相比，这部分内容只是给出了几种情形的判断原则，并没有指明结果。而实质相同的五种情形实质上是带有明确结果的情形，如果不是这五种情形，则只能适用第2款该部分规定进行判断。与现有设计实质相同的外观设计是明显的对现有设计修修补补而形成的，应当属于明显的不应享有专利权的外观设计。

另外，在该部分对简要说明中设计要点的作用进行了明确，即“外观设计简要说明中设计要点所指设计并不必然对外观设计整体视觉效果具有显著影响，不必然导致涉案专利与现有设计相比具有明显区别。”整体观察、综合判断是外观设计单独对比的总原则，只有当设计要点对整体视觉效果产生显著影响时，才能据以判断得出结论。

（二）现有设计转用的判断

《专利审查指南2010》第四部分第五章第6.2.2节规定了“不具有明显区别”的第二种情形，即涉案专利是由现有设计转用得到的，二者的设计特征相同（包括仅有细微差别）。这里所指的细微差别是指施以一般注意力几乎不能察觉的不同点，二者形态应当是基本相同的。该种情形属于与不相同且不相近种类产品单独比较具有明显区别的情形。应当强调的是，具体的转用手法在相同或者相近种类产品的现有设计中存在启示。但是，某些产品的转用手法已经成为生活中司空见惯的设计方法，因此，在本节列举了四种无需举证的转用情形，即（1）单纯采用基本几何形状（包括对其仅作细微变化）得到的外观设计；（2）单纯模仿自然物、自然景象的原有形态得到的外观设计；（3）单纯模仿著名建筑物、著名作品的全部或者部分形状、图案、色彩得到的外观设计；（4）由其他种类产品的外观设计转用得到的玩具、装饰品、食品类产品的外观设计。

应当注意的是，转用前后的产品种类应当与给出启示的现有设计种类是相同或相近的。例如现有设计是将篮球造型转用为座椅设计，涉案专利是将键盘按键造型转用为座椅设计，不能视为现有设计给出了启示。因为，篮球和键盘的按键不是相同或相近种类产品。但是，如果现有设计是将篮球造型转用为座椅设计，涉案专利是将橄榄球造型转用为座椅设计，这情形就应该属于有现有设计的启示了。

另外，单纯采用几何形状和模仿自然物、自然景象得到的外观设计的判断，应当是原封不动地模仿造型，如果有创新性设计内容，例如通过对特征的提炼得到造型完全不同于原有形态的外观设计，不属于相应情形。

（三）现有设计及其特征组合的判断

《专利审查指南2010》第四部分第五章第6.2.3节规定了“不具有明显区别”的第三种情形，即涉案专利是由现有设计或者现有设计特征组合得到的，所述现有设计与涉案专利的相应设计部分相同（包括仅有细微差别）。同样的，这里所指的细微差别是指施以一般注意力几乎不能察觉的不同点，二者形态应当是基本相同的。该节规定，外观设计的组合包括拼合和替换两种类型。

同样，具体的组合手法在相同或者相近种类产品的现有设计中应存在启示，即组合前后的产品种类应当与给出启示的现有设计产品种类是相同或相近的。本节也列举了三种已经公知的组合手法，即（1）将相同或者相近种类产品的多项现有设计进行直接拼合；（2）将产品外观设计的设计特征用另一项相同或者相近种类产品的设计特征替换；（3）将产品现有的形状设计与现有的图案、色彩或者其结合直接拼合或替换。其中，前两项限于相同或相近种类产品，第（3）项则不限产品种类。

针对上述转用和组合的几种情形，在修订后的本章第6.2.2节及第6.2.3节均规定了特殊情形，即“上述情形中产生独特视觉效果的除外。”这是指极其特殊的情况下，“涉案专利相对于现有设计产生了预料不到的视觉效果”。外观设计如果具有独特视觉效果，则与现有设计或者现有设计特征的组合相比具有明显区别。

五、局部细微差别的判断实务[1]

如前所述，《专利法》第23条第2款涉及两种情形：与现有设计相比具有明显区别、与现有设计的特征组合具有明显区别。[2]其中，“与现有设计的特征组合具有明显区别”主要涉及转用、组合等情形。

《专利审查指南2010》第四部分第五章第6.1节对“与现有设计相比具有明显区别”加以规定，即涉案专利与相同或相近种类产品外观设计单独进行比较。该部分内容是对《审查指南2006》中“4. 判断原则”部分内容的继承。除了将原有的尺寸的变化、材料的替换以及产品的功能、内部结构以及技术性能等几种情形移入外观设计相同的规定中，其余的情形均归在“明显区别”这种情形。[3]然而，《审查指南2006》的执行中，“存在相同相近似判断标准比较上位，可操作性差，自由裁量权太大等执法不统一的现象，上述现象对外观设计保护水平和设计质量的提高带来了一定的负面

[1] 本节内容部分基于由本书执笔的国家知识产权局学术委员会一般课题“外观设计可专利性审查标准实务研究”的部分研究成果，另外参见黄玉平，张鹏．外观设计专利审查中局部细微差别判定的客观化［J］．中国发明与专利，2011：71－75.

[2] 全国人大常委会法制工作委员会经济法室．《中华人民法共和国专利法》释解及实用指南［M］．北京：中国民主法制出版社，2009：53.

[3] 参见钱亦俊，张鹏．新《专利法》中外观设计专利权确权标准的具体适用［J］．中国知识产权，2010（2）：56－60.

作用。”❶

上述现象存在的原因之一在于，《专利审查指南2010》规定了“若区别点仅在于局部细微变化，则其对整体视觉效果不足以产生显著影响，二者不具有明显区别。例如，涉案专利与对比设计均为电饭煲，区别点仅在于二者控制按钮的形状不同，且控制按钮在电饭煲中仅为一个局部细微的设计，在整体设计中所占比例很小，其变化不足以对整体视觉效果产生显著影响”，上述规定将所存在的区别在整体设计中所占的比例作为判断是否构成局部细微变化的判断标准，从而使得明显区别的判断相对主观。

本节立足我国审查实践的最新进展着重讨论“与现有设计相比具有明显区别”的判定，结合国外法律规范和审查实践重点讨论涉案专利与相同或相近种类产品外观设计单独进行比较时是否具有明显区别的判断，尤其是区别点是否构成局部细微变化的判断，并在比较借鉴国外审查经验和分析我国实践的基础上给出我国审查实践的法律适用建议，以期使得《专利法》第23条第2款的法律适用更为客观。

（一）局部细微差别判定的比较法研究

首先，笔者对国外相关审查实践和司法实践对于与相同或者相近种类产品现有设计单篇对比的案例加以比较分析。

1. 美国相关审查实践

美国的外观设计专利性审查中，在相同或相近种类产品外观设计间进行比较判断，以一篇对比文件评判涉案专利的专利性时，通常在先设计与涉案专利存在差别时，需要从普通观察者所熟悉的现有设计的整体状况去考虑。在先判例 *In re Battlet* 确定了判断原则，即，当普通观察者认为此新设计是一项不同的、不是在对已有设计进行简单修改基础上作出的新设计时，即可认为此设计与以往设计

---

❶ 参见张跃平．外观设计授权标准法律问题探讨［D］．北京：中国政法大学，2005：1.

的不同满足新颖性的标准。以下对根据此原则作出的最新判例进行介绍。

在网球拍案[1]中，图 3－6 左侧系涉案外观设计，右侧系在先设计。美国专利商标局抵触与申诉委员会认为，涉案外观设计与在先设计相比，由于采用了与在先设计不同的网球拍材质，并且采用不同的制作工艺，从而实现一体成型。由于涉案外观设计与在先设计在材质和制作工艺上的不同，因此涉案外观设计相对于在先设计产生新的视觉效果——一体成型的视觉效果，普通观察者认为是一项新的设计。

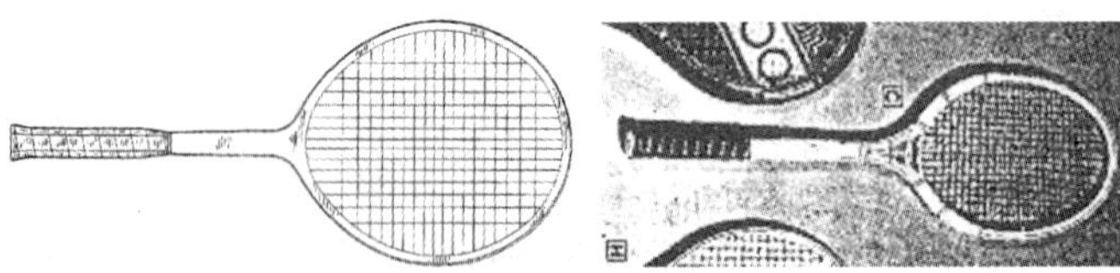

图 3－6　网球拍案附图

在耳机套案[2]中，图 3－7 左侧系涉案外观设计，右侧系在先设计。美国专利商标局抵触与申诉委员会认为，上述涉案外观设计与在先设计的区别主要在于，在耳机套中心是否设置孔。由于上述区别点的位置在于耳机套的中心，属于观察者首先关注的部位，因此，上述区别点处于视觉关注的部位，使得普通观察者认为是一项新的设计。

2. 日本相关审查实践

日本在审查实践中亦强调涉案外观设计与现有设计相比设计启示的客观判断，并非仅仅根据涉案外观设计与现有设计之间所存在的差别所占的比例判断差别是否构成局部细微变化。

---

[1] 参见美国专利商标局抵触与申诉委员会第 D394094 号决定书。

[2] 参见第 D395657 号和第 D269611 号美国外观设计专利。

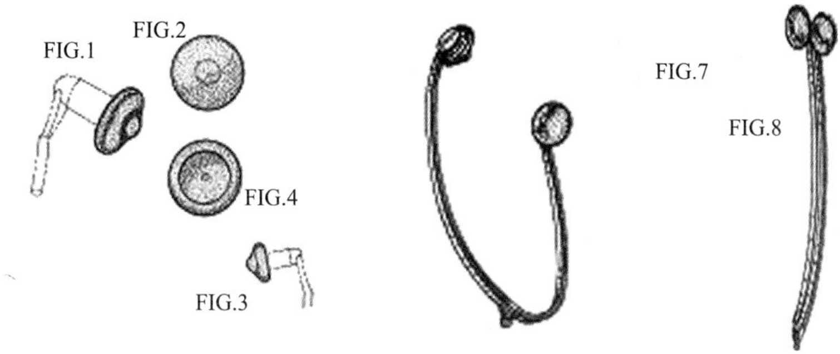

图 3－7　耳机套案附图

在包装袋案例（一）[1]中，图 3－8 左侧系在先设计，右侧系涉案外观设计。日本特许厅审判部认为，鉴于在包装袋的左右上部切出 V 字形的开袋用缺口是一种常见的做法，将在表面上添加图案与在左右上部切出 V 字形的开袋用缺口的做法组合到一起也是一种常见的做法，从而上述涉案外观设计与在先设计相比不具有创作非容易性。

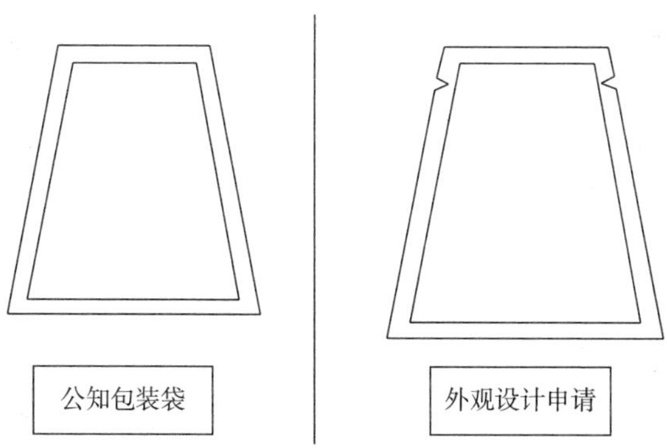

图 3－8　包装袋案（一）附图

[1] 参见日方《为跟进第 5 次外观设计的中日复审会议的意见交流（第 5 回日中審判会合 JPOプレゼン（意匠部分））》讲稿，为了分析解读的需要对于案例作出部分简化。

在包装袋案例（二）❶中，图 3－9 左侧系在先设计，右侧系涉案外观设计。日本特许厅审判部认为，上述涉案外观设计与在先设计相比，由于上部增加盖子产生新的功能，从而给形状、图案和色彩造成改变，产生新的视觉效果，因此该外观设计专利申请相对于公知包装袋具有创作非容易性。需要强调的是，即使上述盖子所占比例较小，亦同样相对于公知包装袋并不构成局部细微差别。

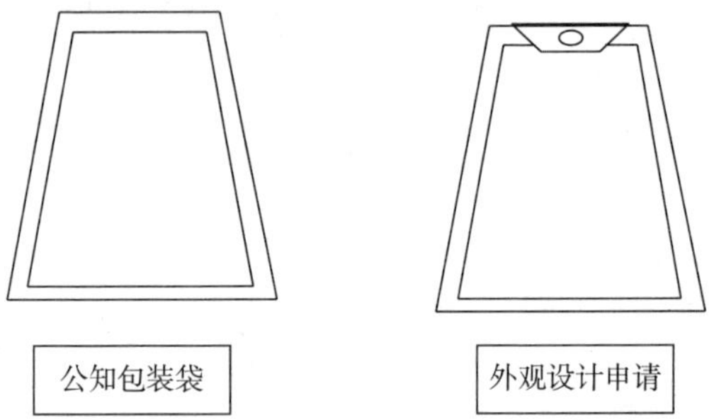

图 3－9　包装袋案（二）

（二）局部细微差别判断的法理探析

在与相同或者相近种类产品的现有设计进行单独对比以判断涉案设计是否符合《专利法》第 23 条第 2 款的规定时，若区别点仅在于局部细微变化，则其对整体视觉效果通常不足以产生显著影响，二者通常不具有明显区别。局部细微差别主要根据对于整体视觉效果的影响作出判断，不仅要考虑差别在整体设计中所占的比例，同时需要考虑区别点所处的位置是否为视觉关注、新功能产生的整体视觉效果变化以及材质和制作工艺产生的整体视觉效果变化。

亦即，局部细微差别的判断不仅要考虑差别在整体设计中所占的比例，同时需要考虑区别点所处的位置、新功能产生的整体视觉

❶ 参见日方《为跟进第 6 次外观设计的中日复审会议的意见交流（第 6 回日中審判会合 JPOプレゼン（意匠部分））》讲稿，为了分析解读的需要对于案例作出部分简化。

效果变化以及材质和制作工艺产生的整体视觉效果变化，并分析上述差别是否容易创作，在下述情形下可能对整体视觉效果产生显著影响，应当综合考虑，不能简单地认定其为局部细微差别：

（1）新的功能给形状、图案和色彩带来改变，产生新的视觉效果；

（2）区别点处于视觉关注的部位；

（3）由于不同的材质和制作工艺的变化，产生新的视觉效果；

（4）根据现有设计以及产品认知情况得知差别不容易作出。

需要说明的是，上面所述的“新的视觉效果”也应当同时具有显著的视觉效果。

1. 总体判断思路

“局部细微差别”的判断标准在于，涉案专利与现有设计的差别对于整体视觉效果的影响。也就是说，涉案专利与现有设计的差别对于整体视觉效果的影响，是判断是否构成局部细微差别的核心标准。

需要强调的是，“涉案专利与现有设计的差别在整体设计中所占比例”仅仅是判断上述整体视觉效果需要考虑的一个因素，并非全部因素。在判断涉案专利与现有设计的差别对于整体视觉效果的影响时，除了“涉案专利与现有设计的差别在整体设计中所占比例”之外，还要考虑区别点所处的位置、新功能产生的整体视觉效果变化以及材质和制作工艺产生的整体视觉效果变化。

2. 具体判断因素

局部细微差别主要根据对于整体视觉效果的影响作出判断，不仅要考虑差别在整体设计中所占的比例，同时需要考虑区别点所处的位置、新功能产生的整体视觉效果变化以及材质和制作工艺产生的整体视觉效果变化。也就是说，局部细微差别的具体判断因素包括：由于产生新的功能给形状、图案和色彩造成改变，产生新的视觉效果；区别点处于视觉关注的部位；由于不同的材质和制作工艺的变化，产生新的视觉效果等，从而根据现有设计以及产品认知情况认定差别是否属于对现有设计的修改，还是对产品外观设计的创新。

新的功能带来的新的视觉效果。正如日本包装袋案例（二）所示，涉案外观设计与在先设计相比，由于上部增加盖子产生新的功能，且该盖子属于容易关注的部位，从而给形状、图案和色彩造成改变，产生新的视觉效果，因此该外观设计专利申请相对于公知包装袋具有创作非容易性。需要强调的是，即使上述盖子所占比例较小，亦同样相对于公知包装袋并不构成局部细微差别。

区别点处于视觉关注的部位。例如在鼠标案审查决定中指出，在一般消费者眼中，一款鼠标最基本的设计特征就是拥有左右按键和位于左右键中间的滚轮。由于滚轮是实现鼠标功能的重要组成部分，当一般消费者在观察本专利时，首先会寻找涉案专利设计的滚轮，验证滚轮所能实现的功能。上述过程必须通过视觉实现，所以尽管滚轮在整个鼠标中所占空间比例较小，然而涉案专利滚轮所在位置设计使涉案专利外观设计产生了与现有外观设计明显不同的整体视觉印象。又如，在美国耳机套案中，涉案外观设计与在先设计的区别主要在于，在耳机套中心是否设置孔。由于上述区别点的位置在于耳机套的中心，属于观察者首先关注的部位，上述区别对于整体视觉效果影响较大。

由于不同的材质和制作工艺的变化产生新的视觉效果。如美国网球拍案所述，涉案外观设计与在先设计相比，由于采用了与在先设计不同的材质，并且采用不同的制作工艺，从而实现一体成型。由于涉案外观设计与在先设计在材质和制作工艺上的不同，因此涉案外观设计相对于在先设计产生新的视觉效果，即一体成型的视觉效果。

（三）局部细微差别判断的相关立法建议

将《专利审查指南 2010》第四部分第五章第 6.1 节的规定“若区别点仅在于局部细微变化，则其对整体视觉效果不足以产生显著影响，二者不具有明显区别。例如，涉案专利与对比设计均为电饭煲，区别点仅在于二者控制按钮的形状不同，且控制按钮在电饭煲中仅为一个局部细微的设计，在整体设计中所占比例很小，其变化不足以对整体视觉效果产生显著影响。”于 2014 年由局令公布修改为：“若区别点仅在于局部细微变化，则其对整体视觉效果通常不足以产生显著影响，二者通常不具有明显区别。局部细微差别主要根据对于整体视觉效果的影响作出判断，不仅要考虑差别在整体设计中所占的比例，同时需要考虑区别点所处的位置、新功能产生的整体视觉效果变化以及材质和制作工艺产生的整体视觉效果变化。”

六、外观设计明显区别的辅助审查标准

我国没有明确规定认定外观设计专利符合《专利法》第 23 条第 1 款、第 2 款规定的辅助标准，但是，应当认为商业上成功应当是外观设计专利符合《专利法》第 23 条第 1 款、第 2 款规定的辅助标准。也就是说，如果外观设计构成商业上成功，那么应当认定外观设计专利符合《专利法》第 23 条第 1 款、第 2 款的规定。

（一）商业上成功的比较法研究

美国一些判例认为，由于外观设计专利制度的立法主旨在于“增加产品的装饰性和美感从而提高它们的价值并满足购买者的审美需要”，因此外观设计专利制度应当更多地考虑“商业上成功”。[1] 同时，需要证明商业上成功系外观设计所致[2]。在 *Circle S. Prods. Co. v. Powell Prods.*, *Inc.* 案[3]中，美国法院指出，没有记录表明所称的商业上成功是由于装置的机械特征或者实用特征所致，

[1] 参见 *Forestek Plating & Mfg. Co. v. Knapp - Monarch Co.*, 106 F. 2d 554, 559, 43 USPQ 39, 43 - 44 (6th Cir. 1939); *In re Rosen*, 673 F. 2d 388, 391 等.

[2] 参见 *Litton Sys.*, *Inc. v. Whirlpool Corp.*, 728 F. 2d 1423m221 USPQ 97 (Fed. Cir. 1984); *Schwinn Bicycle Co. v. Goodyear Tire& Rubber Co.*, 444 F. 2d 295, 168 USPQ 258 (9th Cir. 1970); *Circle S. Prods. Co. v. Powell Prods.*, *Inc.*, 174 F. 2d 562, 564, 81 USPQ 328, 329 (7th Cir. 1949).

[3] *Circle S. Prods. Co. v. Powell Prods.*, *Inc.*, 174 F. 2d 562, 564, 81 USPQ 328, 329 (7th Cir. 1949).

如果有任何商业上成功，均归因于设计，此时可以认定该外观设计具有非显而易见性。在 *Standard Match Corp. v. Bell Mach. Co.* 案[1]中，美国法院指出，外观设计引入之后产品销量增加的证据，需要显示出由于外观设计的新颖特征所致。在 *Tyco industries, Inc. v. Tiny Love, Ltd.* 案[2]中，美国法院指出，由于这是外观设计案件，专利权人需要证明商业上的成功和抄袭是由于产品的外观所致，而非产品的功能所致。在 *Pacific Furniture Mfg. Co. v. Preview Furnitur Corp.* 案[3]中，美国法院指出，商业上成功是创造性的可以信赖的风向标，因为无可争议的证言证实软垫家具的整体外观是购买时的最重要考虑因素，因此软件家具的整体外观很大程度上决定了商业上的成功。

（二）商业上成功的实证研究

我国目前还没有外观设计商业上成功的案例。在“女性计划生育手术 B 型超声监测仪”专利无效纠纷案[4]中，涉及发明或实用新型商业上成功的判定。国家知识产权局专利复审委员会和北京市第一中级人民法院均认定权利要求 1 不具备创造性。专利权人在行政诉讼二审阶段提交如下证据证明涉案专利取得了商业上的成功（下述证据在无效程序和行政诉讼一审程序中并未提供，“涉案专利取得了商业上的成功”这一诉讼理由在无效程序和行政诉讼一审程序中亦未提出）：证据 1，中国人民解放军成都军区联勤部机关医院

---

[1] *Standard Match Corp. v. Bell Mach. Co.*, 83 F2d 365, 29 USPQ217 (7th Cir. 1936).

[2] *Tyco industries, Inc. v. Tiny Love, Ltd.*, 914 D. Supp. 1068, 1081 (D. N. J. 1996).

[3] *Pacific Furniture Mfg. Co. v. Preview Furnitur Corp.*, 228 USPQ 235, 238 - 239 (M. D. N. C. 1985), aff'd 800 F. 2d 1111, 231 USPQ 67 (Fed. Cir. 1986).

[4] 参见国家知识产权局专利复审委员会第 12728 号无效宣告请求审查决定、北京市第一中级人民法院（2009）一中行初字第 911 号行政判决书、北京市高级人民法院（2009）高行终字第 1441 号行政判决书和最高人民法院（2012）行提字第 8 号行政判决书。

谭昌琴等11位专家提供的专家证言，证明新技术“经阴道超声介入性计划生育手术”解决了现有技术中如何提高人工流产手术的成功率，减少手术并发症的发生，以及如何解决妇产科医生在盲视下手术的问题；证据2，湖北省计生服务站医疗设备政府采购订货合同（2007）、（2008），河南省人口与计划生育委员会医疗器械采购项目合同、黑龙江省政府采购合同，涉及购买数量不等的B超监视妇产科手术仪；证据3，中华医学会电子音像出版社出具的证明以及出版证书，证明该社出版了“经阴道超声介入性计划生育手术”DVD光盘，并向全国发行。

北京市高级人民法院认定，在本案二审审理期间，上诉人新提交的证据1、3能够证明涉案专利以及依照涉案专利的技术方案生产的B超监视妇产科手术仪解决了现有技术中如何提高人工流产手术的成功率，减少手术并发症的发生，解决妇产科医生在盲视下手术的问题。证据2、3能够证明依照涉案专利的技术方案生产的B超监视妇产科手术仪已经在全国广为推广并通过政府采购占有一定的市场份额，上述证据可以证明涉案专利已经取得商业上的成功，而且这种成功是由于涉案专利的技术特征直接导致的。二审法院从而支持上诉人关于涉案专利权利要求1相对于附件2和4的组合具备创造性的上诉主张。

最高人民法院认为，对技术方案创造性的评价，一般会从对现有技术作出贡献的角度出发，采取相对客观的“三步法”判断方式，判断要求保护的技术方案是否对现有技术构成了实质上的“贡献”，从而决定是否对其授予专利权。当采取“三步法”难以判断技术方案的创造性或者得出技术方案无创造性的评价时，从社会经济的激励作用角度出发，商业上的成功就会被纳入创造性判断的考量因素。当一项技术方案的产品在商业上获得成功时，如果这种成功是由于其技术特征直接导致的，则一方面反映了该技术方案具有有益的效果，同时也说明了其是非显而易见的，该技术方案即具有创造性。但是，如果商业上的成功是由于其他原因所致，例如销售技术的改进或者广告宣传等，则不能作为判断创造性的依据。因此，商业上的成功是当技术方案本身与现有技术的区别在构成可授予专利权的程度上有所欠缺时，如有证据能够证明该区别技术特征在市场上取得了成功，则从经济激励的层面对其予以肯定。商业上成功是创造性判断的辅助性因素。与相对客观的“三步法”而言，对于商业上的成功是否确实导致技术方案达到被授予专利权的程度，应当持有相对严格的标准。当申请人或者专利权人主张其发明或者实用新型获得了商业上的成功时，应当审查：（1）发明或者实用新型的技术方案是否真正获得了商业上的成功；（2）该商业上的成功是否源于发明或者实用新型技术方案相比现有技术作出改进的技术特征，而非该技术特征之外的其他因素所导致的。商业上成功体现的是一项发明或者实用新型被社会认可的程度。理论上讲，成功与否应当由该发明或者实用新型所代表的技术或者产品相比其他类似的技术或者产品在同行业所占的市场份额来决定，单纯的产品销售并不能代表已经取得商业上的成功。一项发明或者实用新型获得商业上的成功所基于的直接原因应当是创造性判断的重点。导致商业上取得成功的，必须是发明或者实用新型的技术方案相对于现有技术作出改进的技术特征，而非该技术特征之外的其他因素。因此，必须对导致商业成功的原因进行详细分析，从而排除技术特征之外的其他因素对取得商业成功的影响。

（三）商业上成功的法理分析

“在商业上获得成功”的认定，包含两个法律要件：商业上成功，商业上成功由外观设计的视觉效果直接导致。只有在外观设计产品取得“商业上成功”并且该商业上成功“由外观设计视觉效果直接导致”的情况下，才能认定其具备创造性。就“在商业上获得成功”的认定原则而言，包含如下内容：首先，“在商业上获得成功”需要当事人提出主张，不属于授权和确权程序中依职权查证的内容。其次，“在商业上获得成功”作为事实认定问题，需要举证证明。“在商业上获得成功”并非法律适用问题，需要提交相关证据材料证明商业上成功以及商业上成功是由外观设计视觉效果直接导致。最后，“在商业上获得成功”判断的时间基准不限于申请日之前。与证明《专利法》第23条第1款、第2款的其他证据材料不同，并不要求用于证明“在商业上获得成功”的证据材料必须在专利申请日之前公开，甚至用于证明“在商业上获得成功”的绝大多数证据材料形成于专利申请日之后，从而证明该专利所要求保护的技术方案直接导致商业上成功。

可以用以证明“商业上成功”成立的证据材料包括：（1）销售类证据材料，主要包括产品销售的合同、发票、提货单、银行进账单、进出口凭据等；产品的销售区域范围、销售网点分布及销售渠道、方式的相关资料等。本案中所涉及的湖北省计生服务站医疗设备政府采购订货合同、河南省人口与计划生育委员会医疗器械采购项目合同和黑龙江省政府采购合同即为通过大量政府采购行为的发生来证明产品的销售情况。（2）宣传类证据材料，主要包括涉及该产品的广播、电影、电视、报纸、期刊、网络、户外等媒体广告、媒体评论及其他宣传活动资料；该产品参加的展览会、博览会的相关资料等。（3）使用与保护类证据材料，主要包括该产品的最早使用时间和持续使用情况的相关资料；该产品被侵权的情况等。（4）其他证据材料，主要包括具有合格资质的评估机构出具的技术价值评估报告；具有公信力的权威机构、行业协会公布或者出具的该产品的销售额、利税额、产值的统计及其排名、广告额统计等；该产品获奖情况等。上述证据材料均可以用于证明商业上成功，但是其证明力存在一定差异。相对而言，销售类证据材料是证明商业上成功的直接证据，证明力更强。从我国国情出发，政府采购选取产品、招投标中标产品等系证明商业上成功的证明力较强的证据。

商业上成功是否由外观设计视觉效果直接导致的认定，是商业上成功这一辅助审查标准法律适用的关键。该问题的核心在于，对于外观设计视觉效果与商业上成功之间的因果关系，采用何种认定标准。对于因果关系的认定，在侵权责任认定中较为常见。主要判断规则包括，直接原因规则、相当因果关系规则、推定因果关系规则等。❶ 其中，直接原因规则适用于商业上成功判断中的含义在于，发明技术特征与商业上成功之间具有一因一果的因果关系；或者虽然有其他条件的介入，但是发明技术特征与商业上成功之间自然连续、没有被打断。相当因果关系规则是19世纪末德国法学家巴尔首先提出，已经成为大多数国家侵权责任法普遍采用的理论。适用于商业上成功判断中的含义在于，该技术特征在现实情形下产生了商业上成功的效果，尚不能认为其具有因果关系，必须按照社会一般观察，在一般情形下仍然能够发生同一结果时，方能认定具有因果关系，该规则具有主观的相当因果关系说、客观的相当因果关系说以及折中的因果关系说。该规则与直接原因规则的区别在于，直接原因规则强调的标准在于作为客观存在的"必然性"，而相当因果关系规则强调的标准在于根据社会一般见解的"可能性"。推定因果关系规则的主要含义在于，因果关系存在的盖然性大于因果关系不存在的盖然性，便可以认为因果关系的存在。❷ 笔者认为，结合"商业上成功"这一标准的立法本意，其与外观设计视觉效果之间的关系应当系"直接导致"关系。该"直接导致"关系包含条件关系和相当性两个组成部分。❸ 也就是说，需要判断该技术特征是取得"商业上成功"的条件并且具有该技术特征足以取得"商业上成功"。

其中，该技术特征是取得"商业上成功"的条件的判断较为简便，可以采用"若无——则不"条件关系加以判断。亦即，若无该

---

❶ 杨立新. 侵权责任法 [M]. 北京：法律出版社，2010：80-82.

❷ 加藤一郎. 公害法的生成与发展 [M]. 东京：岩波书店，1968：29. 转引自杨立新. 侵权责任法 [M]. 北京：法律出版社，2010：81.

❸ 王伯琦先生在描述侵权责任构成要件中的"因果关系"时持下述观点："无此行为，虽必不生此损害，有此行为，通常即足生此种损害者，是为有因果关系。无此行为，必不生此种损害，有此行为，通常亦不生此种损害者，即无因果关系。"王泽鉴. 侵权行为 [M]. 北京：北京大学出版社，2009：187-188.

视觉效果，则必然不会出现该商业上成功；具有视觉效果，通常会出现该商业上成功。另外，具有该视觉效果足以取得“商业上成功”的判断较为复杂，建议可以采用如下判断方式，大前提：依照一般的商业惯例和一般消费者的认知，该视觉效果能够引起该种商业上的成功；小前提：在现实中，该视觉效果确实引起了该种商业上的成功；结论：该视觉效果是商业上成功发生的适当条件，二者之间具有因果关系。需要指出的是，还需要考虑功能和结构的剔除性原则。也就是说，必须认定商业上成功并非由于产品的功能或者结构所致，而是由于外观的视觉效果所致。

七、本节小结

在“瓶体（养乐多）”外观设计无效纠纷案中，涉案专利与对比文件相比较，其不同点为：对比文件有局部的文字图案，在仅以产品的形状作为判断的对象时，被比外观设计以部分要素限定其保护范围时，其余的要素对整体视觉效果不具有显著的影响。在“汽车”外观设计专利无效纠纷案中，该类汽车的外形轮廓受到功能的限制，故该共性设计特征对于此类汽车一般消费者视觉效果的影响比较有限。在“鼠标”外观设计专利无效纠纷案中，在一般消费者眼中，一款鼠标最基本的设计特征就是拥有左右按键和位于左右键中间的滚轮。由于滚轮是实现鼠标功能的重要组成部分，当一般消费者在观察涉案专利时，首先会寻找本专利设计的滚轮，验证滚轮所能实现的功能。上述过程必须通过视觉实现，所以尽管滚轮在整个鼠标中所占空间比例较小，然而涉案专利滚轮所在位置设计使涉案专利外观设计产生了与现有外观设计明显不同的整体视觉印象，即，其设计的变化对视觉效果具有显著影响，且二者正面的区域分割不同，涉案专利特有的四块区域划分设计导致二者的正面视觉效果明显不同。故涉案专利和在先设计 1、2 不相同也不相近似。在“型材”外观设计专利无效纠纷案中，根据对现有设计的认知，采取近似梯形的连续凹凸设计的型材属于常规设计，在在先设计的基础上通过改变凹凸深浅和具体的梯形形状容易作出涉案专利的外观设计。

第二节　设计空间的法律适用

在《专利法》第23条第1款、第2款的判定中，当一项外观设计与现有设计存在不同点时，经常会面临区别点对产品整体视觉效果是否造成显著影响的判断，此时设计空间理论具有重要应用。

一、法律实践解读

【案例3－5】在“摩托车车轮”外观设计专利无效纠纷案[1]中，无效宣告请求人使用在先设计证明涉案专利不符合《专利法》第23条[2]的规定，其中涉案专利如图3－10左侧图所示，在先设计如图3－10右侧图所示。

国家知识产权局专利复审委员会认为，摩托车车轮基本上均由轮辋、辐条和轮毂三部分组成，圆形轮辋应当属于车轮的惯常设计，相对轮辋，辐条的形状设计通常对车轮的整体视觉效果更具有显著的影响。涉案专利与在先设计在辐条表面凹槽和平滑的差异属于细微变化，对整体视觉效果不具有显著影响。因此，涉案专利不符合《专利法》第23条的规定。

北京市第一中级人民法院和北京市高级人民法院均认为，在判断外观设计是否近似时，应当考虑外观方面存在变化空间的大小，对于外观变化空间较小的产品，其设计差异更容易对整体视觉效果产生显著的影响。摩托车车轮均为轮辋、辐条和轮毂组成，受其所

---

[1] 参见国家知识产权局专利复审委员会第13657号无效宣告请求审查决定以及北京市第一中级人民法院（2009）一中知行初字第2719号行政判决书、北京市高级人民法院（2010）高行终字第467号行政判决书和最高人民法院（2010）行提字第5号行政判决书。

[2] 本案适用2000年修正后的《专利法》。

本专利主视图

在先设计后视图

主视图

图3－10　“摩托车车轮”外观设计专利无效纠纷案附图

设定的功能的限制，外观变化的空间有限。在设计空间有限的车轮产品上，涉案专利与在先设计存在的不同已经对整体视觉效果产生显著的影响。

最高人民法院认为，即使摩托车车轮均由轮辋、辐条和轮毂组成，且受到设定功能限制的情况下，其辐条的设计只要符合受力平衡的要求，仍可以有各种各样的形状，存在较大的设计空间，一、二审判决以摩托车车轮的设计空间有限为前提得出涉案专利与在先设计的区别致使二者不相同也不相近似的结论缺乏事实依据。

【案例3－6】在“沙发（8076A）”外观设计专利无效纠纷案[1]

---

[1] 参见国家知识产权局专利复审委员会第20599号无效宣告请求审查决定。

中，国家知识产权局专利复审委员会认定，靠背、扶手、支脚和底座的相对位置关系受其产品功能所限定基本无变化，但靠背、扶手、底座的形状和表面图案在不影响各个部分的实用功能的基础上均可以存在装饰性变化，因此上述部位的变化带给沙发在整体造型和设计风格方面具有较大的设计空间。基于上述分析可知，虽然涉案专利和对比设计在单体组成上相同，但其区别点（1）和（2）处于消费者易于观察的正面位置，而且并没有证据表明所述区别为该类产品惯常设计，对整体视觉效果构成了显著影响。相应地，区别点（3）和（4）也对二者在整体构成影响，因此，基于所述区别的存在，涉案专利与对比设计 1 不构成实质相同。并且所述区别易于引起一般消费者的关注，使得涉案专利与对比设计相比具有明显区别。综上所述，涉案专利相对于对比设计符合《专利法》第 23 条第 1 款和第 2 款的规定。

【案例 3－7】在“脚部按摩器（Z19）”外观设计专利无效纠纷案[1]中，国家知识产权局专利复审委员会认定，脚部按摩器是为了脚部按摩用的设备，因此伸入脚用的脚孔是必须有的设计，脚孔的形状通常为不规则的圆形。在此前提下，脚部按摩器的外形可以有很大的设计空间，整体外形可以有很多种设计形式而实现不同的装饰效果。按摩器表面的按钮的数量可以根据按摩功能的需要进行选择，而按钮的形状可以有多种，其中圆形、方形等形状是常见的按钮形状。按摩器正面和上面是视觉容易关注的面，而底面是不常见面，并不为人关注，因此底面设计对整体视觉效果的影响极小。综合考虑现有设计状况和脚部按摩器的功能和装饰方面的考虑因素，脚部按摩器的整体外形对整体视觉效果具有显著影响。本案中，根据前述涉案专利与证据 1 的相同点和不同点可以看出，二者的整体外形比较接近。尽管二者表面凸起的高度和延伸长度有所差异，从俯视图看，证据 1 有一条浅的凸起，涉案专利比较光滑，但

[1] 参见国家知识产权局专利复审委员会第 22043 号无效宣告请求审查决定。

由于二者均采用了设置凸起的设计形式，凸起高度的差异较小并处于视觉不易关注的侧面，凸起延伸的长度的变化也是本领域的常见设计变化，因此不同点（1）对整体视觉效果的影响较小。由于二者按钮数量接近且形状差异较小，因此不同点（2）属于局部细微变化。由于不同点（3）为使用时不容易看到的部位，故该不同点对整体视觉效果的影响极小。综合考虑二者的相同点和不同点，二者的不同点均对整体视觉效果不产生显著影响，二者整体外形比较接近，在整体视觉效果上没有明显区别，故涉案专利相对于证据1没有明显区别，涉案专利不符合《专利法》第23条第2款的规定。

二、设计空间相关理论的国际比较分析[1]

欧盟以有经验的用户（Informed User）作为判断主体，判断外观设计的整体印象与现有设计是否相同，如果不同则认为外观设计具有独特性。在独特性的判定中，欧盟考虑开发设计时所享有的自由度。例如在游戏圆片案[2]（见图3－11）中，涉及第74463－0001号共同体外观设计（以下简称“本专利”），享有西班牙外观设计第157156号申请的优先权，西班牙的申请中还包括其他两个变形的设计，权利人是PepsiCo Inc.，本申请具有三个视图。请求人Grupo Promer Mon Graphic，SA. 以该共同体外观设计不具备新颖性和独特性以及与在先设计冲突为由提出无效请求。请求人提交的证据是第53186－0001号共同体外观设计（以下简称“在先设计”）。

欧盟内部市场协调局无效决定认为，设计人员在设计游戏圆片时的设计自由度较大，但是本专利与在先设计具有相同的基本特征，均具有呈圆形围绕中心区的边缘，二者的整体印象相同，二者的差别仅在于中央区域的表面轮廓突起的变化，但对经验用户而

[1] 本部分案例全部引自吴大章．外观设计专利实质审查标准新讲［M］．北京：知识产权出版社，2013：10－28.

[2] 参见 *Grupo Promer Mon Graphic, SA. V. Office for Harmonisation in the Internal Market (OHIM)*，本案上诉号为 Case C－281/10P.

言，并未产生不同于在先设计的整体印象，因此本专利与在先设计冲突，应予宣告无效。

权利人 PepsiCo Inc. 不服无效决定，向申诉委员会提起申诉。申诉委员会经审理认为，设计人员的自由度受到较大的限制，由于经验用户在评价两个外观设计时通常不必考虑本案产品中所属种类产品的惯常的、普通的设计，而更关注独特的或不寻常的特征，因此本案中横截面上的差异，足以使本专利和在先设计产生不同的整体印象。申诉委员会撤销了无效决定。

无效请求人 Grupo Promer Mon Graphic SA 不服申诉委员会作出的决定向欧盟初审法院提起诉讼。法院经审理认为，设计人员的设计自由度受到实现产品或部件的技术功能的特征的限制，或者受到产品必须符合的法定标准的限制。就本案而言，游戏片呈扁平小盘是该类产品的一个普遍特征，盘边缘卷起是由于该产品供儿童玩耍，为满足安全性要求而受到的限制，它们均不会受到经验用户的注意。在上述限制的制约下，中心部分的设计具有较大自由度，除了圆形外，完全可以采用三角形、六角形，甚至方形或椭圆形。其设计变化易于受到经验用户的关注。而本设计和在先设计的中心凸起均呈圆形。虽然本专利的中心部分向上隆起，在先设计的中心部分相对平坦，但是由于圆盘较薄并且中心凸起形成的弯曲程度较轻，特别是从上方观察的时候，其弯曲程度的差异不会被经验用户轻易觉察到。因此，二者在设计自由度较大部位的相似点更吸引经验用户的关注，会给经验用户留下二者相同的整体视觉印象。因此，本设计没有独特性。

美国运动鞋案[1]可以体现出对设计空间思路的运用。该案涉及专利号为 299081 的运动鞋（以下简称“本专利”），专利权人为洛杉矶吉尔公司（L. A. Gear，Inc.）。这种运动鞋在商业上大获成功。此后，其他几家公司也开始生产同样款式的运动鞋（以下简称“被

[1] 参见 *L. A. Gear Inc. v. Thom McAn Shoe Co.*，988 F. 2d 1117（Fed. Cir. 1993）.

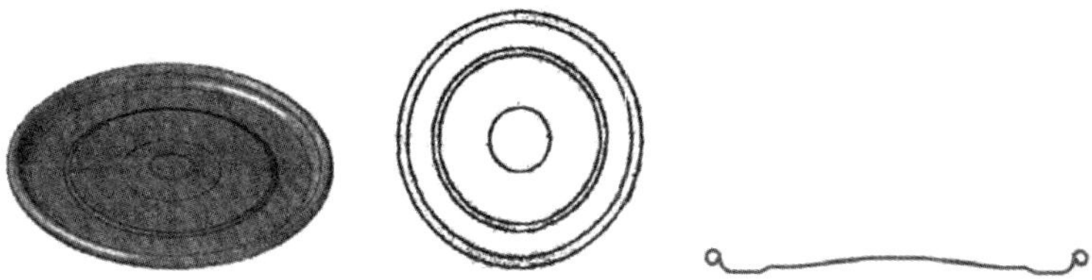

本专利

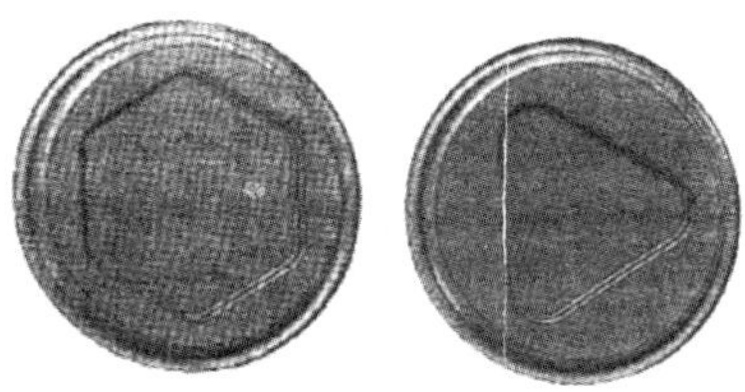

西班牙申请中的变形设计

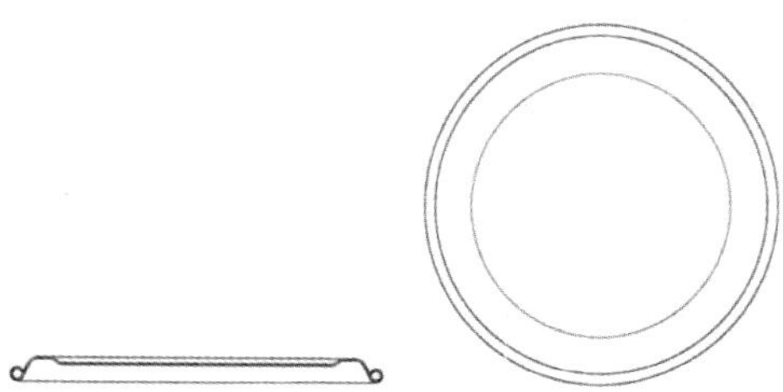

在先设计

图3－11　欧盟游戏圆片案附图

控侵权产品”）。洛杉矶吉尔公司以侵犯外观设计专利权为由将汤姆麦克恩公司（THOM McAN SHOE Co.）起诉至法院。被告在侵权诉讼中认为本专利是功能性的，不符合装饰性的授权要求，应当宣告专利权无效。被告将本专利逐一分解成若干独立单元进行分析，认为运动鞋中的三角形翼为足部提供了支撑并加强了穿鞋带的鞋孔部分，运动鞋两侧的网状织物也是起到支撑足部的作用，运动鞋后跟部的齿状物是用于肌腱的缓冲垫等，上述这些单元以其自身的功能完全按照运动鞋整体功能的要求组成运动鞋。一审法院认定，构成鞋的每个分解单元的确具有确定的实用功能，但是实现每一项功能的单元都有可供选择的其他设计方案。这里暗含着法院认为，如果形状是由功能唯一确定的、没有选择的，则不存在美学考虑。反之则不能排除形状的选择包含着对美学的考虑。由此，一审法院认为涉案运动鞋的外观设计是出于美学的考虑，美学方面的设计属于外观设计保护的范畴。上诉法院支持了一审法院在这一问题上的观点。在产品的实用功能方面，运动鞋具有的设计自由度主要体现在各个组成部分可以设计成不同的形态。法院的下一步程序是确认本专利是否符合授权标准，与现有设计的区别是否属于本领域设计人员显而易见的范畴。法院确定本案的本领域普通设计人员应该是运动鞋的设计者。被告提交了22项相关的现有设计，都是运动鞋的形态变化设计，用以证明本专利的无效性。法院认定现有设计中不存在一项与本专利设计特征基本相同的设计。这个案例指明了美国在外观设计专利性判断中对功能的考虑，同时给出了判定方法。

三、设计空间的判断实务

在进行外观设计是否与现有设计相同、实质相同或者具有明显区别的判断时，设计空间是经常需要加以考虑的重要因素。

设计空间的基本含义。设计空间，是指外观设计的设计者创作特定产品外观设计时的自由度。具体而言，在产品实用功能、技术条件、现有设计等因素制约下，设计师可进行设计的范围，即允许产品外观发生设计变化的设计内容。[1] 决定设计空间的主要因素为产品本身的实用功能和现有设计的状况，但对于具体的产品而言，有时还需要考虑社会因素、法律法规规定的产品设计标准等诸多因素。设计空间随着技术的发展而不断发生变化。

[1] 吴大章. 外观设计专利实质审查标准新讲［M］. 北京：知识产权出版社，2013：6.

设计空间认定的法律属性。就设计空间的认定而言，属于一种类似于司法认知的行政认知行为，亦即，设计空间之于特定产品的一般消费者，与众所周知的事实之于一般民众，其法律地位实属相同。从而，设计空间的说明性证据与设计空间之间的关系，属于认知关系，而非证明关系。首先，就认知制度的法律渊源而言，行政认知乃至司法认知这一概念或可追溯到罗马法上“显著之事实，无须证明”，或英美法学者所普遍认为的市民法和教会法上的“已经知道的无需证明”。❶ 根据《美国联邦证据规则》第201条之规定，对于属于裁判性事实范围内的（1）审判法院辖区内众所周知的事实和（2）通过借助某种其准确性不容置疑的来源而能够准确和易于确定的事实，可以进行司法认知。❷ 其次，就认知制度的内在逻辑而言，我国《最高人民法院关于行政诉讼证据若干问题的规定》第68条第1项和第2项规定的“众所周知的事实”和“自然规律及定理”，均属于司法认知的范畴，在行政程序中也存在类似于司法认知的行政认知，即行政机关直接认定众所周知的事实和根据无可争辩的渊源容易确定的事实，将其作为作出行政裁决的依据。❸

设计空间的逻辑基础。在产品外观设计的设计过程中，具有两种工业设计思路：功能驱动型创新模式与设计驱动型创新模式。在功能驱动型创新模式下，首先设定产品所需要具备的功能，工业设计的设计人员需要在上述功能的限制下对外观设计进行设计。在设计驱动型创新模式下，首先由设计人员对于工业设计不受约束地加以设计，然后技术人员根据上述工业设计的设计情况实现相关功

---

❶ 周萃芳. 司法认知论［M］. 北京：中国公安大学出版社，2008：11－12.

❷ 罗纳德·J. 艾伦，理查德·B. 库恩斯，埃莉诺·斯威夫特. 证据法——文本、问题和案例［M］. 3版. 张保生，王进喜，赵滢，译. 北京：高等教育出版社，2006：880.

❸ 孔祥俊. 审理专利商标复审行政案件适用证据规则的若干问题［J］. 法律适用，2005（4）.

能。也就是说，上述功能驱动型创新模式与设计驱动型创新模式分别代表了功能优先和设计优先的设计理念。笔者认为，目前我国工业设计主要采用功能驱动型创新模式，随着我国工业设计产业的发展，未来会逐步采取功能驱动型创新模式与设计驱动型创新模式并行的方式。

设计空间的认定因素。在功能驱动型创新模式下，设计空间在认定过程中，需要考虑如下因素：实用功能和技术实现等对产品外观的限制。也就是说，在设计空间的认定中，确定产品类别之后，需要确定该类别产品所具有的实用功能，以及上述实用功能对于设计自由度的限制。一般而言，偏重于产品实用功能的产品，如机械设备、零件产品等的设计空间相对较小；以审美、装饰功能为主的产品，例如装饰品在形式上的设计空间更大。❶

四、本节小结

在“摩托车车轮”外观设计专利无效纠纷案中，即使摩托车车轮均由轮辋、辐条和轮毂组成，且受到设定功能限制的情况下，其辐条的设计只要符合受力平衡的要求，仍可以有各种各样的形状，存在较大的设计空间。在“沙发（8076A）”外观设计专利无效纠纷案中，沙发靠背、扶手、底座的形状和表面图案在不影响各个部分的实用功能的基础上均可以存在装饰性变化，因此上述部位的变化带给沙发在整体造型和设计风格方面具有较大的设计空间。在“脚部按摩器（Z19）”外观设计专利无效纠纷案中，脚部按摩器是为了脚部按摩用的设备，因此伸入脚用的脚孔是必须有的设计，脚孔的形状通常为不规则的圆形。在此前提下，脚部按摩器的外形可以有很大的设计空间。

---

❶ 吴大章. 外观设计专利实质审查标准新讲［M］. 北京：知识产权出版社，2013：33.

第三节　《专利法》第23条第3款的法律适用

《专利法》第23条第3款规定，“授予专利权的外观设计不得与他人在申请日以前已经取得的合法权利相冲突。”这一条文将外观设计专利制度与其他知识产权制度乃至其他民事权利制度相连接，在实务中如何把握值得深入思考。2010年修改后的《专利法实施细则》第66条第3款规定，以不符合《专利法》第23条第3款的规定为理由请求宣告外观设计专利权无效，但是未提交能够证明权利冲突的证据的，专利复审委员会不予受理。从而，专利复审委员会审理涉及权利冲突的外观设计无效案件不再以生效处理决定或者判决作为受理的前提条件。相应地，2010年修订后的《专利审查指南》增加了关于外观设计专利权与商标权、著作权等权利冲突的原则性规定。上述这些规定成为专利复审委员会审理此类案件的依据。本部分将对实践中的相关法律适用问题进行分析研究，以期对涉及权利冲突的外观设计无效案件的审理有所帮助。根据国家知识产权局专利复审委员会网站进行统计，截至目前，《专利法实施细则》修改至今，国家知识产权局专利复审委员会以《专利法》第23条第3款为由作出了35份无效宣告请求审查决定，其中绝大多数为外观设计专利权与在先商标权权利冲突的案件。

一、法律实践解读

【案例3－8】在“手提袋”外观设计专利无效纠纷案中，专利权人王军的第02367907.7号外观设计专利授权后，路易威登公司立即以该外观设计与其拥有的包括“LV”“路易威登”等驰名商标在内的多项在先商标权相冲突为由向专利复审委员会提出无效宣告请求。由于无效宣告请求人无法提供证明权利冲突的生效判决或处理决定，专利复审委员会依据当时的法律规定，最终维持该外观设计有效。[1] 路易威登公司遂向人民法院提起侵权诉讼。一审法院以王军的外观设计专利中的最主要的设计要素与原告的在先注册商标相同或相近似，该外观设计产品与原告的注册商标指定使用商品为同类商品，一旦投入使用足以造成消费者的误认，判定王军申请该外观设计专利的行为侵犯了原告的商标权。王军上诉后，二审法院以基本相同的理由维持了一审判决。[2]

修改前的《专利法实施细则》第 65 条第 3 款规定，以授予专利权的外观设计与他人在先取得的合法权利相冲突为理由请求宣告外观设计专利权无效，但是未提交生效的能够证明权利冲突的处理决定或者判决的，专利复审委员会不予受理。这一规定的本意是使专利复审委员会在对权利冲突进行认定时有充分的依据，但是，在实践中适用这一规定，实际上造成《专利法》所设置的外观设计权利冲突解决机制几乎完全无法发挥作用。从上述案例可以看出，在《专利法实施细则》修改之前，即使事实上存在权利冲突，在没有生效判决或处理决定的情况下，专利复审委员会也无法作出认定，只能作出维持专利权有效的决定。2010 年专利法实施细则的修改，为外观设计权利冲突解决机制“松绑”。

【案例 3－9】在“标贴”外观设计专利无效纠纷案[3]中，涉案专利如图 3－12 左侧所示。2010 年 2 月 1 日，美国扑克牌公司（以下简称“无效宣告请求人”）以上述外观设计专利与其在先就“Bee”商标（如图 3－12 右侧图所示）取得并享有的注册商标专有权相冲突为由向专利复审委提出宣告涉案专利无效的请求。无效宣告请求人认为，以相关公众的一般注意力而言，涉案专利与其在先商标极易混淆，已构成相近似，因此涉案专利的实施将会误导相关公众并导致其产生混淆，从而损害商标所有人的相关合法权利，

[1] 参见国家知识产权局专利复审委员会第 9273 号无效宣告请求审查决定。

[2] 参见北京市高级人民法院（2008）高民终字第 114 号民事判决书、北京市第一中级人民法院（2007）一中民初字第 4873 号民事判决书。

[3] 参见国家知识产权局专利复审委员会第 15530 号无效宣告请求审查决定。

构成权利冲突。而专利权人则认为，涉案专利与在先商标核定使用的产品不同，不能对在先商标跨类保护，并且从“Bee”到“3cc”要进行复杂的变换，请求人关于两者容易混淆的主张具有很强的主观性，涉案专利与在先商标权不相冲突。

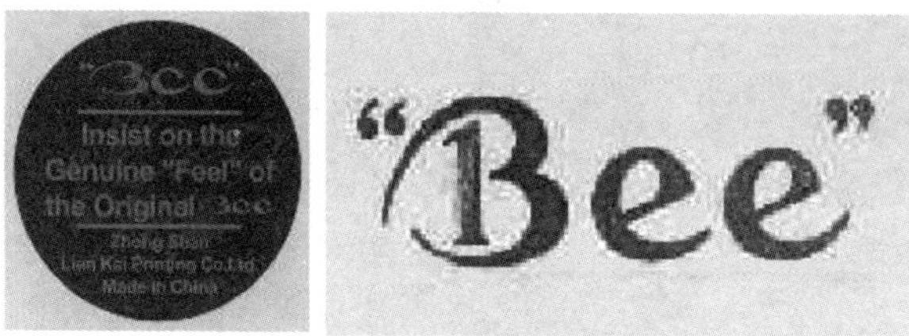

主视图

图 3－12 “标贴”外观设计专利无效纠纷案附图

国家知识产权局专利复审委员会认为，对于中国境内的相关公众而言，会首先将“3cc”和“Bee”这样的外文标识认知为字母、符号的组合标志；其次，“Bee”商标本身具有较强的显著性，而涉案专利使用的“3cc”标识自身缺乏确切含义，其文字字体设计、排列和整体的表现形式也与“Bee”商标非常近似，且涉案专利还使用了蜜蜂作为背景图案。在此情况下，仅凭两个标识在呼叫和含义上的差别难以在整体上将二者明显的区分开来，在相关公众仅施以一般注意力的情况下，易于将涉案专利中的“3cc”标识与在先商标混淆，进而导致对相关产品的来源产生误认。因此，以与在先合法权利相冲突为由宣告涉案专利无效。

【案例 3－10】在“冷补胶包装盒”外观设计无效纠纷案❶中，涉案专利外观设计如图 3－13 第一行图片所示。无效宣告请求人提交了登记号分别为 2006－F－04607、2006－F－04608 的《补胎图》《操作图》的美术作品证明涉案专利与在先合法著作权相冲突。上述美术作品如图 3－13 第二行和第三行图片所示，其系由营标企业有

❶ 参见国家知识产权局专利复审委员会第 15714 号无效宣告请求审查决定。

限公司（中国台湾地区）于1986年06月30日完成，于1986年07月01日首次发表，并于2006年03月17日取得著作权登记证书。

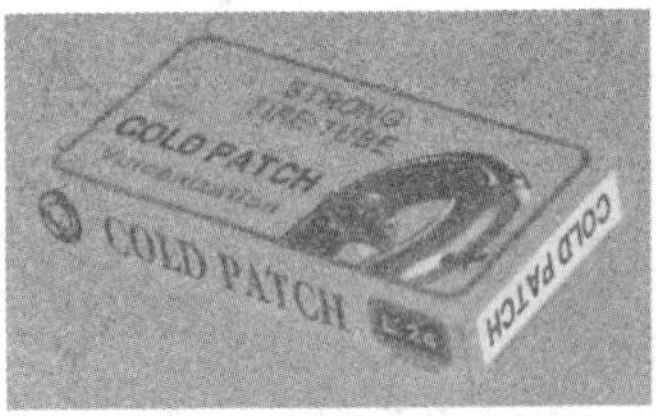

立体图

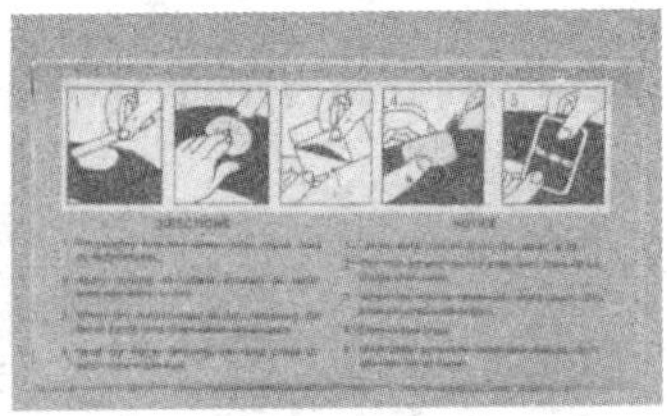

后视图

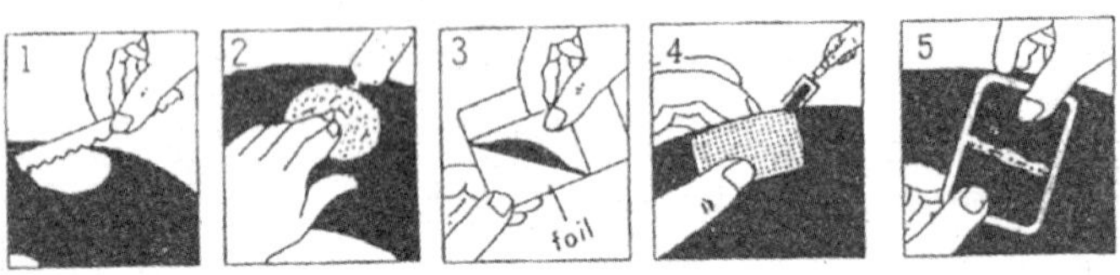

图3-13 “冷补胶包装盒”外观设计无效纠纷案附图

国家知识产权局专利复审委员会认定，首先，关于在先权利合法性。专利权人并未对附件3、4中记载的内容真实性提出异议，也未提交证明上述事项不真实的反证，因此在无相反证据可以否认上述登记事项的真实性的情况下，合议组认定登记号为2006-F-04607的《补胎图》著作权在本专利申请日2005年11月11日之前已经创作产生并公开发表。

其次，请求人是否构成利害关系人。无效宣告请求人提交的附件5是营标企业有限公司授权请求人独占使用著作权的授权证明，根据附件5的授权证明，附件3、4所涉及的《补胎图》《操作图》的著作权人营标企业有限公司从2003年04月01日授权请求人在中国大陆地区独占使用附件3、4的著作权，授权期至2036年12月31日。由此可见本案请求人在中国大陆地区获得了附件3、4所涉及的著作权《补胎图》《操作图》的独占使用权，构成了具有著作权的《补胎图》《操作图》的利害关系人。

再次，将本专利的主视图中的轮胎图案和后视图的操作图案分别与在先著作权1和2的作品图样相比，本专利的主视图和后视图中的图案与在先著作权1和2的作品图样完全相同，由此可见本专利中使用了在本专利申请日时仍然合法有效的在先著作权1和2中的作品图样。

综上所述，本专利在主视图和后视图中使用了在本专利申请日时仍然合法有效的在先著作权《补胎图》和《操作图》；本专利的专利权人并未获得著作权人许可的可以在相关产品外观设计中使用《补胎图》《操作图》的授权；由于在先著作权1和在先著作权2已经在本案申请日之前已经发表，本专利的专利权人在申请日之前已经有可能接触在先著作权1和在先著作权2并在本专利中使用；由此可见，本专利的实施将会损害《补胎图》《操作图》的著作权人及其利害关系人对著作权应享有的权利，因此，本专利与他人在申请日前已经取得的合法有效的著作权相冲突。基于此，宣告涉案专利权全部无效。

二、外观设计专利权与在先合法权利冲突的比较法研究

下面对于日本、欧盟、美国、德国等国家和地区外观设计权利冲突制度加以比较介绍。

（一）日本外观设计权利冲突制度

1921年《日本外观设计法》规定了申请专利权的外观设计不得与商标权相冲突，在1959年修订的《日本外观设计法》第5条规定：“有与他人业务相关物品发生混淆之虞的外观设计”不能取得外观设计注册。《日本外观设计法》第26条、《日本商标法》第29条、《日本专利法》第72条中均规定：当在后取得的权利与他

人在先取得的合法权利（专利权、注册外观设计权、实用新型权、注册商标权）产生冲突时，权利人、排他许可权人或非排他许可权人都不得在商业上使用该在后取得所权利。日本外观设计权利冲突制度主要适用于外观设计专利权与商标权、著作权之间的冲突。

对于在先权利是驰名商标权或著作权的情况，在后的外观设计不论与在先权利的产品种类是否相同，都可以依据《意匠法》第5条认定二者相冲突，但在无效程序中或诉讼程序中，在先权利人需要举出大量证据证实自己的在先权利的驰名性。❶

对于在先权利不是驰名商标权或著作权的情况，如果申请注册的相似的外观设计使用的产品与在先权利涉及的产品是同一类产品，则认定为二者权利相冲突，否则，外观设计申请不能以《日本意匠法》第5条为由驳回或宣告无效。❷

（二）欧盟外观设计权利冲突制度

《欧盟理事会共同体外观设计保护条例》第25条规定，权利冲突为宣告共同体外观设计无效的法定理由。《欧盟理事会共同体外观设计保护条例》第84条第2款规定，依照权利冲突的无效理由提起诉讼或者反诉只能由该条规定的人提起该诉讼或者反诉，原告必须是在先权利人或者合法继受人。

欧盟内部市场协调局（OHIM）❸ 第ICD000001014号无效决定将汽车展厅的外观设计与在先作品进行对比，图3－14左侧系涉案外观设计，图3－14右侧是享有在先著作权的建筑作品。决定认定由于门的朝向及走廊的设计不同，二者相比并非实质性相似，所以并不构成与在先著作权相冲突。

---

❶ 参见日本最高法院第9511/1993号判决，关于第00866095号注册外观设计权名称为“娃娃”的无效宣告请求案中权利冲突的认定。

❷ 某案中，第263261号名称为“衬衫”的注册外观设计与在先的第684246号分类在第26组印刷物类的注册商标不构成权利冲突。

❸ 欧盟负责外观设计注册及无效宣告请求审查的机构。

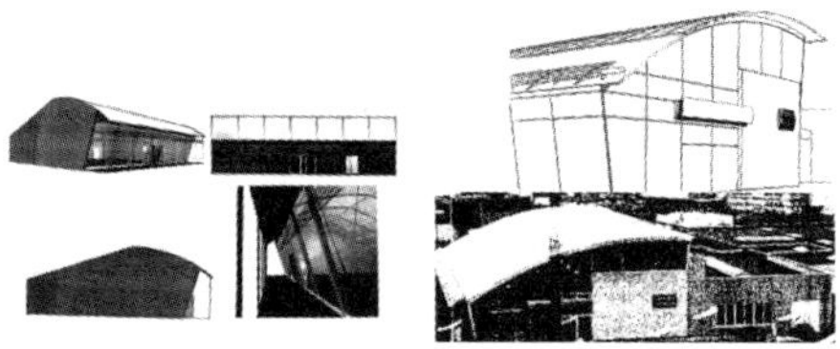

图 3-14　欧盟内部市场协调局第 ICD000001014 号无效决定附图

（三）德国外观设计权利冲突制度

《德国外观设计法》第 34 条规定："在下列情形下可以要求同意一项外观设计注销：(1) 在后外观设计中使用了一个具有识别力的标识，而该标识的权利人有权禁止该使用；(2) 外观设计中包含了一项受著作权保护的作品的不允许的使用；(3) 该外观设计落入了一项在先的外观设计的保护范围内，即使该在先外观设计是在在后外观设计申请日后公开的。上述请求只能由相关权利的所有人提出。"《德国外观设计法》第 10c 条第 1 款第 3 项规定，第三人可以在专利商标局请求办理一项外观设计的注销手续。其条件是："根据第三人的请求，该第三人在提出请求的同时应当提交官方证书或经官方公证的文件，其中图案或模型的注册人声明放弃注册或同意注销其图案或模型的注册。"

由此可见，对于德国外观设计权利冲突制度而言，首先，权利冲突是通过民事争议程序解决，原告必须是相关权利人；其次，在注销程序[1]中，允许在修改的文本基础上部分维持。因此，权利冲突可以与侵权纠纷在同一诉讼中解决，并且可以通过修改外观设计文本而避免权利的冲突。

（四）美国外观设计权利冲突制度

《美国专利审查程序手册》（MPEP）第 1512 部分是关于"外观设计专利与版权、商标权之间的关系"的专门规定。

关于版权与专利权的冲突，美国 MPEP 明确规定：一件装饰性

---

[1] 类似于我国的专利无效宣告程序。

设计既可以作为一件艺术作品受到版权的保护，也可以作为外观设计专利的保护客体。[1] 但是，含有版权的外观设计，应在说明书的开始有一个版权声明，即专利文件公开的部分包含有版权，版权持有人对任何人就专利文件的复制没有异议。有关商标权与外观设计专利权的冲突，美国 MPEP 规定：在一定条件下，申请中可以包含有注册商标，但是，这一使用依据联邦商标法应是合法利用（Legal Use）。另外，如果申请外观专利权利要求的一部分是某人在先注册的一个商标，则说明书上必须附有该商标权利人认可的声明及其签名。否则，专利申请应被驳回。[2] 由此可见，美国在外观设计专利审查过程中对于是否构成权利冲突加以审查。

（五）韩国外观设计权利冲突制度

韩国外观设计法存在外观设计权利冲突制度。《韩国外观设计法》第 6 条规定："除了第 5 条所规定的情况，下面的外观设计同样不允许被注册：（i）外观设计与国家的国旗、国徽、军旗、奖章、勋章，或公共组织的标志和奖章，或外国国家的国旗、国徽，或国际组织的特征和标识相同或类似；（ii）外观设计的含义或内容违反公共秩序或道德；（iii）外观设计在与他人业务相关的产品上造成混淆；（iv）外观设计仅包括形状，且该形状仅是与物品功能相关。"

上述第三项中所规定的"在与他人业务相关的产品上造成混淆"实际上涵盖很广，包括了所有可能造成权利冲突的合法权利和权益，并不仅仅局限于商标权、著作权等权利。这一条款在初审、实质审查和审判中均可适用。

另外，在《韩国外观设计法》第 45 条中明确规定，如果外观设计权与在先外观设计权、专利权、实用新型权、商标权、著作权相冲突，则如果不能得到在先权利人的允许，在后外观设计权人不能商业

[1] 参见 *YARDLEY* 案和梅泽案。

[2] 参见 MPEP 608.01（V）节。

实施其外观设计，但是在后外观设计权人依据《韩国外观设计法》第70条请求非独占许可并被允许的除外。《韩国外观设计法》第70条对有关非独占许可权审判进行了规定。非独占许可权审判是韩国知识产权审判院审判业务中的一种，其设立的目的是促进合理利用在先权利、防止技术壁垒。对于有正当理由且不可避免地需要使用在先权利的情况，申请人可以依据此条款请求非独占许可权审判。

从上述内容可以看出，韩国对于权利冲突的情况设立了完整的审查审判体系，而且由于韩国知识产权局同时主管专利、实用新型、外观设计和商标业务，因此其本身有能力和权力解决大多数权利冲突问题，包括是否冲突的判断以及后续的授权、审判等程序。并且，韩国在权利冲突判定中同样遵循以下原则：权利冲突的判定不应当超出在先权利的合法权利范围。

三、外观设计专利权与在先合法权利冲突制度原理分析

修改后的《专利法》第23条第3款规定，授予专利权的外观设计不得与他人在先取得的合法权利相冲突。关于外观设计权利冲突的概念，在学理上始终存在不同观点，概括起来有如下几种学说：侵权说、抵触说、重叠说和即发侵权说。

侵权说。依据该学说，“相冲突”是指与他人在先取得的合法权利相矛盾，即侵犯他人在先权利的行为。违反法律的有关规定，以侵犯他人的专有权利为前提获得外观设计专利保护，则构成权利冲突。

抵触说。依据该学说，“相冲突”是指，两个或者两个以上的民事主体基于不同的法律行为和法律规定，对相同或者近似的智力成果分别获取同类或者不同类的知识产权，相互之间在享有和行使权利上产生的抵触。

重叠说。依据该学说，“相冲突”是指，不同权利的权利客体彼此重叠交叉，多个权利人能够对包含相同内容的权利客体主张其权利，在行使权利时出现谁的权利优先的问题。

即发侵权说。依据该学说，“相冲突”是指，未经权利人许可，

外观设计专利使用了在先合法权利的客体，从而导致专利权的实施将会损害在先权利人的相关合法权利或者权益。基于《专利法》第66条规定了专利侵权的诉前禁令的规定，在允许诉前禁令的前提下，认定构成侵权几乎是必然后果，否则诉前禁令不具有实际意义。所以上述规定的外延可以理解为包括“即将发生的侵权”。

四、外观设计专利权与在先合法权利冲突制度适用

下面对于外观设计专利权与在先合法权利冲突的判断思路、判断步骤、举证责任和主体资格加以解读。

“冲突”的判断。根据《专利审查指南2010》第四部分第五章规定，判断外观设计权利冲突是否成立，以外观设计专利权的行使是否将会侵犯在先权利为准，并不以外观设计专利权的行使作为前提条件，即不考虑外观设计专利的授予是否实际上侵犯了他人的专有权利，在享有和行使权利上是否产生抵触，也不考虑是否存在不同权利的权利客体彼此重叠交叉。外观设计专利权权利冲突的判断，采用“将会发生的侵权”作为判断标准，亦即即发侵权说，较为准确客观地反映了权利冲突的立法本意，为《专利审查指南2010》所采用。

判断步骤。判断外观设计专利权权利冲突，通常采用下述步骤：第一，根据在先权利的相关法律规定对在先权利进行认定，并对在先权利保护客体进行客观描述；第二，根据本专利图片表示的内容，结合简要说明对本专利外观设计进行客观描述；第三，根据在先权利保护范围，将本专利相关设计与在先权利客体进行比较，基于上述比较进行分析判断，得出结论。

举证责任。请求人对于在先权利的有效性负有举证责任，专利权人对于使用在先权利客体的合法权源[1]负有举证责任。也就是说，请求人需要举证证明在先权利的有效性。

---

[1] 例如获得在先权利人许可等。

主体资格。根据《专利审查指南2010》第四部分第三章的规定，以授予专利权的外观设计与他人在申请日以前已经取得的合法权利相冲突为理由请求宣告专利权无效的，请求人限于在先权利人或者利害关系人。其中，在先权利人是享有在先商标权、著作权、企业名称权、知名商品特有包装或者装潢使用权等合法权利或者合法利益的民事主体。

五、外观设计专利权与商标权相冲突的判断

外观设计专利权与在先商标权的权利冲突是外观设计权利冲突制度中最为常见的案件类型。下面首先分析外观设计专利权与在先商标权权利冲突的构成要件，然后解读相同或者相近类别的判断、相同或者相似的判断，最后进一步分析为相关公众广为知晓商标的认定与保护。

（一）构成要件

以“将会发生的侵权”作为判断标准，则外观设计专利权与商标权形成权利冲突的构成要件是，该外观设计专利权一旦行使将会侵犯在先商标权。

相应地，仅当同时满足如下构成要件时，才应当认定专利权与在先商标权相冲突：(1) 涉案专利产品与在先商标所使用的商品属于相同或者相近种类；(2) 涉案专利中使用了与在先商标相同或者相似的设计；(3) 易于造成相关公众将涉案专利设计与在先商标混淆，从而误导相关公众。其中，下述情形均构成混淆：易使相关公众认为本专利权系由商标权人所有；易使相关公众误认为本专利产品的来源与使用在先商标的商品的来源存在特定的联系。[1] 就判断

[1] 我国《商标法》第52条第1项并未将“混淆”作为商标侵权的构成要件，但是最高人民法院司法解释对于商标法的上述规定加以突破，明确将混淆作为商标侵权的必要条件。并且，我国司法解释和司法实践对于混淆作出广义解释，使其包含商品混淆、来源混淆和关联关系混淆，从而扩张商标权的保护范围。建议在审理外观设计专利权与商标权的权利冲突中，对于“混淆”采用关联关系混淆理论，不能扩展到联想混淆、售后混淆等。

主体而言，上述相关公众，是指与商标所标识的某类商品或者服务有关的消费者和与前述商品或者服务的营销有密切关系的经营者。

（二）相同或者相近类别的判断

商品/服务类别是否相同或者相近，以在商品或者服务中使用相同的商标是否会导致相关公众误认为商品或者服务来自同一市场主体或者有某种联系的市场主体判断标准。使用商标的商品与使用外观设计的产品种类是否相近的判断因素[1]包括：商品的功能用途、商品的原材料成分、商品的销售渠道和场所、商品整体与零部件的关系、商品的生产者和消费者、消费习惯和其他因素。[2] 使用商标的服务与使用外观设计的产品种类是否相近的判断因素包括：产品与服务之间联系的密切程度、用途和通常效用上的一致性、用户上的一致性、销售渠道和销售习惯的一致性。

判断类别是否相同或者相近的步骤，第一步：确定该商标的所使用商品或者服务类别；第二步：参考产品的名称、国际外观设计分类以及产品销售时的货架分类位置，确定外观设计产品的种类；第三步：综合考虑商品的功能用途、原材料成分、销售渠道和销售场所、商品与零部件关系、商品的生产者和消费者、消费习惯等因素，主要关注是否会导致相关公众误认为商品或者服务来自同一市

[1] 参见《商标审理标准》《最高人民法院关于审理商标民事纠纷案件适用法律若干问题的解释》中的相关规定。

[2] 参见北京市第一中级人民法院（2006）一种民初字第926号判决书。法院认定，原告在第3类商品上注册“海润”文字商标，核定使用商品范围是防皱霜、化妆剂、化妆品等。被告的“纯海水珍珠粉”“纯珍珠粉（胶囊）”和“珍珠祛皱系列”礼盒中的“纯珍珠粉”产品，成分均为纯珍珠粉，使用方式为口服，所以功能用途系医用营养品。由于医用营养品多为口服，化妆品多为外用，并且二者销售柜台亦有所区别。所以，被告商品与使用“海润”商标的化妆品是不相同且不类似种类商品。另参见北京市第一中级人民法院（2006）一种民初字第14892号判决书、国家工商管理总局商标评审委员会2007商标异字第01933号商标异议裁定书、2007商标异字第01908号商标异议裁定书、2007商标异字第01922号商标异议裁定书等。

场主体或者有某种联系的市场主体，判断该外观设计产品类别是否属于该商标所使用的商品或者服务的类别范围。

另外，商标分类表的地位与作用在于，以相关公众对商品或者服务的一般认识对相同/相似类别进行综合判断时，可以参考《商标注册用商品和服务国际分类表》和《类似商品和服务区分表》。

（三）相同或者相似的判断

外观设计中所使用的商业性标识与在先商标是否相同或者相似的判断，应当遵循如下规则：

第一，权利客体对比规则。仅就在先商标与外观设计中与商标权客体对应的部分进行对比，并非将在先商标与外观设计整体进行对比。例如，涉案外观设计为饮料杯，该杯体的杯盖部具有商业性标识，那么在外观设计专利权与商标权权利冲突的判断中，应当仅就在先商标与该杯盖部的商业性标识进行对比，不能将在先商标与饮料杯整体进行对比。

第二，整体观察兼顾显著部分对比规则。从商标本身的形、音、义和整体表现形式等方面，以相关公众的一般注意力为标准，进行整体观察；相同与相近似对比时，应重点考虑显著部分；显著部分通常包括文字部分（文字呼叫作用在商品流通中具有重要地位）、首字、占据主要位置和篇幅的图形等。对于该规则的运用，商标侵权与确权的审查经验以及司法经验值得借鉴。

例如，商业性标识由“手图形”和“图形化小写字母 e”构成（如图 3－15 所示），后者为该商标的识别主体之一，其在字母构成和外观上与异议人商标构成近似。[1] 可见，相同与相近似对比时，应重点考虑显著部分。

[1] 参见国家工商管理总局商标评审委员会（2007）商标异字第 01925 号裁定。

图 3－15　在先商标和在后商业性标识

商业性标识“迪仕尼奴”与在先注册的“华特迪士尼”商标均含有“迪”“尼”文字，但是两字在商标中的排列位置不同，二商标首字亦不相同，在文字构成、呼叫方面易为消费者区分。[1] 首字属于显著部分。

又如，在后商业性标识“GREAT WALL 及图形”是图文组合商标，但长城图形是原告商标的主要识别部分，故在对比中亦起到主要作用。[2]

第三，单独对比规则。仅就外观设计中的商标与在先商标进行对比，不能将几个在先商标与外观设计中的商标进行组合对比。例如，涉案商标系“SHEEP 绵羊＋图形”组合商标，被告在包装盒的不同侧面分别使用了绵羊图形、“SHEEP”和“绵羊”文字，将其分别与原告组合商标进行对比均不近似，未构成混同误认。[3] 将外观设计中的多项商标组合后与在先商标比对的观点，不应予以支持。[4]

第四，客观对比规则。客观比对外观设计相关部分与在先商标，不考虑外观设计申请人的主观恶意。

第五，结合知名度判断规则。鉴于消费者对商标的认知度很大

[1] 参见国家工商管理总局商标评审委员会（2007）商标异字第01926号裁定。

[2] 参见北京市第一中级人民法院（2007）一中民初字第1258号判决书。

[3] 参见北京市第一中级人民法院（1998）一中民初字第21号判决书。

[4] 参见北京市第一中级人民法院（2002）一中民初字第7321号判决书。

程度上取决于商标的知名度，具有一定知名度的商标更容易出现混淆误认的可能性。[1]

（四）为相关公众广为知晓商标的认定和保护

根据《专利审查指南2010》第四部分第五章第7.1节的规定，对于在中国境内为相关公众广为知晓的注册商标，在判定权利冲突时可以适当放宽产品种类。基于“将会发生的侵权”的判断标准，首先需要确定在先商标权的保护范围，然后看在后外观设计专利权的行使是否将会侵犯在先商标权。对“在中国境内为相关公众广为知晓的注册商标”的认定，是一项事实认定，是确定在先商标权的保护范围的必需环节。

在无效程序中，专利复审委员会在当事人主张并且举证的情况下，以涉案专利申请日为判断的时间基准判断在先商标是否构成在中国境内为相关公众广为知晓的注册商标，从而判断是否应当适当放宽产品种类进行比对。判断是否构成在中国境内为相关公众广为知晓的注册商标，主要考虑如下因素：相关公众对该商标的知晓程度、该商标使用的持续时间、该商标宣传的持续时间以及地理范围、该商标作为驰名商标受到保护的记录等。专利复审委员会应当根据当事人提供的销售类证据材料、宣传类证据材料、使用与保护类证据材料等加以认定。

回顾本节第一部分提到的LV案，如果商标权利人路易威登公司在2010年2月1日之后提出无效宣告请求并且主体适格，那么鉴于争议外观设计专利在相同、相近产品种类上使用了与在先商标相似的商业性标识“LV”“路易威登”等，构成与在先商标权的权利冲突，适用修改后的《专利法实施细则》以及《专利审查指南2010》的规定，可以认定权利冲突成立，从而宣告外观设计专利权无效。

---

[1] 参见国家工商管理总局商标评审委员会2007商标异字第01903号商标异议裁定书，商标评审委员会认为，被异议商标“猎雕LIEDIAO”比在先注册商标“雕”仅多一个汉字，鉴于引证商标具有一定知名度，被异议商标的注册和使用容易使消费者发生混淆、误认。

六、外观设计专利权与著作权冲突判断

外观设计专利权与著作权相冲突的判断，需要首先判断在先著作权的合法性，然后判断是否与在先著作权构成冲突。外观设计专利权与著作权的权利冲突的认定，采用如下步骤：（1）判断专利权人是否获得在先权利人的许可；（2）如果未经许可，判断专利权人是否接触或者可能接触过作品；（3）如果能够证明专利权人接触或者可能接触过作品，那么判断在先作品与外观设计相关部分是否相同或者实质性相似。

（一）在先著作权的合法性

在先著作权合法性的判断，包括主体合法性和客体合法性。

就主体合法性而言，作者和其他根据法律规定能够享有著作权的公民、法人和其他组织是著作权主体。如无相反证明，在作品上署名的公民、法人或者其他组织视为作者。[1] 在先享有著作权的事实可由下列证据材料予以证明：著作权登记证书、在先公开发表该作品的证据、在先创作完成该作品的证据，或者通过继承、转让等方式取得著作权的证据等。对生效裁判文书中确认的当事人在先享有著作权的事实，在没有相反证据足以推翻的情况下，应当予以认可。

就客体合法性而言，作品成为著作权客体的条件在于具备独创性，与专利法规定的新颖性不同，著作权法要求的独创性，仅仅要求作者独立完成而非抄袭。有证据证明涉案专利确系专利权人独立创作完成的，即使涉案专利与享有在先著作权的作品构成实质性相似，也不应当判定为二者权利相冲突。

---

[1] 参见北京市第一中级人民法院（2006）一中民初字第1497号判决书，法院认为，美术作品《蔡官》由原告独立创作完成，并在作品上署名，原告依法享有著作权。另见北京市第一中级人民法院（2005）一中民初字第5761号判决书，法院认为，《论我国的逻辑教学》等三篇作品署名均为“王路”，在没有相反证据的情况下，应认定上述作品的作者均为王路。

（二）权利冲突的判断

基于“将会发生的侵权”的判断标准，判断外观设计专利权与著作权冲突，应当采用“接触＋实质性相似”的判断标准。其中，接触，是指有接触作为著作权客体的作品的可能性，例如，作品已经在涉案专利申请日之前展示过。需要指出的是，从平面到立体/从立体到平面仍然可以构成实质性相似。[1]

七、外观设计专利权与企业名称权相冲突的判断

外观设计专利权与企业名称权冲突的构成要件是，外观设计中所涉及的企业名称与在先企业名称权客体构成混淆误认。[2] 判断外观设计上的文字是否构成与他人企业名称混淆，需要考量商业活动习惯，应从消费者或者相关市场需求者的角度，而非从经营者自身角度考虑。在判断中，主要考虑经营场所、消费对象、经营渠道等因素。

八、外观设计专利权与知名商品特有名称、包装或者装潢使用权相冲突的判断

外观设计专利权与知名商品特有名称、包装或者装潢使用权冲突的构成要件为：（1）涉及商品是知名商品。认定知名商品通常应当综合考虑商品销售持续的时间、地域范围、相关商品广告的投入及地域、相关公众对商品的知晓程度以及作为知名商品受保护的情况；[3]（2）涉及的内容是该商品特有的名称、包装、装潢。认定中

[1] 参见北京市第一中级人民法院（2000）一中知终字第185号判决书。其中认为，北京国际汽车展所设展位侵犯其设计的展位图纸。将平面艺术作品制作成立体的建筑造型并予以再现，属于复制。将建筑作品等立体作品转化为平面设计作品的行为在可以证明唯一对应关系的情况下，亦构成实质性相似。

[2] 参见北京市第一中级人民法院（2006）一中民初字第1865号判决书、北京市高级人民法院（2002）高民终字第441号判决书。

[3] 参见（2003）一种民初字第8895号判决对于“《高等数学》”的认定。

主要考虑该名称、包装、装潢能否体现商品来源；❶（3）外观设计相关部分与知名商品特有名称、包装、装潢近似，使得一般购买者混淆误认。主要根据主要部分和整体印象是否构成相同或者近似，一般购买者施以普通注意力是否会发生误认等情况综合分析认定。

九、外观设计专利权与其他合法权利、权益相冲突的判断

《专利审查指南2010》第四部分第五章第7节规定，“合法权利，是指依照中华人民共和国法律享有并且在涉案专利申请日仍然有效的权利或者权益。包括商标权、著作权、企业名称权（包括商号权）、肖像权以及知名商品特有包装或者装潢使用权等。”《侵权责任法》第2条规定，“侵害民事权益，应当依照本法承担侵权责任。本法所称民事权益，包括生命权、健康权、姓名权、名誉权、荣誉权、肖像权、隐私权、婚姻自主权、监护权、所有权、用益物权、担保物权、著作权、专利权、商标专用权、发现权、股权、继承权等人身、财产权益。”据此，我国《侵权责任法》对民事权利和民事利益在保护程度和侵权构成要件上没有作出区分，❷从而构成与外观设计专利权相冲突的在先权利包括权利和利益。

下面以肖像权以及相关合法利益的区分为例加以探讨。

外观设计专利权与肖像权构成权利冲突是指，未经权利人许可，外观设计专利中含有与专利权人以外的在世自然人肖像相同或近似的肖像，该专利的实施将会导致消费者混淆误认。近似，是指涉案专利中的他人肖像与他人的主要形象特征相同，在社会公众的认知中指向该肖像权人。由于自然人的民事权利能力始于出生、终于死亡，❸所以只有在世自然人才具有享有民事权利的资格，故外

❶ 参见（2003）一种民初字第7908号判决对于“小肥羊”的认定。

❷ 全国人大常委会法制工作委员会民法室.《中华人民共和国侵权责任法》条文说明、立法理由及相关规定［M］.北京：北京大学出版社，2010：4-9.

❸《民法通则》第9条规定，公民从出生时起到死亡时止，具有民事权利能力，依法享有民事权利，承担民事义务。

观设计专利权与肖像权的冲突限于在世自然人所享有的肖像权。

对于外观设计专利中含有与专利权人以外的过世自然人肖像相同或近似的肖像的情形，如果涉案专利的实施将会导致消费者混淆误认，从而涉案专利权的行使将会构成对于过世自然人遗族利益的侵犯，可以以与过世自然人遗族的合法利益冲突为由宣告专利权无效。

十、本节小结

外观设计专利权与在先合法权利冲突制度的理论基础在于即发侵权理论，基于此明确外观设计专利权与在先合法权利冲突制度的法律适用，并进一步提出外观设计专利权与商标权、著作权等相冲突的判断思路。在“手提袋”外观设计专利无效纠纷案中，如果商标权利人路易威登公司在 2010 年 2 月 1 日之后提出无效宣告请求并且主体适格，那么鉴于争议外观设计专利在相同、相近种类产品上使用了与在先商标相似的商业性标识“LV”“路易威登”等，构成与在先商标权的权利冲突，适用修改后的《专利法实施细则》以及《专利审查指南 2010》的规定，可以认定权利冲突成立，从而宣告外观设计专利权无效。

在“标贴”外观设计专利无效纠纷案中，仅凭两个标识在呼叫和含义上的差别难以在整体上将二者明显的区分开来，在相关公众仅施以一般注意力的情况下，易于将涉案专利中的“3cc”标识与在先商标混淆，进而导致对相关产品的来源产生误认。因此，涉案外观设计专利与在先合法权利构成权利冲突。

在“冷补胶包装盒”外观设计无效纠纷案中，本专利在主视图和后视图中使用了在本专利申请日时仍然合法有效的在先著作权《补胎图》和《操作图》；本专利的专利权人并未获得著作权人许可的可以在相关产品外观设计中使用《补胎图》《操作图》的授权；由于在先著作权 1 和在先著作权 2 已经在此案申请日之前已经发表，本专利的专利权人在申请日之前已经有可能接触在先著作权

1 和在先著作权 2 并在本专利中使用；由此可见，本专利的实施将会损害《补胎图》《操作图》的著作权人及其利害关系人对著作权应享有的权利，因此，本专利与他人在申请日前已经取得的合法有效的著作权相冲突。

第四节　外观设计专利无效宣告案件的证明

专利无效宣告程序中涉及的“专利法意义上公开”的判断问题，是无效程序法律适用的难点之一。外观设计专利案件经常涉及是否构成“专利法意义上公开”的判定问题，本节对外观设计专利无效宣告案件的证明进行集中讨论。

一、法律实践解读

【案例 3－11】在“台灯（瀑布）”外观设计专利无效纠纷案[1]中，无效宣告请求人提交如下证据，用于证明与本专利一致的外观设计在本专利申请日之前已经公开销售。无效宣告请求人提交的证据包括：

证据 3 为订货单，用于证明上高县经贸委的赵斯进于 2003 年 10 月 20 日从中山市古镇玖鼎灯饰厂定购型号为 A81（绿）产品（在先设计）3 个；

证据 4 和证据 5 为玖鼎灯饰出货单，用于证明赵斯进在中山市古镇玖鼎灯饰厂自行提货，其所记载的商品名称、数量、交易金额、交易经办人等事项与上述附件 3 的内容相同，但未记载出货时间；

证据 6 为收据，证明赵斯进于 2003 年 10 月 20 日支付灯具款；

[1] 参见国家知识产权局专利复审委员会第 13440 号无效宣告请求审查决定、北京市第一中级人民法院（2009）一中行初字第 1734 号行政判决书和北京市高级人民法院（2010）高行终字第 605 号行政判决书。

证据 7 为上高县经贸委出具的证明，该证明附有 A81（绿）产品（在先设计）的照片；

证据 8 为中山市古镇国鑫玻璃灯罩门市部出具的第 702250 号送货单，证明该门市部于 2003 年 9 月 29 日向中山市古镇玖鼎灯饰厂提供 A81 灯罩（绿）和 A81 灯筒（白）产品；

证据 9 为中山市古镇国鑫玻璃灯罩门市部出具的第 702260 号送货单，证明该门市部于 2008 年 7 月 25 日向中山市古镇玖鼎灯饰厂提供 A81 灯罩（绿）和 A81 灯筒（白）产品；

证据 15 为中山市古镇玖鼎灯饰厂出具的证明，其中记载：兹证明图片所示的 A81（绿）产品为我厂生产的产品，所示产品及编号与我厂与 2003 年 10 月 20 日出售给上高县经贸委赵斯进的产品及编号一致。

国家知识产权局专利复审委员会认为，作为经济管理部门的上高县经济贸易委员会出具的证明应当具有一定的可信度，证据 3、4、5、6、7、15 显示供销双方票据往来清晰，证言并无矛盾之处，订货单、送货单手续齐全，形成完成的证明销售的证据链。根据证据的盖然性判断，在无相反证据的情况下，可以认定销售事实的成立。

北京市第一中级人民法院一审判决和北京市高级人民法院认为，虽然根据无效宣告请求人的主张，证据 8 和证据 9 不是上述无效决定认定销售事实的根据，但是其与证据 1 至证据 7 密切联系。证据 8 的销售单为第 702250 号，证据 9 的销售单为第 702260 号，在相隔 5 年的时间内，送货单编号仅相差十号。无效宣告请求人在行政诉讼程序中声称不同版本的送货单可能存在相同或者相似编号，或者同一版本的送货单可能因未连续使用导致二者编号较为接近，虽然上述解释具有一定合理性，但是考虑到无效宣告请求人未能提供送货单底单原件等因素，并鉴于上高县经贸委出具的附件 7 的证明内容与其职责并无直接关联性，有关上述证据已经形成完整证据链足以证明本专利在申请日前已经公开使用过的认定依据不足。

【案例3－12】在“仪表”外观设计无效纠纷案[1]中，无效宣告请求人提交附件16证明现有设计的情况。附件16是（2009）津南开证经字第90号公证书，系《SM－1000系列监控计量装置使用说明书》的证据保全过程。公证书的内容为，公证人员对有关人员通过网络下载并打印《SM－1000系列监控计量装置使用说明书》的全过程的公证。专利权人认为，公证书首页显示的网址信息与实际网址信息不符。

国家知识产权局专利复审委员会认为，附件16是由天津市南开区公证处出具的有效公证文书，在没有相反证据足以推翻的情况下不能否定该有效公证文书的真实性。根据公证书记录的网页打开过程，公证人员输入网址后打开的网页中记载有“启用新域名www. col88. com”的信息，网站更换域名一般会同时使用原域名和新域名以便不了解网站更换域名的使用者使用，同时还会通过在网页上发布信息告知其使用者网站将更换域名，仅凭附件16公证书首页记载的网址信息和网页中记载的网址信息不一致，不能否定该公证书的真实性。此外，专利权人还认为《SM－1000系列监控计量装置使用说明书》中的封面、封底和“编写说明”没有独立页码，封面中的名称与目录页中的名称不一致，不能证明是一本文件。对此，专利复审委员会认为，根据生活常识可知，书籍的封面和封底均无页码标记，并且“编写说明”不属于书籍的正文内容，故通常情况下也无页码标记；该说明书封面与目录页中的名称表达虽然稍有差别，但是其内容相同，均为SM－1000系列监控计量装置使用说明书，其来源于信誉度较高的网易公司的网站，并且通过公证人员的公证所取得。故无相反证据证明不能否定该使用说明书

[1] 参见专利复审委员会第14097号无效宣告请求审查决定、北京市第一中级人民法院（2010）一中行初字第840号行政判决书和北京市高级人民法院（2010）高行终字第977号行政裁定书。

的真实性。

北京市第一中级人民法院认为，从附件16（2009）津南开证经字第90号公证书的内容可知，“co.163.com”网站为网易电子样本发布平台，任何企业或者个人均可注册登录并发布电子样本。该公证书虽然载明北京清华紫光测控有限公司系该网站的普通企业会员，但是并未载明成为普通企业会员的条件以及网站审核程序，也并未载明《SM－1000系列监控计量装置使用说明书》的上传时间，因此，现有证据并不能证明《SM－1000系列监控计量装置使用说明书》的确系北京清华紫光测控有限公司上传的，也不能证明该使用说明书的上传时间。专利复审委员会根据《SM－1000系列监控计量装置使用说明书》的编写时间推定SM－1000系列监控计量装置公开销售时间在本专利申请日之前，缺乏事实和法律依据。上诉人针对上述一审判决提出上诉后，撤回上诉请求。

在本案中，争议焦点在于证明责任的分配。国家知识产权局专利复审委员会认为，鉴于网页来源于信誉度较高的网易公司的网站，并且通过公证人员的公证所取得，所以证明责任转由专利权人承担，由其证明网页内容经过了修改。北京市第一中级人民法院认为，无效宣告请求人并未完成证明责任，证明《SM－1000系列监控计量装置使用说明书》的确系北京清华紫光测控有限公司上传，证明该使用说明书的上传时间属于无效宣告请求人的证明责任。

【案例3－13】在“花布”外观设计无效纠纷案[1]中，无效宣告请求人提交了如下证据用于证明涉案专利与现有设计相近似。

证据2－1：（2008）浙温华证内字第005825号公证书，复印件；该公证书及附件第1、4页记载了“云南藏风小饰品批发网”的部分网页，该网站持有“滇ICP备05007105号”许可证，网页上注明的批发地址为“云南省昆明市北京路212号易明坊商场52

[1] 参见国家知识产权局专利复审委员会第8654号复审请求审查决定，该审查决定被评选为2010年度国家知识产权局专利复审委员会优秀审查决定。

号商铺”；

证据2－3：声称为“云购网商城”（www. yn268. com）的部分网页，打印件；

证据2－4：声称为“新疆饰品网”（www. xjhuo. com）的部分网页，打印件；

证据2－5：声称为“云贝民族饰品批发网”（www. yunbei. com）的部分网页，打印件；

证据2－6：声称为“淘淘族”（www. taotaozu. com）的部分网页，打印件；

证据2－7：载有电视剧《心花放》第22集的刻录光盘一张，复制件。

本案的争议焦点在于，如何认定上述电子证据和视听资料的真实性和公开时间。无效决定对于上述电子证据和视听资料的认定如下。

1. 电子证据的认定

（1）关于证据2－1

就证据2－1的表现形式，也即电子证据存在的形态进行审查。首先，虽然电子证据具有数字性，从而网页内容的打印件所反映的电子证据具有非正式或者易变的表现形式，但是该公证书中载明的网页打印件完整地反映了公证当时网页的显示情况；其次，该公证书对于下载过程的记载也能够证明该电子证据的证据来源；再次，上述网页打印件系使用公证处专用计算机访问获得；最后，该公证书能够证明在打印页形成的时刻该打印件与网页相一致。因此，该证据的表现形式并不存在瑕疵。

就证据2－1所属网站的内在管理机制而言，根据证据2－1公证书（以下简称“公证书”）及附件第1、4页的记载，证据2－1反映的是“云南藏风小饰品批发网”的部分网页，该网站持有“滇ICP备05007105号”许可证，网页上注明的批发地址为“云南省昆明市北京路212号易明坊商场52号商铺”。可见，该网站属于个体商户或较小规模的私营企业网站，该类网站的审核机制较为宽松，通常不进行严格的审核，其监督机制由网站的系统管理员负责，交互性较强。因此，需进一步考察涉案当事人与网站之间是否具有利害关系。

就证据2-1所属网站与当事人之间的利害关系而言，由于专利权人在法定期限内并未提交意见陈述，因此认为其并未对请求人与“云南藏风小饰品批发网”之间具有利害关系提出主张。在此基础上合议组认为，没有相应证据且没有合理怀疑表明请求人与该网站之间具备利害关系。进一步结合网站的内在管理机制，其网页监督机制由网站的系统管理员负责。从而，就电子证据修改的主观方面而言，“云南藏风小饰品批发网”不存在主动修改网页内容以及上架时间之主观动机。

就证据2-1的形成、存储、传送与接收而言，根据公证书附件第5~21页的记载，该网站部分网页的URL地址中包含“/cat.asp? catid=4”或者“/product.asp? id=28”等类似内容，上述URL地址表明该网站采用.NET的网站架构模式。基于.NET标准，用于处理显示逻辑的显示层、用于处理业务逻辑的业务层和用于处理数据逻辑的数据层分离，数据报文的形成、存储、传送与接收均需符合.NET标准。由于.NET与J2EE标准均属于BS（Brower-Server）结构下的典型网站架构模式，具有一定的安全性，通过非法访问方式修改的可能性极小。

就证据2-1的收集以及完整性而言，证据2-1系使用公证处专用计算机访问获得，按照公证程序予以收集，并且根据公证书附件第1~21页的记载，上述网页具有完整性。从电子证据的收集以及完整性的情况判断，排除了从客户端访问过程中制造虚假报文的可能性。

综合上述因素，结合修改动机和修改可能性两个方面的考虑，在专利权人未提交合理反证并且未提出任何合理怀疑，甚至并未对证据的真实性提出异议的情况下，应当认可该电子证据具备真实性。

在使用上述因素认定证据 2 - 1 具备真实性的前提下，由于网页上记载的时间通常采用网页进入网站内容发布系统时获得的服务器时间，所以证据 2 - 1 附件第 16 页所示的“上架时间：2005 - 11 - 3　15：58：00”能够表明，该网页进入内容发布系统时服务器的时间系 2005 年 11 月 3 日 15 点 58 分整，故可认定该网页的公开时间系 2005 年 11 月 3 日。同时，由公证书第 2 页第五项可知，该网页包括附件第 16 ~ 18 页共 3 页。因此，证据 2 - 1 附件第 17 页上公开的外观设计构成本专利的在先设计。

如前所述，本专利为一工艺花布，而证据 2 - 1 附件第 17 页所示的提包中部亦具有工艺花布图案，该工艺花布由图案不同的条带交替排列组成，条带大致分为以下几种：(1) 均匀分布菱形图案的条带；(2) 均匀分布类似箭头图案的条带，其中箭头两两一组；(3) 无图案且宽窄不等的条带。在花布上部，无图案且宽窄不等的条带与具有菱形图案的条带交替排列。在花布中下部，以具有菱形图案的条带为中心，向两侧依次对称排列无图案的较宽条带、无图案的较窄条带，两条具有箭头图案的条带排列在无图案的较窄条带之间。各条带明暗交替变化。

将本专利与证据 2 - 1 相比，两者设计风格、组成元素基本相同，条带整体排列方式、明暗变化也基本相同，其区别仅在于局部位置条带排列方式的略有不同，但这一细微差别对产品外观设计的整体视觉不产生显著影响。因此，根据整体观察、综合判断的原则，本专利与证据 2 - 1 相近似，不符合《专利法》第 23 条的规定。

(2) 关于证据 2 - 3、2 - 4

证据 2 - 3、2 - 4 分别系请求人声称为“云购网商城”(www.yn268.com) 的部分网页打印件、请求人声称为“新疆饰品网”(www.xjhuo.com) 的部分网页打印件。请求人并未提供上述网页的公证件。

合议组认为，就证据的表现形式而言，虽然证据2－3、2－4系网页打印件，就性质而言属于复印件，但是请求人通过当庭演示的方式，排除了从客户端访问过程中制造虚假报文的可能性，因此能够证明该电子证据的证据来源，且请求人采用专利复审委员会的计算机键入相关网站的网址，获得上述网页的显示内容与上述证据的情况完全相符。根据请求人演示的情况，结合网页打印件，可以认定该证据亦具有完整性。

与上述评述证据2－1类似的理由，应当认可证据2－3、2－4具备真实性。

在认定证据2－3、2－4具备真实性的前提下，合议组认定上述电子证据并未经过修改。在此情形下，由于网页上记载的时间通常采用网页进入网站内容发布系统时获得的服务器时间，电子证据2－3、2－4所示的“［上市日期：］2005年7月27日”“上架时间：2005－11－3　16:04:00”能够表明，上述网页进入内容发布系统时服务器的时间分别为2005年7月27日和2005年11月3日，因此，上述网页的公开日期在本专利申请日之前。所以，证据2－3、2－4公开的外观设计构成本专利的在先设计。

证据2－3所示的提包中，主体中间部分具有工艺花布图案，该工艺花布由图案不同的条带交替排列组成，条带大致分为以下几种：(1) 菱形和“×形”图案交替分布的条带；(2) 均匀分布类似箭头图案的条带，其中箭头两两一组；(3) 无图案的条带。从花布整体上看，无图案的条带与菱形和“×形”图案交替分布的条带交替排列，两条具有类似箭头图案的条带排列在无图案的条带之间。各条带明暗交替变化。

将本专利与证据2－3相比，其区别主要在于，(1) 本专利为菱形图案条带，证据2－3为菱形和“×形”交替排列图案条带；(2) 两者条带排列方式略有不同。然而，在两者设计风格、构成元素大致相同的前提下，上述不同仅为细微差别，对产品外观设计的整体视觉不产生显著影响，因此，根据整体观察、综合判断的原则，本专利与证据2－3构成相近似，本专利不符合《专利法》第23条的规定。

证据2－4所示的提包中，主体中间部分具有工艺花布图案，该工艺花布由图案不同的条带交替排列组成，条带大致分为以下几种：（1）均匀分布菱形图案的条带；（2）均匀分布类似箭头图案的条带，其中箭头两两一组；（3）无图案且宽窄不等的条带。以上三种条带大致以两种方式排列：（1）无图案且宽窄不等的条带与具有菱形图案的条带交替排列；（2）以具有菱形图案的条带为中心，向两侧依次对称排列无图案的较宽条带、无图案的较窄条带，具有箭头图案的条带排列在无图案的较窄条带之间。各条带明暗交替变化。

将本专利与证据2－4相比，两者设计风格、组成元素基本相同，条带整体排列方式也基本相同，其区别仅在于局部位置条带排列方式的略有不同，但这一细微差别对产品外观设计的整体视觉不产生显著影响。因此，根据整体观察、综合判断的原则，本专利与证据2－4相近似，不符合《专利法》第23条的规定。

（3）关于证据2－5、2－6

证据2－5、2－6分别系请求人声称为“云贝民族饰品批发网”（www. yunbei. com）的部分网页、请求人声称为“淘淘族”（www. taotaozu. com）的部分网页。但是，请求人在口头审理之时使用专利复审委员会的计算机并不能访问上述网页。亦即，请求人无法证明证据2－5、2－6的证据来源。参照《最高人民法院关于民事诉讼证据的若干规定》第65条的规定，合议组对于上述证据的真实性不予认可。

2. 视听资料的认定

证据2－7系电视剧《心花放》第22集的光盘，是以光盘这种科技设备储存的音像信息证明案件事实的证据材料，属于视听资料。

视听资料的真实性认定应当从伪造和篡改的可能性、视听资料的完整性等方面综合考虑，存有疑点的视听资料不应当单独作为认定案件事实的根据。当事人一般应当提交视听资料的原件，但是有其他证据佐证并以合法手段取得的、无疑点的视听资料或者与视听资料核对无误的复印件，如果对方当事人没有足以反驳的相反证据，应当确认其证明力。

（1）关于证据2－7的真实性

具体到本案，请求人提交的证据2－7原件为黑龙江文化音像出版社出版，ISRC编号为CN－D17－05－379－00/V. J9的光盘，经核实复制件内容与原件相一致。从光盘本身的物质情况而言，没有伪造或者篡改的痕迹；从光盘的播放情况而言，具有完整性。并且，专利权人对于上述视听资料的真实性并未提出任何异议。综合上述因素，合议组对于证据2－7的真实性予以认可。

（2）关于证据2－7的证明内容

证据2－7系以光盘形式存在的记载有技术内容的独立存在的传播载体。并且，证据2－7的封面记载有“2005年发行”，其播放内容中也显示有“© Television Broadcasts Ltd. 2005”标记。据此，合议组认为，最迟到2005年12月31日为止，该证据2－7记载的内容已被公开。因此，证据2－7的公开日期早于本专利的申请日，可以用于证明本专利是否符合《专利法》第23条之规定。

（3）关于相近似对比

证据2－7第21～25分钟显示的女主人公背包中，主体中间部分具有工艺花布图案，该工艺花布由图案不同的条带交替排列组成，条带大致分为以下三种：（1）均匀分布菱形图案的条带；（2）均匀分布类似箭头图案的条带，其中箭头两两一组；（3）无图案且宽窄不等的条带。从花布整体上看，无图案且宽窄不等的条带与具有菱形图案的条带交替排列。各条带明暗交替变化。

将本专利与证据2－7相比，两者设计风格基本相同，组成元素和条带排列方式也非常接近，其区别仅在于各条带之间的宽窄比例和排列顺序略有不同，但这一细微差别对产品外观设计的整体视觉不产生显著影响。因此，根据整体观察、综合判断的原则，本专利与证据2－7相近似，不符合《专利法》第23条的规定。

综上所述，证据1－1、2－3、2－4、2－7证明与本发明相近似的外观设计已经通过印刷出版物、网络出版物以及光盘出版物的方式得以公开，故不符合《专利法》第23条的规定。

【案例3－14】在“电动玩具自行车”外观设计专利无效纠纷案❶中，无效宣告请求人的无效理由之一是本专利不符合《专利法》第23条的规定。为支持其请求，请求人提交了两组证据材料。其中第一组证据（证据1～8），用以证明本专利在申请日前已在美佳玩具网上公开过。第一组证据中的附件2～4为电子证据，分别如下：

证据2：汕头市公证处于2003年11月12日作出的“（2003）汕市证经字第434号公证书”，内附操作过程和网页打印件两个附件。其上显示，公证员于2003年11月10日登录美佳玩具网：（1）在玩具搜索的名称关键字一栏中键入玩具货号MK0314271，在发布日期栏键入326天之内，网页显示“未找到符合查询条件的记录”，而将发布日期改为327天之内时，网页显示找到了符合该货号的名称为“窗盒电动音乐自行车8808”的记录。（2）返回美佳玩具网主页，在玩具搜索的名称关键字一栏中重新键入玩具名称“自行车”，重复上述其他操作，网页显示在查询结果中增加了名称为“窗盒电动音乐自行车8808”的记录。

证据3：汕头市公证处于2003年11月24日作出的“（2003）汕市证经字第442号公证书”，内附操作过程和网页打印件四个附件。其上显示，公证员于2003年11月17日登录美佳玩具网：（1）在玩具搜索的名称关键字一栏中键入玩具货号MK0314271，

❶ 参见国家知识产权局专利复审委员会第6596号无效宣告请求审查决定以及北京市第一中级人民法院（2006）一中行初字第1393号行政判决书、北京市高级人民法院（2006）高行终字第245号行政判决书。

在发布日期栏键入333天之内，网页显示“未找到符合查询条件的记录”，而将发布日期改为334天之内时，网页显示找到了符合该货号的名称为“窗盒电动音乐自行车8808”的记录。（2）返回美佳玩具网主页，在玩具搜索的名称关键字一栏中重新键入玩具名称“自行车”，重复上述其他操作，网页显示在查询结果中增加了名称为“窗盒电动音乐自行车8808”的记录。（3）返回美佳玩具网主页，在产品种类一栏中选择“电动车”，重复上述其他操作，网页显示在查询结果中增加了名称为“窗盒电动音乐自行车8808”的记录。

证据4：汕头市公证处于2003年12月15日作出的“（2003）汕市证经字第463号公证书”，内附操作过程和网页打印件两个附件。其上显示，公证员于2003年12月11日登录美佳玩具网：（1）在玩具搜索的名称关键字一栏中键入玩具货号MK0314271，在发布日期栏键入357天之内，网页显示“未找到符合查询条件的记录”，而将发布日期改为358天之内时，网页显示找到了符合该货号的名称为“窗盒电动音乐自行车8808”的记录，但该记录的图片已被删除。（2）返回美佳玩具网主页，在玩具搜索的名称关键字一栏中重新键入玩具名称“自行车”，重复上述其他操作，网页显示在查询结果中增加了名称为“窗盒电动音乐自行车8808”的记录，该记录的图片已被删除。（3）返回美佳玩具网主页，在产品种类一栏中选择“电动车”，重复上述其他操作，网页显示在查询结果中增加了名称为“窗盒电动音乐自行车8808”的记录，该记录的图片已被删除。

对于上述证据，国家知识产权局专利复审委员会认为：证据2－4所示公证书的公证事项均为电子证据保全，虽然通过公证书能够认定公证当时的网络信息资源状态，但由于在实际生活中对网络数据实施变动的可操作性很强，网络信息资源处于极不稳定的状态，且三份公证书的公证日期均在本专利申请日后，公证的内容是通过网络追溯以前的事实，因此仅凭公证书不足以确定本专利申请日以前的真实的网络信息资源状态，在没有其他证据的支持下，请求人仅依靠证据5中转述的他人证言加以补充，由于转述证言本身未经质证，不能作为有效证据，因此对请求人提出的上述主张不予支持。

北京市第一中级人民法院一审判决与北京市高级人民法院二审判决均认为：本案证据2-4三份公证书及附件是以公证的方式，用书面形式对“美佳玩具网”上的网络内容进行固定，应认定证据2-4与原件具有同等的证明效力。另外，美佳玩具网系一家独立经管的网站，在没有相反证据证明附件2-4记载的内容不真实的情况下，应认定该网站上载的内容具有真实性。由于证据2-4三份公证书记载的操作过程载明，在不同的时间三次登录美佳玩具网网站，在玩具搜索的名称关键字一栏中键入玩具货号MK0314271或键入玩具名称自行车，或在产品种类一栏中选择电动车等三种方式进行查询，网页上均显示了如证据2、3图片显示的名称为“窗盒电动音乐自行车8808”，表明该外观设计已于本专利申请日前（2002年12月19日）在网络上公开。

【案例3-15】在“脚底按摩器”无效纠纷案[1]中，无效宣告请求人提交了ec21网站上的相关网页打印件作为证据1，同时提交证据2-8（证据2：上海美斯凯实业有限公司在阿里巴巴上的网页信息打印件；证据3：上海美斯凯实业有限公司在阿里巴巴上认证用的营业执照打印件；证据4：上海美斯凯实业有限公司在阿里巴巴上认证用的税务登记证打印件；证据5：上海市工商行政管理局的关于上海美斯凯实业有限公司的企业法人营业执照信息查询结果打印件；证据6：中国商标局网站关于第7024494号商标的查询结果打印件；证据7：中国商标局网站关于第7024511号商标的查询结果打印件，证据8：上海美凯斯实业有限公司在京东商城销售MC0188的网页打印件）。无效宣告请求人认为，证据1页面上显示

[1] 参见国家知识产权局专利复审委员会第20861号无效宣告请求审查决定。

更新时间为2007年12月28日，证明该网页上的内容上传早于本专利的申请日，其中的图片内容可以作为比对的对比文件，根据请求人的查询，英文名为“Max Concept Technology Limitid”的公司，中文名为上海美凯斯实业有限公司，最早的注册地址为上海浦东南路256号1705室，联系电话021－68864883，传真021－68866882。这可以从页面上所留的电话、地址与上海美凯斯实业有限公司在阿里巴巴网站上的电话（证据2）、认证用的营业执照（证据3）、税务登记证（证据4）、上海市工商局的信息查询结果（证据5）、中国商标局网站对第7024494号、第7024511号商标的查询结果（证据6、证据7）等相互印证，而该产品的生产商上海美凯斯实业有限公司在中国最大的网上商城京东商城上也有相同的产品在销售，其外形（证据8）更直观与清晰，综上所述，本外观设计专利属于现有设计，不符合《专利法》第23条的规定。

专利权人提交了北京市中信公证处出具的（2012）京中信内经证字第19645号公证书作为反证，依据反证所示内容可以看出从ec21网站使用“Max Concept Technology Limitid”进行搜索，点击对应英文名称的公司信息上显示公司注册日期为“2010/09/08”，因此认为“Max Concept Technology Limitid”公司的产品不可能早在2007年就在ec21网站上发布。专利权人同时主张，证据1声称是来自国外的ec21网站，强烈质疑其内容的真实性，提交反证证明Max Concept公司的产品不可能早在2007年就在ec21网站上发布，另证据1是外文证据，应当提交中文译文，否则其文字部分应当视为未提交，证据1所示外观设计与本专利也不相同不相近似，证据2－8内容与本案没有关联性。

国家知识产权局专利复审委员会认为，对于证据1能否采信，主要涉及网络证据的认定，由于网络属于开放的平台，其信息的来源非常的丰富，信息的随意性比较大；同时，网络证据由于技术上的原因，导致其事后修改的可能性亦较大，难以固定，故对于网络证据的采信并不能仅依据网络公开的信息，而应当综合考虑信息来源以及可靠性等因素，从而对网络证据所反映内容进行确认。首先，请求人主张证据 1 对应的 ec21 网站是由韩国贸易协会创立的电子商务网站，由韩国人管理，虽然专利权人对网站的真实性予以认可，但因其所示网页均显示的是英文，属于国外的网站，请求人并没有提供用于证明该网站资质、网站性质的相关证据，也没有针对证据 1 提交完整的中文译文，无法对该网站的性质加以判断，也无法判断其上所记载的信息的可信度；其次，专利权人提交了反证，其反证所表明的事实与证据 1 所表明的事实存在冲突，虽然请求人提交证据 12、13 想说明证据 1 对应的“Max Concept Technology Limitid”与反证中的“Max Concept Technology Limitid”不属于同一主体，并且指出 ec21 网站上显示“Shanghai Maxcare Industrial Limited”才和证据 1 的地址、电话等信息一致，同时指明在“Shanghai Maxcare Industrial Limited”对应“公司简介”中出现了“Max Concept Technology Limitid”字样，但从请求人提交的证据 12 可以看出，“Shanghai Maxcare Industrial Limited”对应的“公司简介”出现的是“Max Concept Technology（H. K.）Limitid”，与请求人的陈述不一致，请求人针对证据 1 的陈述出现前后矛盾，合议组无法确认证据 1 确实是 ec21 网站上哪家公司所对应的产品信息页，在请求人没有提交其他证据佐证其所主张事实的情况下，证据 1 所要证明的事实不能得以确认；再次，通过证据显示证据 1 仅能通过 google 搜索的方式打开，请求人并未提供直接从 ec21 网站上找到证据 1 相应的网页信息的相关证据，无法确认证据 1 所示网页确属 ec21 网站所发布，由此无法确认证据 1 与 ec21 网站的关联性，合议组仅依据证据 1 也无法判断该网站上产品相应的内容是否不易修改，也不能唯一确定其上显示的更新时间为其产品的公开时间。综上，基于上述网站的资质以及网站类型难以确定，且请求人陈述的事实存在矛盾，也未能提供其他证据证明证据 1 内容真实性及公开性的情况下，合议组对证据 1 内容的真实性不予认可。

对于证据 2 -8，请求人虽然在口审中提交了证据 3 -7 对应的彩色复印件，并主张证据2－7所显示的上海美凯斯实业有限公司的地址电话等信息可以佐证证据1的真实性，证据8可以佐证证据1所示产品的延续性，但专利权人认为证据2－5以及证据8属于网页证据且未经公证，并且其上显示多处地址与请求人的主张不符，同时认为证据6和证据7不具有法律效力，认可证据8的真实性，同时对于请求人使用地址和联系方式关联证明的方式不予认可。

请求人主张证据2－8用于与证据1相联系形成证据链，佐证证据1的真实性，但证据2－7仅显示了上海美凯斯实业有限公司在各个网站的地址电话等登记信息，并没有记载可以证明证据1本身真实性的相关信息，证据8属于申请日后京东商城所销售产品的网页信息，并且其上显示的信息与证据1的信息也没有必然联系，因此，在证据1本身真实公开性无法确认的情况下，仅凭证据2～8不足以佐证证据1的真实性，国家知识产权局专利复审委员会对于请求人的主张不予支持。

【案例3－16】在“宠物窝（蛋形）”无效纠纷案[1]中，无效宣告请求人提交的证据4是北京市求是公证处（2012）京求是内经证字第0302号公证书。公证书表明，通过输入多个网址得到相应网页并实时打印，公证书所附网页打印件的网址分别如下：

附件1：网址为http：//www.ixiqi.com/archives/30848，正文名称为“给猫猫和狗狗的鸡蛋小屋：Peipod”；

……

附件5：网址为

“http：//site.douban.com/widget/notes/71057/note/147569893/#comments”，正文名称为“pEiPod，宠物蛋壳”；

附件6：网址为http：//news.cz.zgzsw.com/201104/8027.html，正文名称为“潮人家居系列——未来风卡哇伊蛋形宠物床”。

国家知识产权局专利复审委员会认为，附件1正文名称为“给

[1] 参见国家知识产权局专利复审委员会第19971号无效宣告请求审查决定。

猫猫和狗狗的鸡蛋小屋：Peipod”，发文人为“小 A”，网页显示发文日为“11 年 04 月 29 日”，其文字中有“Peipod 鸡蛋小屋，专为猫猫狗狗等宠物设计……喜欢的童鞋可以到官网：peipod. com 联系订购”，在文章末尾跟有 9 个不同昵称用户名的评论，这些评论的发布时间从 2011 年 04 月 29 日到 2011 年 09 月 01 日。由附件 1、附件 5、附件 6 的正文看，这些附件的网页图片涉及的蛋形宠物屋均指向名称为“pEiPod”或者商标为“pEiPod”的宠物屋产品。从这些附件公开的图片来看，在这些附件中出现的带有猫、狗宠物的图片背景、家具摆放等具体陈设以及动物的样子、姿态等均相同。附件 1 的图 1 与附件 5 的图 3 以及附件 6 的图 3 完全相同，附件 1 的图 3 与附件 5 的图 5 完全相同，附件 5 的图 1 与附件 6 的图 1 完全相同，附件 5 的图 2 与附件 6 的图 2 完全相同。另外，从形式上看，发布附件 1、附件 5、附件 6 的网页信息的主体或者网站之间没有关联，而且也是与本案请求人无利益关系的第三方。因此附件 1、附件 5、附件 6 的信息可以相互印证这些附件中公开的图片的真实性。尽管附件 1 和附件 5 涉及的网站为社交论坛性质的网站，其公开时间存在一定的修改可能，但由附件 6 涉及的中国装饰网至少可以确认附件 6 公开的图片在 2011 年 04 月 19 日已经公开，所述公开日在涉案专利申请日之前。

二、外观设计专利无效宣告程序的基本模式

无效宣告程序是一个复杂的专利不当授权纠错的体系和系统，该系统包含了若干程序制度，例如请求制度[1]、举证制度[2]、口头

[1] 参见《专利审查指南 2010》第四部分第三章有关无效宣告请求客体、无效宣告请求人资格、无效宣告请求范围以及理由和证据等的规定。

[2] 参见《专利审查指南 2010》第四部分第三章有关请求人举证和专利权人举证的规定。

审理制度❶、合并审理制度❷、程序中止与终止制度❸等。

所谓无效宣告程序体制，是指一种特定的、相对稳定的程序结构。❹ 该程序结构本身是相对比较抽象、概括和宏观的，其内在于整体专利无效宣告程序中。无效宣告程序体制不是一个具体制度，但是具体制度的逻辑起点。作为整个专利无效宣告程序制度的核心，无效宣告程序体制是结构性的，决定了整个专利无效宣告程序制度的运作，对其他具体制度的运行具有制约作用。

一定特征的无效宣告程序体制反映出一定的无效宣告程序基本模式。理性的无效宣告程序基本模式应当采取建构在实质辩论主义基础上的、以当事人为特征的民事诉讼基本模式（大陆法系的当事人主义），还是应当采取职权探知主义，值得深入思考。

（一）当事人主义和职权探知主义的理性划分

当前世界上具有代表性的民事诉讼体制可以概括为当事人主义和职权探知主义两大基本诉讼模式。❺ 诉讼体制表现为当事人对诉讼经营起主导作用的是当事人主义诉讼模式，相反，法院对诉讼经营起主导作用的是职权主义诉讼模式。❻ 不同诉讼模式的诉讼体制差异是一种结构性差异，该结构性差异正是由规范其特点的原则所决定的。

当事人主义，又称辩论主义，我国有学者为了区分我国《民事诉讼法》第12条所规定的辩论原则而成为实质辩论主义，❼ 是指主张事实和提供证据是当事人的权能或者责任，裁判机关不得作

---

❶ 参见《专利审查指南2010》第四部分第三章有关审查方式的规定。

❷❸ 参见《专利审查指南2010》第四部分第三章有关案件的合并审理的规定。

❹ 参见张卫平．诉讼构架与程式——民事诉讼的法理分析［M］．北京：清华大学出版社，2000：3.

❺ 参见张卫平．民事诉讼基本模式：转换与选择之根据［J］．现代法学，1996（6）.

❻ 参见伊东乾．辩论主义［M］．东京：学阳书房，1975：33．转引自张卫平．民事诉讼：关键词展开［M］．北京：中国人民大学出版社，2005：35.

❼ 参见张卫平．民事诉讼：关键词展开［M］．北京：中国人民大学出版社，2005：1－15.

出异于当事人诉讼上自认的判断。传统当事人主义诉讼模式的基本内涵包括：当事人没有主张的决定实体法律效果的案件事实等，不得作为裁判者裁决的依据，亦即当事人负有主张责任；裁判机关通常只能对当事人提出的证据进行审查判定，亦即当事人负有证明责任；当事人之间无争议的基本事实，裁判机关应当作为判决的根据。❶

职权探知主义，是指裁判机关不受当事人主张的事实和提供的证据的范围的限制，主动依职权收集事实和调取证据。职权探知主义的基本内涵包括：对于当事人没有主张或者已经撤回的决定实体法律效果的事实，裁判机关应当依职权收集并作为判决的依据；裁判机关对当事人提出的证据进行判断和采用之外，还应当依职权收集和采用当事人没有提出的证据；对于当事人之间没有争议的事实，裁判机关得调查其真伪以决定是否采用，即使当事人对案件事实作出自认亦对于裁判机关没有约束力。❷

（二）专利无效宣告程序采取职权探知主义的基本理由

笔者认为，我国专利无效宣告程序应当采取职权探知主义。

首先，就当事人主义和职权探知主义的内在逻辑基础而言，我国专利无效宣告程序应当采取职权探知主义。采取当事人主义抑或职权探知主义除了与一国法律体系的历史传统紧密相关以外，主要需要考虑程序客体的基本性和公共性。亦即，职权探知主义适用于包含公共利益的案件等，其中判断公共利益的基本标准在于，基本性和公共性。其中，基本性，是指公共利益是有关国家、社会共同体及其成员生存和发展的基本利益；公共性，是指公共利益的主体包括国家、社会的全体成员或者大多数成员或者不特定人，乃至全

❶ 参见江伟，邵明．民事证据法学［M］．北京：中国人民大学出版社，2011：154－155．

❷ 参见江伟，邵明．民事证据法学［M］．北京：中国人民大学出版社，2011：157－161．

人类。[1] 可以说，当事人主义适用于民事私益案件，而职权探知主义主要适用于民事公益案件或者含有公益因素[2]的事项。

其次，就专利无效宣告程序的价值取向而言，对于专利无效宣告程序而言，其立法主旨在于不当授权的纠正，而非当事人之间纠纷的解决。亦即，简单的“定纷止争”不是专利无效宣告程序的主要价值取向。《专利法实施细则》第三次修改中，明确规定“专利复审委员会作出决定之前，无效宣告请求人撤回其请求或者其无效宣告请求被视为撤回的，无效宣告请求审查程序终止。但是，专利复审委员会认为根据已进行的审查工作能够作出宣告专利权无效或者部分无效的决定的，不终止审查程序。”上述规定明确了在无效宣告请求人撤回无效宣告请求时，如果专利复审委员会认为根据已进行的审查工作能够作出宣告专利权无效或者部分无效的决定，那么将作出宣告专利权无效或者部分无效的行政决定，而不是终止审查程序。通过这种方式，明确民事诉讼架构下的诉权处分原则在无效宣告程序中并不适用，从而明确无效宣告程序并非民事诉讼模式。另外，上述规定强化了专利复审委员会在无效宣告程序中依职权审查原则的适用，明晰了无效宣告程序不当授权纠正的制度价值，从而在一定程度上界定了无效宣告程序行政程序的基本属性。[3] 由此可见，无效宣告程序的主要价值取向仍然立足于公益的维护。

最后，职权探知主义并不与正当程序或者程序公正相对立。也就是说，职权探知主义下“正当程序原则”和“程序参与原则”仍然具有非常突出的法律意义。[4] 裁判者在将探知的事实作为裁判

---

[1] 参见陈新民. 德国公法学基础理论 [M]. 山东：山东人民出版社，2001：181－214.

[2] 有学者针对婚姻纠纷案件，运用实证分析法分析和探讨民事诉讼取证制度的变化对离婚诉讼和婚姻法运作的影响，亦体现了公益案件应当采用的证明标准。参见黄宗智，巫若枝. 取证程序的改革：离婚法的合理与不合理实践 [J]. 政法论坛，2008（1）.

[3] 张鹏. 论《专利法实施细则》修改对专利无效宣告制度的完善 [J]. 中国知识产权，2010（11）.

[4] 参见江伟，邵明. 民事证据法学 [M]. 北京：中国人民大学出版社，2011：163.

根据之前应当经过双方当事人质证辩论或者发表意见，裁判者不得将当事人未发表过的意见或者为进行过质证辩论的证据事实作为裁判根据。

三、外观设计专利无效宣告程序的证明标准

（一）自由心证制度下的证明标准

下面首先分析自由心证制度下的证明标准，然后解读证明标准与相关制度的关系，最后根据立足新颖性判断主体、根据新颖性的判断原则确定隐含公开判断的法律规则，并结合本案加以阐释。

自由心证制度是现代各国普遍采用的证据制度，其指法律不限定证据的证据能力，也不对证据力加以限制，将证据力的判断全部委任于裁判者的证据评价原则。[1] 由于客观的（任何人都具备的）知识是不存在的，再加之法律不可能规定由一个理性的普通人通过表决、问题设置等方式来获得心证，这样的评判之人是事实上根本找不到的，因此，必须由裁判者自由地获得心证。[2] 可以说，自由心证构成证据认定的理论基础。

但是，到今天，关于自由心证原则内容的解释一般都不忽视其客观的方面，且在理论和实践上出现了更加注重自由心证原则客观基础的明显趋向。[3] 证明标准就是对于裁判者自由心证进行规范的有效手段之一，证明标准目前日趋客观化和具体化。

证明标准的设置与证明责任和诉讼模式等紧密相关。

首先，证明标准与证明责任如影随形。证明标准，是指卸除证明责任必须达到的范围或者程度，证明标准和证明责任本质上是一物二面的概念，它们是从不同角度就同一诉讼现象进行观察所得出

---

[1] 何家弘. 证据法学研究［M］. 北京：中国人民大学出版社，2007：168－169.

[2] 普维庭. 现代证明责任问题［M］. 吴越，译. 北京：法律出版社，2000：97.

[3] 王亚新. 刑事诉讼中发现案件真相与抑制主观随意性的问题［J］. 比较法研究，1993（2）.

的不同概念。[1] 证明责任是从诉讼主体的角度贯彻的证明标准，实质上是证明标准的主体化；证明标准是从诉讼客体的角度观察证明责任，实质上是证明责任的客观化；二者互相配合，形影相随。[2]

其次，证明标准和诉讼模式相辅相成。在不同诉讼模式下所采用的证明标准有所区别。在英美为代表的当事人主义诉讼模式下，采取盖然性优势证据标准，证明标准实质上被界定为两个点：一是提供证据责任点，证明程度达到10%即可；二是证明责任点，证明程度要达到51%。[3] 然而，在大陆法系的职权主义诉讼模式下，采取高度盖然性标准，亦即通常人们日常生活中不怀疑并达到作为其行动基础的程度。例如德国民事诉讼中所采用的证明标准相当于在刑事诉讼程序中将被告定罪所必须达到的证明标准，而且可以被理解为几乎相当于英美法系中之“超越合理的怀疑”的证明标准。[4]

（二）美国专利无效宣告程序证明标准比较法研究

美国联邦最高法院于2011 年6 月9 日针对广受关注的 Microsoft Corp. 诉 i4i Ltd. Partnership 专利侵权纠纷案作出判决。上述案件反映出的专利无效的证明标准问题被瑞士《知识产权观察》杂志称为“2011 年美国最值得关注的知识产权问题”[5]，不仅对于专利无效宣告程序的证据认定具有重要价值，而且对于专利实质审查程序中对比文件的引用具有一定意义。

1. 美国证据法中的证明标准概论

下面首先分析美国证明标准与诉讼模式，探讨证明标准的认知基础与逻辑体系，并且解读优势证据证明与清晰可信证明之间的区

---

[1] 江伟. 证据法学［M］. 北京：法律出版社，1999：121.

[2] 汤维建，陈开欣. 试论英美证据法上的刑事证明标准［J］. 政法论坛，1993（4）.

[3] 张卫平. 外国民事诉讼证据制度研究［M］. 北京：清华大学出版社，2003：437.

[4] Juliane Kokott. The Burden of Proof in Comparative and International Human Rights Law［M］. ZuidHolland. Kluwer Law International，1998.

[5] 李丽娜. 2011 年美国最值得关注的知识产权问题［J］. 中国发明与专利，2011（3）：100－101.

别，最后立足概率论的基本理论探讨证明标准的盖然性基础。

证明标准的基本含义。证明标准，又称为证明度、证明程度、证明要求，在证据领域一直是一个聚讼纷纭的问题。[1] 墨菲指出，证明标准，是指履行举证责任必须达到的范围或程度……是证据必须在事实裁判者头脑中造成的确定性或者盖然性的程度，是承担举证责任的当事人在有权赢得诉讼之前使事实裁判者形成确信的标准，从证明责任的履行而言，证明标准是证据质量和证明力的测试仪。[2] "如果说证明评价仅限于检测证明是否成功，即法官可以否认个案中的某个事实已经被证明，那么证明标准则是一把尺子，衡量什么时候证明成功了；证明标准也决定对某个具体内容的法官心证，它决定着法官必须凭什么才算得到了心证。"[3]

美国证明标准的认知基础。从认知心理学的角度而言，人类确信的程度可以分为不同等级。美国证据法学者认为上述确信程度可以分为九个等级：第一等级为无线索，也就是没有任何根据，确信度为零，不足以采取任何法律行动；第二等级为怀疑，即轻微的相信；第三等级为合理怀疑（Reasonable Doubt），或称为有理由的怀疑；第四等级为合理的相信（Reasonable Belief）；第五等级为合理根据，也就是可以成立的理由；第六等级为优势证据，通常适用于民事诉讼的判决和刑事诉讼中认可辩护的理由；第七等级为清晰可信的证据，对于特定案件的证明需要达到这种要求；第八等级为排除合理怀疑，通常为刑事诉讼中定罪的要求；第九等级为绝对确定，理论上通常认为这一要求无法实现，因此无论基于何种法律目

---

[1] 易延友. 证据法的体系与精神——以英美法为特别参照［M］. 北京：北京大学出版社，2010：308.

[2] Peter Murphy. Murphy on Evidence［M］. Blackstone Press Limited, 7th Edition, 2000：119. 转引自卞建林. 刑事证明理论［M］. 北京：中国人民公安大学出版社，2004：236.

[3] 普维庭. 现代证明责任问题［M］. 吴越，译. 北京：法律出版社，2000：91.

的均不宜提出此等要求。❶

美国证明标准的逻辑体系。基于上述人类确信程度的描述，美国证据法学界将其中的三种表述（优势证据证明、清晰可信证明、排除合理怀疑地证明）作为证明标准的表述，将其余六种表述作为采取特定法律行动需要的内心确信程度。鉴于专利无效纠纷所涉及的证明标准仅仅包括优势证据证明和清晰可信证明，因此本文仅对上述两种证明标准进行分析。

优势证据证明的基本含义。优势证据证明（Preponderance of Evidence）适用于大多数民事诉讼，❷ 是民事案件原则上所要求的证明度。❸ 优势证据证明，是指承担证明责任的一方当事人应当将其主张的证明至优势证据的程度，也就是必须说服裁判者相信，其主张所对应的事实存在的可能性大于不存在的可能性。也就是说，在裁判者在评价证据、衡量事实的时候，并不是在原告方主张的事实更有可能还是被告方主张的事实更有可能之间进行衡量，而是在原告的主张更有可能为真还是更不可能为真之间进行衡量❹，可以说，对原告关于事实的主张应当通过一个客观的盖然性标准加以衡量。

优势证据证明的概率论基础。优势证据证明建构在两种错误所产生的成本相同的逻辑基础之上，亦即命令被告所错误给付的每一块钱其错误的程度系相同于由原告所错误负担的每一块钱。使用优

❶ 卞建林. 美国联邦刑事诉讼规则和证据规则［M］. 北京：中国政法大学出版社，1996.

❷ David P. Leonard, Victor J. Gold. Evidence: A Structured Approach [M]. New York: Aspen Publishers, 2004: 603.

❸ Clermont, Procedure's Magical Number Three: Psychological Bases for Standards of Decision, 72 Cornell L. Rev. 1115, 1119－1120 (1987). 转引自黄国昌. 民事诉讼理论之新开展［M］. 北京：北京大学出版社，2008：86－87.

❹ Peter Murphy. Murphy on Evidence [M]. Blackstone Press Limited, 7th Edition, 2000: 107. 转引自易延友. 证据法的体系与精神——以英美法为特别参照［M］. 北京：北京大学出版社，2010：311.

势证据证明的理由在于，该标准将错误判决的总体成本降至最低。❶也就是说，真实的发现是一个盖然性问题，误判予原告胜利之不利益等同于误判予被告胜利之不利益。

清晰可信证明的基本含义。清晰可信证明（Clear and Convincing Evidence）介于优势证据证明和排除合理怀疑证明之间，是指某事实的发生较其不发生有非常高的可能性（Much more likely than not）。❷"清晰可信证明"的标准仅适用于特定类型的案件，并且该标准的逻辑正当性建构于特定的政策需要。

2. 美国专利无效纠纷的证明标准

下面探析 *Microsoft v. i4i* 专利纠纷案的基本情况，然后探讨美国联邦最高法院对于专利无效纠纷证明标准的主要观点。美国 i4i 公司所享有的第 5787449 号专利是一项可用于处理电子文档的方法和系统，可将标记语言文件的结构与内容分开处理，可特别用于对数据的标识和转换。电子文档中的结构性信息有时以"元代码"的形式出现。标准计算机语言可识别元代码，并由此使计算机理解用户在文档中所插入文本的信息。上述标准计算机语言包括标准通用标记语言（以下简称"SGML"）及扩展性标识语言（以下简称"XML"）。

美国 i4i 公司主张，美国微软公司生产和销售的 OFFICE 办公软件中的 Microsoft Word2003、2007 和 2010 软件侵犯上述专利权。美国微软公司在 i4i 公司提起专利侵权诉讼之后主张，涉案专利因在先销售而不具备新颖性。也就是说，美国微软公司认为，该发明

❶ Kaye, The Limits of the Preponderance of the Evidence Standard: Justifiably Naked Statistical Evidence and Multiple Causation, 1982 Am. B. Found. Res. J. 487, 496－497. 转引自黄国昌. 民事诉讼理论之新开展［M］. 北京：北京大学出版社，2008：86－87.

❷ Clermont, Procedure's Magical Number Three: Psychological Bases for Standards of Decision, 72 Cornell L. Rev. 1115, 1119－1120 (1987). 转引自黄国昌. 民事诉讼理论之新开展［M］. 北京：北京大学出版社，2008：86－87.

在美国已经公开销售，并且在专利申请日之前的公开销售达1年以上。[1] 美国i4i公司和美国微软公司均认可，专利申请日1年以前，美国i4i公司已经在美国销售一款名为S4的计算机软件。但是，双方当事人的争议点在于，该S4计算机软件是否实现了i4i公司449号专利的技术方案。由于S4计算机软件的源代码已经在诉讼出现之前数年的时候被销毁，因此上述事实争议主要依靠S4计算机软件两位发明人的证人证言加以证明。在i4i公司提出专利申请之后不久，发明人之一的Michel Vulpe向加拿大政府宣传该专利技术，声称“原始实施方案嵌入到S4产品中”以及“在i4i的旗舰产品S4中实现”。Scott Young作证证明，Vulpe说449号发明专利申请被提交以覆盖S4计算机软件。在诉讼中，Michel Vulpe声称其之前的陈述是为了获得金融投资而作出的谎言[2]。需要强调的是，上述用于证明涉案专利无效的证据在实质审查中并未出现过。

美国得克萨斯州东区地方法院法官Leonard Davis指示陪审团按照清晰可信证明标准判断专利是否有效。判决认定微软公司所主张的涉案专利不具备新颖性的无效理由不能成立，微软公司因故意侵害i4i公司所享有的第5787449号专利而应作出赔偿。美国微软公司上诉至联邦巡回上诉法院。

2009年12月22日，美国联邦巡回上诉法院作出判决，维持美国得克萨斯州东区地方法院的判决，判定微软公司应向i4i公司支付赔偿金2.9亿美元。[3] 美国微软公司以美国联邦巡回上诉法院在专利无效判定中采用清晰可信证明标准不当为由向美国联邦最高法院提起申诉。之后，美国IBM公司、苹果公司、谷歌公司、美国专利权人协会等分别向美国联邦最高法院提交“法庭之友”辩词。

---

[1] A person shall be entitled to a patent unless… (b) the invention was patented or described in a printed publication in this or a foreign country or in public use or on sale in this country, more than one year prior to the date of the application for patent in the United States.

[2] “It's an exaggeration, and as I said, it could be said to be a lie.”

[3] *i4i L. P. v. Microsoft Corp.*, 93 U. S. P. Q. 2d 1161 (Fed. Cir. 2009).

2011年6月9日，美国联邦最高法院作出判决，维持美国联邦巡回上诉法院的判决，从实然法和应然法两个角度阐述了《美国专利法》第282条规定界定了美国专利无效纠纷应当采取高于普通民事案件的优势证据证明的清晰可信证明标准。除了多数意见之外，美国联邦最高法院首席大法官 Roberts 没有参加本案评议，Breyer 大法官基于无效程序的本质支持上述结论，Thomas 大法官基于历史判例支持上述结论，但是并不认为《美国专利法》第282条规定本身界定了美国专利无效纠纷应当采取高于普通民事案件的优势证据证明的清晰可信证明标准。

《美国专利法》第282条规定，“专利权应当推定有效……主张专利权全部无效或者部分无效，应当由提出上述主张的一方当事人负举证责任。”❶ 本案的争议焦点在于，上述法律规定是否可以得出主张专利权无效的当事人应当达到高于优势证据证明标准的清晰可信证明标准。

美国微软公司认为，《美国专利法》第282条的条文和立法目的并未界定应当采取更高的证明标准；美国专利法的判例中并未体现应当采取更高的证明标准；美国专利商标局的授权并不意味着应当采取更高的授权标准，尤其是针对美国专利商标局在实质审查过程中并未引用的对比文件。

第一，《美国专利法》第282条的条文和立法目的并未界定应当采取更高的证明标准。普通民事案件的证明标准是优势证据证明标准，在专利无效案件中采取不同于普通民事案件的证明标准没有

❶ A patent shall be presumed valid. Each claim of a patent (whether in independent, dependent, or multiple dependent form) shall be presumed valid independently of the validity of other claims; dependent or multiple dependent claims shall be presumed valid even though dependent upon an invalid claim. Notwithstanding the preceding sentence, if a claim to a composition of matter is held invalid and that claim was the basis of a determination of nonobviousness under section 103 (b) (1), the process shall no longer be considered nonobvious solely on the basis of section 103 (b) (1). The burden of establishing invalidity of a patent or any claim thereof shall rest on the party asserting such invalidity.

任何依据。美国联邦最高法院的判例表明，其他民事案件采取的程序法规则应当适用于专利案件。❶

第二，美国专利法的判例中并未体现应当采取更高的证明标准。首先，结合美国1952年之前的专利法判例以及条文本身的文字含义，《美国专利法》第282条所规定的“专利权应当推定有效”对于证明标准没有界定。其次，美国联邦最高法院采用清晰可信证明标准的专利无效案件均为，用于证明涉案专利无效的证据在美国专利商标局的实质审查程序或者第三方复审程序中出现过的证据。❷

第三，针对美国专利商标局在实质审查过程中并未引用的对比文件，采取更高的授权标准缺乏逻辑基础。即使《美国专利法》第282条能够解读出在某些案件中应当适用较高的证明标准，但是对于美国专利商标局从未考虑过的对比文件不应当提高证明标准。1952年之前美国上诉法院绝对多数认为“专利权的授予并不意味着该专利能够相对于专利局没有考虑到的相关现有技术得以授权”，并且上述观点在1952年《美国专利法》引入第282条之后亦未改变。也就是说，美国专利商标局的实质审查和授权并不意味着专利无效证明标准的提高，并且即使美国专利商标局的实质审查和授权意味着专利无效证明标准的提高，那么也仅适用于美国专利商标局实质审查中引用的对比文件。

美国联邦最高法院判决从实然法和应然法两个角度对于美国专利无效证明标准这一法律问题进行阐释。

实然法角度：《美国专利法》第282条的解读。美国联邦最高法院从文义解释、历史解释、逻辑解释和法理解释等多个角度对于《美国专利法》第282条的法律含义进行阐释。就文义解释而言，《美国专利法》第282条所规定的“专利权应当推定有效”不仅用于说明证明责任，并且用于加重证明标准。首先，从美国普通法法

❶ 参见 *MedImmune Inc. v. Genentech, Inc.*, 549 U. S. 118, 132&n. 11 (2007).

❷ 参见 *Radio Corp. of Am. V. Radio Eng'g Labs., Inc.*, 293 U. S. 1, 9 (1934).

律术语含义的角度，“推定有效”绝对不意味着，因为没有再次强调从而导致较高证明标准的降低。亦即，“推定”这一普通法法律术语本身对于证明标准给出了明确的指示，其表明美国国会试图引入较高的证明标准。其次，采取普通法法律术语的一般含义，“推定有效”不仅仅意味着证明责任的转移。就历史解释而言，美国专利法的在先判例亦体现了上述观点，并未约束仅仅适用于美国专利商标局在审查中已经使用过的证据。就逻辑解释而言，如果《美国专利法》第282条所规定的“专利权应当推定有效”仅仅意味着证明责任的转移，那么《美国专利法》第282条完全没有必要再进一步规定“主张专利权全部无效或者部分无效，应当由提出上述主张的一方当事人负举证责任”。就法理解释而言，采取清晰可信的证明标准，是为了保护信赖利益。尤其是为了保护专利权而需要强化的专利权人的信赖利益。即使对于没有被美国专利商标局考虑过的证据，上述信赖利益的保护仍然是非常必要的。并且，从操作层面而言，专利审查员没有责任引用其考虑过的所有对比文件。

应然法角度：授权比率与交易成本之间的政策博弈。美国微软公司主张，采取较高的专利无效证明标准使得不应当被授予的专利权（“Bad Patent”）得以大量存在从而使得创新成本增加，阻碍真正的技术创新。随着国会对美国专利商标局自身费用结构和资金供应进行的改革，使得美国专利商标局逐步转变称为一个服务机构，其运营支出由它的客户（专利申请人）支付的费用提供。[1] 基于此，专利授权数量大幅度提高。并且，非常高的无效比率说明专利局不当授权的存在。美国i4i公司则主张，其不同意美国专利授权比率过高的观点，并且专利无效案件中较高的证明标准是促进专利交易、降低交易成本的必要条件。美国联邦最高法院认为，近30年来，美国国会经常修改《美国专利法》第282条以促进专利制度

[1] 亚当·杰夫，乔希·勒纳．创新及其不满：专利体系对创新与进步的危害及对策［M］．罗建平，兰花，译．北京：中国人民大学出版社，2007：2－3.

激励创新的作用。并且，美国国会已经修改专利法以应对不应当被授予的专利权（“Bad Patent”）对创新的阻碍，美国国会的上述法律修改包括扩大复审程序的使用，提供第三方复审程序等，但是同时美国国会并未在《美国专利法》第282条的修改中试图改变上述专利无效的证明标准。由此可见，在授权比率与交易成本之间的政策博弈中，美国国会结合美国经济发展的情况已经作出了选择。

（三）我国外观设计专利无效宣告程序中的证明标准

《专利审查指南2010》第四部分第八章“无效宣告程序中有关证据问题的规定”基本上借鉴了民事诉讼程序中的事实查明模式、证明标准和证据认定规则。[1]

然而，一般而言，民事诉讼中的诉，指当事人依照法律规定，向人民法院提出的保护其合法权益的请求[2]。从而，无效程序和普通民事诉讼程序存在本质不同：首先，无效宣告程序的设置基础，在于法律上将专利授予这一判断即专利权的确定，设置为一种由行政机关行使的行政权力。其次，就程序目的而言，无效宣告程序本身是解决某个特定专利有效性的程序。民事诉讼的审理范围在于当事人的权利义务关系，并对争议裁决后，对该权利义务关系进行判断。再次，就当事人制度而言，无效程序中无“正当当事人”或“适格当事人”这一概念。而在民事诉讼程序中，由于审理对象是处于争议中的法律关系，要求对声称并进入程序中的当事人是否可主张该法律关系进行判断。最后，就程序架构而言，无效程序中请求人和专利权人只是将各自意见向决定专利是否有效的行政机关陈述意见，而民事诉讼程序中当事人之间具有直接相关的程序法律关系。

---

[1] 《专利审查指南2010》第四部分第八章第1节规定，“无效宣告程序中有关证据的各种问题，适用本指南的规定，本指南没有规定的，可参照人民法院民事诉讼中的相关规定。”

[2] 常怡．民事诉讼法学［M］．北京：中国政法大学出版社，2002：87.

本书认为，虽然我国专利无效宣告程序的设置与美国专利无效反诉的设置存在根本区别❶，美国联邦最高法院对于专利无效证明标准的上述阐释，尤其是立足利益平衡分析的政策博弈对于我国专利无效宣告程序的证明标准制度的完善亦有所启发。

我国目前的民事诉讼采用“事实清楚，证据确实充分”作为证明标准。但是我国学术界普遍认为上述证明标准有所不当，应当按照案件性质设置尺度不等的证明标准❷，该问题的讨论亦已经成为我国民事诉讼法修改的重要问题。笔书认为，专利实质审查程序和专利初步审查程序的法律价值在于，使得专利权推定有效。我国专利法的相关规定亦体现了上述观点。我国《专利法》第47条第2款规定，“宣告专利权无效的决定，对在宣告专利权无效前人民法院作出并已执行的专利侵权的判决、调解书，已经履行或者强制执行的专利侵权纠纷处理决定，以及已经履行的专利实施许可合同和专利权转让合同，不具有追溯力。但是因专利权人的恶意给他人造成的损失，应当给予赔偿。”之所以这样的规定，是因为“如果认为宣告专利权无效的决定对于已经执行的判决统统具有追溯力……那么导致专利权人长期处于一种忐忑不安的境地，不知道其依法获得的损害赔偿是否有朝一日还要返还给侵权人……这势必大大影响专利权人行使其专利权的信心。”❸

笔者认为，《专利审查指南2010》第四部分第五章规定，“无效宣告程序中有关证据的各种问题，适用本指南的规定，本指南没有规定的，可参照人民法院民事诉讼中的相关规定。”然而，专利

❶ 参见张鹏. 现有设计抗辩制度本质论［J］. 科技与法律，2010（1）.

❷ 参见李浩. 民事举证责任研究［M］. 北京：中国政法大学出版社，1993：223－232. 高家伟. 行政诉讼证据的理论与实践［M］. 北京：工商出版社，1998：172－174. 毕玉谦. 民事证明责任研究［M］. 北京：法律出版社，2007：181. 伍操. 论大陆法系诉讼证明责任理论的共通性——以波普尔“证伪主义”理论为视角［J］. 理论界，2011（2）. 毕玉谦. 一强多元”模式下的证明责任学说——以克服“规范说”局限性为重心［J］. 政法论坛，2011（2）等。

❸ 参见尹新天. 中国专利法详解［M］. 北京：知识产权出版社，2011：487.

无效宣告制度中的程序法问题在基本模式方面与致力于解决当事人之间私权纠纷的民事诉讼程序存在非常大的差别，专利无效宣告程序应当采用客观证明责任与主观证明责任相分离的模式，❶ 无论从诉讼认识论的角度还是从裁判盖然性的角度而言，专利无效宣告程序的证明标准均应当高于民事诉讼的证明标准，应当对于专利无效宣告程序的证明标准全面重构。❷

即使考虑到授权比率与交易成本之间的政策博弈，需要考虑"采取较高的专利无效证明标准使得不应当被授予的专利权得以大量存在阻碍真正的技术创新"与"专利无效案件中较高的证明标准是促进专利交易、降低交易成本的必要条件"之间的平衡。笔者亦认为，对于我国当前国情下的选择，后者更为突出。

下面结合具体案例讨论本书观点的法律适用。某无效纠纷案中，无效宣告请求人为主张某一茶几产品已经在涉案专利的申请日之前公开销售，举出了请求人公司在三个不同城市销售收款收据、用户访问表、某家具专卖店出具的书面声明和销货凭证，还提供了请求人与某广告公司签订的印刷合同复印件。请求人用上述证据以证明其主张。经过庭审质证，专利复审委员会认定：……附件1是杭州市公证处出具的"（2006）杭证民字第5330号"公证书、盖有杭州东方家私市场金海豹家私专卖店发票专用章的收款收据、涉及茶几产品的照片；该公证书中附有2006年7月24日分别针对两位不同用户的"广州市金海豹家具有限公司用户访问表"两张，其记载用户购买的产品为C76型秋千长几，购买时间为2001年，及

❶ 民事诉讼模式包括当事人主义模式、纠问主义模式和混合模式等，对于专利无效宣告程序的程序模式问题，尤其是对于当事人主义模式与纠问主义模式之间的选择，以及辩论主义原则在专利无效宣告程序中的法律适用问题，本书将专门行文探讨，此处仅仅强调下述观点：专利无效宣告程序与民事诉讼程序的制度价值存在根本不同，民事诉讼的制度价值仅仅在于定纷止争，而专利无效宣告程序远非如此。

❷ 证明标准将对于证明责任的分配产生直接影响，对于专利无效宣告程序中证明责任的问题，本书将专门行文探讨，此处仅仅强调下述观点：专利无效宣告程序中主观证明责任与客观证明责任应当分离，辩论主义原则应当有限适用。

其他有关产品质量、使用、价格情况的调查，公证书证明被调查用户在上述“广州市金海豹家具有限公司用户访问表”上签名。请求人提交的附件4是杭州东方家私市场浩轩家具专卖店出具的声明书，其所述法人代表梁耀雄出庭作证，其证明该专卖店“于2001年6月开始在杭州销售金海豹公司所生产的秋千长几”。专利复审委员会认为：上述公证书的证明内容仅涉及所附用户访问表的用户签名，而不涉及该用户访问表所记载的销售事实；该用户访问表为2006年7月作出，属事后证明，同样附件4所述声明及证人出庭作证属证人证言作事后证明，上述收款收据虽为原始证据但属企业自制的单据材料，其证明力较低，故这些事后证明的事实缺乏充分的原始证据相印证，其与所述收款收据相结合也不足以证明请求人主张的有关销售事实；同时，附件1中照片所示茶几产品除证人作证明外，并无其他可证明所示产品与用户访问表、收款收据等其他证据具有必然联系，故上述证据亦不足以形成完整的证据链证明照片所示茶几产品已在先销售。因此，请求人提交的附件1、附件4相结合不足以证明其主张的有关产品已在本专利申请日之前在先销售的事实。……附件3是昆明市西山区公证处出具的“(2006)昆西证字第6140号”“(2006)昆西证字第5762号”公证书、昆明宝丽家具订货单。公证书中分别附有李贵林的《声明》、公证人员对李贵林家中摆放的长几和方几产品进行证据保全的现场拍摄照片和《现场工作记录》，公证书证明李贵林在《声明》上签名属实，《现场工作记录》为公证员现场制作，其钱磊、李贵林签名属实，照片内容与现场实际情况相符；该订货单有客户李贵林签字、经销商签章，订货日期为2001年3月14日。专利复审委员会认为，上述公证书仅能证明有关人员签字属实，公证现场当时情况属实，并不涉及对声明内容所述事实的证明，该《声明》作为证人证言属事后证明，上述订货单虽为原始证据但属企业自制的单据材料，其证明力较低，故《声明》所述事实缺乏充分的原始证据相印证，而现场拍摄的照片本身无法证明所示产品的购买或销售时间，与上述订货单也不具必然联系。因此，上述证据相结合不足以证明请求人主张的有关产品已在本专利申请日之前在先销售的事实。

在该案件的行政诉讼程序中，在相同的证据材料基础上，北京市第一中级人民法院审理认为“……本案中，附件3中的……订货单为原始证据，通过观察，其证据形态完整，无涂改痕迹，其中李贵林签字与……公证书中《声明》的签字字体相同，客户地址与……公证书中《现场工作记录》中记载的地址相符，订货单上记载商品秋千长几、秋千方几各一台与公证书中《声明》中茶几产品的名称相同，订货单上印有金海豹公司名称，附件3中照片亦显示有金海豹公司图标。……对于被告提出的订货单题头盖章单位不符的异议，法院认为，名称不符并未排除对于订货单并非昆明恒际家具公司出具的事实，该证据对于证明昆明恒际家具公司销售行为具有证明力，原告对此问题的解释亦合情合理。因此，附件3中的各个证据已经能够形成完整的证据链，证明李贵林……‘购买了’……产品的盖然性明显大于‘没有购买’的盖然性……原告提交的证据虽然并不完整，但能够进一步辅佐证明在先销售的事实。”北京市高级人民法院经审理后，对于附件3一组证据材料的证明力也予以确认，同时针对一审被告和上诉人指出的不同销售行为之间不存在互相印证的关系这一理由，也在判决中指出了附件1、4这两组证据材料均不能证明请求人的事实主张。[1]

由此可见，无效宣告请求审查决定将不同的销售事实分别评述，认为请求人试图证明的几个销售行为，证明每个销售行为的证据材料均缺乏客观原始的互相印证的关系，从而每个单独的销售行为均不能确认；无效决定认为证人证言在没有其他客观的资料相印证的情况下，证明力较低，无法单独达到确认某事实的标准；无效

[1] 参见国家知识产权局专利复审委员会第10763号无效宣告请求审查决定以及北京市第一中级人民法院（2008）一中行初字第453号行政判决书和北京市（2008）高行终字第570号行政判决书。

决定认为基于与请求人的利害关系，订货单证明力较低。笔者认为，鉴于上述因素的存在，上述证据材料未达到高于优势证据的证明标准❶，不足以证明在先销售行为的存在。

四、外观设计专利无效宣告程序的证明责任

专利无效宣告程序应当立足于职权探知主义，并且在职权探知主义模式下，主观证明责任与客观证明责任之间应当分离。那么上述观点在专利无效宣告案件的审查中应当如何加以适用，仍值思考。无效宣告程序中听证原则的法律适用——以裁判首位性与听证原则之间的有效协调为视角。所谓“裁判首位性”❷，是指专利复审委员会作为专利无效案件的审查部门，对于全面调查证据、正确认定事实现有独享的权力。❸ 裁判首位性需要与职权探知主义充分结合，方能发挥其理性的法律价值。“裁判首位性”之概念与“辩论主义”的结合会导致一个怪异的图像：垄断了调查证据权限之裁判者却鲜少收集证据，而负有举证责任之当事人却未被赋予直接收集证据的权能❹，使得“裁判者不会、而当事人不能收集所需要的证据”❺，对于原告方赋予过重的负担。将职权探知主义作为专利无效宣告程序基本模式的前提下，按照裁判首位性的理性要求，专利复审委员会当然附有依职权查明事实的责任，从而听证原则的立法本意并不能要求裁判者的裁判受到当事人辩论内容的实体约束，亦即并不采用实体辩论主义。无效宣告程序中认知制度的法律适用。在职权探知主义基本模式下，对于职权调查事项，无须当事人

---

❶ 龙宗智. 证据法的理念、制度与方法［M］. 北京：法律出版社，2008：16－17.

❷ 参见 Geoffrey C. Hazard，Jr.，Discovery and the Rule of the Judge in Civil Law Jurisdictions，73 Notre Dame L. Rev. 1017，1025－1028（1998）.

❸ 专利行政诉讼理应秉承案卷排他主义原则，性质上仍属于司法复审的范畴。

❹ 参见黄国昌. 民事诉讼理论之新开展［M］. 北京：北京大学出版社，2008：46－47.

❺ James Beardsley，Proof of FFact in French Civil Procedure，34 Am. J. Comp. L. 462（1986）.

提出意见或者抗辩，裁判者就得主动依职权调查并作出处里，并且当事人不得以合议或者放弃抗辩权等方式阻止裁判者调查，并且当事人对职权调查事项的陈述不受提出时机的限制。❶ 对于无效宣告请求程序而言，本领域技术人员所应当知晓的公知常识属于典型的职权调查事项，通常不构成证明对象，不适用辩论主义的约束。需要补充的是，职权探知主义模式下职权调查事项仅仅要求裁判者是调查主体，并不涉及裁判基础资料由谁承担收集提供的责任。❷ 在主观证明责任与客观证明责任分离的前提下，所免除的是客观证明责任而非主观证明责任，因此当事人有责任加以说明。无效宣告程序中自认制度的法律适用。无效宣告程序中，自认制度如何适用值得深入研究。如果将职权探知主义基本模式作为无效宣告程序举证责任制度的理论基础，那么主观证明责任和客观证明责任二者必然互相分离，从而与采取当事人主义基本模式的民事诉讼举证责任制度不同，不能当然免除对方当事人的证明责任。这一点尚需深入研究。

无效宣告程序中程序事项的证明责任。在职权探知主义基本模式下，对于程序性事项，例如无效宣告程序的受理条件、无效理由与证据的认定、合并口头审理、主体变更等，亦属于职权调查事项，应当由裁判者主动查明。无效宣告程序中实体事项的证明责任，仍属于无效宣告请求人承担。

外观设计专利无效宣告程序的证明责任——主观证明责任与客观证明责任的分离。笔者认为，在无效宣告程序立足职权探知主义基本模式的前提下，应当采取阶段证明责任，实现主观证明责任与客观证明责任之间的分离。通过主观证明责任与客观证明责任之间的分离，实现裁判首位性与辩论主义之间的有效协调。证明责任制

---

❶ 参见江伟，邵明．民事证据法学［M］．北京：中国人民大学出版社，2011：164－165.

❷ 参见江伟，邵明．民事证据法学［M］．北京：中国人民大学出版社，2011：166.

度肇始于古罗马法，古罗马法法谚有云，“法官只知法，事实需证明。”[1] 古罗马法下证明责任制度可以概括为两点：“原告不举证，被告即开释”和“举证责任在于肯定主张之人，而不在否定主张之人。”[2] 上述两点恰恰分别界定了主观证明责任和客观证明责任。证明责任在传统德国、日本学说的影响下，向来被认为系法院于事实陷于真伪不明时，所据以裁判之基准。从而，将证明责任之概念与传统大陆法系采用的“内心确信”的证明度标准相结合，将诉讼上事实之认定分为“确信存在”“确信不存在”和“真伪不明”三种情形，在第三种情形时，由法官依照证明责任之分配判决。[3] 因此，证明责任是指，为了解决诉讼中争议事实真伪不明的问题，法律对真伪不明的风险在当事人之间所作的分配，亦即对法官应当判决哪一方当事人败诉所作的指示。[4] 其中，证明责任包括主观证明责任和客观证明责任。主观证明责任规制当事人在程序进行中之“证据提出责任”，其性质上属于一造当事人之“行为责任”。也就是说，提出“有利于己方的实体要件事实”的当事人，对该事实所享有的提供充足证据加以证明的责任。[5] 客观证明责任性质上属于“结果责任”，仅在于裁判者完成调查证据之程序，进入审理终结前阶段而仍陷于真伪不明始发生作用。[6] 也就是说，客观证明责任主要是利己事实的主张者应当利用证据说服裁判者相信该事实是真实的，否则承担实体法上的不利后果。[7] 基本模式与证明责任的关系

---

[1] 参见黄风. 罗马法词典［M］. 北京：法律出版社，2002：137.

[2] 参见易延友. 证据法的体系与精神——以英美法为特别参照［M］. 北京：北京大学出版社，2010：291.

[3] 参见黄国昌. 民事诉讼理论之新开展［M］. 北京：北京大学出版社，2008：115.

[4] 参见肖建华. 民事诉讼法学［M］. 厦门：厦门大学出版社，2011：222－223.

[5] 参见江伟，邵明. 民事证据法学［M］. 北京：中国人民大学出版社，2011：168.

[6] 参见黄国昌. 民事诉讼理论之新开展［M］. 北京：北京大学出版社，2008：118－119.

[7] 参见江伟，邵明. 民事证据法学［M］. 北京：中国人民大学出版社，2011：169.

图如图 3 - 16 所示。

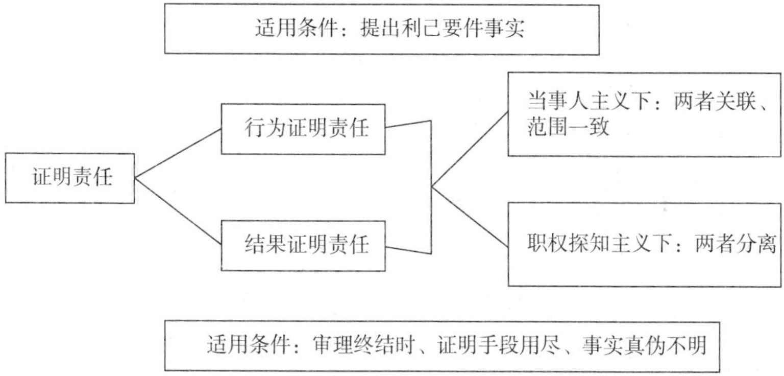

图 3 - 16　基本模式与证明责任关系图[1]

在当事人主义基本模式下，主观证明责任的履行以客观证明责任的存在为前提，亦即主观证明责任是客观证明责任通过“辩论主义”形成的“投影”。当事人在充分履行主观证明责任的情况下，则卸除了客观证明责任；当事人在未能充分履行主观证明责任的情况下，则现实地承担了客观证明责任；亦即古罗马法谚所述“证明责任之所在，败诉之所在”。在职权探知主义基本模式下，主观证明责任与客观证明责任之间则相互分离。主观证明责任更为接近于“举告”，而客观证明责任与之的分离则要求裁判者不受当事人主张的约束，致力于在纠纷解决之外的“客观真实”查明。对于无效宣告程序而言，建构于“不当授权的纠正”这一基础逻辑起点，那么采取职权探知主义，实现客观证明责任主观证明责任相互分离实属必然。也就是说，无效宣告请求人主要承担“举告”的责任，在无效宣告程序启动之后专利复审委员会依照其职权的需要对于不当授予的专利权宣告无效。这一点恰如在专利复审程序中专利复审委员会对于不当驳回专利申请的纠正具有相同的法律逻辑。

[1] 参见江伟，邵明．民事证据法学［M］．北京：中国人民大学出版社，2011：167.

五、外观设计专利无效宣告程序中电子证据的认定

电子证据是专利无效案件中适用较多的一类证据类型，并且争议焦点主要涉及电子证据的真实性和公开时间的认定，然而电子证据的真实性和公开时间的认定，需要结合电子证据的特点加以分析。电子证据的根本特点在于，数字性使得修改需要通过技术手段加以判断。[1] 一是电子证据的数字性。网络接口层将信息转化为逻辑信号 0 和 1 组成的二进制代码序列，电子证据的生成、存储、传送、收集和表现都是围绕着由“0”和“1”组成的二进制代码序列进行，电子证据生成的过程实质上就是计算机将相关信息按照某种规则转换为二进制代码序列的过程，电子证据的存储、传送和收集也就是存储、传送和收集所述的二进制代码序列，电子证据的收集是计算机按照某种规则将二进制代码序列转换为相关信息的过程，而这一点是其他证据形式所不具备的。因此，数字性是电子证据在表现形式上的根本特性，也正是由于该表现形式的特点，电子

---

[1] 对于网络证据的特点，有学者归纳为“易修改性、易逝性和无差别大量复制”，参见陈文煊. 网络著作权纠纷中公证网络电子证据的司法认定［J］. 电子知识产权，2008（7）：38. 有学者归纳为“无形性、复合性、客观真实性、脆弱性”，参见马维克. 电子证据与网络保全证据公证［J］. 情报杂志，2006（3）：113. 有学者归纳为“客观真实性和易删改性”，参见卓朝君，张艳斐. 网络证据保全的法律探析——以公证为视角［J］. 中国公证，2007（3）：40. 笔者认为，上述概括不准确。首先，因为网络证据的修改通常需要具备一定的前提条件，如需要较高的网站管理权限，并且通常需要网站管理人员的配合，所以，与物证、书证、证人证言等证据形式相比，网络证据的修改并不必然更为容易实现。但是，网络证据的修改一旦完成，通常在载体上不留下修改的痕迹。所以易修改性不能准确地概括网络证据的特点，使用“修改不留痕迹”可以更为贴切地概括说明上述问题。其次，无形性通常是指没有外在表现形态，对于网络证据而言，其具备“0”和“1”组成的二进制代码序列的表现形式，并且能够通过下载打印等方式将其内容外在表现出来。所以，网络证据的特点在于表现形式的特殊性，即数字化的表现形式，而非不具备外在表现形态，故使用“数字性”可以更为贴切地概括说明上述问题。

证据成为独立的证据种类。❶ 二是电子证据的数字性使得修改需要通过技术手段加以判断。当人为因素或技术故障因素介入时，构成电子证据的二进制代码序列可以被修改和删除。由于电子证据在计算机系统中使用电、光、磁等介质作为信息载体，修改或删除在这些载体上的信息时不会留下任何痕迹。故如果没有有效的技术手段，一般人很难发现对电子证据是否经过修改或删除；但是通过借助有效的技术手段，电子证据修改或删除留下的痕迹能够得以发现。也就是说，相对于物证、书证等传统证据形式而言，电子证据修改或删除同样会留下痕迹，只是上述痕迹需要借助技术手段才能发现。

（一）电子证据认定的比较法研究

1. 日本专利案件中电子证据的认定

日本特许厅对电子证据认定的分水岭是1999年。在1999年之前，原《日本特许法》第29条第3项规定："专利申请日前在日本国内以及外国发行的出版物公开的发明不能授予专利权"，由此可见，网络公开没有被列入现有技术。日本于1999年对《日本特许法》进行了修改，将上述规定修改为："专利申请日前在日本国内以及外国发行的出版物公开的发明，以及通过电信网络使得公众能够得知的发明，不能授予专利权"，通过该法使得电子证据能够成为现有技术以评价专利的新颖性和创造性。日本特许厅于1999年12月10日颁布《通过互联网等公开的技术信息作为现有技术的操作指南》❷，此规定适用2000年1月1日之后提出的新申请。

该操作指南首先对于"电信线路""公众""公众能够得知"等相关技术术语进行了界定；其次，操作指南对能够作为现有技术加以引用的信息进行了限定，其必须满足两个条件，其一是公开时

❶ 高家伟，邵明，王万华．证据法原理［M］．北京：中国人民大学出版社，2004：40－41.

❷ 祁建伟．如何利用因特网上公开的技术信息作为现有技术——日本专利局的有关规定［J］．电子知识产权，2001（6）：11－14.

间早于专利申请的申请日，其二是引用的电子技术信息必须与申请日之前公开的信息相同，并且公众能够得到。对于要件一，操作指南列举了以下几种网站，并认为其可信度比较高：（1）已长期发表出版物等出版商的网站，例如报纸、期刊发表电子数据的网站、科技期刊发布电子出版物的网站等；（2）学术机构的网站，例如学术协会、大学的网站等；（3）国际组织的网站，例如标准组织等团体的网站公开的有关测量标准等信息；（4）公共组织的网站等，例如政府机构及其代表机构用于发布科研信息的网站等。操作指南同时还规定如果网站公开的信息中没有表明公布时间时，原则上不引用该信息。但是如果能够得到该信息在网页上发表的时间以及得到对公布信息负有发表、维护等权力或者责任的主体出具的内容证明，也能够作为证据加以使用。对于要件二，操作指南列举认为下述类型的网站发布信息一般被认为是公众所能得知的：（1）在搜索引擎上加以注册并能进行搜索，或者网站的存在和位置为公众所知，例如与有关学术团体或者新闻单位的网页链接的网站，以向公众提供信息的方式显示的网站等；（2）需要输入口令的网站，如果公众中的任何人通过非歧视性的正常途径就能够获得所需口令访问的网站，则该信息可被认为是公众可以得到的；（3）付费的网站，对于需要付费的网站来说，如果公众中的任何人仅仅需要缴纳一定的费用就可以访问，则该信息可被认为是公众可以得到的。操作指南同时还列举了某些不认为是公众可以得到的网站的类型：（1）其网络资源定位地址没有公开，公众只能偶尔地进行访问的网站；（2）只有特定机构或者公司的成员才能访问，并且其中的信息作为秘密对待的网站，例如只有雇员才能访问的内部系统；（3）其信息采用特殊编码方式，一般公众无法阅读的网站（不包括通过一组付费或者不付费的方法才能公开地得到解码工具的情况）；（4）信息公开时间过短，不足以让公众进行访问的网站（例如在互联网上短时间公布的信息）。

由此可见，日本以成文法的形式确认了部分电子证据的真实性，同时认定上述电子证据的发布时间即为公开时间。当然，对于以法条列举之外的网站，当事人若能充分举证，同时结合网站运营管理人员对网络信息发布时间的证明，这些网页信息的真实性和公开时间亦能得到确认。

2. 韩国专利案件中电子证据的认定

韩国特许审判院主要是根据发明特许法和大统领令的相关规定，对于网络证据主要是从公开时间和真实性两个方面加以认定。❶

在韩国特许审判院，网络资料需要满足发明特许法上的一些条件，才能被采信并被认定为现有技术。根据《韩国特许法》第 29 条第 1 款第 2 项的规定，以由大统领令所规定的“电气通信回线”公开的，可以被认定为现有技术。

《韩国特许法施行令》第 1 条之 2 进一步规定了“电气通信回线”的范围，即，“《韩国特许法》第 29 条第 1 款第 2 项和第 129 条第 2 项所称的‘由大统领令所规定的电气通信回线’是指属于下面各项之一的人运营的电气通信回线：

（1）政府、地方自治团体，外国政府、外国地方自治团体或国际机构；

（2）按照《韩国高等教育法》第 3 条所设立的国立、公立学校或外国国立、公立学校；

（3）韩国或外国国立、公立研究机关；

（4）特许厅长所指定并告示的，以进行与专利信息相关业务为目的所设立的法人。”

但在审查实务上，也采信上述由大统领令所指定的电气通信回线以外的网络公开文献。但是，采信的条件是应当能够证明公开时间。无法证明公开时间的，不能作为证明现有技术的证据。尤其在专利领域，网上新闻、公司的报道资料多被引用。

---

❶ 参见张鹏. 如何利用网络证据证明现有技术——韩国的相关规定与案例介绍［J］. 电子知识产权，2008（7）：43－45.

韩国特许法院对于网络证据的公开时间和真实性的认定准则与韩国特许审判院基本相同。在专利诉讼中，当事人提交网络证据时，如果能够满足上述要件一般予以采信。以下给出韩国专利审查中有关网络证据的一个具体实例：

韩国特许法院在三星电子案件［案件号码2001（Heo）942❶］中，把国外网页上记载的技术内容认定为国内公开，并且特许法院将网页上所注明的日期认定为国内公知文献的公开时间。在该案件中，原告NETWORK Cham❷以甲❸4－6号证、甲7号证之1作为证据，证明争议专利缺乏新颖性和创造性。

特许法院认定，甲4号证中记载："该文件是1997年7月，丹麦技术大学自动化部研究生Mansour Ghasemi写的，题目为'Distance Learning and World Wide Web'的课程最终作业"，并且按照甲8号证（自称为甲4号证的研究生院导师的Jan Jantzen所写）的记载，可以认定上述甲4号证文件以中央欧洲时间为准，在1996年7月24日14：36时，通过网络地址http：//www. iau. dtu. dk/～jj/erudit/odl. html在Internet World Wide Web服务器公开。根据经验法则，在World Wide Web中所揭示的内容，除了特殊情形以外，只要与互联网连接并且知道相关Web文件地址（如果不确知Web文件地址，则在检索网站中使用Web文件的关键词可以检索得到地址），在世界任何地方可以比较自由地阅览该文件内容。所以甲4号证Web文件在网络被揭示以后，除了特殊情形以外，国内的互联网利用者也可以利用互联网，阅览该文件，即，上述甲4号证内

❶ 韩国法院的案件号码中，"（Heo）"是对特许审判院的裁判不服而向特许法院的案件的编号。其中，特许法院管辖对于特许审判院的决定不服提出的上诉，系高等法院级的法院，但特许法院不管辖民事侵权案件。如果当事人还不服特许法院的判决，可以向大法院上诉。

❷ 韩语"Cham"是"真的""真正的"的意思。

❸ 韩国法院一般将原告所提出的证据称为"甲号证"，将被告所提出的证据称为"乙号证"。

容至少在本案专利申请日 1996 年 10 月 23 日之前成为国内公知的。

特许法院认定，甲 5 号证是网页，其为在 World Wide Web 上公开的文件，地址为 http：//www5conf. inria. fr/fich_ html/papers/P28/Overview. html。因为该网页中有“第 5 届国际 World Wide Web Conference，1996 年 5 月 6 ~ 10 日，巴黎”的记载，可以认定其于 1996 年 5 月 6 日在巴黎召开的国际万维网研讨会上公开发表。以与上述同样的理由，该文件也是本案专利申请日之前成为国内公知的。

特许法院还认定，甲 6 号证是网页，其为在 World Wide Web 上公开的文件，其统一资源定位地址为 http：//cui. unige. ch/eao/www/papers/WWW95/paper. html。因为该网页中有“1995 年 4 月 10 ~ 14 日，在第 3 届国际 World Wide Web Conference 发表”的记载，在甲 6 号证记载的内容是在约 1995 年 4 月 10 日开的与 World Wide Web 相关的国际会议上发表的内容。而且考虑在甲 6 号证记载的内容也以“Computer Network 及 ISDN System”为题目在 1995 年 4 月发行的第 27 卷第 6 号第 187 页至第 877 页得到记载，以及其国际标准系列号码是 ISSN 0169 – 7552 的两个事实，甲 6 号证也最少在上述内容以书籍形式发行并在国际会议上发表的时间，即 1995 年 4 月左右，在互联网以 Web 文件的形式被公开，所以可以推定当时已经成为国内公知。

特许法院还认定，甲 7 号证之 1 是网页，其为在 World Wide Web 上公开的文件，其地址为 http：//edweb. sdsu. edu/people/bdodge/ctptg/ctptg. html。因为该网页中有“Published in 1996 as Chapter 12 in Brandon，B. et al，Computer Trainer's Personal Trainer's Guide，Que Education & Training，Indianapolis，IN，ISBN 1 – 57576 – 253 – 6”的记载，甲 7 号证之 1 的内容是在 1996 年发行的题目为“Computer Trainer's Personal Trainer's Guide”的书籍。按照甲 7 号证之 2 的记载，题目为“Computer Trainer's Personal Trainer's Guide”的书籍发行在 1996 年 2 月，其国际标准图书号码是 ISBN 1 – 57576 –

253 - 6，与在甲 7 号证之 1 表示的国际标准图书号码一致。综上，可以认定在甲 7 号证之 1 记载的内容是本案专利申请日之前，即在 1996 年 2 月，在国外颁布的出版物记载的内容。

特许法院综合上述内容，认为：甲 4 号证至甲 6 号证及甲 7 号证之 1 中所记载的内容，均系在此案专利申请日之前国内公知的内容或在国外颁布的出版物记载的内容，构成《韩国特许法》第 29 条第 1 款第 2 项所说的公开。由此可见，韩国特许审判院和特许法院在审查和司法实践中经过审查，能够认定当事人举证的网页的真实性，在此基础上以其记载的时间为相应内容的公开时间。

3. 菲律宾专利案件中电子证据的认定

菲律宾有关网络证据的法律适用的具体规定为于 2001 年 8 月生效的《菲律宾电子证据规则》，通过规则 2 将网络证据纳入到电子证据范畴内，同时通过规则 7 对如何认定网络证据做了相关规定。

规则 2 给出了相应的术语和解释规定，即，电子文档表示信息或者数据、数字、符号或者其他书写表达方式，不管其如何描述或表示，用以确立权利要求或消灭义务，证明或确认某个事实；均采用电子方式接收。记录、传输、存储、处理、回复或复制。它包括数字签名的文本和正确地反映电子数据信息或电子文档的任何打印或输出文档，以可识读或通过其他方式可识读。

规则 7 中有关电子文档的证明力涉及两条，第一条影响证据证明力的因素：在评估电子文档证据的证明力时，可以考虑下列因素：(1) 文档创立、存储、传输方式、方法的可靠度，包括但不限于：电子数据电文或文档输入输出程序、控制程序、正确性和可信性测试和检验程序，要考虑所有环境因素和相关协议；(2) 创立人可以被辨识的方式和可靠性；(3) 信息和记录或存储该信息信息系统（包括但不限于使用的硬件和软件及程序错误）的完整性；(4) 证人或访问通信和信息系统的人的熟悉程度；(5) 进入电子数据信息或电子文档为基础的通信和信息系统信息的性质和质量；

(6) 法院认为影响电子文档或电子数据信息正确性或完整性的其他因素。第二条为信息或通信系统的完整性。信息或通信系统是记录或存储电子文档或电子数据信息的，在其信息和通信系统完整性有争议时，法院将考虑以下因素：(1) 信息和通信系统或其他类似装置是否按照不影响电子文档的完整性的方式运行，不存在其他合理理由怀疑信息和通信系统的完整性；(2) 电子文档由某人记录或存储，用于对该当事人不利的诉讼；或者 (3) 电子文档是否在通常的经营过程中由于某人记录或存储，而改任不是诉讼当事人而且使用他的人控制下的行为。

4. 美国专利案件中电子证据的认定

美国专利法目前并未包含任何关于互联网公开及其作为现有技术效果的特别规定。然而，美国专利商标局的《美国专利审查程序手册》(MPEP) 提供了有关电子出版物作为现有技术的法律状况以及互联网检索的指导原则。❶

对于网络证据的性质，MPEP 2128 明确包括在线数据库或互联网出版物在内的电子证据被视为公开出版物。对于网络证据获知的时间，根据 MPEP 2128 的规定，从现有技术被公众获知之日起起算，所述现有技术被视为在互联网或在线数据库上已经公开。如果出版物本身不包含出版日期（或者更新日期），该出版物不能视为现有技术，尽管可以通过举证该技术的状态来确定该技术为现有技术。作为一个总的原则，为了确立公众可得知某个出版物的日期，可以依据出示的惯常商业实践证据以证明可获得途径。无须出示证明该出版物的编制或上架日期的特别证据。MPEP 并未对公众提交的网络证据的真实性做任何规定，仅仅对审查员利用互联网检索以及使用网络证据作为现有技术做了规定。即要求对于电子文档形式

❶ 主要参照世界知识产权组织 2000 年 11 月 6 日到 10 日第四次会议关于《互联网上公开的技术信息以及气对可专利性的冲击》调查报告总结而出：[EB/OL]. [2014-06-14]. http://www.wipo.int.

的官方文件，如果将来存在不能取回的可能，必须进行保存。MPEP强调这对诸如互联网和在线数据库等资源来说十分重要。

由此可见，美国目前的专利审查操作程序手册仅仅对审查员如何利用互联网进行现有技术检索以及如何引证所获得的网络证据进行了规定，对于当事人提交的网络证据的真实性以及公开时间并未给出明确规定。

5. 欧洲专利局电子证据的认定[1]

欧洲专利公约并未对现有技术的形式加以限定，而只是笼统规定：在申请欧洲专利之前，公众通过书面、口头描述、使用或者其他任何形式获得的任何资料都可成为现有技术。迄今为止，还未发现有关网络公开及其作为现有技术效果的相关规定和判决。

欧洲专利局2005年举行的检索与提供文件方法座谈会的研究报告给出了一些建议：对于未标记明显公开日期的网页，可以结合电子文件最后的修改时间以及文件归入服务器目录的日期或者是搜索引擎在特定地址首次访问的日期来综合判断该网页的公开日期；此外，对于某些期刊的文章或论文，如果可以在书面出版物之前在网上获得，则互联网上给出的时间就是公众可获得的有效日期。

总体而言，由于欧洲专利公约认为在申请欧洲专利之前，公众以任何方式获得的任何资料都可以成为现有技术，因此，理论上而言，网络证据也可以成为现有技术。至于可获得的举证，欧洲专利局采取的总原则为“可能性的权衡”（Balance of Probabilities），即综合权衡考虑各种可能因素，确定现有技术是否会导致欧洲专利的驳回或撤销。

---

[1] 主要参照世界知识产权组织2000年11月6日到10日第四次会议关于《互联网上公开的技术信息以及气对可专利性的冲击》调查报告总结而出：[EB/OL]. [2014-06-14]. http://www.wipo.int.

6. 世界知识产权组织电子证据的认定[1]

2001 年 5 月，世界知识产权组织公布了在其成员国中所做的关于网络公开对现有技术影响的调查结果。专利法标准委员会（SCP）认可了网络公开对现有技术的影响，同时认为应当在实体专利法条约（SPLT）下建立关于现有技术的总体原则。关于此次调查所提到的关于网络公开时间和内容认定的问题，多数国家表示由于缺乏经验和法律程序，目前还不能充分回答关于网络公开时间和内容如何认定。世界知识产权组织调查后认为，应当在 SPLT 草案下首先建立有关网络公开的总原则，然后尽可能在实际的指导原则下，考察专门适用网络公开的特别条款的必要性。

也就是说，世界知识产权组织已经意识到网络公开对现有技术所造成的冲击，至于如何应对该问题，世界知识产权组织尚未明确表态，这取决于成员国进一步的实践和磋商。

通过对前述各国涉及电子证据的立法体例比较可以得出，目前各国对电子证据是否成为现有技术大致存在两种思路：一是根据经验法则，以日韩为代表，并从网络资料发布内容的真实性以及网站的公益性特点等出发，以立法形式列举了某些网站上的网络资料可以作为现有技术使用，同时认可前述网页登载的发表时间；二是以菲律宾为代表，其明确电子证据可以作为现有技术，虽然并未列举电子证据的类型，但是却从电子证据生成、传输、存储特性出发，规定了在判断网络证据的真实性及其公开时间时需要考量的具体因素。此外，还有部分国家并未明确对于网络公开以及其对现有技术所产生影响，例如美国和欧洲专利局，其并未明确网络证据的公开性及其作为现有技术带来的效果，而是以开放性的规定使得网络证据原则上可以成为现有技术，至于网络证据的真实性及其公开时间

---

[1] 主要参照世界知识产权组织 2001 年 5 月 14 日到 19 日第五次会议关于《关于互联网上公开信息以及其他与互联网相关出版物的问卷调查结果》调查报告总结而出：[EB/OL]. [2014 - 06 - 14]. http://www.wipo.int.

则需要根据现有规定并考察网络技术特殊性谨慎加以判断。综上，由于电子信息技术的发展和网络资源的便捷性和广泛性，电子证据作为现有技术已经毫无疑义，至于对电子证据真实性和公开时间的判断，当前各国立法体例尚未达成统一，仍然需要结合电子证据的特性和各国当前的立法体例综合加以判断。

（二）电子证据的真实性判断

从电子证据的根本特点出发可以得知，由于电子证据所具有的“数字性使得修改需要通过技术手段加以判断”这一特点，电子证据的真实性问题主要难点在于，判断电子证据是否经过修改。

1. 电子证据真实性判断的总体思路

对于电子证据是否经过修改的判断，可以从主观和客观两个方面全面考虑，综合分析修改的动机和修改的技术可行性。在具备修改的动机和修改的技术可行性的情况下，可以推定为该电子证据经过了修改，不具备真实性。也就是说，在无效宣告请求人提供电子证据证明涉案专利的技术方案已经构成专利法意义上的公开时，专利权人的举证责任在于，证明请求人具备对作为电子证据载体的网页进行修改的动机和技术可行性。在专利权人完成上述举证责任的情况下，请求人承担证明作为电子证据载体的网页没有经过修改。

其中，对于修改动机而言，主要需要考虑网站与当事人之间的利害关系、网站的管理体制；对于修改可能性而言，应该以电子证据的基本技术作为逻辑起点，综合考虑电子证据的表现形式、电子证据的形成、电子证据的存储、电子证据的传送与接收、电子证据的收集、电子证据的完整性等方面。下面对于上述因素详细分析。

2. 电子证据真实性判断的考虑因素

如上所述，判断电子证据是否经过修改主要考虑修改的动机和技术可行性，而修改动机和修改可行性则需要考虑下述因素加以判断。

电子证据来源的管理体制。例如，网页形式反映的电子证据需要重点考虑网站的管理体制，主要是指对电子证据真实性有所影响的、网站本身的属性。网站的管理体制主要取决于以下五个因素：网站的交互性、网站系统的可靠性与稳定性、网站的审核与记录机制、网站的权限管理机制以虚假信息惩戒与识别机制。亦有观点从网站类型（政府网站、商业网站、个人网站等）的层面分析网站管理机制的差异以及对电子证据真实性认定的影响。网站的交互性，是指网站与网络使用者之间的数据交流情况；静态网站的信息以及动态网站中的静态信息，是由网站的系统管理员或者栏目管理员进行发布操作，网络信息的发布者不需要或很少需要对其已经发布的信息进行修改，电子证据的真实性较强；动态网站的动态信息由网络使用者输入，所以该网站的电子证据的真实性较弱。网站系统的可靠性与稳定性，是指构成网站系统的硬件、软件与固件的稳定情况以及正常运行的情况。如果网站的硬件系统没有出现过故障或者具有完备的日志系统与备份系统，那么网站的软件系统运行比较可靠。网站的审核与记录机制，是指相应的管理员对于网站内容审核的情况以及记录网络使用者的操作的日志系统的情况。如果该网站具有完善的审核机制，由网站的系统管理员或者栏目管理员进行动态信息的审核，并且具有较好的日志系统，日志系统对于网络使用者的每一个操作都加以记录，已发布信息的修改机制较为严格，例如仅有较高级别的管理员才能够对网站数据进行修改并且历次修改均具有日志记录，则该网站的电子证据的真实性较强。网络的权限管理机制，是指网站中各个不同角色的权限情况，其标志着网站信息的可修改性以及修改的难易程度。如果网站的管理比较严格，具有完善的权限分配机制，则该网站的电子证据的真实性较强。虚假信息惩戒与识别机制，是指发布虚假信息被发现的风险以及相应的不良后果。如果发布虚假信息被发现的风险较高，很容易被消费者核实，并且一旦被发现对于虚假信息发布者具有很大的不良影响，那么该电子证据的真实性较强。例如在淘宝网上，广告一种产品的形状、大小、颜色等，如果信息虚假，很容易被网络使用者发现，并且网络使用者会采用信誉评分机制对发布虚假信息的商家进行信誉的负评价，从而对该商家的未来经营构成影响。

电子证据来源与当事人之间的利害关系。以网页等电子证据形式为例，网站与当事人之间的利害关系主要涉及网站与本案件的当事人之间的特殊关系，例如合同关系、技术合作关系、赞助关系等。如果网站属于独立运营的网站，与无效宣告程序的双方当事人没有任何利害关系，那么该证据的真实性较强；如果无效宣告程序的一方当事人与网站有任何利害关系，例如无效宣告程序的一方当事人与网站具有赞助关系，该当事人系网站的赞助商或者广告商，则该证据的真实性较弱。

电子证据的表现形式。电子证据的表现形式主要是指电子证据存在的形态。电子证据实质上只是存在于磁介质或光介质之中的一些数据，它必须借助于计算机等特定电子设备，才能以一种人所能够感知的形式表现出来，因此必须使用一定形式将无形的电子证据加以固定。如果电子证据具有正式的并且固化的表现形式，那么该电子证据的真实性较强。如果电子证据具有非正式的或者易变的表现形式，那么该电子证据的真实性较弱。

电子证据的形成。电子证据的形成是指作为证据的报文的形成过程。电子证据的形成部分需要考虑如下三方面因素：报文的原始数据的产生；电子证据所依赖的计算机系统或其他类似设备的可靠性；电子证据的表现形式的制作时间。报文的原始数据的产生主要考虑报文在规范业务流程中是由计算机程序自动生成，还是由人工录入。电子证据所依赖的计算机系统或其他类似设备的可靠性主要考虑，电子证据所依赖的计算机系统或其他类似设备在主要关键时刻是否处于正常运行状态。如果电子证据所依赖的计算机系统或其他类似设备在关键时刻不处于正常运行状态，则需要考虑该事实是否影响电子记录的真实性。电子证据的表现形式的制作时间主要是电子证据的表现形式是在正常业务中得以制作，还是为无效宣告程序、民事诉讼程序而专门制作。如果电子证据的表现形式在正常业务中得以制作，则该电子证据的真实性较强。

电子证据的存储。电子证据的存储是指作为电子证据的报文的存储情况。电子证据的形成部分需要考虑如下四方面因素：存储方法、存储介质、存储主体和加密措施。在电子证据的存储方面，首先应当考察存储报文的方法是否科学。其次，应当考察存储报文的介质是否可靠。在永久性存储介质中存储的情况下，电子证据的真实性较强；在易失性存储介质中存储是情况下，电子证据的真实性较弱。另外，还需要考虑存储报文时是否加密。采用较强加密措施的电子证据的真实性较强。

电子证据的传送与接收。电子证据的传送与接收，是指作为证据的报文的传送接收方法以及传送接收过程。电子证据的传送与接收部分需要考虑如下三方面因素：所采用的数据传送手段、所采用的数据加密技术以及服务提供商的状况。在电子证据的传送与接收方面，需要考虑传递、接收报文时所用的技术手段或方法是否科学、可靠，传递报文的服务提供商等是否公正、独立，报文在传递过程中是否采用科学的加密技术等。

电子证据的收集。在电子证据的收集方面，主要需要考虑电子证据的收集主体以及收集的程序。也就是说，作为证据的报文是由谁来收集的，收集者与本案有无利害关系。就收集主体而言，如果电子证据的收集者与本案有利害关系，那么其收集的电子证据的真实性较弱；如果是经公证机关获得的电子证据，经公证机关收集的电子证据的真实性较高。就收集程序而言，主要判断收集电子证据的主体在收集电子证据的过程中是否遵守了法律的有关规定；收集电子证据的主体以秘密方式收集电子证据时是否经过授权，是否符合法定的秘密取证程序；收集电子证据的方法（如备份、打印输出等）是否科学、可靠；收集电子证据的主体在决定对报文进行重组、取舍时，所依据的标准是什么、所采用的方法是否科学、可靠。

电子证据的完整性。在电子证据的完整性方面，主要涉及电子证据内容的完整性。如果网站负责事务处理和数据处理的计算机的硬件设施符合国家规定的标准，则该网站产生的电子证据的真实性较强。如果网站负责事务处理和数据处理的计算机的硬件设施是劣质品，它保存数据或提取数据时会发生由于硬件的故障而无法存取或必须修改有关的数据才能存取数据。此种情况下，报文的完整性差，从而导致电子证据的完整性较差，从而该电子证据的真实性较弱。

3. 电子证据真实性判断的佐证

如果当事人能够提交网站的日志文件、网站管理人员的证人证言、网页时间戳的证明或者网络爬虫的时间快照等证据，那么可以佐证电子证据的真实性。

网站的日志文件。一般网站中，日志文件记载了网站服务器上进行的所有操作。故，日志文件能够反映电子证据未经修改的事实。如果当事人提交经过公证程序获得的或者经过其他合法途径获得的日志文件，在对方当事人没有提交合理反证的情况下，可以通过网站的日志文件认可电子证据未经修改。网站管理人员的证人证言。一般情况下，如果当事人提交网络管理人员的证人证言，无论上述证人证言系网站出具的单位证言还是系网站工作人员个人出具的证言，在没有该网站与该方当事人存在利害关系之证明或者合理怀疑的情况下，可以通过网站管理人员的证人证言证明电子证据未经修改。网页时间戳的证明。如果电子证据能够表现出网页的时间戳，那么在没有相反证据的情况下，可以认定，该电子证据反映了该时间戳所标识的时间下的网页情况。网络爬虫的时间快照。通过网络爬虫的时间快照，可以证明网页的真实性和公开时间。例如，通过 Google、Baidu 等知名搜索引擎的搜索，能够判断该网页在第 N 日无法搜索获得，但是在第 N +1 日可以搜索获得，那么在没有相反证据的情况下，可以认定该电子证据在第 N +1 天构成公开并且自此未经修改。

4. 当事人调集证据请求的处理

当事人提出的向网站调集证据时，处理方式如下。就当事人提出的向网站调集证据的请求条件而言，在无效宣告请求审查程序中，如果当事人及其代理人确因客观原因不能自行收集用于证明电子证据真实性的证据，那么可以申请专利复审委员会调查收集，专利复审委员会也可以根据需要依职权主动调查收集有关证据。例如该电子证据是国家有关部门的网站，系由国家有关部门管理并须由专利复审委员会依职权调取才能获得的日志文件。

针对当事人提出的向网站调集证据的请求，调查的程序应当为：专利复审委员会收到当事人依职权调查收集证据的书面申请后，合议组应当审核书面申请是否包含有以下事项：被调查人的姓名或者单位名称、住所地等基本情况、所要调查收集的证据的内容、需要由专利复审委员会调查收集证据的原因及所要证明的事实。根据当事人的申请或者案件本身的情况，合议组认为确有必要调查收集证据的，应当报请主任委员或者副主任委员审核批准。专利复审委员会调查收集证据的，一般情况下应当和地方知识产权管理部门联系，并邀请地方知识产权管理部门共同参与。专利复审委员会调查取证应当出具公函，并自行承担差旅费以及其他相关费用。专利复审委员会调查取证时，应当通知无效案件的双方当事人到场。在特殊情况下，专利复审委员会也可以委托地方管理专利工作的部门调查收集证据。专利复审委员会委托地方管理专利工作的部门调查收集证据的，应当发出公函，提出明确的要求。接受委托的地方管理专利工作的部门应当及时、认真地协助调查收集证据，并尽快回复。

（三）电子证据公开性和公开时间的认定

专利法意义上的公开，是指处于能够为公众获知的状态，也就是“公众想得知就可以得知”的状态❶，这种状态是公众想要知道

---

❶ 国家知识产权局专利复审委员会．专利复审委员会案例诠释——现有技术与新颖性［M］．北京：知识产权出版社，2004：15－16．

就能知道的状态，而不是为多少人实际得知的状态❶。就技术角度而言，电子证据所记载的内容构成专利法意义上的公开的条件是，公众能够从该网站的表示层获得电子证据所记载的内容。

1. 电子证据公开性的认定

下述类型的网站发布的信息一般被认为是公众所能得知的，可以构成专利法意义上的公开：

在搜索引擎上加以注册并能进行搜索的网站；

其存在和位置为公众所知的网站（例如，与有关学术团体或者新闻单位的网页链接的网站，以向公众提供信息的方式显示的网站等）；

对于需要输入口令的网站，如果公众中的任何人通过非歧视性的正常途径就能够获得所需口令访问网站，则该网站发布的信息可被认为是公众可以得到的；

对于需要付费的网站，如果公众中的任何人仅仅需要缴纳一定的费用就可以访问，则该信息可被认为是公众可以得到的。

下述类型的网站发布的信息一般不能被认为是公众所能得知的：

其网络资源定位地址没有公开，公众只能偶尔地进行访问的网站；

只有特定机构或者特定的成员才能访问（例如只有雇员才能访问的公司网站），并且其中的信息被作为秘密对待的网站；

网站信息采用了特殊的编码方式，一般公众无法阅读的网站（不包括通过一组付费或者不付费的方法才能公开地得到解码工具的情况）；

信息公开时间过短，不足以让公众进行访问的网站（例如在互联网上短时间公布的信息）。

---

❶ 国家知识产权局条法司. 新专利法详解［M］. 北京：知识产权出版社，2001：134-135.

2. 电子证据公开时间的认定

在充分考虑电子证据的表现形式、网站的资质、网站与当事人之间的利害关系、电子证据的形成、电子证据的存储、电子证据的传送与接收、电子证据的收集、电子证据的完整性等方面，从而认定电子证据真实的情况下，需要进一步判断电子证据的公开时间。

电子证据可能涉及的时间点包括网页的撰稿时间、网页的上传时间、网页的发布时间、网页上记载的时间、服务器上记载的时间、日志文件中记载的时间以及网页中嵌入的 Word、PDF 等特定文件信息中包含的时间。网页的撰稿时间是指，网页内容的撰稿人完成文件的撰写，并且将文件录入网站的内容管理系统的时间，通常表现为网站的内容管理系统记载的进入系统时间以及网页文件的生成时间。网页的上传时间是指，撰稿生成的网页被上传到网站并且进入网站的数据库的时间。网页的发布时间是指，网页被业务层应用于网站的事务管理中，网站访问者可以看到该网页内容的起始时间，同时也是搜索引擎能够抓取网页的起始时间。

根据上述专利法意义上的公开的理解，可以认定网页的发布时间是电子证据构成专利法意义上的公开的起始时间。

从电子证据表现形式的角度而言，涉及的时间主要包括网页上记载的时间、服务器上记载的时间、日志文件中记载的时间以及网页中嵌入的 Word、PDF 文件信息中包含的时间。网页上记载的时间是指网页上注明的时间。对调研的情况实证分析可知，网页上记载的时间通常是网页第一次被上传的时间，在此之后，如果网页内容被修改，那么网页上记载的时间仍然是网页第一次被上传的时间，而不是新修改的网页内容的修改时间。因此，在充分考虑电子证据的表现形式、网站的资质、网站与当事人之间的利害关系、电子证据的形成、电子证据的存储、电子证据的传送与接收、电子证据的收集、电子证据的完整性等方面，从而认定电子证据真实的情况下，该时间代表了网页的发布时间。服务器上记载的时间是指网页内容上传到服务器上并得以发布的时间，也就是网页的发布时间。日志文件记载了网站上所有的操作，日志文件中记载的时间包括网页的上传时间、网页的发布时间以及网页内容修改的时间。因此，可以说，日志文件记载的时间非常全面，记载了与网页相关的所有操作的时间，可用于查证电子证据实际公开的时间。网页中嵌入的 Word、PDF 文件信息中包含的时间是指该 Word、PDF 文件的撰稿时间。

综上所述，在充分考虑电子证据的表现形式、网站的资质、网站与当事人之间的利害关系、电子证据的形成、电子证据的存储、电子证据的传送与接收、电子证据的收集、电子证据的完整性等方面，从而认定电子证据真实的情况下，第一，网页的发布时间是电子证据构成专利法意义上的公开的起始时间。第二，服务器上记载的时间代表了网页的发布时间，可以作为电子证据构成专利法意义上的公开的起始时间。第三，网页上记载的时间代表了网页的发布时间，可以作为电子证据构成专利法意义上的公开的起始时间，除非对方当事人能够提供证据证明网页经过修改。第四，日志文件中记载的时间包括网页的上传时间、网页的发布时间以及网页内容修改的时间，能够根据日志文件的记载结合网页的发布时间和网页内容修改的时间，确定电子证据构成专利法意义上的公开的起始时间。第五，网页的撰稿时间、网页的上传时间均不能作为电子证据构成专利法意义上的公开的起始时间，因为在撰稿和上传的时间点上，网页内容尚未达到任何第三人想得知即可得知的状态。第六，网页中嵌入的 Word、PDF 文件信息中包含的时间不能作为电子证据构成专利法意义上的公开的起始时间。

3. 视听资料真实性和公开时间的认定

视听资料是指，以录音带、录像带、光盘和电脑及其他科学技术设备储存的音像信息证明案件事实的证据。视听资料具有综合、形象、直接、准确等特点。[1]

---

[1] 高家伟，邵明，王万华. 证据法原理［M］. 北京：中国人民大学出版社，2004：49-50.

视听资料的真实性认定应当从伪造和篡改的可能性、视听资料的完整性等方面综合考虑，存有疑点的视听资料不应当单独作为认定案件事实的根据。当事人一般应当提交视听资料的原件，但是有其他证据佐证并以合法手段取得的、无疑点的视听资料或者与视听资料核对无误的复印件，如果对方当事人没有足以反驳的相反证据，应当确认其证明力。在视听资料的审查中，应当当庭播放视听资料并且接受当事人质证。[1]

视听资料的公开时间判断，需要结合出版时间和播放时间加以确定。专利法意义上的公开出版物既可以是各种印刷的、打字的纸件，也可以是用电、光、磁、照相等方法制成的视听资料，还可以是以其他方式存在的资料。如果视听资料的载体为音像出版物，可以根据上述音像出版物的出版时间判断其构成专利法意义上公开的时间；如果视听资料的载体不是音像出版物，那么需要结合其他证据判断该视听资料的播放时间以及播放范围，如果上述播放构成任何人想得知即可得知的状态，那么可以认定播放时间即为构成专利法意义上公开的时间。需要指出的是，上述用于结合证明视听资料的播放时间以及播放范围的证据，包括合法民事主体与电视台签订的广告播放合同、电视台的单位证人证言等。

六、本节小结

在“台灯（瀑布）”外观设计专利无效纠纷案中，无效宣告请求审查决定采取盖然性标准，似有不当。笔者认为，应当采取较之民事诉讼程序更高的证明标准。在“仪表”外观设计无效纠纷案中，鉴于“co. 163. com”网站为网易电子样本发布平台，任何企业或者个人均可注册登录并发布电子样本并且并未载明网站普通企业会员资格如何获得，因此对于实体事项的证明责任仍应当由无效宣

[1] 《最高人民法院关于行政诉讼证据若干问题的规定》第40条第2款规定，视听资料应当当庭播放或者显示，并由当事人进行质证。

告请求人承担。

在“花布”外观设计无效纠纷案中，就证据2－1的表现形式，也即电子证据存在的形态进行审查。首先，虽然电子证据具有数字性，从而网页内容的打印件所反映的电子证据具有非正式或者易变的表现形式，但是该公证书中载明的网页打印件完整地反映了公证当时网页的显示情况；其次，该公证书对于下载过程的记载也能够证明该电子证据的证据来源；再次，上述网页打印件系使用公证处专用计算机访问获得；最后，该公证书能够证明在打印页形成的时刻该打印件与网页相一致。因此，该证据的表现形式并不存在瑕疵。就证据2－1所属网站的内在管理机制而言，根据证据2－1公证书（以下简称“公证书”）及附件第1、4页的记载，证据2－1反映的是“云南藏风小饰品批发网”的部分网页，该网站持有“滇ICP备05007105号”许可证，网页上注明的批发地址为“云南省昆明市北京路212号易明坊商场52号商铺”。可见，该网站属于个体商户或较小规模的私营企业网站，该类网站的审核机制较为宽松，通常不进行严格的审核，其监督机制由网站的系统管理员负责，交互性较强。因此，须进一步考察涉案当事人与网站之间是否具有利害关系。就证据2－1所属网站与当事人之间的利害关系而言，由于专利权人在法定期限内并未提交意见陈述，因此认为其并未对请求人与“云南藏风小饰品批发网”之间具有利害关系提出主张。在此基础上合议组认为，没有相应证据且没有合理怀疑表明请求人与该网站之间具备利害关系。进一步结合网站的内在管理机制，其网页监督机制由网站的系统管理员负责。从而，就电子证据修改的主观方面而言，“云南藏风小饰品批发网”不存在主动修改网页内容以及上架时间之主观动机。就证据2－1的形成、存储、传送与接收而言，根据公证书附件第5～21页的记载，该网站部分网页的URL地址中包含“/cat. asp? catid = 4”或者“/product. asp? id = 28”等类似内容，上述URL地址表明该网站采用.NET的网站架构模式。基于.NET标准，用于处理显示逻辑的显示层、用于处理业务逻辑的业务层和用于处理数据逻辑的数据层分离，数据报文的形成、存储、传送与接收均需符合 .NET 标准。由于 .NET 与 J2EE 标准均属于 BS（Brower - Server）结构下的典型网站架构模式，具有一定的安全性，通过非法访问方式修改的可能性极小。就证据 2 - 1 的收集以及完整性而言，证据 2 - 1 系使用公证处专用计算机访问获得，按照公证程序予以收集，并且根据公证书附件第 1 ~ 21 页的记载，上述网页具有完整性。从电子证据的收集以及完整性的情况判断，排除了从客户端访问过程中制造虚假报文的可能性。

综合上述因素，结合修改动机和修改可能性两个方面的考虑，在专利权人未提交合理反证并且未提出任何合理怀疑，甚至并未对证据的真实性提出异议的情况下，应当认可该电子证据具备真实性。

在使用上述因素认定证据 2 - 1 具备真实性的前提下，由于网页上记载的时间通常采用网页进入网站内容发布系统时获得的服务器时间，所以证据 2 - 1 附件第 16 页所示的“上架时间：2005 - 11 - 3　15:58:00”能够表明，该网页进入内容发布系统时服务器的时间系 2005 年 11 月 3 日 15 点 58 分整，故可认定该网页的公开时间系 2005 年 11 月 3 日。同时，由公证书第 2 页第五项可知，该网页包括附件第 16 ~ 18 页共 3 页。因此，证据 2 - 1 附件第 17 页上公开的外观设计构成本专利的在先设计。

在“花布”外观设计无效纠纷案中，证据 2 - 7 系以光盘形式存在的记载有技术内容的独立存在的传播载体，构成证据法意义上的视听资料。并且，证据 2 - 7 的封面记载有“2005 年发行”，其播放内容中也显示有“© Television Broadcasts Ltd. 2005”标记，可见其构成音像出版物，而该音像出版物的出版时间即为构成专利法意义上公开的时间。

在“电动玩具自行车”外观设计专利无效纠纷案中，首先就电子证据的表现形式而言，当事人所提供的公证书记载了网页内容的打印件并且记载了网页的下载过程。虽然电子证据具有间接性和数字性，网页内容的打印件所反映的电子证据具有非正式或者易变的表现形式，但是该打印件完整地反映了公证当时网页的显示情况；其次，该公证书对于下载过程的记载也能够证明该电子证据的证据来源；最后，该公证书能够证明在打印页形成的时刻该打印件与网页相一致。因此，对于该电子证据的真实性可以初步予以认定。然后，就网站的资质而言，美佳玩具网属于公司、私立学校的网站，该类网站的审核机制较为宽松，通常不进行严格的审核。由于其不是动态网站，所以其监督机制由网站的系统管理员负责，并且交互性较弱。另外，就网站的基本结构以及介绍而言，该网站的电子证据的存储、传送与接收、收集以及完整性通常由相关制度加以保障，因此在该网站上的电子证据的真实性判断中，需要进一步考虑网站和当事人之间的利害关系。就网站和当事人之间的利害关系而言，美佳玩具网是一家由美佳玩具有限公司设立和维护、独立经营的网站，主要向客户提供玩具查询和订购服务，美佳玩具网与双方当事人均不具有利害关系。就该电子证据的形成、存储与传送接收而言，由于美佳玩具网由美佳玩具有限公司维护，所以该电子证据报文的原始数据由美佳玩具有限公司生成；由美佳玩具网的网站服务器的数据库加以存储，并且采用 TCP/IP 协议所要求的报文形式加以传送和接收。就该电子证据的收集和完整性而言，该电子证据由公证员按照公证程序予以收集，并且具有完整性。综合上述因素，在对方当事人未提交合理反证的情况下，应当认可该电子证据具备真实性。搜索引擎根据一定的策略、运用特定的计算机程序搜集互联网上的信息，在对信息进行组织和处理后，为用户提供检索服务。因此搜索引擎进行了抓取网页、处理网页和提供网络服务的操作过程。由于美佳玩具网能够通过搜索引擎进行搜索，因此其在搜索引擎上被注册，并且美佳玩具网的存在和 URL 位置为公众所知，因此美佳玩具网上的内容具有公开性。就该电子证据的公开时间而言，将发布日期设定为 N 日内（据推算为本专利申请日期前）

时，可以通过该网站搜索到名称为“窗盒电动音乐自行车 8808”的记录，也就是说，能够通过网页对于网站服务器中的数据库查询到该记录。而将发布日期设定为 N－1 日内时，就不能通过数据库查询搜索到上述产品记录，也就是说，无法通过网页对于网站服务器中的数据库查询到该记录。因此，第 N 日可以认定为服务器中记录网页的起始时间，也就是网页的发布时间。而网页的发布时间是电子证据构成专利法意义上的公开的起始时间。综上所述，该电子证据具备真实性，并且其公开时间早于本专利申请日，可以用作评价本专利新颖性和创造性的现有技术。

在“一种双彩屏手机”实用新型专利无效纠纷案中，公证书所记载的图 4 网页 http：//www. cnii. com. cn/jinpenga118/是中国信息产业网（http：//www. cnii. com. cn/）的网页。首先就电子证据的表现形式而言，当事人所提供的公证书记载了中国信息产业网的网页内容的打印件，并且记载了通过 Google 进行搜索获得该网页的过程以及该网页的下载过程。虽然电子证据具有间接性和数字性，网页内容的打印件所反映的电子证据具有非正式或者易变的表现形式，但是该打印件完整地反映了公证当时网页的显示情况；其次，该公证书记载了通过 Google 进行搜索获得该网页的过程以及该网页的下载过程，因此能够证明该电子证据的证据来源；最后，该公证书能够证明在打印页形成的时刻该打印件与中国信息产业网的网页内容相一致。因此，对于该电子证据的真实性可以初步予以认定。就网站的资质而言，笔者对于中国信息产业网中的网站介绍的网页（http：//www. cnii. com. cn/aboutus1/index. htm）进行访问，其记载了：中国信息产业网（www. cnii. com. cn）由信息产业部主管，人民邮电报社报业集团承办，是我国通信行业唯一拥有国务院新闻办授予新闻发布权的新闻网站。并且该网站中的网页全部为静态页面，由网站的系统管理员或者栏目管理员发布或者修改信息，社会公众无权发布或者修改信息。网站的可靠性、稳定性、审核记录以及权限管理由人民邮电报社报业集团负责，并且虚假信息的惩戒与识别由人民邮电报社报业集团以及信息产业部内部的行政管理机制负责，相对严格。就网站与当事人之间的利害关系而言，从上述中国信息产业网的基本情况可知，在没有相关证据证明的前提下，应当认定中国信息产业网与双方当事人均不具有利害关系。就该电子证据的形成、存储与传送接收而言，由于中国信息产业网由人民邮电报社报业集团维护，所以该电子证据报文的原始报文数据由人民邮电报社报业集团生成；由中国信息产业网的网站服务器的数据库加以存储，并且采用TCP/IP协议所要求的报文形式加以传送和接收。就该电子证据的收集和完整性而言，该电子证据由公证员使用公证处的电话拨号上网，并按照公证程序予以收集，并且具有完整性。综合上述因素，在对方当事人未提交合理反证的情况下，应当认可该电子证据具备真实性。根据电子证据的非歧视原则，上述证据6中的网页记载的内容可以视同于与双方当事人没有利害关系的、中央国家机关主管的报纸、杂志等纸件记载的内容，与该类报纸、杂志等纸件记载的内容等同处理。

在“脚底按摩器”无效纠纷案中，专利权人提交了反证，其反证所表明的事实与证据1所表明的事实存在冲突，“Shanghai Maxcare Industrial Limited”对应的“公司简介”出现的是“Max Concept Technology（H. K.）Limitid”，与请求人的陈述不一致，请求人针对证据1的陈述出现前后矛盾，合议组无法确认证据1确实是ec21网站上哪家公司所对应的产品信息页，此时应当由请求人承担进一步举证证明证据真实性的举证责任。

在“宠物窝（蛋形）”无效纠纷案中，尽管附件1和附件5涉及的网站为社交论坛性质的网站，其公开时间存在一定的修改可能，但由附件6涉及的中国装饰网至少可以确认附件6公开的图片在2011年4月19日已经公开，所述公开日在涉案专利申请日之前。

第四章　保护篇：外观设计专利侵权判定

在进行被控侵权产品是否落入外观设计专利权保护范围的判断中，首先需要解决的问题是应当以何种主体的眼光和审美观察能力为标准判断被控侵权产品与外观设计专利是否相同或者近似。显然，不同专业背景知识、不同认知能力、不同观察注意程度的主体对外观设计的判断对象会得出截然不同的结论。美国法院在 *Door - Master Corp. v. Yorktowne Inc.* 案❶中指出，外观设计侵权判定包含两个步骤：首先，法院解释外观设计专利权的保护范围，在解释过程中要区分装饰性设计的功能性方面和非功能性方面，仅有外观设计专利中的非功能性方面可以考虑；其次，将外观设计专利的权利要求与被控侵权外观设计进行比对，这一比对过程中遵循"普通观察者"测试规则和"新颖点"测试规则。本章首先对外观设计判定主体进行讨论，然后分析类似美国外观设计专利侵权判定对第一步的外观设计保护范围确定，接着探讨涉案外观设计与被控侵权外观设计的比对，最后讨论外观设计专利侵权责任的承担等。

第一节　外观设计判定主体

所谓判断主体，是指在作外观设计侵权判断时，裁判者应该将自己放置在何种立场去判断是否构成外观设计相同或者相近似。❷外观设计侵权判定主体与外观设计确权判定主体是两个紧密相关的

---

❶ *Door - Master Corp. v. Yorktowne Inc.*，256 F. 3d 1308，1312（Fed. Cir. 2001）.

❷ 应振芳，林建军，梁朝玉，等. 外观设计专利授权标准和保护范围［C］//国家知识产权局条法司.《专利法》及《专利法实施细则》第三次修改专题研究报告. 北京：知识产权出版社，2006：472.

法律问题，本部分对于这两个问题集中进行讨论。

一、法律实践解读

【案例4－1】在“空心砖”外观设计专利侵权纠纷案[1]中，南京市中级人民法院认定，被诉侵权产品与原告专利不构成相同，也不构成近似。判断被控侵权产品与外观设计专利产品是否构成相同或者相近似，应当以该外观设计专利同类产品或者类似产品的购买或者使用的特殊消费群体的消费者的眼光和审美观察能力为标准。庭审中，经采用整体观察、综合判断的方式，将被诉侵权产品与原告涉讼专利图案进行比对，两者在主视图和后视图主要区别部位均有较大差异。作为该产品的特定消费者和使用者均应能作明显的区分，不致产生混淆和误认，所以，两者属不同的设计，被诉侵权产品不构成侵犯原告的涉讼专利权。原告孙正定主张被告金瓯公司侵犯涉讼专利权并承担相应法律责任的诉讼请求缺乏事实根据。

上诉人指出，砖块属于特定商品，应以特定消费群体的审美能力为标准，法官不直接购买使用建筑材料，对该类产品一般不具备建材常识和认知能力。江苏省高级人民法院认定，外观设计是否相同或者近似，应以外观设计产品的一般消费者施以一般注意力得出的视觉印象是否相同或者近似来加以判断，判断主体必须从一般消费者的角度和水平进行判断，不要求判断主体必须是真正的一般消费者。本案中，外观设计专利产品为空心砖，属于日常生活中常见的建材，法官从一般消费者的角度进行对比和判断并无不当。

【案例4－2】在“机动车”外观设计侵权纠纷案[2]中，原告菲亚特奥托有限公司主张，本案专利权保护的是一款微型车—New Panda（新熊猫）。2003年投放市场的New Panda在评论界中大获成

---

[1] 参见南京市中级人民法院（2005）宁民三初字第269号民事判决书以及江苏省高级人民法院（2006）苏民三终字第0009号民事判决书。

[2] 参见石家庄中级人民法院（2007）石民五初字第00115号民事判决书和河北省高级人民法院（2008）冀民三终字第84号民事判决书。

功，取得了多项大奖，如2004年，New Panda荣膺欧洲“2004年年度轿车”。这项巨大的成就，除得益于卓越的设计、高水平的性能和安全之外，主要得益于精细、创新的外观设计生产的特别引人注目的造型。目前，近百万辆New Panda轿车行驶在世界各地。被告长城汽车股份有限公司制造了长城精灵（GWPERI）汽车，菲亚特发现，被告长城汽车股份有限公司在未经菲亚特在先许可的情况下，一直在制造长城精灵（GWPERI）汽车。这款车型使用了与本案专利相似的外观设计。2006年11月被告在北京车展上展出了长城精灵（GWPERI），此后又于2007年4月在上海车展上展出了长城精灵。长城精灵（GWPERI）的照片亦可从被告的官方网站上获得。菲亚特确信，被告长城汽车股份有限公司已经为生产经营目的制造，并将继续制造侵权产品。据被告对外界宣称，侵权产品将自2007年8月起在中国销售。令菲亚特在意的是，被告长城汽车股份有限公司将把长城精灵（GWPERI）出口到欧洲，2007年年底出口到意大利。被告无视本案并进行持续生产侵权产品。被告为生产经营目的制造侵权的长城精灵汽车产品的行为侵权了菲亚特的专利权。被告的长城精灵（GWPERI）的外观设计与本案菲亚特专利要求保护外观设计非常近似，对比长城精灵（GWPERI）的与本案专利要求保护的外观设计就会发现，两者的整体结构形状、各个部分在整体中所占的比例以及整个汽车的三维形状等，即使不完全相同，也非常近似。虽然二者存在微小差别，但这些微小差别对汽车整体外观不会产生显著性的影响——二者的整体外观是如此近似，普通消费者很容易将长城精灵（GWPERI）的外观设计与本案专利所保护的外观设计相混同。据境内外的第三方媒体报道，长城精灵“抄袭”“模仿”“疑似”菲亚特New Panda，“与菲亚特新熊猫相似度99%”。这些报道已经在中国的消费者中广泛流传。

石家庄中级人民法院认定，依据原告菲亚特奥托有限公司外观设计专利所展示的图片，与被告长城汽车股份有限公司的长城精灵车型比较，其主视图、左视图、右视图、后视图均与原告菲亚特奥托有限公司外观设计专利具有明显区别，尤其是一般消费者关注的车型的前脸和尾部的区别最为明显，该明显的区别不会导致一般消费者对上述两车型设计的误认。原告菲亚特奥托有限公司所称，被告长城汽车股份有限公司的长城精灵车型的外观设计落入其外观设计的保护范围，被告长城汽车股份有限公司实施了侵犯其专利权的行为，理据不足，不予支持。原告菲亚特奥托有限公司向本院提交的公证书载明：该公司授权申请人聘请上海亚旭市场研究公司以发放调查问卷的形式，调查消费者，而证据中的调研报告则是由“亚旭（上海）市场研究顾问有限公司”出具，其两者具有明显区别，受托调研机构的真实身份，本院无法确认；公证书载明的公证事项，其中两图片是以被告长城汽车股份有限公司的两侧各设有一个油箱的车型图片为对比基础，而被告长城汽车股份有限公司的汽车车型只有一侧设有油箱，公证所依据的图片显系不实，对公证内容的真实性和公证书的公正性，不予确认。

河北省高级人民法院认定，《汽车外观与外观专利相近似程度调研报告》用于判断是否构成相似的主体，是在四个城市的大型超市、体育场等地随机截取的人员，以分发调查问卷的形式让这些人员判断两个图片中的汽车是否相似。但这些人员是否为汽车的一般购买者，无从判断。而汽车的一般购买者与非购买人员相比较，其对于汽车的关注点及程度是不同的，这种不同也会因需求目的差异对汽车外观产生判断上的影响。因此，《汽车外观与外观专利相近似程度调研报告》的调查对象，也不符合《审查指南 2006》规定的判断主体。所以，《汽车外观与外观专利相近似程度调研报告》不符合法律的相关规定，不能保证客观、全面地反映菲亚特公司所主张的问题，该调研报告不能用于判断本案争议，本院不予采信。在此情况下，菲亚特公司的主张则无相应证据予以支持，依据《最高人民法院关于民事诉讼证据的若干规定》第 2 条的规定，菲亚特公司应当承担对己不利的后果。

【案例4-3】在“手紧式钻夹头”外观设计无效纠纷案[1]中，涉案专利是名称为“手紧式钻夹头（5）”的外观设计专利。无效宣告请求人提出无效宣告请求的理由之一为：专利号为5501473的美国专利文件上公开的钻夹头产品与本专利相近似，本专利不符合《专利法》第23条规定。国家知识产权局专利复审委员会认为，将本专利与对比文件两者整体构成形式相同，局部有以下区别：本专利的手紧式钻夹头的夹头体后端呈两级侧视为梯形的矮圆台阶状，而非一级侧视为矩形的矮圆台状；后套直槽稍窄而非稍宽；前套接近后端处直径并无扩张；前端套侧视不为梯形。根据整体观察、综合判断的原则，上述区别属于局部细小差别，尚不足以造成显著的视觉差异，在消费者仅给以一般注意力的情况下，易造成对两者的混淆，因此本专利与对比文件相近似。

北京市第一中级人民法院认定，判断外观设计专利是否相近似的原则是如果一般消费者在试图购买本专利产品时，在只能凭其购买和使用该产品所留下的印象而不能见到该产品的情况下，将在先外观设计即对比文件附图所示产品误认为是本专利，则产生混同，二者属于相近似的外观设计，否则二者既不相同，也不相近似。所谓一般消费者应当具有一般的认识水平和认知能力，对本专利的同类或者相近类产品的外观设计状有常识性的了解，其不是专家或者专业设计人员，并仅施以一般注意力分辨产品的外观设计……由本院查明事实可知，本专利和对比文件附图所示产品虽存在上述区别，但本专利的手紧式钻夹头和对比文件的钻夹头整个形状均呈陀螺状，均由同轴的前套、后套、前端、夹爪组组成，前套均比后套长，前后套表面均带有防滑直槽。按照上述判断标准，一般消费者在购买本专利产品时，在仅凭其购买和使用产品所留下的印象而不

[1] 参见国家知识产权局专利复审委员会第3522号无效宣告请求审查决定、北京市第一中级人民法院（2001）一中知初字第357号行政判决书以及北京市高级人民法院（2002）高民终字第614号行政判决书。

能见到该产品的情况下，也就是说不将二者放在一起进行直接对比的情况下，不会注意到前面提到的一些局部细节区别，而只会凭其对钻夹头的整体形状的记忆进行购买。因此，一般消费者在购买本专利产品时，会将对比文件附图所示的钻夹头误认为是本专利的钻夹头，二者容易产生混同。所以，本专利与对比文件附图所示产品相比属于相近似的外观设计。

北京市高级人民法院认定，判断一件外观设计专利与公知外观设计是否相同和相近似时，应当考虑产品外观方面存在的产生变化的空间大小。本案中，"手紧式钻夹头（5）"外观设计专利与US5501473号美国专利均是手紧式钻夹头的外观设计专利，由于该产品自身的特点，决定了目前该产品外观的形状变化不会很大，且均应具有前套和后套。二者比较在前套、后套、后套顶端的设计上均有不同，这些不同足以构成本专利与已有外观设计不相同和不相近似。因此，撤销了一中院判决和复审委的决定。

可见，本案分歧源于对于涉案专利产品"手紧式钻夹头"判断主体的认知水平的不同界定，并由此形成截然不同的结果。专利复审委员会和北京市第一中级人民法院将本案外观设计判断主体定义为对手钻类工具具有常识性了解的一般消费者，而北京市高级人民法院在判决中显然更意识到手钻类工具作为一种专业类产品，其判断主体的水平和认知能力应与日常类生活用品有所不同，该判决虽然没有明确指出所采用的判断主体，但强调了"该产品自身的特点决定了目前该产品外观的形状变化不会很大"。

【案例4-4】在"路灯（飞船形）"外观设计专利无效宣告请求案[1]中，国家知识产权局专利复审委员会指出，本专利与对比文件的相同点为灯具整体设计形状近似，两者灯具形状均为类似上尖

[1] 参见国家知识产权局专利复审委员会第6335号无效宣告请求审查决定、北京市第一中级人民法院（2005）一中知初字第115号行政判决书以及北京市高级人民法院（2005）高民终字第337号行政判决书。

下圆曲率近似的多层叠加贝壳型；灯具后部均有五层台阶；灯具上部均为弧线形凸起；灯的腹部形状呈椭圆形，灯的腹部外边沿为凸起，腹部近前端设有外凸的透明罩。两者主要区别点在于：本专利灯的前端相交处为圆弧过渡，后端略平宽，而对比文件前端相交为锐角连接，后端呈椭圆形；本专利后端第四层台阶向内倾斜，而对比文件第四层台阶与灯具底面垂直；本专利灯具上部的弧度略小于对比文件上部的弧度。经过分析，国家知识产权局专利复审委员会认为，通常情况下，路灯是安装在电线杆顶部的，与公众距离较远，因此对路灯类产品适用整体观察、综合判断方法进行对比。在本案中，由于两者产品设计形状近似，在灯具外形以弧线型设计为主的情况下，弧线曲率的差异对于产品外观设计的整体视觉效果不具有显著影响，因此本专利与对比设计相近似。

北京市第一中级人民法院认为，《审查指南 2001》将外观设计相同和相近似性判断的判断主体确定为一般消费者，其原因在于，外观设计是基于工业产品产生，并通过不同于同类产品且富于美感的外观吸引消费者的注意，赢得消费者的喜爱，故只有对此类产品具有关注的心理状态并在此基础上具有一定的知识水平，产生一定认知能力的一般消费者才具有进行判断的能力。相反，如果不是该外观设计专利产品的一般消费者，则因其对于此类产品不具有关注的心理状态，缺乏相关知识和认知能力，将会导致在进行判断进缺乏客观性。因此，《审查指南 2001》所规定的一般消费者并不是仅仅指购买者，而是泛指具有一般的知识水平和认知能力，能够辨认被比外观设计产品的形状、图案以及色彩，对本专利产品的同类或者相近似类产品的外观设计状况有常识性了解的人。就本案所涉及的路灯类产品而言，具有关注此类产品的心理状态并具有一定的知识水平和认知能力的一般消费者应当是这类产品的购买者、安装以及维护人员。专利复审委员会在对本专利和对比文件进行相同或相近似判断时，以没有任何限制的"公众"作为判断主体是错误的。实际生活中，虽然路灯除了具有照明功能外，还具有一定装饰功能，但由于类似于本专利和对比文件的路灯产品是安装于几米高的电线杆的顶部，通常情况下或者因公众距离较远，或者因路灯与公众所处的明显的高低位置关系而不便观察，故公众对于这类采用较为传统的上部为灯罩，灯罩内设有灯泡设计的路灯产品一般不会施以注意。如果以公众作为判断本专利与对比文件外观设计是否相同或相近似的判断主体就使得判断缺乏准确性与客观性，从而使判断失去意义。因此，一审判决撤销专利复审委员会的上述决定。也就是说，一审判决将此案所涉及的路灯类产品外观设计的判断主体界定为，具有关注此类产品的心理状态并具有一定的知识水平和认知能力的一般消费者应当是这类产品的购买者、安装以及维护人员。

北京市高级人民法院认为，根据《审查指南 2001》的规定，在判断外观设计是否相同或相近似时，应当基于本专利产品的一般消费者的知识水平和认知能力进行评价，不同种类的产品有不同的消费群体。本案专利产品是路灯，属于公共服务设施，消费者是对在使用状态下的路灯进行观察和欣赏。在界定路灯类产品的一般消费者的时候，应当注重该类产品的使用状态。路灯的使用者及路灯功能的享用者显然包括不特定的过往行人，并非仅仅是专门从事路灯的制造、销售、购买、安装及维修人员。专利复审委员会将判断本案外观设计专利与对比文件是否相同或相近似的判断主体确定为过往行人，即“公众”，并无不当。一审判决认为普通公众对路灯类产品不能接触，也不直接消费，故将该类产品的消费群体定位于从事路灯制造、销售、购买和安装人员，不符合《审查指南 2001》对判断主体的规定。据此，北京市高级人民法院撤销了一审判决，维持了专利复审委员会的上述决定。

【案例 4－5】在“T 框型材”外观设计无效纠纷案[1]中，国家

[1] 参见国家知识产权局专利复审委员会第 4593 号无效宣告请求审查决定、北京市第一中级人民法院（2003）一中行初字第 172 号行政判决书以及北京市高级人民法院（2003）高行终字第 141 号行政判决书。

知识产权局专利复审委员会认为，型材类产品作为独立销售的产品，其设计要点主要体现在其为满足各种不同的使用功能所设计的各种不同的型材截面的形状，该截面形状是购买者首先考虑的视觉要部。将本专利与对比文件进行比较，两产品整体形状相近似，均类似“T”字形状，以“T”字上下为主轴线，“T”字两边形状对称，“T”字上端横杆上共有三个封闭的空腔，中间一个空腔形状为两端缺角的矩形，两端空腔为不规则形状，“T”字形下部的矩形外侧各有相对称的两条凸起。二者的主要区别点在于：（1）“T”字形横杆两端形状不同，本专利横杆两侧为下弯圆弧形过渡，圆弧两边有两台阶；而对比文件“T”字形横杆两端为下弯直线形；（2）“T”字形的中部形状不同，本专利“T”字形中部为内侧边不规则的矩形，矩形的中下部各有相对称的两条凸起；而对比文件“T”字形中部为矩形空腔，空腔内侧竖板上下各有两个对称的尖形凸起；（3）“T”字形下部矩形不同，本专利“T”字形下部矩形为不规则形状，矩形内边有两个对称的凸起；而对比文件“T”字形下部为矩形；（4）“T”字形下部外侧两条凸起卡口形状不同，本专利两条凸起卡口，上条卡口为平直，下条卡口为外端上翘；而对比文件两条卡口外端均上翘。

因此，进一步分析可以得知，区别点（1）本专利横杆两端是弧形过渡，对比文件是直线，但本专利的弯曲弧度不大，两边台阶并不十分明显；区别点（2）本专利“T”字形中部的矩形两条竖板两端向内弯，对比文件的“T”字形中部为矩形。但本专利矩形竖板两端向内弯曲度并不十分明显；区别点（3）本专利底部矩形内边的两个对称凸起也是局部细微的变化；区别点（4）本专利下部的两个卡口，上条平直，下条外端上翘，对比文件两条卡口外端均上翘，但对比文件卡口上翘的尺寸很小。因此从二者的整体形状看，二者存在的不同点均属于局部的细微差别，不足以使购买型材的消费者对二者产生明显不同的视觉效果。特别是在存在前述相同点的情况下，在不同的时间、不同的地点观察二者，消费者很容易将二者混淆，产生误认，因此本专利与对比文件属于相近似的外观设计。据此，专利复审委员会作出了宣告本专利无效的决定。

北京市第一中级人民法院认定，从整体看，本专利与对比文件在设计上基本相同。对于利用型材制作型材窗的人员以及型材窗的采购人员和加工制作人员来说，在施以一般注意力，不刻意地做细致对比的情况下，不易注意两者的细微判别并将两者区分开来。据此，判决维持专利复审委员会的上述决定。

北京市高级人民法院认为，型材类产品的外观设计不仅要考虑型材横截面的形状，同时还应该结合该产品的使用状态进行整体观察，综合判断。型材产品在加工成门、窗安装使用后，其截面的形状人们是看不到的，其产品的整体形状以及由此产生的视觉效果只有在安装后正常使用状态下才体现得更为明显。本专利与对比文件看似细微差别的不同点，恰恰是本专利的新颖之处，尤其是“T”字形横杆两端的弧形过渡以及台阶设计，不仅影响横杆两端的空腔形状，而且还直接影响其使用状态下的外部可视面和产品的整体形状。这种变化产生的整体视觉效果与对比文件截然不同，足以引起该类产品一般消费者的关注和喜爱，因此二者不属于相近似的外观设计。据此，判决撤销一审判决和专利复审委员会的上述决定。

在本案中，专利复审委员会和北京市第一中级人民法院均将中间产品型材的使用状态界定为未经再加工或者未与其他产品组合形成最终产品时的初始状态，认为型材的购买者、使用者即为型材类产品的“一般消费者”，即将中间产品的生产消费者作为本外观设计判断主体，认定型材作为中间产品其购买者、使用者应是专门从事型材加工的专业采购人员，他们购买型材是将型材作为生产材料再加工形成门窗、柜台等。而北京市高级人民法院将型材产品的使用状态界定为型材经再加工后形成门、窗时的最终使用状态，将型材经过再加工形成门、窗后的购买者、使用者即最终产品的使用者认定为型材产品的“一般消费者”作为本外观设计判断主体，他们往往并不具有型材类产品的专业技术知识，往往只注意型材在最终使用状态时暴露在外部分的表面形状，而体现型材功能的截面形状的异同，他们既观察不到，也不会考虑。

【案例4-6】在“平底爪链”外观设计无效纠纷案❶中，国家知识产权局专利复审委员会没有支持专利权人认为判断主体应为本领域工匠的主张，认为应该站在一般消费者的角度上观察判断专利权人的上述主张抛弃整体观察而强调细节改动。从整体视觉观察，由于二者所涉及的产品均是由多个细小单体连接成的爪链，而二者在每个细小单体的设计上仅存在些细微不同，差别并不明显，不足以导致二者的整体外观设计产生明显不同的视觉效果，尤其是在最终使用状态下一般消费者容易将二者相混淆，因此二者应属于相近似的外观设计。据此，作出宣告本专利无效的决定。北京市第一中级人民法院认为，本专利与对比文件整体形状相近似，维持专利复审委员会的上述决定，但认为爪链产品系用于饰品加工，其外观设计的相近似性判断主体“一般消费者”应为饰品加工者和维修者。

北京市高级人民院认为，在判断外观设计是否相同或相近似时，应当基于本专利产品的一般消费者的知识水平和认识能力进行评价。“爪链”产品是一种用于加工饰品的中间产品，该产品的“一般消费者”群体应当是饰品加工者或者维修者。“爪链”产品是一种柔性长链产品，由工字型连接片将披爪座串联起来，使用者根据需要截为不同长短的产品使用，连接片部分是由其功能决定的惯常设计，而爪座的形状变化更容易引起产品加工者或维修者的注意，因此，应当将爪座确定为要部。从本案专利的左、右、主、后视图均可以明显看出该外观设计呈梯形，而对比文件呈方形。在本案专利和对比文件均只有形状要素的情况下，爪座的形状上的上述变化对于关注爪链外形的饰品的加工者或者维修者来说是明显的，

---

❶ 参见国家知识产权局专利复审委员会第6180号无效宣告请求审查决定、北京市第一中级人民法院（2004）一中行初字第697号行政判决书以及北京市高级人民法院（2005）高行终字第117号行政判决书。

容易区别开来。因此，二者不构成相近似的外观设计。

专利复审委员会在审理本案例中，站在不具有专业知识的产品最终使用者角度，着重考察爪链经过再加工与其他产品组合形成的最终产品使用状态，得出两外观设计差别并不明显，一般消费者容易将二者相混淆的结论。北京市第一中级人民法院和北京市高级人民法院却将爪链产品的使用状态定义为未经再加工或者与其他产品组合形成最终产品的原始状态，认定爪链作为中间产品其购买者、使用者应是饰品加工者或者维修者，在此基础上，北京市高级人民法院更进一步地认为方形爪座与梯形爪座之间的差别是明显的，因而得出了两外观设计不相同且不相近似的结论。

二、外观设计判定主体的比较研究

外观设计判定主体是外观设计授权、确权和侵权判定中都需要考虑的重要基础性问题，下面是美国、日本、欧盟等国家和地区外观设计判定主体的基本规则与判定实务。

（一）美国外观设计判定主体的规则与实务

美国外观设计专利制度秉承新颖性和专利侵权之间的基本对称性，也就是说，“如果先期构成破坏新颖性的证据，那么后期构成专利侵权的证据”[1]。美国外观设计专利具备新颖性是指当一个普通观察者认为该设计与已知的设计不同，而不是对某已知设计进行修改而成的设计。在评判新颖性时，判断主体是普通观察者，“普通观察者”不需要有设计原理方面的知识，新颖性判断时不涉及判断外观设计与已有设计是否具有设计技术上的相近问题。

在 *Gorham Mfg. Co. v. White* 案[2]中，美国联邦最高法院指出，在一个普通观察者的眼里，他具有一般购买者通常所具有的注意

---

[1] 原文为，“That which infringes, if later, anticipates, if earlier”，参见 *Door – Master Corp. v. Yorktowne Inc.*, 256 F. 3d 1308, 1312（Fed. Cir. 2001）以及 *Bernhardt, L. L. C. v. Collezione Europa USA, Inc.*, 386 F. 3d 1371（fed. Cir. 2004）.

[2] *Gorham Mfg. Co. v. White*, 14 Wall. 511, 81 U. S. 511, 528（1871）.

力，如果两件外观设计产品实质上相同的，而且这种相似性达到了欺骗这个观察者的程度，诱使他购买这个外观设计产品而认为他是另一外观设计产品，那么，第一个获得专利权的外观设计产品即被另一个所侵犯。在 *Horwitt v. Longines Wittnauer Watch Co.* 案❶中，美国法院指出，为了具有可专利性，外观设计必须在“普通观察者眼中”而非“专家眼中”产生全新的印象。在 *Door – Master Corp. v. Yorktowne Inc.* 案❷中，美国联邦巡回上诉法院指出，“在本案的第二个步骤中，法庭比较了涉案专利与被控侵权产品。只有涉案专利与被控侵权产品实质相同才能构成侵权。如果涉案专利与被控侵权产品的相似性达到这样的程度，就可以认为二者相近似。这一程度就是，普通观察者给予购买产品时通常施以的注意力，会将具有两个外观设计的产品加以混淆……在这一比较过程中，法庭应当关注外观设计受到保护的特征并确定这些特征是否会使得普通消费者混淆。”在 *Bernhardt, L. L. C. v. Collezione Europa USA, Inc.* 案❸中，美国联邦巡回上诉法院指出，对外观设计专利侵权而言，侵权比对步骤需要满足普通观察者测试规则和新颖点测试规则……确定外观设计是否有效的标准也是如此。

美国将外观设计创造性的判定主体界定为本领域设计人员。在 *E. g., Payne Metal Enterprises, Ltd. v. McPhee* 案❹、*Hygienic Speciallties Co. v. H. G. Salzman, Inc.* 案❺、*Burgess Vibrocrafters v. Atkins*

❶ *Horwitt v. Longines Wittnauer Watch Co.*, 388 F. Supp. 1257, 185 USPQ 123, 126 (S. D. N. Y. 1975).

❷ *Door – Master Corp. v. Yorktowne Inc.*, 256 F. 3d 1308, 1312 (Fed. Cir. 2001).

❸ *Bernhardt, L. L. C. v. Collezione Europa USA, Inc.*, 386 F. 3d 1371 (fed. Cir. 2004).

❹ *E. g., Payne Metal Enterprises, Ltd. v. McPhee*, 382 F. 2d 541, 545, 155 USPQ 123, 127 (9th Cir 1967).

❺ *Hygienic Speciallties Co. v. H. G. Salzman, Inc.*, 302 F. 2d 614, 617, 133 USPQ 96, 100 (2d Cir. 1962).

Indust. 案❶以及 *In re Campbell* 案❷、*In re Hoffman* 案❸等判决中，美国法院在创造性判断中适用“相关领域普通设计人员（A designer with ordinary skill in the pertinent art）”判定主体标准。在 *In re Laverne* 案❹中，美国关税与专利上诉法院分析了专利创造性等政策因素，采取“普通人员”作为外观设计非显而易见性的判定主体标准，其指出，“在机械、化学或者电学领域，我们意识到，从 *Hotchkiss v. Greeword* 案以来，我们已经区分了‘熟悉商业的本领域普通技工’和‘发明人’，区分了例行公事的工匠和发明人，其中发明人发明了非显而易见性的发明创造。对这些发明而言，这些两类人群是同一领域的工作者…… 外观设计是由设计者完成发明和构思的。审查员将‘有能力的设计者的预期能力’作为比较的基础。然而，如果我们将其与技工类别等同，正如本案审查员所做的，并且拒绝给予常规的工作成果以外观设计专利权保护，那么我们会不会将产品外观设计的装饰设计全部排除在专利保护之外？外观设计专利制度的立法主旨在于鼓励工业设计领域的创新，那么除了‘主管设计师’这一类别谁会作此创新？我们不能将他们等同于技术领域的技工并用于可专利性测试。相应地，我们不能通过在工业设计领域发明人层次比较的方式解决非显而易见性的问题……根据《美国专利法》第 103 条的规定，我们要根据普通人员的标准确定非显而易见性。由于外观设计仅仅是外观方面的设计，因此该测试是一项视觉测试。不需要特定的技能去确定事物看起来的感受，其与个体反应有关。”*In re Laverne* 案在两个方面得到批评：一是该案判决与美国关税与专利上诉法院以及其他法院的判例相违背，二是其过度夸大了采取有能力的设计者的判定标准的影响。

---

❶ *Burgess Vibrocrafters v. Atkins Indust.*, 204 F. 2d 311, 313, 97 USPQ 366, 368 (7th Cir. 1953).

❷ *In re Campbell*, 212 F. 2d 606, 610, 101 USPQ 406, 409 - 10 (CCPA 1954).

❸ *In re Hoffman*, 68 F. 2d 978, 979, 20 USPQ 304 (CCPA 1934).

❹ *In re Laverne*, 356 F. 2d 1003, 148 USPQ 674 (CCPA 1966).

自 *In re Laverne* 案以后，美国法院在是否采取 *In re Laverne* 案判定标准方面产生了很大分歧。在 *Schwinn Bicycle Co. v. Goodyear Tire & Rubber Co.* 案❶等一系列判决中，美国法院采取了 *In re Laverne* 案等外观设计判定主体标准。但是，在 *Hadco Prods. Inc. v. Walter Kiddle & Co.* 案、*Fields v. Schuyler* 案等判决中，美国联邦第三巡回上诉法院、哥伦比亚特区法院均拒绝适用 *In re Laverne* 案的观点，均采用本领域设计人员作为判断主体。在 *In re Nalbandian* 案❷中，美国关税与专利上诉法院否决了 *In re Laverne* 案的判决，采取“本申请所属领域的普通设计人员”作为判定主体。

（二）欧盟外观设计判定主体的规则与实务

根据欧盟外观设计法的规定，欧盟外观设计的授权条件是新颖性和独特性，独特性的判定主体和外观设计侵权的判定主体一致，都是见多识广的用户。欧盟内部市场协调局认为，评价本欧共体外观设计的独特性时的参考点，不是一般消费者而是见多识广的用户，“见多识广的用户”是介于普通用户和专家之间的人，其判断水平应该比一般消费者或者一般用户（Average User）高，而较本领域普通设计人员为低，对于见多识广的用户而言，使用一个产品无须仔细打量，短短一瞥已经足够正确使用该产品。

在“牙刷”外观设计无效纠纷案❸中，无效宣告请求人对本欧共体外观设计提起无效宣告请求，认为：本欧共体外观设计缺乏新颖性和独特性，因为它与登记在日本的第1052169号外观设计（以下简称“在先设计”）容易产生混同。请求人认为本欧共体外观设计的“L”形不是新颖的而是公知的，本欧共体外观设计与在先设

---

❶ *Schwinn Bicycle Co. v. Goodyear Tire & Rubber Co.*, 444 F. 2d 295, 268 USPQ 258 (9th Cir. 1970).

❷ *In re Nalbandian*, 661 F. 2d 1214, 211 USPQ 782 (CCPA 1981).

❸ 参见欧盟内部市场协调局作出的ICD000000420号无效审查决定，引自国家知识产权局学术委员会一般课题“外观设计相同和相近似判断主体研究”，课题负责人：张跃平、钟华，课题组成员：吴赤兵、王霞军、宋晓鹏、沙柏青。

计之间的不同的因素或者细节是无关紧要的，一般消费者不会留意到，本欧共体外观设计的整体印象与在先设计是相同的。

外观设计权利人认为，即使本欧共体外观设计的基本形状来自于申请日之前的所公知的“L”形，本欧共体外观设计也有其特定的新的特征使其适合获得保护。尽管本欧共体外观设计和与在先设计的形式一致（均由两部件构成，一部件为用户的握持部件，另一部件垂直于第一部件，用于支撑刷头上的毛），但两者在第一部件的表面、两部件的轮廓和连接方式上有许多不同。此外，在讨论本欧共体外观设计的独特性时，上述因素都是不受它们功能性限制的。至于设计者的自由度受限于它们的功能方面（牙刷的“L”形结构），用户会在不受功能限制的特征上施于更多的注意力。本欧共体外观设计在线条、结构和形式上的特定因素，不能认为仅仅是细节。无论如何，评价本欧共体外观设计的独特性时的参考点，不是一般消费者而是见多识广的用户。在牙刷卫生领域，一般消费者是一个无效的参考点，因为在该参考点牙刷的外观设计的数量已经达到饱和点了。在本案中，见多识广的用户是牙医和药剂师，此类人无疑能留意到本欧共体外观设计的特定因素并得到不同的整体印象。

欧盟内部市场协调局认为，尽管两外观设计均分享了该类型产品的外部形式，但它们有如下要素的不同：（1）在先设计有一个凹槽表面和两个夹在其中的侧平面；本欧共体外观设计只有一个光滑的表面；两外观设计表面的质地和颜色不同；（2）在先设计有一个含有两个部件，一个狭窄，另一个为截头圆锥体；本欧共体外观设计只有一个部件；两者的该部件均结束于刷毛；（3）在先设计的牙刷支持部件较长，且有一个圆形扩大部位，本欧共体外观设计没有该部位；（4）在先设计在两部分之间有脊状或者边缘状连接部位，本欧共体外观设计没有该部位；（5）在先设计刷毛设置比本欧共体外观设计开角大，本欧共体外观设计的刷毛更呈垂直分布；（6）在先设计的支撑牙刷部件的顶端为平面状，而本欧共体外观设计为圆形。上述两外观设计在许多要素方面的不同并不是非实质性的特征，因此两者不是相同的外观设计，即请求本欧共体外观设计由于与在先设计相同而不具备新颖性的理由不成立。

对于独特性，欧盟内部市场协调局认为，应该考虑开发本欧共体外观设计的自由度。在牙刷领域，设计的自由度不受特定形式存在的限制。尽管牙刷的形式应与卫生功能相一致，仍有各种基本的形式以满足该功能。设计者在选择这些形式时是自由的。正如权利持有人所承认的，本欧共体外观设计选择了公知的特定的“L”形。见多识广的用户熟悉牙刷的基本特征，特别是，熟悉该部门专业人士在正常商业过程中所熟知的所有设计。他知晓这种类型牙刷的实现其功能的特定形式，该结构的形式决定于两要素（带刷毛的头，加上手柄）。有许多不同的基本形式可以被用以形成牙刷，其中之一就是“L”形。在本案中，“L”形是与技术功能相适应的基本形式。因而，见多识广的用户能会留意到超出技术功能决定的基本形式的其他区别，即不同的表面（质地和颜色）、轮廓、内部连接部件、刷毛的角度和手柄顶端的形状。这些差别足以给见多识广的用户本欧共体外观设计和在先设计不同的视觉印象。尽管本欧共体外观设计的独特性需要全面考察，见多识广的用户——不是一般消费者——能观察到本欧共体外观设计在形式上的不同的那些特定要素，产生了不同于在先设计的整体印象。因此请求人提出的本欧共体外观设计相对于在先设计缺乏独特性的理由不成立。

（三）日本外观设计判定主体的规则与实务

日本以“普通需要人员（一般消费者）”作为外观设计侵权判定和新颖性判定中相近似判断的主体标准，但是以“外观设计所属领域普通设计人员”作为外观设计创造性判断的主体标准。

例如，在“帽子”复审请求上诉案[1]中，标准视觉上产生的美感判断外观设计专利是否近似争议外观设计是一带有帽舌的帽子，

[1] 本案例引用自国家知识产权局学术委员会一般课题“外观设计相同和相近似判断主体研究”，课题负责人：张跃平、钟华，课题组成员：吴赤兵、王霞军、宋晓鹏、沙柏青。

其基本形状是通常见到的适于小孩子的帽子，即帽子本体呈倒转的碗状并带有从本体底部向外延伸的帽舌，从帽子顶部沿各个方向等分成八份，并使得这八份呈黑黄交替的颜色，帽顶底部到近帽舌地有一条黑带，帽舌为与帽顶部相同的黄色。对比外观设计是一个带有帽舌并具有通常的形状的帽子，即小山状的帽顶带有从帽顶底部向外延伸的帽舌，帽子本体从顶部沿各个方向等分成六份，并使得这六份呈暗红和橙色交替的颜色，在帽顶底部到近帽舌地方有一条暗红色带，帽舌为与帽顶部相同的橙色。日本特许厅审判部作出了维持驳回决定的复审决定，该复审决定认为：两外观设计很明显在帽顶的形状和帽舌的角度上有一些区别。但是，二者都具有普通帽子具有的典型的帽子形状，没有特别的特征。两外观设计显示设计效果并吸引观察者注意的主要特征是其图案设计。在明暗的颜色排列设计上可以发现不同点，但设计中采用两种对比色是二色产品色彩排列选择中常常使用的，在本案中选择色彩没有改变图案的构图。所以，这种明暗色彩的搭配组合是非常近似的，不能吸引视觉注意，当从二者共同具有的结构方面考虑上述差别是非实质性的。当事人不服日本特许厅的上述复审决定，向东京高等法院提起上诉。当事人认为：争议外观设计并非通常的形状，其主要特征不仅仅在图案构成方面，其形状和色彩产生了阳刚、可靠和主动活跃的视觉美感，而对比外观设计产生的美感印象类似为敏捷、轻快和娇柔美丽。两者的色彩不同，争议外观设计的黑黄色组合给人以引起“注意”这样的印象。

东京高等法院认为：除非另外声明，观察者看不到的部分的形状和色彩不是外观设计的主要特征。近似性审查标准取决于是否具备创造性，因此应当清楚应用于物品形状和色彩的公知特征不能形成外观设计的主要特征。黑黄色彩组合是公知的，很明显是提醒人们有危险，例如在建筑地点或地铁交叉口就使用这种色彩组合。所以本领域技术人员很容易将这种色彩组合用于帽子，因此这种黑黄色组合不具备创造性。当事人仍不服向日本最高法院提起申诉，当事人认为：产品不能被观察到的部分与其他可视部分结合起来考虑时是不能被忽视的；东京高等法院的判决是与法律相违背的，因为其关于相近似的依据是基于创造性作出的；相近似判断或者创造性判断必须通过观察整体进行全面综合判断，而东京高等法院只是分析了外观设计的各部分，并将每一部分进行比较，根据各部分的比较结果作出决定。日本最高法院认为：适用《日本意匠法》第3条第1款时，考虑一般消费者的观点判断外观设计的相近似性是非常重要的。相反，《日本意匠法》第3条第2款根据在先公开的形状、图案、色彩或者其组合考虑是否容易创造。在这点上，东京高等法院的判决必须被纠正，其关于色彩组合的推理过程缺乏合理性，但结论是正确的。

需要指出的是，日本学术界也将外观设计判定主体作为一个难题。有学者认为，"外观设计的近似性判断，当被告正在实施该外观设计时，应当以那些参与实施该外观设计所涉及的产品的人，是否感到了会惹起与其他产品相混淆的近似程度，来作为判断的标准。"❶ 有学者则认为，"市场交易中产品的购买者（交易者、需求者），由于产品所涉及的外观设计相近似，而将产品A误认为是已经授权的外观设计产品B，如果无视这样的情况，很明显会失去外观设计独占性法律保护的意义……因此，当交易者、需求者认为两个外观设计很相近似以至于会导致混淆时，则该两个外观设计在美感上也应该说成是相近似的。"❷

（四）我国台湾地区外观设计判定主体的规则与实务

我国台湾地区"专利法"第117条第2项规定，了解新式样内容的人必须是该新式样所属技艺领域中具有通常知识者，故在认定和解析申请专利之新式样及先前技艺之实质内容时，应以新式样所

❶ 清永利亮．外观设计相近似［C］//牧野利秋．工业所有权诉讼法（裁判实务系列9）．日本：青林书院，1985：401．

❷ 竹田稔．知识财产权侵害要论：特许·意匠·商标权［M］．3版．日本发明协会，2000：415．

属技艺领域中具有通常知识者为主。但是其“审查指南”指出，为排除他人在消费市场上抄袭或者模仿新样式专利，判断新样式是否相同或者相近似，审查人员应当模拟市场消费形态，以该新式样物品所属领域中具有普通知识以及认知能力的消费者为主体。❶

三、我国外观设计判定主体的实证分析

我国《专利法》以及《专利法实施细则》并未对外观设计侵权判定的主体和确权认定的主体作以规定。在法律实践中，我国对外观设计判定主体逐步加以分析研究，在部门规章和司法解释中加以明确。

（一）我国外观设计确权认定主体

《审查指南 1993》是我国第一部公开实施的专利审查部门规章。《审查指南 1993》第一部分第三章规定：“按一般购买者水平判断。一般购买者是指一般知识领域的人员，而不是指专家或者专业技术人员。有些相近似的产品的细微差别，专业人员能很容易地辨别出来，而一般的购买者往往会忽略掉。专利审查人员要从一般购买者的角度进行判断。”

《审查指南 2001》对此进行了修改，明确外观设计相同和相近似的判断主体。其规定：“在判断外观设计是否相同或者相近似时，以外观设计产品的一般消费者是否容易混淆为判断标准。也就是说，将一般消费者作为判断外观设计是否相同或者相近似的判断主体。所谓一般消费者是指一种假想的人，而不是专家或者专业设计人员，他以一般注意力分辨产品的外观设计，使用时不易见到的部位的外观以及不具有一般美学意义的部位的外观和要素设计不会给其留下视觉印象，他不会注意到产品的形状、图案以及色彩的微小变化。”

---

❶ 胡充寒．外观设计专利侵权判定理论与实务研究［M］．北京：法律出版社，2010：103．

《审查指南2006》进一步修改为，“在判断外观设计是否相同或者相近似时，应当基于被比设计产品的一般消费者的知识水平和认知能力进行评价。不同类别的被比设计产品具有不同的消费群体。作为某类外观设计产品的一般消费者应当具备下列特点：(1) 对被比设计产品的同类或者相近类别产品的外观设计具有常识性了解。(2) 对外观设计产品之间在形状、图案以及色彩上的差别具有一定的分辨力，但不会注意到产品的形状、图案以及色彩的微小变化。”

《审查指南2010》结合《专利法》第23条的修改，对外观设计确权判断主体作了较大修改，修改为：“在判断外观设计是否符合《专利法》第23条第1款、第2款规定时，应当基于涉案专利产品的一般消费者的知识水平和认知能力进行评价。不同种类的产品具有不同的消费者群体。作为某种类外观设计产品的一般消费者应当具备下列特点：(1) 对涉案专利申请日之前相同种类或者相近种类产品的外观设计及其常用设计手法具有常识性的了解。例如，对于汽车，其一般消费者应当对市场上销售的汽车以及诸如大众媒体中常见的汽车广告中所披露的信息等有所了解。常用设计手法包括设计的转用、拼合、替换等类型。(2) 对外观设计产品之间在形状、图案以及色彩上的区别具有一定的分辨力，但不会注意到产品的形状、图案以及色彩的微小变化。”实务界普遍认为，由于《专利法》第三次修正，《专利审查指南2010》将常用设计手法也规定为“一般消费者”所具有的知识，此时的“一般消费者”实质上已经接近不具备创新能力的设计人员。[1]

(二) 我国外观设计侵权认定主体

在外观设计专利侵权案件审理的初期，最高人民法院并未对于外观设计专利侵权判定主体作出明确规范，地方人民法院在审判实

[1] 吴大章. 外观设计专利实质审查标准新讲 [M]. 北京：知识产权出版社，2013：88-90.

践中首先进行了探索。例如，北京市高级人民法院2001年发布的《专利侵权判定若干问题的意见（试行）》第65条规定，进行外观设计专利侵权判定，即判断被控侵权产品与外观设计专利产品是否构成相同或者相近似，应当以普通消费者的眼光和审美观察能力为标准，不应当以该外观设计专利所属领域的专业设计人员的眼光和审美观察能力为标准。第66条规定，普通消费者作为一个特殊消费群体，是指该外观设计专利同类产品或者类似产品的购买群体或者使用群体。可以看出，在我国司法实践中，一开始就将“一般消费者”与同类产品或者类似产品的购买群体或者使用群体联系在一起。

《最高人民法院关于审理侵犯专利权纠纷案件应用法律若干问题的解释》第10条规定：“人民法院应当以外观设计专利产品的一般消费者的知识水平和认知能力，判断外观设计是否相同或者近似。”但是，上述司法解释并未对于一般消费者的认知水平作出明确规定，只是明确在专利侵权诉讼中外观设计专利侵权的判断主体是一般消费者，而非以该外观设计专利所属领域的专业设计人员的审美观察能力为标准。“一般消费者”的理解：首先，就“一般消费者”的基本属性而言，一般消费者是法律拟制的“人”，不是具体的某个人或某类人。其次，就“一般消费者”的基本能力而言，一般消费者对被诉侵权行为发生日之前相同或者相近种类产品的外观设计状况具有常识性的知晓，对外观设计产品之间在形状、图案以及色彩上的区别具有一定的分辨力，但不会注意到产品的形状、图案以及色彩的微小变化，同时，一般消费者不具有设计能力。

（三）我国外观设计认定主体的把握

在外观设计确权案件和侵权案件的法律实践中，最大的困惑在于，在认定区别特征之后，这些区别特征如何在整体判断中进行定位和认定。也就是说，在法律实践中，往往存在这样一种情况：同样的两幅图片对比，不同的人可能会得出是否具有明显区别以及是否构成相近似的不同结论。这一问题的解决，有赖于准确把握外观设计认定主体的基本标准。

笔者认为，工业品外观设计的基本特征体现在功能性和艺术性的结合，外观设计制度的主旨在于对功能性和艺术性结合的创新给予垄断权保护，从而激励功能性和艺术性结合的创新。从这一角度出发，外观设计制度保护客体的根本属性在于“设计”。因此，《专利法》第23条第2款法律适用过程中，判断主体应当是“本领域普通设计人员”。“本领域普通设计人员”是一种假想的人，其对涉案专利申请日之前相同种类或者相近种类产品的外观设计具有常识性了解，有能力根据产品功能需要等分析该领域外观设计的设计空间，知晓常用设计手法，可以知晓涉案专利申请日之前相同种类或者相近种类产品的外观设计使用的设计手法。同时，考虑到工业品外观设计所具有的功能性与艺术性，在外观设计侵权判定和《专利法》第23条第1款的法律适用中，判断主体应当为“一般消费者”。“一般消费者”是一种假想的人，而不是专家或者专业设计人员，他以一般注意力分辨产品的外观设计，对外观设计产品之间在形状、图案以及色彩上的差别具有一定的分辨力，但不会注意到产品的形状、图案以及色彩的微小变化，使用时不易见到的部位的外观以及不具有一般美学意义的部位的外观和要素设计不会给其留下视觉印象。

“一般消费者”与“本领域普通设计人员”的判定与证明。“一般消费者”与“本领域普通设计人员”是法律拟制的主体，这与发明、实用新型专利创造性判断中的“本领域技术人员”的概念、传统民法中“善良家父”的概念一样，都属于抽象概念，其旨在界定对相关外观设计状况的了解程度以及水平。因此，对于一般消费者的认定，人民法院应当重点审查一般消费者对于相关外观设计状况的知识水平和认知能力，不应当拘泥于具体的消费者类别。当事人对一般消费者所具有的知识水平和认知能力有争议的，应当举证证明。不能将一类人作为某种产品外观设计的一般消费者，也不能把和某种产品毫不相关的主体认定为这类产品的一般消费者。购买群体与使用群体的选择。实务中对于作为外观设计侵权判定主体的“一般消费者”究竟为购买群体还是使用群体存在一定争议。现举一个外观设计侵权纠纷案件和一个外观设计确权纠纷案件作为示例。

在“电线套管”外观设计专利侵权案中，专利界就曾有过不同看法。一种意见认为，这种电线套管一旦安装在房间中，住在这个房间中的主人可以直观地看见它，住在房间中的人就是有权评判这种外观设计和被控侵权物之间是否相同或者相近似的普通消费者。另一种意见认为，购买电线套管的人、装修房屋使用电线套管的安装人员，才能认定是这种产品的普通消费者。用这两种不同层次的普通消费者的眼光进行判断，得出的结论肯定是不同的。因此，判断一种产品和专利设计是否相同或者相近似，似乎不能不首先确定谁是该产品真正的普通消费者。法院既不能把一类人认为作为所有产品的普通消费者，也不能把和某一种产品毫无相关的人，认为是这种产品的普通消费者。[1]

在本节第一部分引述的“路灯”（飞船形）外观设计专利无效宣告请求案中，国家知识产权局专利复审委员会认为，通常情况下，路灯是安装在电线杆顶部的，与公众距离较远，因此对路灯类产品适用整体观察、综合判断方法进行对比。在本案中，由于两者产品设计形状近似，在灯具外形以弧线型设计为主的情况下，弧线曲率的差异对于产品外观设计的整体视觉效果不具有显著影响，因此本专利与对比设计相近似。一审判决认为，就本案所涉及的路灯类产品而言，具有关注此类产品的心理状态并具有一定的知识水平和认知能力的一般消费者应当是这类产品的购买者、安装以及维护人员。二审判决认为，路灯属于公共服务设施，消费者对在使用状态下的路灯进行观察和欣赏。在界定路灯类产品的一般消费者的时

[1] 广东省高级人民法院（1996）粤知终字第15号民事判决书。

候，应当注重该类产品的使用状态。路灯的使用者和路灯功能的享用者显然包括不特定的过往行人，将路灯的判断主体确定为过往行人，即“公众”，并未不当。二审判决撤销一审判决，维持国家知识产权局专利复审委员会无效宣告请求审查决定。可见，在本案中，对于“一般消费者”的理解具有两种观点：一种观点认为，应当以路人作为判断主体，理由在于，界定路灯类产品的一般消费者时，应当注意该类产品的使用状态。路灯的最终使用者及路灯功能的享有者是不特定的过往行人，而非专门从事路灯制造、销售、购买、安装及维修的人员；另一种观点认为，应当以实际购买、安装及维修人员作为判断主体。理由在于，具有关注路灯产品的心理状态并具有一定的知识水平和认知能力的一般消费者应当是这类产品的制造、销售、购买、安装及维修人员，行人不应当作为路灯产品外观设计相同或相近似的判断主体。

对于中间产品的外观设计相近似性的判断主体，是购买者还是最终使用者在实务中存在争议。现举专利确权纠纷的案例作为例证。例如，在“T 框型材”外观设计无效宣告请求案中，涉案专利是名称为“T 框型材”的外观设计专利，对比文件是 sP60 - 02 型材的外观设计截面图。国家知识产权局专利复审委员会和北京市第一中级人民法院均将中间产品型材的使用状态界定为未经再加工或者未与其他产品组合形成最终产品时的初始状态，认为型材的购买者、使用者即为型材类产品的“一般消费者”，即将中间产品的生产消费者作为本外观设计判断主体，认定型材作为中间产品其购买者、使用者应是专门从事型材加工的专业采购人员，他们购买型材是将型材作为生产材料再加工形成门窗、柜台等。而北京市高级人民法院将型材产品的使用状态界定为型材经再加工后形成门、窗时的最终使用状态，将型材经过再加工形成门、窗后的购买者、使用者即最终产品的使用者认定为型材产品的“一般消费者”作为本外观设计判断主体，他们往往并不具有型材类产品的专业技术知识，往往只注意型材在最终使用状态时暴露在外部分的表面形状，而观察不到也不会考虑体现型材功能的截面形状的异同。

四、本节小结

笔者认为，《专利法》第23条第2款法律适用过程中，判断主体应当是"本领域普通设计人员"。"本领域普通设计人员"是一种假想的人，其对涉案专利申请日之前相同种类或者相近种类产品的外观设计具有常识性了解，有能力根据产品功能需要等分析该领域外观设计等设计空间，知晓常用设计手法，可以知晓涉案专利申请日之前相同种类或者相近种类产品的外观设计使用的设计手法。在外观设计侵权判定和《专利法》第23条第1款的法律适用中，判断主体应当为"一般消费者"。"一般消费者"是一种假想的人，而不是专家或者专业设计人员，他以一般注意力分辨产品的外观设计，对外观设计产品之间在形状、图案以及色彩上的差别具有一定的分辨力，但不会注意到产品的形状、图案以及色彩的微小变化，使用时不易见到的部位的外观以及不具有一般美学意义的部位的外观和要素设计不会给其留下视觉印象。

在"空心砖"外观设计专利侵权纠纷案中，外观设计专利产品为空心砖，属于日常生活中常见的建材，应当从"一般消费者"的角度进行对比，并判断是否构成相同或者相近似。在"机动车"外观设计侵权纠纷案中，外观设计专利产品为机动车，应当从"一般消费者"的角度进行对比，其不是专业设计人员，对设计风格等无需了解，但是他能够以一般注意力分辨产品的外观设计，对外观设计产品之间在形状、图案以及色彩上的差别具有一定的分辨力。在"手紧式钻夹头"外观设计无效纠纷案、"路灯（飞船形）"外观设计专利无效宣告请求案、"T框型材"外观设计无效纠纷案以及"平底爪链"外观设计无效纠纷案中，笔者认为未来的类似案件均应当采用"本领域普通设计人员"作为判定主体，"本领域普通设计人员"对涉案专利申请日之前相同种类或者相近种类产品的外观设计具有常识性了解，有能力根据产品功能需要等分析该领域外观设计等设计空间，知晓常用设计手法，可以知晓涉案专利申请日之前相同种类或者相近种类产品的外观设计使用的设计手法。

第二节　外观设计专利权保护范围的确定

《专利法》第59条第2款规定，“外观设计专利权的保护范围以表示在图片或者照片中的该产品的外观设计为准，简要说明可以用于解释图片或者照片所表示的该产品的外观设计。”

一、法律实践解读

【案例4-7】在“猫头鹰石英钟”外观设计专利侵权纠纷中，某木钟厂设计出猫头鹰型机械木钟，并获得外观设计专利。后来该厂设计出猫头鹰石英钟产品，但是并未再申请专利，开始生产产品，并投放市场。不久，木钟厂发现某钟表厂生产和销售一种猫头鹰石英钟，认为这种猫头鹰石英钟侵犯了自己的外观设计，向人民法院提起诉讼，要求被告停止侵权行为，并且赔偿经济损失。被告在答辩中提出，外观设计专利保护范围应当以申请人向国家知识产权局提交，并在外观设计专利公报上公开的照片和图片所显示的内容为准。通过比较原告的专利图片和被告的产品，就不难发现被控侵权产品不构成对原告专利的侵权。人民法院认为，原告生产销售的产品是在自己专利设计的基础上发展的一种新的设计。这种新设计和原告的专利设计已经不一样。尽管原告的产品和被告的产品在很多方面都很相似，但是，被告的产品和原告的设计存在本质区别，被告的产品不构成对原告的外观设计专利的侵权。[1]

【案例4-8】在“推拉窗构件（维卡85系列）”外观设计专利

[1] 程永顺. 专利纠纷与处理［M］. 北京：知识产权出版社，2011：125-126.

侵权案❶中，在无效宣告程序中双方当事人均确认涉案专利系组装关系唯一的组件产品。一审法院认为，鉴于系争专利属于组装关系唯一的组件产品，系争专利的保护范围应当限于各组件的组合状态。被告确实在2份宣传材料中宣传自己生产、销售了ZT83系列拉窗，相应节点图也反映了ZT83系列推拉窗中各组件的完整组合状态，但是相同系列的型材可以由不同的组合方式，比如在原告购得的推拉窗上就没有加上纱窗扇，而且原告也没有证据证明两被告实际生产、销售的纱窗扇外观形状是否与节点图中的纱窗扇图样一致，故仅凭这些宣传材料并不能证明两被告实际生产、销售的推拉窗形状与原告的外观设计完全一致。由于系争专利的保护范围应当限于各组件的组合状态，故原告提供的证据不足以证明被告事实上生产、销售了与原告专利相同或者近似的推拉窗。二审判决与之观点相同。

【案例4-9】在“行李箱包框架型材”外观设计专利侵权纠纷案❷中，涉案行李箱包框架型材主要起到扣合箱包的作用。原告诉称，被告从2001年起生产的拉杆箱和旅行箱上使用了涉案外观设计专利，并且将适用该外观设计专利的箱包加以销售，构成外观设计专利侵权。被告是生产箱包的企业，其辩称，被告生产的箱包中使用的框架配件是在市场上购买配置的，属于使用者，同时箱包上的型材表面上看不见，不属于外观设计保护的范围，同时其使用的型材与涉案外观设计不同，因此不存在外观设计专利侵权。温州市中级人民法院认定，被控侵权型材的视觉要部在被告的箱包中并不显见，故被告的产品并未落入原告外观设计专利的保护范围，被告不构成侵权。原告向浙江省高级人民法院提起上诉，后撤诉。

---

❶ 参见上海市第一中级人民法院（2001）沪一中民五（知）初字第102号民事判决书和上海市高级人民法院（2004）沪高民三（知）终字第109号民事判决书。

❷ 参见温州市中级人民法院（2003）温民三初字第52号民事判决书。

【案例4－10】在“杯子（HVC002－55）”外观设计侵权纠纷案❶中，原告是杯子（HVC002－55）外观设计专利权人，该外观设计专利是一个杯子的外观形状，该杯子由杯体、杯盖以及杯把组成，其中杯把与杯体连成一体，杯体为圆柱体，该圆柱体由基体与上下贯通的装饰片组成，杯把的外轮廓为矩形，中间有一个类似直角三角形的孔（三个角呈现圆弧状，状如脚印），杯盖的外轮廓为扁圆柱形，盖上侧有大圆角，杯盖与杯体之间有上口线，杯体下部有带内凹的下口线。根据简要说明，该外观设计的设计要点主要体现在杯把，杯把宽厚并与杯体圆滑过渡连接成一体，杯把的内孔形状如脚印。上海市第二中级人民法院认定，被控侵权产品与外观设计专利产品属于相同产品，经比对，被控侵权产品具有“杯把宽厚并与杯体圆滑过渡连接成一体”“杯把的内孔形状如脚印”等原告外观设计专利等设计要点，其外形轮廓与原告外观设计专利相比在整体视觉效果上并无实质性差异，从一般消费者等知识水平和认知能力出发，两者在杯身及杯底上装饰线条方面等细微差异对整体视觉效果不具有显著影响，因此二者构成近似外观设计。

【案例4－11】在“柜（四方门柜）”外观设计专利侵权纠纷案❷中，被控侵权产品为两门两抽屉的蝴蝶柜，涉案专利产品为四门柜。上海市第二中级人民法院认定，虽然二者产品结构不同，但都属于用于收纳、摆放的家具柜，因此二者属于相同种类的产品，依据本院查明事实，被控侵权产品和涉案专利的不同点为：（1）本专利为四门柜，柜体正面右下部和左上部是矩形柜门，而被控侵权产品相应位置为抽屉的矩形面板；（2）被控侵权产品左上部、右下部矩形面板具有雕刻图案纹饰，而涉案专利没有图案和纹饰。对于二者的不同点（1），虽然二者矩形面板形式不同，导致产品的结构

---

❶ 参见上海市第二中级人民法院（2010）沪二中民五（知）初字第41号民事判决书。

❷ 参见上海市第二中级人民法院（2011）沪二中民五（知）初字第138号民事判决书。

和使用方式不同，但是在产品摆放时产品外观上并无不同，对于家具类产品的外观来说，一般消费者更关注的是二者面板的形状和装饰设计，而二者面板的形状完全相同，因此二者的上述区别并不会对二者产品的整体视觉效果产生实质性的影响。对于二者的不同点(2)，涉案专利产品外观上并无图案，也未请求保护色彩，因此涉案专利是单纯形状的外观设计，在进行侵权比对过程中，仅对涉案专利的形状要素进行比对，因此二者在矩形面板上是否具有浅雕刻图案纹饰的区别不予考虑，此外，在家具外部雕刻图案纹饰也是常用的设计。故被控侵权产品与涉案专利的不同点并不会对产品外观的视觉效果产生实质性的影响，二者构成相近似的外观设计，被控侵权产品的外观落入涉案专利的保护范围，侵害了原告涉案专利权。

二、以产品的外观设计为准

《专利法》第59条第2款中的“图片或者照片”包括正投影视图、立体图、展开图、剖视图、剖面图、放大图、变化状态图等，上述图片或者照片直接表达外观设计形状、图案或色彩，从而限定外观设计专利权的保护范围。外观设计专利权的保护范围是表现在图片或者照片上的产品的外观设计。需要指出的是，外观设计必须以产品为载体，外观设计专利权保护的对象是设计。“以表示在图片或者照片中的该产品的外观设计为准”的含义包括，一方面，简要说明的解释作用应以图片或照片为依据，不能超出其表示的内容；另一方面，简要说明与图片或者照片不一致的情况下，应以图片或者照片为准。

我国在专利审查实践和司法实践中曾采取“要部判断”作为外观设计确权和侵权判定的主要方法。《审查指南1993》引入了“要部判断”概念，所谓“要部”，是指相对于其他部位明显地容易引起一般消费者注意的部位。其主旨在于，解决要部不相近似产品的外观设计相近似性判断问题，亦即要部不相近似整体就不相近似，不必对其他部位进行对比，从而简化相近似性判断的过程。当时，我国司法实践中在进行侵权判定时也多采用类似的处理方式[1]。如在西蒙奇通公司朗能公司侵犯专利权纠纷案中，涉案专利为“欧式大面板跷板开关”外观设计专利，法院在作侵权比对过程中就根据情况省略了后视图比对[2]。目前，我国法律实践已经完全抛弃了“要部判断”这一判断思路，在专利确权和侵权判定中采取“整体观察、综合判断”的基本原则。

三、简要说明的法律地位

简要说明的内容。根据《专利法》第27条第1款的规定，申请外观设计专利的，应当提交请求书、该外观设计的图片或者照片以及对该外观设计的简要说明等文件。《专利法实施细则》第28条规定，“外观设计的简要说明应当写明外观设计产品的名称、用途，外观设计的设计要点，并指定一幅最能表明设计要点的图片或者照片。省略视图或者请求保护色彩的，应当在简要说明中写明。对同一产品的多项相似外观设计提出一件外观设计专利申请的，应当在简要说明中指定其中一项作为基本设计。简要说明不得使用商业性宣传用语，也不能用来说明产品的性能。”由此可见，简要说明的内容主要包括外观设计产品的名称，外观设计产品的用途，外观设计的设计要点，最能表明设计要点的图片或者照片的指定，省略视图或者请求保护色彩的情况，同一产品的多项相似外观设计中所指定的基本设计等。

简要说明中设计要点的地位。对于设计要点在确定外观设计专利权保护范围中的作用，存在两种不同观点。一种观点认为，设计要点对于外观设计相同或者相近似判断具有推定作用。也就是说，被诉侵权设计未包含授权外观设计的任何设计要点的，人民法院一

---

[1] 徐新．外观设计专利权保护范围的解释原则——以外观设计专利侵权判定为视角［J］．知识产权，2009（6）：55－59.

[2] 参见江苏省南京市中级人民法院（2005）宁民三初字第327号民事判决书。

般应当推定被诉侵权设计与授权外观设计在整体视觉效果上存在差异或者实质性差异。被诉侵权设计包含授权外观设计的全部设计要点的，人民法院一般应当推定该全部设计要点相对于其他设计特征对于整体视觉效果更具有影响。具体而言，区分外观设计中专利权保护范围的内容和现有技术内容，可以采用以下方法：一是以申请人主张的设计要点为基础推定剩余部分为现有设计部分，并禁止权利人反悔，即在审批过程中确定并已经公告的设计要点，在侵权诉讼过程中不得作扩充性解释。二是由于我国目前外观设计专利采用初步审查制，经过授权的外观设计专利权中的设计要点部分是否就是权利人独创设计，尚难确定。因此，应当允许被控侵权人举证证明专利权人所谓的设计要点中存在现有设计部分内容，然后在经过充分质证，认定事实，将被控侵权人举证证明为现有设计部分的内容排除出去，重新确定设计要点部分和现有设计部分的内容[1]。也有观点认为，设计要点不同于“要部”，在对被控侵权设计与授权外观设计的比较中，仍应该坚持整体观察、综合判断的方式，只是设计要点通常对于整体视觉效果具有更高的影响。笔者认为，在外观设计保护范围的确定以及是否落入外观设计保护范围的判定中，应当坚持整体观察、综合判断的要求，仍然应当进行整体对比，设计要点通常对于整体视觉效果具有更高的影响。

四、外观设计专利权保护范围确定的特殊问题

（一）使用状态参考图的法律地位

使用状态参考图能否对外观设计专利的保护范围具有限定作用，在现行《专利审查指南 2010》和司法解释中并无明确规定，在理论界和实务界存在不同观点。一种观点认为，使用状态参考图主要用于表示外观设计的使用方法、使用场所或者用途等，其对外

[1] 徐新．外观设计专利权保护范围的解释原则——以外观设计专利侵权判定为视角［J］．知识产权，2009（6）：55－59．

观设计专利权的保护范围没有限定作用。并且，使用状态参考图与使用状态图地位完全不同。变化状态的产品应当以其使用状态所示的外观设计作为与对比设计进行比较的对象，因此使用状态图对于外观设计保护范围具有限定作用。另一种观点认为，《专利法》第59条第2款规定，“外观设计专利权的保护范围以表示在图片或者照片中的该产品的外观设计为准，简要说明可以用于解释图片或者照片所表示的该产品的外观设计。”上述条文中并未对图片或者照片有所区分，按照《专利法》第59条第2款的立法本意，所有图片或者照片对于外观设计专利权的保护范围均有限定作用。

目前，在审查实践和司法实践中，将第一种观点作为通说。亦即，使用状态参考图与使用状态图不同，主要用于表示外观设计的使用方法、使用场所或者用途等，对外观设计专利权的保护范围没有限定作用。例如，北京市高级人民法院《专利侵权判定指南》第64条规定，“在确定外观设计专利权保护范围时，应当区分使用状态参考图与变化状态产品的使用状态视图。使用状态参考图是国务院专利行政部门在审查过程中对在简要说明中未写明外观设计产品使用方法、用途或功能的新开发的产品，或者在一些使用方法、用途或功能不明确的产品无法进行分类时，为了便于对该产品正确分类而要求专利申请人提供的视图。使用状态参考图不能用于确定外观设计的保护范围，但是可以作为确定产品类别的因素。变化状态产品的使用状态视图，应当作为确定产品外观设计保护范围的依据。”

（二）组件产品外观设计专利保护范围的确定

组件产品，是指由多个构件相结合构成的一件产品。对于组装关系唯一的组件产品，例如，由水壶和加热底座组成的电热开水壶组件产品，在购买和使用这类产品时，一般消费者会对各构件组合后的电热开水壶的整体外观设计留下印象；由榨汁杯、刨冰杯与底座组成的榨汁刨冰机，在购买和使用这类产品时，一般消费者会对榨汁杯与底座组合后的榨汁机、刨冰杯与底座组合后的刨冰机的整体外观设计留下印象，所以，应当以上述组合状态下的整体外观设计为对象，而不是以所有单个构件的外观为对象进行判断。对于组装关系不唯一的组件产品，例如插接组件玩具产品，在购买和插接这类产品的过程中，一般消费者会对单个构件的外观留下印象，所以，应当以插接组件的所有单个构件的外观为对象，而不是以插接后的整体的外观设计为对象进行判断。对于各构件之间无组装关系的组件产品，例如扑克牌、象棋棋子等组件产品，在购买和使用这类产品的过程中，一般消费者会对单个构件的外观留下印象，所以，应当以所有单个构件的外观为对象进行判断。

（三）成套产品外观设计专利保护范围的确定

涉案专利包含有若干项具有独立使用价值的产品的外观设计的，例如，成套产品外观设计或者同一产品两项以上的相似外观设计，可以用不同的对比设计与其所对应的各项外观设计分别进行单独对比。

成套产品外观设计专利保护范围的确定。根据《专利法实施细则》第 35 条第 2 款规定，用于同一类别并且成套出售或者使用的产品并且具有相同设计构思的两项以上外观设计，可以作为一件申请提出。成套产品是指由两件以上（含两件）属于同一大类、各自独立的产品组成，各产品的设计构思相同，其中每一件产品具有独立的使用价值，而各件产品组合在一起又能体现出其组合使用价值的产品，例如由咖啡杯、咖啡壶、牛奶壶和糖罐组成的咖啡器具。在成套产品外观设计的专利侵权判定时，由于每一件产品具有独立的使用价值，而各件产品组合在一起又能体现出其组合使用价值的产品，所以既可以以每一件产品的外观设计为基础进行比较，也可以将各件产品组合在一起的产品的外观设计为基础进行比较。

（四）相似外观设计专利保护范围的确定

根据《专利法》第 31 条第 2 款的规定，同一产品两项以上的相似外观设计可以作为一件申请提出。其中，一件申请中的各项外观设计应当为同一产品的外观设计。根据《专利法实施细则》第 35 条第 1 款的规定，同一产品的其他外观设计应当与简要说明中指定的基本外观设计相似。判断相似外观设计时，应当将其他外观设计与基本外观设计单独进行对比。由此可见，我国相似外观设计制度，系单一性的例外。属于相似外观设计、采取合案申请方式提出的各项外观设计均为独立的产品外观设计，都可以与被控侵权产品单独比较判断是否构成侵权。

（五）色彩在外观设计专利权保护范围确定中的作用

对色彩在外观设计专利保护范围中的地位，学术界主要观点有，色彩次位说、要素并列说、区别对待说和色彩限定说。色彩次位说认为，形状是产品最基本的要素，色彩较之形状和图案处于次要地位，一般情况下色彩相当于发明、实用新型专利权利要求的“非必要技术特征”，可以忽略。[1] 要素并列说认为，外观设计专利权不存在多层次的权利范围，其保护范围由图片或者照片所示的形状、图案和色彩共同形成的外观设计整体确定，该三要素处于并列关系。[2] 区别对待说认为，色彩是否构成外观设计专利权保护范围的限定，应当结合色彩在整个外观设计中的地位和功能加以确定，对于一项几何造型的立体产品外观设计而言，保护的着重点是其外形，假如这项外观设计同时要求保护色彩，可以将其作为重点保护的实施例。[3] 色彩限定说认为，如果专利申请人请求保护色彩，那么色彩就成为外观设计专利权的限定要素。[4]

对涉及色彩的外观设计专利申请，美国规定了明确的提交要求，但是对色彩在外观设计专利权保护范围确定的影响方面没有明确指引。美国专利商标局《美国专利审查程序手册》规定，如果在

---

[1] 刘孟斌. 产品形状、图案、色彩的关系与外观设计专利权的保护范围［J］. 知识产权，1998（2）.

[2] 徐清平. 外观设计专利请求保护色彩相关问题探讨［J］. 中国专利与商标，2007（1）.

[3] 陈建民. 外观设计专利保护的若干法律问题［C］//中华全国律师协会. 中国律师2000年大会论文精选（下册）. 北京：法律出版社，2001.

[4] 周翔. 外观设计专利保护中有关色彩问题的探讨［C］//程永顺. 专利侵权判定实务. 北京：法律出版社，2002：197.

正式申请的绘图中有色彩，应在简要说明中加入对色彩的描述；如果彩色照片或彩色绘图文件归入原始申请，色彩应考虑作为公开的外观设计整体中的一部分；如果从申请人在归档时的图片省略色彩也可以清楚看出其基本的设计，也允许在后来归档的正式图片或绘图中省略色彩；如外观设计公开的正式图片受限于在说明中陈述的外观设计草图特征，不是原始的外观设计的精确的再现；申请人须递交请求文件接受正式的彩色图片或彩色绘图。类似立法例的国家和地区还包括日本、欧盟、德国、巴西等。

对涉及色彩的外观设计专利申请，我国台湾地区规定了明确的提交要求，同时明确色彩对保护范围的确定具有影响。“台湾新式样专利审查基准”第三章：图说，第一节：图说之记载，第三部分：申请专利范围，第（3）条：指定色彩为其专利范围者，系以依附于如图所示物品形状之色彩为其专利范围，例如：“如图所示×××（创作名称）之色彩”。类似立法例还有丹麦、英国等。英国涉及色彩的典型案例是一个透明的胶囊药粒（Smith，Kline and French aboratories Limited’s Design Application），其一端是蓝色，另一端是黄色或橘黄色，绿带子缠绕中间部分，通过透明的胶囊部分可以看到里面的红白颗粒。其声称的新颖性是胶囊的各种各样不同颜色部分和通过胶囊看到的药粒色彩组合所形成的装饰。Graham J. 同意注册处观点，认为色彩有时会产生一种显著的差别，并使设计具有新颖性，在该案例中指出，与其他的不同色彩的组合装饰的类似胶囊相比，该胶囊本身对视觉产生的影响，并不是充分显著的，显著的是其色彩的不同组合。[1]

笔者认为，外观设计专利权的保护范围由图片或者照片所示的形状、图案和色彩共同形成的外观设计整体确定，形状、图案和色

[1] 张跃平．英国工业外观设计审查基准及案例介绍［R］．转引自“色彩对外观设计的影响”［EB/OL］．［2014－08－30］．http：//www.mysipo.cn/thread－1712－1－1.html.

彩三种要素对外观设计专利权保护范围的确定而言地位并列，同时，从外观设计的本质出发，产品的形状和图案可以分别单独构成外观设计专利权保护客体的设计方案，但是色彩不能单独构成外观设计专利权保护客体的设计方案，其需要和形状或者图案结合起来，才能够构成外观设计专利权保护客体的设计方案。因此，2001年《专利法实施细则》修改时，即将“产品的形状、图案、色彩或者其结合”修改为“产品的形状、图案或者其结合以及色彩与形状、图案的结合”，2008年《专利法》修改时将该条从《专利法实施细则》移至《专利法》，内容并未改变。

五、本节小结

在“猫头鹰石英钟”外观设计专利侵权纠纷案中，因为外观设计专利权的保护范围以表示在图片或者照片中的该产品的外观设计为准，所以在外观设计专利侵权判断中需要将被控侵权产品与涉案专利的图片或者照片中所示出的形状、图案以及色彩进行比较，不能将专利权人实际生产销售的外观设计产品作为侵权判断的根据。在“推拉窗构件（维卡85系列）”外观设计专利侵权纠纷案中，涉案专利系组装关系唯一的组件产品，在购买和使用这类产品时，一般消费者会对各构件组合后的电热开水壶的整体外观设计留下印象，应当以上述组合状态下的整体外观设计为对象，而不是以所有单个构件的外观为对象进行判断。对于组装关系不唯一的组件产品，例如插接组件玩具产品，在购买和插接这类产品的过程中，一般消费者会对单个构件的外观留下印象，应当以插接组件的所有单个构件的外观为对象，而不是以插接后的整体的外观设计为对象进行判断。对于各构件之间无组装关系的组件产品，一般消费者会对单个构件的外观留下印象，应当以所有单个构件的外观为对象进行判断。在“行李箱包框架型材”外观设计专利侵权纠纷案中，涉案行李箱包框架型材主要起到扣合箱包的作用，外观设计侵权判定主体应当为行李箱包框架型材领域的一般消费者。亦即，判定主体并非抽象的一般消费者，而是对行李箱包框架型材领域的一般消费者，对框架型材之间在形状、图案以及色彩上的差别具有一定的分辨力。在“杯子（HVC002－55）”外观设计侵权纠纷案中，涉案专利的设计要点“杯把宽厚并与杯体圆滑过渡连接成一体”“杯把的内孔形状如脚印”对视觉效果具有显著影响，被控侵权产品与涉案外观设计在这一方面并无实质性差异，另外，被控侵权产品的外形轮廓与原告外观设计专利相比在整体视觉效果上也无实质性差异，从一般消费者等知识水平和认知能力出发，两者在杯身及杯底上装饰线条方面等细微差异对整体视觉效果不具有显著影响。在“柜（四方门柜）”外观设计专利侵权纠纷案中，涉案专利产品外观上并无图案，也未请求保护色彩，因此涉案专利是单纯形状的外观设计，在进行侵权比对过程中，仅对涉案专利的形状要素进行比对，因此二者在矩形面板上是否具有浅雕刻图案纹饰的区别不予考虑。另外，容易观察到的部位相对于不易观察到的部位更具有显著影响，对于家具类产品的外观来说，一般消费者更关注的是二者面板的形状和装饰设计，而二者面板的形状完全相同，因此二者的上述区别并不会对二者产品的整体视觉效果产生实质性的影响。

第三节　落入外观设计专利权保护范围的判断

在确定外观设计专利权的保护范围之后，需要判断被控侵权设计是否落入到外观设计专利权的保护范围之内。本节主要讨论如何进行被控侵权设计和涉案外观设计的比较。

一、法律实践解读

【案例4－12】在“三抽柜（蛋形）”外观设计专利侵权纠纷案[1]

[1] 广东省中山市中级人民法院（2010）中中法民三初字第83号民事判决书、广东省高级人民法院（2011）粤高法民三终字第229号民事判决书和最高人民法院（2011）民申字第1406号民事判决书。

中，涉案专利如图4－1所示，产品是一款有三个抽屉的柜子，该柜子由柜顶、柜体和柜脚三个部分组成。从主视图看，柜体设置有三个抽屉上下依次排列，抽屉均是呈四长方形，中间有一个圆形拉手，每两个抽屉之间有一条状间隔，正面有一只类似百合花状图案贯通三个抽屉；从俯视图看柜顶呈蛋形的椭圆状、边缘有围栏式的突起，使柜顶呈一个盆状，盆中央是一支与主视图类似的百合花状图案；从左视图看柜体上设置有一个长条形八角装饰块，其内有一支类似百合花状图案；从后视图看，柜体左右两侧各有一装饰条，中间位置为空白；从仰视图看，柜脚外形也呈椭圆形，在椭圆形中对称分布四只T形脚座。本专利的简要说明为：右视图与左视图对称，省略右视图。

被诉侵权产品如图4－2所示，将其与涉案专利进行比对，原告认为本专利与被诉侵权产品除了表面花状图案表现不同外，两者其他方面均相似。被告认可被诉侵权产品与本专利外观设计的外观形状是相似的，但被诉侵权产品表面上的图案与本专利完全不同。被告认为首先是花形不同，本专利花形类似百合花，被诉侵权产品图案是牡丹花。其次在表现形式上，本专利主视图是一枝花贯通三个抽屉，被诉侵权产品则是每个抽屉上都有独立的花形，三个抽屉上的花形独立没有贯通。最后从俯视图看，本专利柜顶盆状中央有花的图案，而被诉侵权产品没有。因此，在外观形状上被诉侵权产品虽与本专利相似，因所附图案不同，被诉侵权产品与本专利不相似。原告则认为，一般消费者主要是通过形状来认知三抽柜，被告也承认被诉侵权产品与本专利构成近似，花形图案对产品的整体外观不足以构成影响；被诉侵权产品在本专利有花纹的地方均设置了花状图案，这也是近似的一部分。以一般消费者眼光首先注意的就是产品外观形状，消费者看到被诉侵权产品花纹也会对本专利产生一定的联想而造成混淆，所以花纹部分不足以影响产品整体的外观效果，被诉侵权产品与本专利相似。

图 4 -1 "三抽柜（蛋形）"外观设计专利侵权纠纷案涉案专利

图4－2　“三抽柜（蛋形）”外观设计专利侵权纠纷案被控侵权产品

一审法院认为，本案中，双方争议的焦点问题是被诉侵权产品的外观设计与本专利是否相似。经查，本专利与被诉侵权产品均是有三个抽屉的椭圆形柜子，为同类产品。庭审中将本专利与被诉侵权产品进行比对，本专利与被诉侵权产品的柜顶、柜体和柜脚三个部分外观设计的外观形状均相似，被告对此也没有异议。但从被诉侵权产品表面花状图案、图案的表现形式及俯视图看，本专利柜顶盆状中央有花状图案，而被诉侵权产品没有，这些差异也是明显存在的。双方当事人对以上差异是否影响被诉侵权产品与本专利相似的认定存在争议。本专利的保护范围既包括产品外观形状，也包括产品上所附花状图案以及以上二者的结合所展现的外观设计，是对产品的形状、图案及其结合所作出的富有美感并适于工业应用的新设计。相应该外观设计应包括产品的外观形状、图案及其结合等设计要素。比对中双方认可的外观形状相似只是其中一部分，还必须对产品外观设计的图形及其外形与图形的结合等要素全面进行比对才可确认二者外观设计是否相似。而对产品图形的对比主要从图形的题材、构图方法、表现方式及花样大小等因素观察，对二者的结合应主要从有无图形及图形位置等方面考虑。庭审查明的事实显示，本专利与被诉侵权产品外观设计中的图形、题材、构图方法、表现方式及花样大小均不同。本专利图形的整体视觉效果表现为图形的布局具有统一性，布局较宽大，花形图案的设计纤细、飘逸。被诉侵权产品图形的整体视觉效果表现为图形分布较均匀、集中，各花形独立、位置居中，花形与枝叶紧凑。二者图形具有不同的美感和表达方式，并不相似。在外观形状与图形的结合方面，二者的图形位置虽大致相同，但因花形上的差异，造成本专利图形所占面积较多，几乎充满所附装饰块的空间，而被诉侵权产品的花形只占所附装饰块面积的中间部分，周边较空。特别是从产品正常使用中使消费者容易直接观察到的俯视图看，本专利柜顶盆状中央有花状图案，被诉侵权产品没有，二者在此部分有重大区别。因此本专利与被诉侵权产品设计在外观形状与图形的结合方面也不同。综上，本专利与被诉侵权产品的外观设计虽然在外观形状上相似，但由于在图形及外观形状与图形的结合上存在差异，使二者的整体视觉效果不同，以一般消费者的知识水平和认知能力是可以将二者区别开来，不会因被诉侵权产品而对本专利产生联想造成混淆，因此本专利与被诉侵权产品不相似。

二审判决认为，本案被诉侵权产品与专利产品“三抽柜”，系同类产品。将被诉侵权设计与专利相比对，相同之处为：两者的柜顶均呈蛋形的椭圆盆状；两者的柜体正面均有三个抽屉上下依次排列，各抽屉呈四边形，每两个抽屉之间有一条状间隔，中央位置有一圆形突起，柜体的两个侧面均设置有八边形装饰条；柜脚均呈椭圆形，四角各有一T形脚座，对称排列。被诉侵权设计与专利的不同之处为：前者柜顶无装饰，后者柜顶有百合花样装饰；前者柜体正面每个抽屉中央位置有一团簇状牡丹花装饰，且各抽屉的牡丹花相互独立，不贯通，后者正面三个抽屉由一支贯通的百合花装饰，且该支百合花的花和叶飘逸、匀称地遍布三个抽屉表面；前者柜体两侧的八边形装饰条内仅中部位置各有一团簇状牡丹花装饰，后者柜体两侧的八边形装饰条内各有一支飘逸、匀称遍布状百合花装饰；前者T形脚座有阶梯状材料组成，后者T形脚座由弧形材料组成。从上述分析可见，被诉侵权设计与本案专利在柜体的整体形状、柜体各组成部分的形状以及布局方式等方面基本相同，但在装饰图案方面有差异。本案专利系经国家专利行政部门初步审查后合法授权，在君豪公司未举证证明该专利产品的形状为该类产品的惯常设计的情况下，四方形三抽柜和八边形装饰框与“蛋形”圆柱体柜体按照特定的方式结合、布局，是本专利最显著的设计特征，形状对于整体的视觉效果影响更大。而图案的差异仅为局部的、细微的差异，以一般消费者的知识水平和认知能力，难以认为两者在整体视觉效果上存在实质性差异，应当认定被诉侵权设计与本案专利构成近似，落入本案专利的保护范围。

最高人民法院认为，被诉侵权产品与涉案外观设计专利产品均为蛋形三抽柜，二者在柜顶、柜体和柜脚部分的外观形状基本相同。其主要的区别点是装饰图案不同：一是前者柜顶无装饰，后者柜顶有百合花装饰；二是后者以一支飘逸、匀称遍布状百合花装饰的部分，前者均以一团簇状牡丹花装饰。结合本案的现有证据来看，四方形三抽柜和八边形装饰框与“蛋形”柜体的组合和布局是本案专利设计区别于现有设计的设计特征。因此，被诉侵权产品和本案专利产品的外观设计在柜体的整体形状、柜体各组成部分的形状以及布局方式上的基本相同相比其他设计特征对于外观设计的整体视觉效果更具有影响。被诉侵权设计与本案专利设计虽然在装饰图案上存在差异，但二者均为花卉图案，图案的题材相同，在柜体的装饰布局上也基本相同，被诉侵权设计实质采用了本案专利设计的设计方案。以牡丹花图案替换本案专利设计的百合花图案，这种简单替换所导致的差异对于整体视觉效果的影响是局部的、细微的，以一般消费者的知识水平和认知能力来判断，该差异不足以将被诉侵权设计和本案专利设计区分开来，对于判断被诉侵权设计和本案专利设计在整体视觉效果上构成近似无实质性影响。

【案例4-13】在“木纤维编织物（2）”外观设计专利侵权纠纷案[1]中，涉案专利的产品名称是木纤维编织物（2），在国际外观设计专利分类表中属于纺织品、人造或者天然被单类材料大类中的纺织纤维品类（05-05），而被控侵权产品为“西西美”亚草席，其上的图案设计与涉案外观设计专利相同，被控侵权产品是席子，在国际外观设计专利分类表中属于家具大类中的地毯、地垫、小地毯类（06-11）。

浙江省宁波市中级人民法院认为，涉案专利和被控侵权设计在国际外观设计专利分类表中属于不同大类的产品，从产品的功能与用途上来看，涉案专利属于片才类，该片才具有透气、凉爽等特点，适宜作席子、枕巾、沙发垫等夏季用品。而被控侵权产品为席子，与涉案专利产品在功能和用途上都不相同，因此，二者属于不同类的产品，不构成侵权。

浙江省高级人民法院认为，相同产品一般是指产品的用途和功能完全相同的产品，相似产品是指产品的用途相同但是具体功能有所不同，因此相同或者相似产品的认定应当以产品的用途与功能来进行判定，不能以产品的类别作为依据。产品的类别、名称、销售和实际使用情况可以作为产品用途的参考。根据本案专利的照片以及简要说明中记载的内容显示，专利产品属于平面产品，其图案四方连续，并且简要说明中未对平面产品的单元图案四方连续有无限定边界的情况作出说明，因此可以认定专利产品为有限定边界的平面产品。根据专利产品适用的材料和编织方法，并结合专利照片可确定专利产品具有透气、凉爽的功能，其用途可以用作夏季用品中的席子、坐垫等。本案中的被控侵权产品也是一种席子，并且与专利产品所使用的材料相同，均为人工合成编织物。虽然专

[1] 参见浙江省高级人民法院（2005）浙民三终字第26号民事判决书。

利产品除席子之外还有其他用途，但是这并不影响二者用途相同，因此可以认定本案专利产品与本案被控侵权产品属于相同或者相似产品。

【案例4－14】在“摄影用便携式组合LED灯盘模块”的外观设计专利侵权纠纷案❶中，被控侵权产品和涉案专利经比对，主要的相同点为：（1）整体形状均为长方体形状；（2）前表面中部均具有LED灯矩阵；（3）后表面右端均有电池槽。主要的不同点为：（1）侧面与前表面的设计不同，涉案专利平整无设计，被控侵权产品具有贯通的条状凹槽；（2）LED灯的数量不同；（3）前表面四个角的设计不同，涉案专利的四个角平整无设计，被控侵权产品的四个角上分别具有一个圆形且突出的滤光片吸盘；（4）连接凹槽和连接凸块的位置设置不同，涉案专利的上部和右部为连接凸块，下部和左部为连接凹槽，被控侵权产品的连接凹槽和连接凸块的位置相反；（5）后表面的设计不相同，除二者右端均有电池槽外，其余设计均不同。

上海市第二中级人民法院认为，被控侵权产品和涉案专利属于相同种类的产品。虽然涉案专利和被控侵权产品在整体形状和LED灯矩阵的设计上相同或相似，但一般消费者熟知矩形是具有叠加拼接功能的便携式组合LED灯盘模块的一种常见形状，LED灯呈矩阵排布也是一种常见的排布方式。被控侵权产品与涉案专利具有多处设计特征不同：如前表面与侧面是否有条状凹槽，前表面四角处是否有圆形且突出的滤光片吸盘，后表面的通孔形状和布局不同，后表面是否具有操作区以及操作区按钮图案等，上述的不同点会引起一般消费者的注意，对产品外观的整体视觉效果已产生实质性的影响，故被控侵权产品与涉案专利既不相同也不相近似，被控侵权产品没有落入涉案专利的保护范围，不构成对原告涉案专利的侵

❶ 参见上海市第二中级人民法院（2011）沪二中民五（知）初字第100号民事判决书。

害。据此，对原告提出的被告照材公司侵害原告涉案专利的主张和被告照材公司应停止侵权、赔偿损失的诉讼请求，因缺乏事实和法律依据，本院不予支持。

二、落入外观设计专利权保护范围判定的判断方式

在判断是否落入外观设计专利权的保护范围时，需要遵循整体观察、综合判断，单独对比等判断方式的要求。

（一）整体观察、综合判断

整体观察、综合判断的基本含义。人民法院认定外观设计是否相同或者近似时，应当遵循全面观察设计特征、综合判断整体视觉效果的基本原则。通过整体观察、综合判断，综合考虑涉案外观设计专利和被控侵权产品的相同点和不同点，综合确定产品整体外观的视觉效果是否相同或相近似。

整体观察、综合判断与设计要点。被诉侵权设计未包含授权外观设计的任何设计要点的，人民法院一般应当推定被诉侵权设计与授权外观设计在整体视觉效果上存在差异或者实质性差异。被诉侵权设计包含授权外观设计的全部设计要点的，人民法院一般应当推定该全部设计要点相对于其他设计特征对于整体视觉效果更具有影响。也就是说，在整体观察、综合判断原则的法律适用中，设计要点绝非以前要部判断原则所述的“要部”。设计要点系当事人在提出外观设计专利申请时对其投入智力劳动和在美学上创造应用的部分，[1] 是当事人认为该外观设计专利申请区别于现有设计之处。在进行是否落入外观设计专利权保护范围的判定时，仍然应当站在“一般消费者”的角度进行整体观察、综合判断。也就是说，在进行是否落入外观设计保护范围的判断中，通常在被控侵权产品包含了涉案外观设计的创新点并且从整体上与涉案外观设计构成相同相

[1] 胡充寒. 外观设计专利侵权判定理论与实务研究［M］. 北京：法律出版社，2010：60－61.

近似的情况下，才能认定被控侵权产品落入外观设计保护范围。其中，“在被控侵权产品包含了涉案外观设计的创新点”的判断，需要结合设计要点、设计空间等因素综合考虑。

（二）单独对比与直接对比

一般应当将被控侵权产品与涉案专利进行单独对比，不应将两个或者两个以上的被控侵权产品结合与涉案专利进行对比，也不能将被控侵权产品与专利产品进行对比。如果涉案专利是包含若干项具有独立使用价值的产品的外观设计，例如成套产品外观设计或者同一产品两项以上的相似外观设计，可以采用不同的外观设计与对应的各项外观设计单独对比。对于组件产品外观设计，可以将与组装后的被控侵权产品进行对比。对于成套产品外观设计、组件产品外观设计和相似产品外观设计的保护范围确定，在下面的章节还会进一步讨论。

在进行是否落入外观设计专利权保护范围的判断中，需要通过视觉直接观察而非借助仪器或者化学分析手段，进而判断被控侵权产品与涉案外观设计是否相同或者相近似。

三、落入外观设计专利权保护范围判定的总体思路

《最高人民法院关于审理侵犯专利权纠纷案件应用法律问题的解释》第 8 条规定，在与外观设计专利产品相同或者相近种类产品上，采用与授权外观设计相同或者近似的外观设计的，人民法院应当认定被诉侵权设计落入《专利法》第 59 条第 2 款规定的外观设计专利权的保护范围。

因此，在对是否落入外观设计专利权保护范围作出判定时，首先要确定被诉侵权产品与专利产品是否属于同类产品。在随后判定被诉侵权设计是否落入涉案专利的保护范围，应当采用整体观察、综合判断方法，以一般消费者的知识水平和认知能力为标准判断两者是否相同或者近似。

同时，也有观点认为，无论《专利法》还是《专利法实施细

则》均没有限定产品种类，《专利法》第59条第2款规定中“外观设计专利权的保护范围以表示在图片或者照片中的该产品的外观设计为准”，其中“该产品”的含义主要在于表明外观设计的设计方案必须与产品相结合，不能脱离产品之外单独予以保护。只要被控侵权人出于改善其产品外观设计装饰效果的目的，在其产品上采用授权外观设计，使其被控侵权产品在形状、图案或者色彩上与专利产品相同或者实质上相同，就应当认定构成了侵权行为，至于两者从功能或者用途角度来看是否存在何种区别是无关紧要的。[1]

四、相同、相近产品种类的判定

产品种类判断的主要依据。《最高人民法院关于审理侵犯专利权纠纷案件应用法律问题的解释》第9条规定，人民法院应当根据外观设计产品的用途，认定产品种类是否相同或者相近。确定产品的用途，可以参考外观设计的简要说明、国际外观设计分类表、产品的功能以及产品销售、实际使用的情况等因素。

产品种类判断的主要思路。在外观设计侵权判定中，需要确定专利产品与被控侵权产品的用途、种类是否相同或相近似。只有在二者产品用途完全相同、部分相同或者相近似的情况下，才能进一步判断是否侵犯了外观设计专利权人的权利。不应当将比对的尺度放宽到所有产品上。产品种类是否相同或相近似的依据是外观设计产品的用途，相同种类产品是指用途完全相同的产品。相近种类的产品是指用途相近的产品。当产品具有多种用途时，如果其中部分用途相同，而其他用途不同，则二者应属于相近种类的产品。产品的用途可以参考外观设计的简要说明、国际外观设计分类号、产品的功能以及产品销售、实际使用的情况等因素综合考虑。虽然在外

[1] 尹新天．中国专利法详解［M］．北京：知识产权出版社，2012：642－644．

观设计实质性授权条件中增加了对外观设计的转用的要求，[1] 但是外观设计专利侵权判定仍然限定在涉案专利种类相同或相近的种类上进行。

由“木纤维编织物（2）”外观设计专利侵权纠纷案可以看出，相近种类的产品是指用途相近的产品。当产品具有多种用途时，如果其中部分用途相同，而其他用途不同，则二者应属于相近种类的产品。产品的用途可以参考外观设计的简要说明、国际外观设计分类号、产品的功能以及产品销售、实际使用的情况等因素综合考虑。

五、相同、相近似外观设计的判定

在认定属于相同、相近种类产品的外观设计的基础上，需要对于外观设计是否构成相同或者相近似进行判断。

（一）相同、相近似外观设计判定的总体思路

《最高人民法院关于审理侵犯专利权纠纷案件应用法律问题的解释》第 11 条规定，人民法院认定外观设计是否相同或者近似时，应当根据授权外观设计、被诉侵权设计的设计特征，以外观设计的整体视觉效果进行综合判断；对于主要由技术功能决定的设计特征以及对整体视觉效果不产生影响的产品的材料、内部结构等特征，应当不予考虑。下列情形，通常对外观设计的整体视觉效果更具有

[1] 《专利审查指南2010》第四部分第五章第 6 节规定，根据《专利法》第 23 条第 2 款的规定，授予专利权的外观设计与现有设计或者现有设计特征的组合相比，应当具有明显区别。涉案专利与现有设计或者现有设计特征的组合相比不具有明显区别是指如下几种情形：（1）涉案专利与相同或者相近种类产品现有设计相比不具有明显区别；（2）涉案专利是由现有设计转用得到的，二者的设计特征相同或者仅有细微差别，且该具体的转用手法在相同或者相近种类产品的现有设计中存在启示；（3）涉案专利是由现有设计或者现有设计特征组合得到的，所述现有设计与涉案专利的相应设计部分相同或者仅有细微差别，且该具体的组合手法在相同或者相近种类产品的现有设计中存在启示。对于涉案专利是由现有设计通过转用和组合之后得到的，应当依照（2）、（3）所述规定综合考虑。应当注意的是，上述转用和/或组合后产生独特视觉效果的除外。

影响：（一）产品正常使用时容易被直接观察到的部位相对于其他部位；（二）授权外观设计区别于现有设计的设计特征相对于授权外观设计的其他设计特征。被诉侵权设计与授权外观设计在整体视觉效果上无差异的，人民法院应当认定两者相同；在整体视觉效果上无实质性差异的，应当认定两者近似。

也就是说，外观设计是否相同或者近似的判断，以外观设计的整体视觉效果为基础进行。如果被诉侵权设计与授权外观设计在整体视觉效果上无差异的，人民法院应当认定两者相同；在整体视觉效果上无实质性差异的，应当认定两者近似。在进行整体视觉效果是否无实质性差异时，不仅要考虑差别在整体设计中所占比例，同时需要考虑区别于现有设计的设计特征、新功能产生的整体视觉效果变化、材质和制作工艺产生的整体视觉效果变化、区别点所处的位置是否为视觉关注以及设计要点和惯常设计的影响等。

（二）区别于现有设计的设计特征

正如“蛋形抽屉柜”案所示，外观设计专利区别于现有设计的设计特征对于外观设计的整体视觉效果更具有显著影响。判断是否构成相同或者相近似外观设计的时候，需要着重考虑外观设计专利区别于现有设计的设计特征。在被诉侵权设计采用了涉案外观设计专利的设计特征的前提下，装饰图案的简单替换不会影响两者整体视觉效果的近似。

（三）设计要点与惯常设计

设计要点对于相近似判断的影响。通常而言，被诉侵权设计未包含授权外观设计的任何设计要点的，人民法院一般应当推定被诉侵权设计与授权外观设计在整体视觉效果上存在差异或者实质性差异。被诉侵权设计包含授权外观设计的全部设计要点的，人民法院一般应当推定该全部设计要点相对于其他设计特征对于整体视觉效果更具有影响。

惯常设计对于相近似判断的影响。通常而言，当事人举证证明某设计特征属于惯常设计的，人民法院应当认定不属于惯常设计的其他设计特征相对于该设计特征对于整体视觉效果更具有影响。例如，在“味精包装袋”外观设计专利侵权纠纷案中，原告专利所示的味精包装袋形状为长方形，包装袋正面中下部有一只大的龙虾图案，其头朝右上方尾朝左下方，图案上部偏右有“味精”几个大字以及其他较小文字和标志图案，图案下方为一行较小文字，袋的两侧边缘各有一列较小文字，包装袋背面为产品说明性图表、文字和条形码。被告的味精包装袋形状为长方形，包装袋正面中下部有一大一小两只龙虾图案，其均头朝右上方尾朝左下方，图案上部有“特级”“无盐味精”几个大字及其他较小文字和标志图案，图案下方为一行较小文字，包装袋背面为产品说明性图表、文字和条形码。

一审法院和二审法院认为，将被告的味精包装袋与原告专利公告图片中所示的该外观设计专利产品相比对，两者包装袋的形状和所采用的龙虾图案相同；而两者包装袋的文字内容、部分文字排列和标志图案以及龙虾数量、大小比例不同。由于长方形的味精包装袋是同类产品的常规设计，并且包装袋背面有关产品的说明性文字、图表设计在外观视觉效果上是十分次要和弱化的，因此，味精包装袋外观设计上引起一般消费者注意的主要是正面的图案。被告的味精包装袋采用的龙虾图案虽然和原告专利产品的龙虾图案相同，但是由于两者图案上的龙虾数量不同，对于一般消费者来说具有明显差异，两者不属于相近似的外观设计。[1]

六、本节小结

在“三抽柜（蛋形）”外观设计专利侵权纠纷案中，四方形三抽柜和八边形装饰框与“蛋形”柜体的组合和布局是本案专利设计区别于现有设计的设计特征。因此，被诉侵权产品和本案专利产品

---

[1] 浙江省宁波市中级人民法院（2005）甬民二初字第4号民事判决书和浙江省高级人民法院（2005）浙民三终字第222号民事判决书。

的外观设计在柜体的整体形状、柜体各组成部分的形状以及布局方式上的基本相同相比其他设计特征对于外观设计的整体视觉效果更具有影响。被诉侵权设计与本案专利设计虽然在装饰图案上存在差异，但二者均为花卉图案，图案的题材相同，在柜体的装饰布局上也基本相同，被诉侵权设计实质采用了本案专利设计的设计方案。以牡丹花图案替换本案专利设计的百合花图案，这种简单替换所导致的差异对于整体视觉效果的影响是局部的、细微的，以一般消费者的知识水平和认知能力来判断，该差异不足以将被诉侵权设计和本案专利设计区分开来，对于判断被诉侵权设计和本案专利设计在整体视觉效果上构成近似无实质性影响。在“木纤维编织物（2）”外观设计专利侵权纠纷案中，相同或者相似产品的认定应当以产品的用途与功能来进行判定，外观设计分类可以作为确定产品用途与功能的参考。根据专利产品适用的材料和编织方法，并结合专利照片可确定专利产品具有透气、凉爽的功能，其用途可以用作夏季用品中的席子、坐垫等。本案中的被控侵权产品也是一种席子，并且与专利产品所使用的材料相同，均为人工合成编织物。虽然专利产品除席子之外还有其他用途，但是这并不影响二者用途相同，因此可以认定本案专利产品与本案被控侵权产品属于相同或者相似产品。在“摄影用便携式组合 LED 灯盘模块”的外观设计专利侵权纠纷案中，虽然涉案专利和被控侵权产品在整体形状和 LED 灯矩阵的设计上相同或相似，但一般消费者熟知矩形是具有叠加拼接功能的便携式组合 LED 灯盘模块的一种常见形状，LED 灯呈矩阵排布也是一种常见的排布方式。被控侵权产品与涉案专利具有多处设计特征不同：如前表面与侧面是否有条状凹槽，前表面四角处是否有圆形且突出的滤光片吸盘，后表面的通孔形状和布局不同，后表面是否具有操作区以及操作区按钮图案等，上述的不同点会引起一般消费者的注意，对产品外观的整体视觉效果已产生实质性的影响，故被控侵权产品与涉案专利既不相同也不相近似，被控侵权产品没有落入涉案专利的保护范围，不构成对原告涉案专利的侵害。

第四节　外观设计专利侵权抗辩的认定

专利侵权责任的判定是专利权保护的重要组成方面，一直是专利法学界研究的重点。侵权责任法的关键在于判断侵权是否构成以及责任如何承担[1]，我国2009年12月26日通过的《侵权责任法》对于侵权责任的构成与承担加以明确。也就是说，根据《侵权责任法》第6条的规定，侵权责任构成的要件包括侵权行为、过错、损害和因果关系；根据《侵权责任法》第三章的规定，在符合侵权构成要件的情况下如果成立合法抗辩事由，那么亦不承担侵权责任。

一、法律实践解读

【案例4－15】在"草坪砖"外观设计专利侵权纠纷案中，原告向江苏省南京市中级人民法院提起诉讼，称被告大量生产、销售该专利产品，损害了原告的合法利益。被告辩称，被告设计、生产和销售的植草砖的外观与原告草坪砖外观设计专利不相同也不相近似：二者整体的外边不同，植草孔形不同，主视图视觉不同。被告设计、生产和销售的植草砖是根据1988年12月出版的《彩色水泥花砖》一书所介绍的一种植草砖改进而来，该书的出版早于原告外观设计专利的申请日。故被告不构成侵权，请求法庭公正判决。

法院经审理认为：外观设计专利权的保护范围以表示在图片或者照片中的该外观设计专利产品为准。在进行侵权判定时，应当将被控侵权产品与该专利表示在图片或者照片中的该外观设计专利产品进行全面的对比，如果认为二者相同或相近，就可以认定为侵权。但是，被告如有证据证明被控侵权产品是根据在专利申请日前已经公开的技术而生产的，从而构成已有技术抗辩，就不能认为构

[1] 参见王胜明．《中华人民共和国侵权责任法》条文解释与立法背景［M］．北京：人民法院出版社，2010：1．

成侵权。本案中，原告专利所保护的草坪砖的外观是：外边呈不规则多边形，内有二空腔；空腔由一条与两侧外边平行的肋相互隔开；空腔的边缘与外边和肋相匹配也呈不规则多边形。

被告生产的产品的外观是：外边呈不规则多边形，内有二空腔；空腔基本呈四角圆滑的长方形，由此造成隔开两空腔的肋呈直线形。在空腔上下端的砖面上开有排水槽。《彩色水泥花砖》一书第15页所公开的一种植草砖的外观是：外边呈不规则多边形，内有三空腔；空腔基本呈四角圆滑的长方形，由此造成隔开三空腔的两条肋呈直线形。在空腔上下端的砖面上开有排水槽。原告专利所保护的草坪砖的外观与《彩色水泥花砖》一书所公开的植草砖外观应当认为是不相同也不相近似的，否则，原告的专利将失去新颖性，彻底丧失专利保护的基础。被告所生产的植草砖在外观上更接近于《彩色水泥花砖》一书所公开的植草砖外观，只不过是将后者的外观由三孔改为两孔；而且，将植草砖外观由三孔改为两孔应该是本领域普通技术人员不必经过创造性劳动即能获得的。因此，被告生产、销售的植草砖的外观与原告专利所保护的草坪砖的外观不相同也不相近似，并不侵犯原告的专利权。

【案例4－16】在“水龙头”外观设计专利侵权纠纷案[1]中，被控侵权人认为案外人在2002年就申请了与原告专利极为相似的水龙头外观设计专利02338965.6（以下简称“02专利”），被控侵权产品与原告外观设计专利不相近似，不构成侵权（见图4－3）。

人民法院认为：涉案专利外观设计的特征在于，（1）水龙头的出水管和基座均为长方体设计；（2）出水管的长方体较基座的长方体更为扁平；（3）水龙头出水管和基座两者之间相互垂直，出水管与基座之间的长短比例约为2∶1；（4）基座底部沿出水管方向有一凸出沿，凸出沿与基座之间为圆弧连接；（5）水龙头的开关把手位

[1] 参见上海市第二中级人民法院（2010）沪二中民五（知）初字第86号民事判决书。

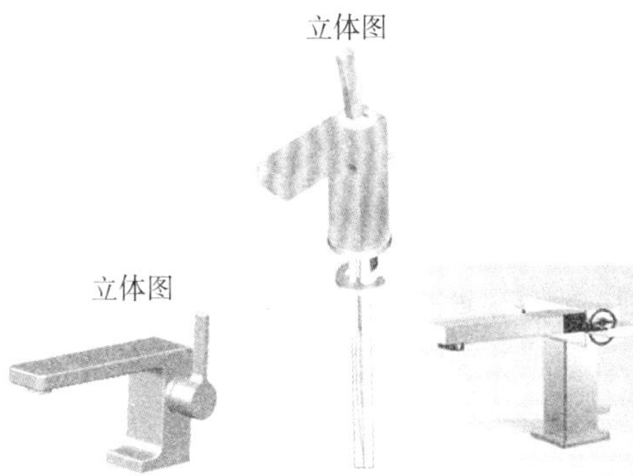

图4-3 涉案专利、现有设计与被控侵权产品
“水龙头”外观设计专利侵权纠纷案

于基座的右上部，形状为圆柱形底座连接长方体的片状执手，该开关把手的圆柱体底座在靠近基座处有一沿上而下逐渐扩大的缝隙，该水龙头片状执手的中间线与水龙头出水管上部平面沿线相接。02专利在涉案申请日之前已经为社会公众所知悉，其已经公开了涉案专利的上述设计特征（1）~（3），因此涉案专利中出水管与基座之间的长短比例、基座底部凸出沿的设计、开关把手的设计特征、对涉案专利的外观设计整体视觉效果更具影响。在这些部位上涉案专利外观设计特征与涉案产品的设计特征具有明显区别，造成二者整体视觉效果的实质性差异，因此不相同也不相近似。

【案例4-17】在“广告灯箱”外观设计专利侵权纠纷案❶中，上海市第二中级人民法院指出，将被控侵权产品的外观设计与被告提供的作为现有设计证据的上海市东方公证处（2010）沪东证经字第10459号和（2010）沪东证经字第10510号公证书中所展示的户外广告牌的外观设计进行比对，两者虽然有相同处，如外框、内框和在外框上部内侧与内框上端外侧结合处的滚筒状结构，但施加以

❶ 参见上海市第二中级人民法院（2010）沪二民五（知）初字第145号民事判决书。

一般消费者的知识水平和认知能力，可以明显地发现被控侵权产品的外观设计与户外广告牌的外观设计存在明显差别，如在被控侵权产品内框下端处置有较大的横向滚筒结构，而户外广告牌内框的下端外侧处没有横向滚筒结构，被控侵权产品的脚较短，而户外广告牌的脚较长，户外广告牌的外框顶部外侧置有两个较短的支撑脚，支撑脚上置有弧形片状的顶盖，而在被控侵权产品中却没有该顶盖。这些明显的差别，对两者外观设计对整体视觉效果产生较大影响，因此，对被告提出的现有设计抗辩意见本院不予采纳。

【案例4－18】在“扫地机”外观设计专利侵权纠纷案[1]中，上海市第二中级人民法院判定，本案中，将涉案产品外观设计特征与99专利、02专利外观设计特征的简单组合相比对，施加以“扫除机”产品的一般消费者的知识水平和认知能力，可以明显地发现，涉案产品外观设计特征与99专利、02专利外观设计特征的简单组合之间，均有“吸尘器由手柄和主机构成，手柄为由上至下渐粗的长方体。手柄上端略有弯曲，与手柄主体之间呈现15度夹角；主机由吸口部和两个垃圾盒组成，吸口部顶面为弧形设计，吸口部底面类似梯形，并在吸口部底面下部设计有长方形度吸尘口，吸尘口内设置有滚动轴，在滚动轴上有呈弧线排列的圆点状的毛刷。垃圾盒位于吸口部顶面上部，两个垃圾盒均呈现四分之一个橄榄球形状，并在手柄左右对称设置”的设计特征，两者整体视觉效果上相近似，两者之间并无明显区别。因此，涉案产品的外观设计属于现有设计，两被告销售涉案产品的行为，不构成对涉案专利权的侵犯。

【案例4－19】在“门锁（外装玻璃门）”外观设计专利权侵权纠纷案中，曹某系“门锁（外装玻璃门）”外观设计的专利权人，2004年1月5日，曹某发现被告洪某经营的五金店销售的ARDOR（爱尔达）猪耳形玻璃门锁，在产品外观设计上与原告专利图片相同，涉嫌侵犯其专利权，遂委托律师向被告洪某发去律师

[1] 参见上海市第二中级人民法院（2010）沪二民五（知）初字第161号民事判决书。

函，要求其停止专利侵权行为。2004 年 12 月 29 日，原告曹某发现被告洪某仍在销售 ARDOR（爱尔达）猪耳形玻璃门锁，遂委托律师在被告洪某经营的五金店购买了一套 ARDOR（爱尔达）猪耳形玻璃门锁，并向深圳市中级人民法院提起诉讼，要求被告立即停止侵权行为，赔偿经济损失 30 万元。被告洪某在诉讼中提供了控侵权产品的购货合同、付款凭证、发票等证据，并辩称“其销售的涉嫌侵权产品是从广州市荔湾区某商行购进的，其销售的涉嫌侵权产品有合法来源，故不应承担赔偿责任”。被告洪某为支持其抗辩主张，向法院提交了被控侵权产品的合法来源的证据。深圳中级人民法院经审理认为，被控侵权产落入了原告外观设计专利权的保护范围，构成专利侵权。2004 年 1 月，原告委托律师向被告洪某发出警告函，要求被告洪某停止销售 ARDOR（爱尔达）猪耳形玻璃门锁，但 2004 年 12 月 29 日，原告发现被告洪某仍在销售上述专利侵权产品，尽管被告洪某举证证明其销售的上述侵权产品有合法来源，但因其主观上存在侵权恶意，故依法承担专利侵权的赔偿责任，故一审判决被告洪某立即停止侵犯原告专利权，并赔偿原告经济损失人民币 3 万元。❶ 审理本案的法官认为，被告洪某是涉案专利侵权产品的销售商，其能够举证证明其销售侵权产品来自案外生产商，客观上可以推定被告洪某在销售涉案专利侵权产品时，已尽了合理审查注意义务。但原告举证证明，原告曾警告被告洪某停止专利侵权行为，由于专利权的取得以公示为要件，故被告在接到专利侵权警告后，很容易通过查询等方式而知道其行为构成侵权，但被告怠于履行审查义务，仍在销售专利侵权产品，这表明被告洪某在主观上存在侵权的恶意，或者被告洪某在主观上的状态由“善意”因素转变为“恶意”因素。此时，因为原告举证证明被告存在侵权的恶意，故被告洪某因合法来源抗辩成立而被推定的“善意”，被专利

---

❶ 祝建军. 专利法中合法来源抗辩制度的司法运用［J］. 电子知识产权，2008（6）：54.

权人提供的相反证据推翻，此时，只能认定其行为为“恶意”。由于被告只有满足“善意及合法来源抗辩”条件时，其才能被免除赔偿责任，但因被告缺乏“善意”要素，故其仍需承担侵犯原告专利权的民事赔偿责任。[1]

【案例4－20】在“屏风上角盖”外观设计专利侵权纠纷案[2]中，被告购买并使用了侵犯外观设计专利的产品，专利权人以被告的行为侵犯其外观设计专利权为由提起诉讼，被告提出其行为不构成侵权的抗辩事由。一审法院认定，根据《专利法》第11条的规定，“外观设计专利权被授予后，任何单位或者个人未经专利权人许可，都不得实施其专利，即不得为生产经营目的的制造、许诺销售、销售、进口其外观设计专利产品。”因此，被告使用包含侵犯涉案外观设计专利权的上角盖屏风产品，其行为不构成对涉案外观设计专利权的侵犯。

【案例4－21】在“多规格笔画拼字玩具”外观设计专利侵权纠纷案[3]中，原告主张，市场上销售的“天天10字智能早教机”与涉案外观设计非常相似，并且在包装以及广告宣传页上均署有“产品发明人董浩”的字样，并印有董浩的肖像。原告主张，被告董浩不是该产品的发明人，而故意在不同场合、利用不同方式进行宣传，其行为已经构成对原告专利权的侵犯。一审法院认为，根据2000年修订后的《专利法》第11条第2款的规定，外观设计专利权被授予后，任何单位或者个人未经专利权人许可，都不得实施其专利，即不得以生产经营为目的的制造、销售、进口其外观设计产品。该规定明确要求，实施是指即不得以生产经营为目的的制造、销

---

[1] 祝建军. 专利法中合法来源抗辩制度的司法运用［J］. 电子知识产权，2008（6）：54.

[2] 参见北京市第二中级人民法院（2004）二中民初字第8450号民事判决书和北京市高级人民法院（2005）高民终字第310号民事判决书。

[3] 参见北京市第二中级人民法院（2004）二中民初字第11693号民事判决书和北京市高级人民法院（2005）高民终字第768号民事判决书。

售、进口其外观设计产品。本案被告的行为属于产品宣传行为，显然不符合该法律规范的行为属性，因此不属于实施原告外观设计专利的行为，即没有满足侵犯外观设计专利权所具备的构成要件，故原告诉被告侵犯其外观设计专利的主张不能成立。二审法院认为，原告指控被告以发明人的名义通过媒体以及光盘等形式，为与原告外观设计专利极其近似的“天天10字智能早教机”进行广告宣传，以达到推广销售被控侵权产品的目的，但上述行为并不属于专利法规定的侵犯外观设计专利权的法定情形，不属于本案审理范围，应当依据其他法律另案处理。

二、现有设计抗辩

根据《专利法》第62条的规定，在专利侵权纠纷中，被控侵权人有证据证明其实施的技术或者设计属于现有技术或者现有设计的，不构成侵犯专利权。该制度被称为现有技术抗辩和现有设计抗辩制度。应当说，现有设计抗辩制度是专利法第三次修改中、以成文法的模式加以明确的重要制度。

（一）现有设计抗辩制度的制度背景

2008年12月27日通过的专利法修正案，首次以法律形式引入了现有设计抗辩制度，然而我国理论界和实务界对于该制度的法律适用一直存在较大争议。本部分意在结合我国专利纠纷解决机制的构建，探讨现有设计抗辩制度的制度本质，基于对制度本质的解读分析适用范围、对比方式、对比标准等现有设计抗辩制度法律适用的基本问题，并探讨现有设计抗辩制度与无效程序之间的关系，以期对我国的审查实践和司法实践有所裨益。目前，就专利确权纠纷与专利侵权纠纷之间的关系而言，存在单独设置和并行设置模式两种模式。❶

---

❶　崔国振．从专利确权制度价值的角度谈我国无效宣告制度设置［C］//中华全国专利代理人协会．专利代理行业发展与创新型国家建设：中华全国代理人协会成立20周年．北京：知识产权出版社，2009：68－78．

1. 单独设置模式

单独设置模式的特点在于，专利确权纠纷的解决独立于专利侵权纠纷的解决，自一项专利权被授权之日起，任何民事主体认为其不符合法定授权条件的，只能向专门机构提出其主张，由专门机构加以审理，在专利侵权纠纷解决的过程中不应涉及专利权有效性的问题。采用单独设置模式的主要是德国、中国以及韩国、奥地利、瑞典、挪威和我国台湾地区等少数国家和地区。如在德国，专利确权案件由德国联邦专利法院受理，专利侵权案件由州法院受理。

2. 并行设置模式

并行设置模式的特点在于，处理专利侵权纠纷的司法机关可以根据侵权纠纷当事人的请求对专利的有效性进行认定，采取并行设置模式的国家主要是美国、英国、法国、瑞士等大多数国家和地区。例如，在美国，联邦法院审理专利侵权纠纷时可以同时审理专利权是否有效，并设立了专门的专利上诉法院；专利权无效抗辩是被控侵权人在侵权诉讼中的一种抗辩方式或者权利。根据美国专利审查和司法实践，由专利局授予的专利权，只是一项假定有效的专利权，任何人包括被控侵权人，都可以向假定有效的专利权提出挑战，然后由法院受理。即专利局只进行申请案的审查和授予假定有效的专利权，这是一项行政权，而专利权是否有效的判断属于司法权。

3. 我国的情况

我国采用单独设置模式。自一项专利权被授权之日起，任何民事主体认为其不符合法定授权条件的，只能向国家知识产权局专利复审委员会这一专门机构提出其主张，由国家知识产权局专利复审委员会加以审理，在专利侵权纠纷解决的过程中不应涉及专利权有效性的问题。

亦即，在我国当前宪政体制下，对于专利权效力的评定属于国家知识产权局专利复审委员会的职权。就我国现行纠纷解决机制而言，在专利侵权纠纷的解决中，不能对于专利权的效力加以评价。

本书正是在上述宪政体制的基础上构建现有设计抗辩制度的理论基础。

（二）现有技术和现有设计抗辩制度的比较法研究

下面从多个角度，对于其他国家和地区现有设计抗辩制度的法律适用加以介绍和分析。

1. 德国现有技术抗辩制度的产生渊源与演进

德国是典型的单独设置模式国家，亦即在侵权程序之外单独设立确权程序，侵权审理机关没有权力对于专利权的效力加以评价。现有设计抗辩制度起源自德国。该制度产生的历史背景在于，1891年《德国专利法》对无效宣告请求设定了5年的除斥期间。也就是说，1891年《德国专利法》规定，从专利授权之日起5年后，即使是缺乏新颖性、创造性和实用性的无效专利，社会公众也无权提出无效宣告请求。该规定的立法本意在于，专利权的保护期限较短，如果社会公众可以随时提出无效宣告请求，那么专利权人的权利无法得到保障。但是，该制度显然对于社会公众不公平。

1938年，德国最高法院对 *Keller Fenster* 专利侵权纠纷案作出判决❶，该判决兼顾专利权的稳定性与公知技术垄断的不合理性，选择将专利权的保护范围加以限制，在专利权的保护范围的解释中将公知技术排除在外。该判决虽然没有直接使用现有技术抗辩，但是已经包含了该原则的基本思想。

1986年，德国联邦最高法院在 *Formstein* 侵权案中首次明确提出现有技术抗辩。“在依1981年专利法第14条确定专利的保护范围时，允许被告使用被指控为等同利用的侵权客体相对于技术水准并不构成具有专利适格的发明抗辩。即依照1981年《德国专利法》第3条第1款规定所定的技术水准在所述的技术领域中的普通技术

---

❶ VOLKER VOSSIU. 德国专利保护范围的确定［C］//国际专利侵权——专利侵权处理的比较法研究. 东京：布井出版社，1996：282－283.

人员看来被控侵权客体是显而易见的。”❶

德国将现有技术抗辩作为等同侵权的例外。就对比方式和对比标准而言，德国联邦最高法院判决指出，在根据 1981 年专利法的规定确定专利保护范围时，允许提出被控侵权技术与现有技术相比不符合专利的实质要件作为抗辩。在专利侵权诉讼中，被告不但可以提出被控侵权物属于公知技术的主张，也可以提出与现有技术相比不具有专利性的主张❷，其中后者的判断与显而易见性的判断相当，需要对创造性加以判断。❸可见，在德国的现有技术抗辩中，采用的对比方式是被控侵权技术与现有技术之间的单独对比，采用的对比标准包括新颖性和创造性。

需要指出的是，德国现有技术抗辩制度仅仅适用于发明，并不适用于没有经过实质审查的实用新型或者外观设计❹，这本身是出于对单独设置模式下专利权效力评价权力的尊重。

2. 日本现有设计抗辩制度的渊源产生与演进

由于《日本专利法》规定，未作出宣告专利无效的决定，即便专利存在某些瑕疵，法院也必须将该专利视为有效。在该背景之下，日本法院积极探讨现有技术抗辩的法律适用，在专利侵权诉讼中积极参考公知技术，建立了非常完整的判例理论，如公知技术排外论、公共财产论、权利滥用论等，旨在平衡专利权人和社会公众

---

❶❸ 杨志敏．专利侵权诉讼中“公知技术抗辨”适用之探讨——中、德、日三国判例、学说的比较研究［C］//国家知识产权局条法司．专利法研究（2002）［M］．北京：知识产权出版社，2002.

❷ 闫文军．专利权的保护范围——权利要求的解释和等同原则的适用［M］．北京：法律出版社，2007：231.

❹ Henning Hartwig：“Prior design defense” under German law，新专利法下中外外观设计制度研讨会，社团法人日本汽车轮胎协会、中华全国代理人协会，2009 年 3 月 31 日。原文的表述为“‘Prior design defense’ shall be understood in the sense of the ‘practicing the prior art defense’, i. e. comparing the accused design solely with the prior art. When understood and applied in this sense, neither German nor European design law accept any kind of ‘practicing the prior art defense’.”

的利益。日本法院在2000年以前在专利侵权诉讼中一概不涉及专利有效性的问题。在这种背景下，日本最高法院在“无限折动用滚珠花键轴承”案中，提出了适用等同原则的五个要件：非本质部分、置换可能性、置换容易性、非公知技术和特别事由（禁止反悔）。[1] 其中，“非公知技术”这一要件就是现有技术抗辩的体现。下面对现有技术抗辩在日本的演进过程加以介绍。

第一阶段：无效程序优先说。1962年12月7日，日本最高法院判决指出，“与专利无效审判不同，确认权利要求范围的审判是以专利权有效为前提的，因此，在这样的诉讼中不能讨论专利的内容是否公知的问题。”[2]

第二阶段：公知技术排除说。1964年8月4日，日本最高法院判决指出，“如果实用新型包含有申请时已经公开的技术，应将上述公知技术排除在具有新颖性的方案之外。”也就是说，将公知技术作为限制权利要求保护范围的方式。[3]从法院判决的原文，不能确定是属于对专利权效力的评价，还是属于对专利权保护范围的评价。核心在于如何理解“排除在具有新颖性的方案之外”，建议进一步确认。

第三阶段：自由技术抗辩说。1970年4月17日，东京地方法院判决指出，“申请时公知的技术属于公众共有的财产，根据私权应当服从公共利益的原则，即使对公众共有的财产加上实用新型的名义，也没有禁止他人实施而由特定申请人独占行使的理由”。该学说认为，如果被控侵权人实施的技术是公知技术，不管该技术是否属于专利权利要求的保护范围，都不构成侵权。[4]

第四阶段：权利滥用说。2000年4月11日，日本最高法院在

[1] 闫文军．专利权的保护范围——权利要求的解释和等同原则的适用［M］．北京：法律出版社，2007：275－278．

[2][3] 松本重敏．专利发明的保护范围［M］．东京：有斐阁，2000：197．

[4] 闫文军．专利权的保护范围——权利要求的解释和等同原则的适用［M］．北京：法律出版社，2007：268．

Kilby 案的判决中指出，即使是在专利的无效审查决定生效之前，审理专利侵权的法院也是可以对是否明显存在专利的无效理由进行判断。如果审理的结果认为存在明显的专利无效理由，那么，只要没有极其特殊的情况，基于该专利权提出的停止侵权、赔偿损失等诉讼请求属于权利的滥用而不能被允许。❶ 日本最高法院通过上述判决，运用“权利滥用”的概念，使受理专利侵权诉讼的法院取得了宣告专利权无效的权利，从而改变了只有特许厅才能宣告专利无效的传统。❷ 该判决指出，首先，如果专利权存在明显的无效理由，在进行无效审查时，即使通过无效宣告请求审查决定可以预见该专利权会被认定无效，但是基于该专利权的禁令、损害赔偿请求等仍然可以得到许可。从实质上讲，这是为专利权人提供了不正当的利益，给实施该专利的人带来了不正当的损失，违反公平。其次，纠纷应当尽量在短时间内通过一个程序解决，在专利侵权诉讼中，如果必须经过无效宣告程序才能对专利权的效力加以认定，并且不能以该专利存在无效理由对专利权的行使加以抗辩，那么这不仅是强迫不想提出无效宣告请求的民事主体提出无效宣告请求，同时违反了诉讼经济。复次，专利权存在明显的无效理由时，当事人可以预见到该专利权一定被判为无效，不应中止侵权诉讼的审理程序。因此，在无效宣告请求审查决定作出之前，审理专利侵权诉讼的法院能够对权利是否具有明确的无效理由作出判断。如果该专利权具有明显的无效理由，那么基于该专利权的禁令和损害赔偿请求，只要没有特殊的原因，应当属于滥用权利。并且，上述解释并不违反专利制度的宗旨。但是，虽然日本民法典有权利滥用的概念，但是其并不是指行使实质上无效的权利，行使实质上无效的权利应当属于

---

❶ 梁熙艳. 权利之限：侵权审理法院能否直接裁决专利权的有效性——析日本最高裁判所的“Kilby 第 275 号专利上告审判决”及影响［J］. 知识产权，2005（4）：62.

❷ 张伟君，单晓光. 滥用专利权与滥用专利制度之辨析——从日本“专利滥用”的理论与实践谈起［J］. 知识产权，2006（6）：68.

日本民法典中的“欺诈”。[1] 从实质上而言，将公知技术纳入到权利要求保护范围之内应当属于专利制度的滥用，而非专利权的滥用。[2] 需要指出的是，目前日本还存在专利无效抗辩说。该学说认为，法院在审理专利侵权诉讼中可以直接宣告专利权无效。目前尚未得到立法支持和司法判决的认可。[3] 从上述第四阶段开始，日本基本步入专利侵权与专利确权同时审理的模式。

日本将非公知技术作为认定等同侵权的消极条件。[4] 就对比方式而言，如上所述，日本最高法院在“无限折动用滚珠花键轴承”案中确立了等同侵权的构成要件，其中将非公知技术作为要件之一。也就是说，被控侵权技术与专利申请时的公知技术或者本领域普通技术人员在专利申请日容易从公知技术中推导得出的技术并不相同。可见，在日本的现有技术抗辩中，采用的对比方式是被控侵权技术与现有技术之间的单独对比。

就对比标准而言，日本法院曾经存在争议。1980 年 5 月 9 日，东京地方法院在“生检针”案中指出，只有与公知技术完全相同的技术，才能成立现有技术抗辩。1990 年大阪地方法院在“模具装卸工具”案中持有相同观点。另外一种观点认为，被控侵权技术与公知技术之间的对比应当是创造性标准。1981 年东京地方法院在“包装容器”案中使用了根据两件从公知技术中容易推知的技术进行判断。日本最高法院在“无限折动用滚珠花键轴承”案中肯定了第二种观点，将其范围扩大到与公知技术相同的技术以及本领域普通技术人员在专利申请日容易从公知技术中推导得出的技术。其

---

[1] 广江国际专利商标事务所（Hiroe and Aossciates）. A Tornado is Building Up in Japan's IP Litigation［EB/OL］.［2010 - 11 - 25］. http：//www. hiroe. co. jp/en/others/kilby_ e.

[2] 张伟君，单晓光. 滥用专利权与滥用专利制度之辨析——从日本“专利滥用”的理论与实践谈起［J］. 知识产权，2006（6）：67 - 70.

[3] 闫文军. 专利权的保护范围——权利要求的解释和等同原则的适用［M］. 北京：法律出版社，2007：268.

[4] 闫文军. 专利权的保护范围——权利要求的解释和等同原则的适用［M］. 北京：法律出版社，2007：495.

中，“从公知技术中容易推导得出”的判断标准，与专利法有关创造性的标准是相当的。❶ 可见，在日本的现有技术抗辩中，采用的对比标准包括新颖性和创造性。

就日本司法实务的最新进展而言，日本法院对于“明显的无效理由”的解释日益宽泛，非常积极主动地介入到专利权效力的审查中。目前，《日本特许法》第104条之三中的“明显的无效理由”已经涵盖了所有的无效宣告理由。❷ 多数侵权案件不再等待特许厅审判部的无效决定，而由侵权法院直接认定权利要求是否有效。可以说，目前日本侵权法院正在积极争取在特许厅审判部之前作出判断。由此也导致了日本侵权和确权之间出现了很多冲突。如“按摩椅”案中，一审法院认定了对于十多个权利要求构成侵权，赔偿额上亿日元。❸ 而这些权利要求中有许多权利要求被日本特许厅裁判部宣告无效。东京高等法院则依据维持有效的权利要求认定几百万的赔偿额。❹ 上述赔偿额的巨大差异显示了侵权和确权之间的冲突。其他案件，如大阪地方裁判所平成17年第2649号判决、东京地方裁判所平成15年第23079号判决、大阪地方裁判所平成18年第11880号判决和知识产权高等裁判所平成18年第10007号判决之间的冲突也体现了上述冲突。可以说，在*Kilby*案和日本2004年特许法修改之后，日本法院越来越积极主动地审查专利权的效力，已经逐步取得了审理无效案件的主动权。

3. 法国现有设计抗辩制度的渊源与演进

在法国宣告专利无效是经常使用的一种反诉，被告可以就其被控侵权的权利要求提出宣告无效的反诉。如果专利权无效是作为反

❶ 小谷悦司. 等同原则的动向——滚珠花键轴承案最高法院的判断及今后的课题［M］. 日本：日本经济产业调查会，2003：599.

❷ 参见特许法第104条之三的相关判决：［EB/OL］. http：//homepage2. nifty. com/fujino - po/d_ lst/P104_ 3_ decision_ list. htm.

❸ 参见东京地方裁判所平成13年第3485号判决。

❹ 参见知识产权高等裁判所平成17年第10047号判决。

诉提出的，法院可以宣告专利权无效；但如果无效只是作为不侵权的理由，而不是作为反诉提出，法官可以认定不构成侵权，驳回诉讼请求，但并不宣告该专利无效。根据法国的专利制度，法院有权审查专利权是否有效或者部分有效，所以对于法院有权在审理侵权案件时依据被控侵权人提出的公知技术并判定被控侵权人不侵权并无争议。虽然该规定中并没有明确规定现有设计抗辩制度，但是无效理由中包含了专利技术属于公知技术这一抗辩理由，所以，可以看出在法国现有设计抗辩制度在专利侵权纠纷案件中是被全面适用的。

（三）现有设计抗辩制度的本质

在现行专利纠纷解决机制的背景下，现有设计抗辩制度的理论基础在于，善意第三人可得利益的保护。亦即在被控侵权人为善意的情况下，其具有通过检索等方式，合法获得涉案专利申请日之前公开的自由公知技术的可得利益；并且具有通过获得涉案专利申请日之前公开的专利的专利权人实施许可等方式，合法使用在先专利的可得利益；现有设计抗辩制度的制度价值就在于保障善意第三人的这种可得利益。而无效程序则是典型的行政程序，其制度理论基础在于，对于专利不当授权的纠正。进而言之，现有设计抗辩制度立足于善意第三人可得利益保护，属于私法利益的保护；无效程序则立足于不当授权的纠正，属于公权力的行使。两种制度高效配合，从而起到鼓励发明创造的社会效果。

1. 制度本质的内涵

下面从民法基础理论出发，探讨善意第三人可得利益的保护的基本内涵，从而探讨现有设计抗辩制度的制度基础。

善意是对于民事法律行为的意思表示状态的一种界定。民事法律行为，是法律事实的一种，是指以私人欲发生私法上效果之意思表示为要素，有此表示，故发生法律上效果之法律事实。[1] 也可以说，民事法律行为，以意思表示为要素，因意思表示而发生一定私

[1] 胡长清. 中国民法总论［M］. 北京：中国政法大学出版社，1999：207.

法效果的法律事实。[1] 可见，民事法律行为是引起民事法律关系变化的法律事实之一，其核心在于意思表示。意思表示，是指将企图发生一定私法上效果的意思，表示于外部的行为。[2] 私人的表示是否在于企图发生一定私法上效果，应斟酌各项情事加以认定。[3]对于意思表示的构成要素，学术界有多种观点：有学者认为，意思表示包括行为意思、表示意识和效果意思；有学者认为，意思表示包括效果意思、表示意思和表示行为；[4] 有学者认为，意思表示包括目的意思、效果意思和表示行为。[5] 按照最后一种观点，目的意思是指明民事法律行为具体内容的意思要素，效果意思是意思表示人使其内容引起法律上效果的意思要素，表示行为是行为人将内心意思以一定方式表现与外部，并足以为外界客观理解的行为要素。[6]

善意是民法学中的一个基础性概念，源于拉丁文 bona fides，其起源于罗马法中的“善意占有之诉（actio－publicaca)”，是产生在罗马共和国末期的一种以时效取得为基础的所有物返还之诉。查士丁尼民法大全中，增加了“扩用确认之诉（confessonia utile)”的功能，扩大适用于以善意设立的役权。[7] 但是，罗马法对于“善意”这一基础法律概念没有给出界定。

罗马法体系将民事主体为一定民事法律行为时的主观过错区分为故意、重过失、轻过失和最轻过失三类，分别对应于知而犯之的状态、违反一般人基本的注意义务的状态、违反一般人精心的注意义务的状态和违反善良家父的注意义务的状态。按照这一原则，优士丁尼根据契约当事人对不同程度的注意义务的违反，又将过失分

---

[1] 王泽鉴．民法总则（增订版）［M］．北京：中国政法大学出版社，2001：250．

[2][3] 王泽鉴．民法总则（增订版）［M］．北京：中国政法大学出版社，2001：335．

[4] 梁慧星．民法总论［M］．北京：法律出版社，1999：111．

[5] 魏振瀛．民法［M］．北京：北京大学出版社，高等教育出版社，2000：142－143．

[6] 魏振瀛．民法［M］．北京：北京大学出版社，高等教育出版社，2000：143．

[7] 彼德罗·彭梵得．罗马法教科书［M］．黄风，译．北京：中国政法大学出版社，1992：249－250．

为重过失、轻过失和最轻过失三个等级。最轻过失是指未尽最勤谨、最精细的注意。应当指出，在契约责任领域中，最轻过失这一过失等级只在理论上存在，并未在实际中应用。轻过失是指未尽一般的注意。这是一种最常见的过失形态。通常，在罗马法中，当未特别指出过失的种类或等级时，就是指这一过失。重过失是指债务人极其懒惰自私，对他人利益全然不关心的状态，被罗马人定义为："不知晓所有人都知晓的事情"。在罗马法中，"重过失等同于故意"。可以说，过失是对勤谨注意义务的违反，故意是对善意的违反。❶

学术界对于"善意"的理解主要包括以下几种观点。一是将善意理解为"无过失"，❷ 如《日本民法典》第 192 条规定，善意并无过失；❸ 二是认为善意是"不知某种情形存在，善意是一种事实"❹，"有无过失，在所不问"，例如善意取得制度中的"善意"；三是认为善意是"非明知或者非因重大过失而不知"❺。《牛津法律大辞典》对"善意"给出了比较完整的定义，即"（1）如果一个人诚实行事，即不知道也没有理由相信其主张是没有根据的，他就是善意行事，……当该人得知或应知表明其权利缺乏法律根据的事实时，则不存在善意。（2）真诚实施的行为，即使是疏忽实施的，都属于善意行为。"❻

民事法律行为意思表示的"善意"包括两种含义，即目的意思上的善意和效果意思上的善意。目的意思上的善意是指，在不知某种情形的存在的情况下为一定行为，即在该民事法律行为的意思表

---

❶ 丁玫．从优士丁尼法典看罗马法契约责任［EB/OL］．［2014-08-11］．http：//www.romanlaw.cn/sub2-5.htm.

❷ 徐开墅．民商法词典［M］．上海：上海人民出版社，1997：745.

❸ 王泽鉴．民法物权（第 2 册）［M］．北京：中国政法大学出版社，2001：266.

❹ 王家福．经济法律大辞典［M］．北京：中国财政经济出版社，1992：494.

❺ 王泽鉴．民法物权（第 2 册）［M］．北京：中国政法大学出版社，2001：267.

❻ 戴维·M. 沃克．牛津法律大辞典［M］．北京：光明日报出版社，1988：102.

示中，目的意思不明确，缺乏为该民事法律行为的明确目的意思。效果意思上的善意是指，出于善良的动机和愿望而为一定行为，即在该民事法律行为的意思表示中，民事主体出于善良的效果意思。

基于上述善意的理解，善意第三人是指具备目的意思上善意的民事主体，或者具备效果意思上善意的民事主体。亦即，目的意思不明确、缺乏为该民事法律行为的明确目的意思的民事主体，或者处于善良的效果意思的民事主体。如果民事主体处于善意的角度，则可以通过善意行为获得一定的利益，那么这种利益可以称为“善意第三人的可得利益”。由于保护善意第三人的可得利益对于保障交易安全、保护民事主体的合法权益具有重要意义，因此其是民法的重要功能之一。民法中的缔约过失责任制度、善意取得制度、无权处分制度等，均体现了对于善意第三人可得利益的保护。

在专利侵权诉讼中，如果被控侵权人是善意的民事主体，那么其具有合法获得涉案专利申请日之前公开的自由公知设计的可得利益，并且具有通过获得涉案专利申请日之前公开的专利的专利权人实施许可等方式，合法使用在先外观设计专利的可得利益。上述可得利益属于基础民法理论中的“善意第三人可得利益”，应当加以保护。可以说，现有设计抗辩制度正是出于这一目的而得以设立，现有设计抗辩制度的制度价值在于保障善意第三人的这种可得利益。

2. 制度外延的解读

下面针对两种主要的情形，探讨现有设计抗辩制度的理论基础，即善意第三人可得利益的保护，从而探讨现有设计抗辩制度的制度外延。

自由公知设计的情形。自由公知设计是已经公知并且没有处于任何人拥有有效专利权或者其他权利控制之下的公知设计方案。由于自由公知设计属于社会公众的共有财产，任何民事主体均有权自由使用，任何民事主体不得干预他人使用自由公知技术，并且任何民事主体不得将自由公知技术据为己有。因此，对于自由公知设计而言，在被控侵权人为善意的情况下，其具有通过检索等方式，合法获得涉案专利申请日之前公开的自由公知设计的可得利益。这种可得利益理应获得专利法的保护。在被控侵权人实施的技术属于自由公知设计的情况下，被控侵权人的行为系基于上述可得利益，属于合法的民事法律行为。

在先公开专利的情形。对于在先公开的专利而言，在被控侵权人为善意的情况下，其具有通过获得涉案专利申请日之前公开的专利的专利权人实施许可等方式，合法使用在先专利的可得利益，现有设计抗辩制度的制度价值就在于保障善意第三人的这种可得利益。对于申请日位于该在先专利的公开日之后的专利权而言，该专利权的行使剥夺了被控侵权人的上述可得利益。也就是说，对于申请日位于该在先专利的公开日之后的专利权而言，专利权人行使专利权的行为，使得被控侵权人可得利益得以丧失，使得被控侵权人无法通过获得在先专利权人实施许可等方式，合法使用在先专利。基于上述原因，现有设计抗辩制度具有适用的法律价值，亦即，被控侵权人可以通过现有设计抗辩制度保障自身享有的上述可得利益。

对于在先公开的设计方案承载着其他合法民事权利的情况，与上述在先公开的专利情况相同，在被控侵权人为善意的情况下，被控侵权人同样存在通过适当的方式合法使用在先设计方案的可得利益。

3. 其他观点的反驳

对于现有设计抗辩制度的制度本质，学术界具有多种观点，笔者将其归纳总结为“权利滥用”理论、“瑕疵专利”观点和“授权纠正”理论。笔者尝试对这些不同观点进行介绍并加以反驳。

第一，“权利滥用”理论的反驳。有观点认为，如果该专利权具有明显的无效理由，那么基于该专利权的禁令和损害赔偿请求，属于权利的滥用。这就是现有设计抗辩制度的理论基础。也有观点认为，现有设计抗辩制度来源自《宪法》第51条的规定，“中华人民共和国公民在行使自由和权利的时候，不得损害国家的、社会的、集体的利益和其他公众的合法自由和权利”，以及《民法通则》第4条、第5条的规定。[1][2] 由于《宪法》第51条是民法理论中“禁止权利滥用原则”的基础权源[3]，所以上述两种观点的实质相同，可以称为“权利滥用”理论。

传统民法体系下“权利滥用”与“欺诈”具有严格的区分。权利滥用来自德国民法典和瑞士民法典的规定，《德国民法典》第226条规定，权利之行使不得专以侵害他人为目的；《瑞士民法典》第2条第2款规定，明显地滥用权利，不受法律保护。权利滥用是指，权利人行使权利超过正当界限，有损他人利益或社会利益的情形。[4] 该理论用于平衡当事人的利益和维护社会利益。[5]权利滥用的构成条件包括：首先，当事人有合法权利存在；其次，权利人有行使权利的行为；再次，当事人的行为有滥用权利的违法性[6]；简单概括而言，权利滥用是合法权利的非法使用。在专利权具有明显的无效理由的情况下，基于该专利权的禁令和损害赔偿请求不应当属于权利的滥用。原因在于，该专利权仍然处于有效期间，因此，行使该专利权的行为属于权利的合法使用。这种情况下，与不存在无效理由的专利权相比，区别在于该专利权应当被认定不合法。换句话说，在专利权具有明显的无效理由的情况下，基于该专利权的禁令和损害赔偿请求属于非法权利的合法使用，不符合民法理论中权利滥用的构成要件。由于欺诈是指当事人一方故意编造虚假情况或

---

[1] 尹新天．专利权的保护［M］．2版．北京：知识产权出版社，2005：486-488.

[2] 刑晓苏．公知技术抗辩研究［D］．重庆：西南政法大学，2006.

[3] 参见魏振瀛．民法［M］．北京：北京大学出版社，高等教育出版社，2000：28-29.

[4][5] 参见魏振瀛．民法［M］．北京：北京大学出版社，高等教育出版社，2000：28.

[6] 参见魏振瀛．民法［M］．北京：北京大学出版社，高等教育出版社，2000：28-29.

者隐瞒真实情况，使对方陷入错误而为违背自己真实意思表示的行为❶，所以非法权利合法使用的情况多数属于欺诈，而非权利的滥用。并且，可以说，在专利权具有明显的无效理由的情况下，基于该专利权的禁令和损害赔偿请求属于专利制度的滥用，而非专利权的滥用。

第二，“瑕疵专利”观点的反驳。有观点认为，在现实中，有时会遇到被控侵权产品或方法确实属于公知设计，但同时又落入到专利权保护范围之中，当事人又没有提出撤销或无效请求的现象，现有设计抗辩制度就是为了解决这一矛盾而提出的。❷ 笔者不同意上述观点，原因在于，首先，瑕疵专利不当授权的纠正属于公权力的范畴，属于无效制度的制度价值，上述观点混淆了现有设计抗辩制度的理论基础与无效制度的理论基础，不利于两种制度之间的配合，易于造成行政权与司法权之间的冲突。其次，由于专利侵权诉讼属于民事诉讼，相关诉讼理由需要由当事人提出主张，现有设计抗辩制度的适用前提同样是被控侵权人提出的抗辩主张，所以上述观点在逻辑上难以成立。

（四）现有设计抗辩制度的法律适用

如前所述，现有设计抗辩制度的理论基础在于，善意第三人可得利益的保护。现有设计抗辩制度的制度价值就在于保障善意第三人的这种可得利益，立足于私法利益的保护。无效制度则运用公共权力对于瑕疵专利的不当授权加以纠正，具有行政属性，立足于公共权力的行使。上述制度本质的理解对于现有设计抗辩制度的正确法律适用具有突出的意义。

1. 对比方式

就对比方式而言，应当将被控侵权设计与在现有设计抗辩证据

---

❶ 参见魏振瀛．民法［M］．北京：北京大学出版社，高等教育出版社，2000：147；以及王泽鉴．民法总则（增订版）［M］．北京：中国政法大学出版社，2001：250.

❷ 尹新天．专利权的保护［M］．北京：专利文献出版社，1998：372.

中所公开的设计方案进行对比。具体理由如下：

从解释论的角度而言，修正后的《专利法》第62条规定，在专利侵权纠纷中，被控侵权人有证据证明其实施的技术或者设计属于现有技术或者现有设计的，不构成侵犯专利权。第62条明确了现有技术抗辩的对比方式是被控侵权技术或者设计与现有技术或者现有设计进行对比。原因在于，根据上述法条的表述，现有技术抗辩的适用条件是被控侵权技术或者设计属于现有技术或者现有设计，因此只需将被控侵权技术或者设计与现有技术或者现有设计进行对比，即可判断是否满足第62条假定部分的界定。

从比较法的角度而言，德国、日本、美国的现有技术与现有设计抗辩制度，均是将被控侵权技术或者设计与现有技术或者设计进行对比。

从法理的角度而言，现有设计抗辩是专利侵权纠纷的被控告侵权人有证据证明其实施的技术或者设计属于现有技术或者现有设计的一项制度，由此可见，现有设计抗辩的对比方式应当是被控侵权设计与现有设计的对比。

从专利制度本质的角度而言，专利制度的本质在于通过给予发明人在一定期限内排他的专有实施权，激励发明人公开其技术或者设计，从而实现专利制度促进科学技术进步和经济社会发展的最终目的。由此可见，专利制度的终极价值在于使得社会公众获得使用更多技术的机会，从而促进社会整体福利的增加，其并没有限制社会公众使用现有技术的权利。因此，只要被控侵权人证明自己使用的设计属于现有设计，被控侵权人就有使用该设计的可得利益，从而应当将被控侵权设计与现有设计进行对比。

从制度背景的角度而言，在我国现行的立法模式下，专利有效性的判断是国务院专利行政部门的法定职权，其属于行政权的一部分。司法权不应当对于该行政权进行干预，而应当给予必要的尊重，这也是我国多年的司法实践得出的结论。[1] 因此，在我国现行立法模式下，专利有效性判定和专利侵权判定是完全分离的，不应当在专利侵权纠纷中涉及专利有效性的判断问题。

其他观点的反驳。将现有设计与涉案外观设计、被控侵权设计分别进行对比的混合对比方式点没有理论依据[2]和法律依据，同时不可避免地造成专利侵权程序中人民法院对于专利的有效性加以判断的情况。并且，在司法实践中，该方式容易将现有技术抗辩的判断与专利权有效性的判断混淆[3]，增加了各地人民法院的审理负担，在司法实践中已经引起了一些混乱，不符合我国单独设置模式的立法例。

综上所述，在我国当前国情下，现有设计抗辩制度的对比方式应当是被控侵权设计与现有设计进行对比，专利法修正案的含义也正是如此。

2. 对比标准

就对比标准而言，结合修正后的《专利法》第 62 条的规定，并考虑我国的司法实践状况，我国的现有设计抗辩制度应当适用新颖性标准，亦即以一般消费者作为判断主体，以是否属于现有设计作为判断标准。

立法论的角度。我国现有设计抗辩制度适用新颖性标准是制度本质的要求。如上所述，现有设计抗辩制度的制度本质在于，善意第三人可得利益的保护。对于对比标准而言，善意第三人对于属于现有设计的设计方案具有明确的可得利益，能够建立明确的使用现有设计的目的意思和效果意思。也就是说，在将现有设计抗辩定位

---

[1] 北京市高级人民法院和北京市第一中级人民法院曾经出现过在专利无效宣告请求的行政诉讼案件中直接宣告专利权无效的情况，司法权代于行使行政权的职能，最高人民法院在（2007）行提字第 3 号判决中予以纠正。

[2] 闫文军．专利权的保护范围——权利要求的解释和等同原则的适用［M］．北京：法律出版社，2007：496.

[3] 如北京市第二中级人民法院（2007）二中民初字第 1825 号民事判决书。

于私法利益的保护的前提下，适用新颖性标准能够有效地保障作为善意第三人的社会公众对于其可得利益具有明确的行为预期，民事主体对其权利和利益的行使所具有的行为预期能够有效地保障民事主体从事民事法律行为的意思自治，这对于保障善意第三人可得利益而言是不可缺少的。

解释论的角度。修正后的《专利法》第62条规定，在专利侵权纠纷中，被控侵权人有证据证明其实施的技术或者设计属于现有技术或者现有设计的，不构成侵犯专利权。下面从解释论的角度，对于上述法条加以解读。主要的法律解释方法包括：(1) 法律文义；(2) 体系地位；(3) 立法史及立法资料；(4) 比较法；(5) 立法目的；(6)"合宪"性解释。❶ 正如萨维尼教授所述，文义、逻辑、历史、体系等诸因素，不是四种解释，可凭己好任意选择；而是不同的活动，必须加以结合，使解释臻于完善。❷ 所以，下面从体系、文义、逻辑、目的等因素，对于修正后的《专利法》第62条加以解释。从体系解释的角度而言，第62条明确了对比标准是新颖性标准。根据修正后的《专利法》，第22条中规定"新颖性，是指该发明或者实用新型不属于现有技术"，第23条中规定"授予专利权的外观设计，应当不属于现有设计"。按照体系解释的解释方法，《专利法》第22条、第23条中的"属于"应当与第62条中的"属于"含义相同。有学者提出，第62条中所使用的"属于"的含义不同于"是"的含义，其包含相同和十分接近，也就是说，应当理解为新颖性和明显没有创造性的对比标准。如果按照上述观点，"属于"的含义包含相同和十分接近，那么《专利法》第22条中规定的新颖性将包含明显没有创造性的情况，这显然不符合基本法律逻辑。

从文义解释的角度而言，首先，在现代汉语中，"属于"一词

---

❶ 王泽鉴. 民法总则［M］. 北京：中国政法大学出版社，2001：50－51.

❷ 王泽鉴. 民法总则［M］. 北京：中国政法大学出版社，2001：53.

的含义是，“归某一方面或为某方所有，如中华人民共和国的武装力量属于人民。”❶ 就文义解释的角度而言，专利法中“属于现有技术或者现有设计”的规定，是指，被控侵权人实施的技术归现有技术中的某一方面，亦即被控侵权人实施的技术是现有技术中的某一技术方案。其次，结合《专利法》第22条第2款、第23条的规定进行文义解释，可以得出，《专利法》第22条第2款、第23条的规定亦是同样的含义。即第22条第2款中规定的“新颖性，是指该发明或者实用新型不属于现有技术”，是指发明或者实用新型专利申请并非归现有技术中的某一方面，亦即发明或者实用新型专利申请并非现有技术中的某一技术方案；第23条中规定“授予专利权的外观设计，应当不属于现有设计”，是指外观设计专利申请并非归现有设计中的某一方面，亦即外观设计专利申请并非现有设计中的某一设计方案。复次，现有技术的结合或者现有技术与公知常识的结合，不能解释为“属于现有技术”的范畴。如上所述，“属于”是指“归某一方面或为某方所有”，而现有技术结合之后得出的技术方案，或者现有技术与公知常识结合之后得出的技术方案都不是现有技术中客观存在的技术方案，所以无法将现有技术结合之后得出的技术方案或者现有技术与公知常识结合之后得出的技术方案解释为归于现有技术的某个方面。

从逻辑解释的角度而言，为维护法律用语的统一性，统一的概念用语应作相同的解释。❷ 第22条中规定“新颖性，是指该发明或者实用新型不属于现有技术”，第23条中规定“授予专利权的外观设计，应当不属于现有设计”，而第62条中规定“属于现有技术或者现有设计”。从逻辑角度而言，上述表述应当是相同的含义。

从目的解释的角度而言，在国家知识产权局条法司编写的

---

❶ 中国社会科学院语言研究所词典编辑室．现代汉语词典［M］．5版．北京：商务印书馆，2005：1267.

❷ 王泽鉴．民法总则［M］．北京：中国政法大学出版社，2001：52.

《〈专利法〉第三次修改导读》中指出，“被控侵权人只能以其实施的技术或者设计是现有技术或者现有设计为由进行抗辩，不能以其他法定的能够宣告专利权无效的理由进行抗辩。”[1] 上述表述很大程度上体现了现有设计抗辩制度的立法本意。显然，从上述立法本意可以得出，被控侵权技术与现有技术的对比标准应当是新颖性标准。“现有技术结合之后得出的技术方案”，或者“现有技术与公知常识结合之后得出的技术方案”都不属于现有设计抗辩制度适用的情形。

三、其他抗辩事由

根据《专利法》相关规定，其他抗辩事由还包括：

非生产经营目的抗辩。根据《专利法》第11条的规定，发明和实用新型专利权被授予后，除本法另有规定的以外，任何单位或者个人未经专利权人许可，都不得实施其专利，即不得为生产经营目的制造、使用、许诺销售、销售、进口其专利产品，或者使用其专利方法以及使用、许诺销售、销售、进口依照该专利方法直接获得的产品。也就是说，专利侵权行为必须是以生产经营为目的的行为，如果专利侵权行为并非生产经营目的，那么被控侵权人并不承担侵权责任。亦即，“非生产经营目的”构成专利侵权的合法抗辩事由。“非生产经营目的抗辩”在法律适用中的重要问题在于，如何界定“非生产经营目的”的外延。对此，司法实践中存在两种不同观点：第一种观点认为，国家机关、非营利性单位、社会团体等的行为“一般不具有为生产经营目的的性质”。[2] 另外一种观点认为，应当以行为主体作为“非生产经营目的”的主要判断标准，单位不构成非生产经营目的抗辩的适格主体。北京市高级人民法院

---

[1] 国家知识产权局条法司.《专利法》第三次修改导读［M］. 北京：知识产权出版社，2009：78.

[2] 参见国家知识产权局条法司. 新专利法详解［M］. 北京：知识产权出版社，2001：66.

2001年发布的《专利侵权判定若干问题的意见（试行）》中规定，单位未经许可制造、使用他人的专利产品，不能以“非生产经营目的”进行侵权抗辩。实践中亦有案例体现上述观点。如北京市知识产权局在调处“坑位垃圾挤压机”案中，被请求人为北京市某区环卫局，其认为被请求人为行政机关并非经营单位，其制造、安装、使用“坑位垃圾挤压机”的行为完全出于社会公共利益的考虑，为了辖区内公共卫生的目的，不构成侵权行为。北京市知识产权局认为，不能将“生产经营目的”与“营利目的”画等号，国家机关、政府部门和非营利单位不能未经专利权人许可实施专利。[1] 笔者认为，《欧洲专利公约》将上述抗辩界定为“以私人方式并且为非商业性目的”而进行的行为；对于为了供家庭使用而雇佣他人实施专利的行为，不认为满足上述抗辩制度的适用条件。[2] 借鉴上述经验，从主体角度将单位排除在非生产经营目的抗辩的法律适用对象之外似乎没有依据，应当从被控侵权行为的分析入手，解读被控侵权行为的客观表现，从而推断被控侵权人的主观故意，以判断被控侵权行为的目的是“生产经营目的”，还是“个人使用目的”。另外，需要强调的是，不能将“生产经营目的”狭义地限定为“营利目的”。

权利用尽抗辩。根据《专利法》第69条第（1）项的规定，专利产品或者依照专利方法直接获得的产品，由专利权人或者经其许可的单位、个人售出后，使用、许诺销售、销售、进口该产品的，不视为侵犯专利权。亦即，专利权人自己售出专利产品或者经专利权人许可的被许可人售出专利产品之后，社会公众应当享有自由处置该产品的权利。此后，无论该购买者以何种方式使用该产品，或者进一步转卖、出让、捐赠该产品，均不应当构成侵犯该项

[1] 张大伟．单位不得以“非经营目的”进行侵权抗辩［EB/OL］．［2011－08－12］．http：//www.bjipo.gov.cn/jczsabc/zscqabczl/alfx/200901/t20090113_5604.html.

[2] 尹新天．专利权的保护［M］．2版．北京：知识产权出版社，2005：126.

专利权的行为。[1]“专利权的权利用尽”构成专利侵权的合法抗辩事由。美国联邦最高法院于2008年就广达案作出判决，认定专利权人或者许可人对“未完成产品”的出售可以导致权利用尽。从而对于权利用尽抗辩的适用对象加以扩展。笔者认为，对于“未完成产品”是否适用权利用尽抗辩的关键在于，权利用尽制度的理论依据。如果认为权利用尽抗辩制度的理论基础在于，专利权人首次售出专利产品时，推定默示许可买受人可以自由处分获得的专利产品。如果基于上述理论依据，那么未完成产品可以适用于权利用尽抗辩。对一些包装外观设计来说，随着产品所有权的合法转移，虽然包装外观设计专利权通常也因此用尽权利，但这种权利用尽可能是相对的，在某些时候可能起死回生，例如白酒酒瓶的外观设计，一般来说，白酒产品合法售出后，酒瓶的外观设计专利权也由此用尽，但是如果有人从消费者手中收集这种酒瓶，重新装上白酒出售，通常会认为构成外观设计专利侵权。[2]同时，如果外观设计专利产品投放市场后，他人合法取得该外观设计专利产品并对产品外观设计加以更改，并将其投入商业利用，一般也不构成外观设计专利侵权。[3]

先用权抗辩。根据《专利法》第69条第（1）项的规定，在专利申请日前已经制造相同产品、使用相同方法或者已经作好制造、使用的必要准备，并且仅在原有范围内继续制造、使用的，不视为侵犯专利权。专利申请日前已经制造相同产品、使用相同方法或者已经作好制造、使用的必要准备的民事主体所享有的上述在原有范围内继续制造、使用的权利，被称为先用权。可以说，先用权是弥补先申请原则所带来的不公平的重要制度。依法享有先用权构成专利侵权的合法抗辩事由。先用权抗辩制度用以弥补或者缓解我国所采用的先申请原则所带来的不足。先用权抗辩制度法律适用的

---

❶ 尹新天. 专利权的保护［M］. 2版. 北京：知识产权出版社，2005：63.

❷❸ 李勇. 专利侵权与诉讼［M］. 北京：知识产权出版社，2013：163-164.

关键在于，如何认定先用权制度中的“原有范围”。然而，认定先用权制度中的“原有范围”的关键在于，如何平衡专利权人和先用人之间的平衡。笔者认为，2003 年专利侵权司法解释（征求意见稿）曾对先用权中的原有范围作出扩大解释，将“仅在原有范围内继续制造、使用”解释为先用权人为自身发展的需要在专利申请日以前已经实施技术或者外观设计的产业领域内自己继续实施，在专利申请日以后以合理的方式，如增加生产线、增设分厂等，扩大生产规模的，仍属于在原有范围内实施。已经施行的《最高人民法院关于审理侵犯专利权纠纷案件应用法律问题的解释》第 15 条则明确界定为专利申请日前已有的生产规模以及利用已有的生产设备或者根据已有的生产设备可以达到的生产规模。从而，对原有范围给予比较明确的界定，进行较为合理的限制。[1] 结合上述立法精神以及先用权抗辩制度的立法本意，原有范围不能仅仅理解为“同一主体实施的范围”，需要受到生产规模的限制；另外，不宜将先用权抗辩的适用对象扩展到销售者，仍然应当限定为制造者。

临时过境抗辩。根据《专利法》第 69 条第（1）项的规定，临时通过中国领陆、领水、领空的外国运输工具，依照其所属国同中国签订的协议或者共同参加的国际条约，或者依照互惠原则，为运输工具自身需要而在其装置和设备中使用有关专利的，不视为侵犯专利权。临时过境抗辩制度是交通运输业发展的需要，临时过境行为构成专利侵权的合法抗辩事由。临时过境抗辩的法律适用的难点在于，纯过境行为与转运行为。也就是说，所使用的专利不是运输工具本身所专门需要的，但是运输该专利产品通过我国但不在我国销售和使用的行为；以及从一个交通工具转运到另一个交通工具的行为。对于上述两种行为是否构成专利侵权，笔者认为，对于纯

[1] 在司法实践中亦能体现这一点。如广西壮族自治区高级人民法院（2002）桂民三终字第 3 号民事判决书指出，“根据专利法的立法精神，对先用权原有范围的理解，应当维持先用权人原有的产量，如先用权人的产量并未达到设计能力的，使用原有设备达到的产量，也应当被认为是在原有范围内。”

过境行为而言，如果交通工具装载着其他国家特定专利产品，或以其他国家的专利技术制作的产品，而又未获得有关的专利权人的许可，应当认定不构成临时过境抗辩；[1] 对于转运行为而言，如果从一个交通工具转运到另一个交通工具的行为系销售行为的组成部分或者进口行为的组成部分，那么应当认定不构成临时过境抗辩。

合法来源抗辩。根据《专利法》第70条的规定，为生产经营目的使用、许诺销售或者销售不知道是未经专利权人许可而制造并售出的专利侵权产品，能证明该产品合法来源的，不承担赔偿责任。这一合法抗辩事由可以称为合法来源抗辩。需要指出的是，该抗辩仅仅是赔偿责任的抗辩，被控侵权人仍然需要承担停止侵权、消除影响等其他民事责任。专利侵权责任构成与专利侵权责任承担之间存在一定的逻辑关系，认定专利侵权构成并不意味着专利侵权责任的承担，二者之间的逻辑差异在于合法抗辩事由是否成立。另外，由于在专利侵权判断中，对未经许可制作、使用等专利侵权行为，适用无过错责任原则，针对间接侵权行为，[2] 方需考虑适用过错责任原则[3]。从而，在认定侵权行为、损害以及因果关系之后，即需要分析当事人主张的抗辩事由。

不构成法定实施行为抗辩。不构成法定实施行为抗辩，是指针对原告侵犯专利权的指控，被告主张其实施的被控侵权行为不构成法定实施行为的抗辩。[4] 根据《专利法》第11条的规定，“外观设计专利权被授予后，任何单位或者个人未经专利权人许可，都不得实施其专利，即不得为生产经营目的制造、许诺销售、销售、进口

---

[1] 郑成思．知识产权论［M］．北京：社会科学文献出版社，2007：336．

[2] 《最高人民法院关于审理侵犯专利权纠纷案件应用法律问题的解释》并未明确规定专利侵权制度中的间接侵权，对于专利侵权中的间接侵权问题，学术界和实务界存在较大争议。

[3] 参见郑成思．侵害知识产权的无过错责任［J］．中国法学，1998：81－90．

[4] 李勇．专利侵权与诉讼［M］．北京：知识产权出版社，2013：175－176．

其外观设计专利产品。”因此，如果不构成“即不得为生产经营目的制造、许诺销售、销售、进口其外观设计专利产品”的行为，即可不承担侵权责任。

四、本节小结

“草坪砖”外观设计专利侵权纠纷案体现了现有设计抗辩的对比方式，笔者认为，现有设计抗辩的对比方式应当是被控侵权产品与现有设计单独对比，在这一对比过程中以涉案外观设计专利作为抽取设计特征的基础和依据。在“水龙头”外观设计专利侵权纠纷案中，涉案水龙头专利与02专利，在出水管与基座之间的长短比例、基座底部凸出沿的设计、开关把手的区别设计特征就相当于涉案水龙头专利的设计要点，在判断是否构成现有设计抗辩时主要考虑了这一差别，这样的判断方式类似于我国的以前外观设计授权、侵权判断中的要部判断方式，应当按照“整体观察、综合判断”的方式全面分析，同时在分析二者差异是否构成显著影响过程中，考虑相关部分对整体视觉效果产生的影响。“广告灯箱”外观设计专利侵权纠纷案和“扫地机”外观设计专利侵权纠纷案展现了现有设计抗辩制度的对比标准，笔者认为，现有设计抗辩制度的对比标准应当是以一般消费者为判断主体判断是否符合《专利法》第23条第1款规定的“属于现有设计”的标准。如本书第三章第一节所述，《专利法》第23条第3款的判定主体应当为“本领域普通设计人员”，对现有设计的转用、组合和现有设计的特征组合而言，应当站在“本领域普通设计人员”基础上结合设计方法加以判断，在现有设计抗辩制度中不宜涉及。在“门锁（外装玻璃门）”外观设计专利权侵权纠纷案中，原告曾警告被告洪某停止专利侵权行为，由于专利权的取得以公示为要件，故被告在接到专利侵权警告后，很容易通过查询等方式而知道其行为构成侵权，但被告怠于履行审查义务，仍在销售专利侵权产品，这表明被告洪某在主观上存在侵权的恶意，或者被告洪某在主观上的状态由“善意”因素转变为

“恶意”因素。“屏风上角盖”外观设计专利侵权纠纷案被告使用包含侵犯涉案外观设计专利权的上角盖屏风产品，其行为不构成《专利法》第11条所规定的制造、许诺销售、销售、进口其外观设计专利产品，因此，被告所主张的“不构成法定实施行为抗辩”可以成立。“多规格笔画拼字玩具”外观设计专利侵权纠纷案中，被告宣传自己是发明人的行为，其行为不构成《专利法》第11条所规定的制造、许诺销售、销售、进口其外观设计专利产品，因此，被告所主张的“不构成法定实施行为抗辩”可以成立。

第五节　外观设计专利侵权的法律责任

按照侵权责任法一般原理，行为人侵犯他人合法权益并且没有适格的抗辩事由，应当依法承担相应的侵权责任。外观设计专利侵权同样如此。根据《专利法》第60条的规定，“未经专利权人许可，实施其专利，即侵犯其专利权，引起纠纷的，由当事人协商解决；不愿协商或者协商不成的，专利权人或者利害关系人可以向人民法院起诉，也可以请求管理专利工作的部门处理。管理专利工作的部门处理时，认定侵权行为成立的，可以责令侵权人立即停止侵权行为，当事人不服的，可以自收到处理通知之日起15日内依照《中华人民共和国行政诉讼法》向人民法院起诉；侵权人期满不起诉又不停止侵权行为的，管理专利工作的部门可以申请人民法院强制执行。进行处理的管理专利工作的部门应当事人的请求，可以就侵犯专利权的赔偿数额进行调解；调解不成的，当事人可以依照《中华人民共和国民事诉讼法》向人民法院起诉。”根据《专利法》第63条的规定，“假冒专利的，除依法承担民事责任外，由管理专利工作的部门责令改正并予公告，没收违法所得，可以并处违法所得4倍以下的罚款；没有违法所得的，可以处20万元以下的罚款；构成犯罪的，依法追究刑事责任。”结合《刑法》第216条有关“假冒专利罪”的规定，我国外观设计专利侵权的法律责任包括民事责任、行政责任和刑事责任，本节重点介绍外观设计专利侵权的民事责任。

一、法律实践解读

【案例4－22】在“床（YM08008－AU）”外观设计专利侵权纠纷案❶中，2010年2月25日，联邦家私公司许可迪科家私（佛山）有限公司自2010年2月25日起至2015年2月25日期间独占实施其专利，许可使用费用为20万/年，并约定在本合同履行过程中，如发生第三方对上述专利权的侵权行为，应由许可人对有关侵权人提起有关诉讼。2010年2月26日，联邦家私公司发现朝阳家具厂网站上在推销被控侵权产品。2010年5月12日，联邦家私公司于富力轩公司处购买了被控侵权产品，并诉至法院请求判令两被告立即停止侵权行为，并立即销毁全部侵权产品和删除有关侵权网页内容并赔偿其损失人民币15万元。一审法院认定构成侵权后判决朝阳家具厂赔偿联邦家私公司经济损失及为诉讼支出的合理费用共计12万元。在二审诉讼中朝阳家具厂辩称联邦家私公司的涉案专利已经许可给迪科公司独占实施，故其主张经济损失赔偿的主体不适格。二审法院认为，无论专利权是否许可他人实施，专利权人均有权起诉侵犯专利权的行为，并有权要求赔偿。本案涉案专利虽已独家许可给他人实施，但联邦家私公司作为涉案专利的权利人，仍有权起诉被控侵权行为并要求侵权人承担赔偿责任。朝阳家具厂与富力轩公司有关联邦家私公司主张经济损失赔偿的主体不适格的上诉理由依据不足，二审法院遂维持了原审判决。

【案例4－23】在“按摩椅”外观设计专利侵权纠纷案❷中，原告诉称，日科公司制造、销售和许诺销售的被控侵权产品（型号为

---

❶ 参见北京市高级人民法院（2012）高民终字第26号民事判决书和北京市第二中级人民法院（2010）二中民初字第15557号民事判决书。

❷ 参见北京市高级人民法院（2012）高民终字第1027号民事判决书和北京市第二中级人民法院（2010）二中民初字第10930号民事判决书。

RK－Y616的小神童按摩椅）外观设计与涉案专利极为相似，落入涉案专利的保护范围，首商公司未经许可许诺销售并销售了侵犯涉案专利的RK－Y616型号小神童按摩椅。人民法院认定，被控侵权产品RK－Y616型号小神童按摩椅属于侵犯涉案专利的产品，并且被控侵权行为仍在继续，因此判决日科公司立即停止制造、销售和许诺销售被控侵权产品，首商公司立即停止销售被控侵权产品。

【案例4－24】在“玻璃（福满堂）”外观设计专利侵权纠纷案[1]中，2003年1月7日，李金钟向国家知识产权局申请了“玻璃（福满堂）”的外观设计专利，同年8月13日获得专利证书，专利号为ZL03334830.8。该外观设计专利在授权公告中只有一幅主视图，其简要说明记载：（1）本图案无限定边界；（2）省略其他视图。2003年8月15日，李金钟向国家知识产权局申请将专利权人变更为恒昊公司，国家知识产权局予以登记。恒昊公司按时缴纳了专利年费。2004年8月，被告春光公司从南京尚品玻璃化工技术研究所获得传真图案，通过银行转账方式付款1050元至南京尚品玻璃化工技术研究所账上，购进“福满堂”及“一帆风顺”模具，开始进行生产和销售，因技术没过关，生产数量不多，销售少，获利不高。2005年5月10日，原告恒昊公司的委托代理人陈岩、职员黎琼和岳阳市公证处的两名公证员以普通消费者的身份到被告春光公司购买了两块“福满堂”产品。经庭审勘验比对，被告春光公司的被控侵权产品“福满堂”与原告恒昊公司的“玻璃（福满堂）”外观设计专利图案相一致。

一审法院认为，被告春光公司生产销售的被控侵权玻璃“福满堂”包含了原告恒昊公司的外观设计专利玻璃（福满堂）相同图案，落入了原告专利保护范围。被告春光公司的生产、销售行为，侵犯了原告恒昊公司的专利权，应依法承担停止侵权并赔偿经济损

[1] 参见湖南省高级人民法院（2005）湘高法民三终字第58号民事判决书和长沙市中级人民法院（2005）长中民三初字第180号民事判决书。

失的民事责任。根据《最高人民法院关于审理专利纠纷案件适用法律问题的若干规定》第 21 条的规定，被侵权人的损失或者侵权人获得的利益难以确定，又没有专利许可使用费用可以参照的，人民法院可以根据专利权的类别、侵权人侵权的性质和情节等因素，一般在人民币 5000 元以上 30 万元以下确定赔偿数额。本案中，原告恒昊公司请求按法定赔偿 50000 元，被告春光公司请求按获得的利益赔偿 200 余元，结合本案实际情况，原告恒昊公司获得专利授权的时间较长，被告春光公司正式生产、销售的时间也不短，但生产数量不大，获利也不高，且在本院送达应诉通知书、诉状副本等法律文书后就主动停止了生产经营，在庭审过程中也提供了侵权丝网、胶片的来源，故在确定赔偿数额时，考虑到被告春光公司侵权行为的性质、期间、后果，原告恒昊公司专利使用的种类、时间、范围及制止侵权行为的合理开支等因素，参照原告与辽宁省康宁沈阳实业总公司装饰镜厂签订的专利实施许可合同约定的六个省份专利实施许可费用，综合确定原告恒昊公司的经济损失为 5000 元。原告恒昊公司请求赔偿数额过高部分，本院不予支持。综上，依照《民法通则》第 118 条，《专利法》第 11 条、第 56 条、第 57 条之规定，判决：一、被告春光公司立即停止生产、销售侵犯原告恒昊公司“玻璃（福满堂）”外观设计专利的“福满堂”产品的侵权行为；二、被告春光公司在本判决书生效之日起 10 日内销毁库存侵权产品，同时销毁生产“福满堂”所用的丝网、胶片；三、被告春光公司在本判决生效后 30 日内赔偿原告恒昊公司经济损失 5000 元。案件受理费 2010 元，财产保全费 220 元，共计 2230 元，由原告负担 670 元，被告负担 1560 元。

专利权人不服一审判决，其认为，（1）一审法院尚未查清被上诉人生产、销售被控侵权产品的数量。被上诉人自 2004 年 8 月开始生产、销售被控侵权产品，按同行业最低生产能力及产量计算，日生产量不低于 10 片，至 2005 年 5 月 31 日止，正常生产时间不低于 200 天，产量应不低于 2000 片 6930 平方米，故可以推定被上诉人春光公司生产数量较大。如按每平方米最低获利 8 元计算，其获利不低于 55440 元。2005 年 5 月 10 日上诉人委托代理人陈岩从被上诉人春光公司处购玻璃 10 个品种，均系上诉人专利产品，说明被上诉人主观有重大过错，应认定为以侵权为业。（2）一审法院判定赔偿时适用法律错误。根据《最高人民法院关于审理专利纠纷案件适用法律问题的若干规定》第 21 条规定，在没有专利许可使用费可以参照或者专利许可使用费明显不合理的情况下，人民法院才有权不参照许可而酌情判定赔偿，否则必须参照许可使用费。即便侵权较轻、时间较短、范围不大，也应参照许可使用费的 1 倍确定赔偿数额，除非诉讼请求赔偿额低于许可使用费。本案中有专利实施许可合同，有许可使用费参照，应依据该解释参照许可使用费，判定被上诉人春光公司赔偿上诉人 50000 元。一审法院在适用法律时没有援引该司法解释条款，但在认定时又参照了实施许可合同及许可使用费，前后自相矛盾，适用法律错误。综上，请求撤销（2005）长中民三初字第 180 号民事判决第三项，依法改判被上诉人赔偿上诉人经济损失 50000 元；一、二审诉讼费用均由被上诉人承担。

二审法院认为，根据《最高人民法院关于审理专利纠纷案件适用法律问题的若干规定》第 21 条之规定，被侵权人的损失或者侵权人获得的利益难以确定，有专利许可使用费可以参照的，人民法院可以根据专利权的类别、侵权人侵权的性质和情节、专利许可使用费的数额、该专利许可的性质、范围、时间等因素，参照该专利许可使用费的 1 至 3 倍合理确定赔偿数额。本案中，恒昊公司许可康宁公司在六省份实施玻璃（一帆风顺）专利的许可使用费为 60000 元，具体到每一个省份平均许可使用费为 10000 元，再具体到每一个地市平均许可使用费不超过 1000 元。原审判决根据侵权情节、专利许可性质、范围及制止侵权行为的合理开支等因素，综合确定赔偿数额为 5000 元，这一数额在专利许可使用费的 1 ~ 3 倍之内，符合该司法解释的规定，应予维持。上诉人的应参照专利许可使用费确定赔偿数额为 50000 元的上诉请求不能成立，本院不予支持。上诉人上诉称原审法院尚未查清被上诉人生产、销售被控侵权产品的数量，由于上诉人在一审已选择参照专利许可使用费确定赔偿数额的方法，故是否查清这一事实已无必要。上诉人还提出原审法院查明的“因技术没过关，生产数量不多，销售少，获利不高”这一事实没有相应的证据支持，本院经审查，被上诉人在一审提交的第一组证据中的生产日记可以证明这一事实，因而，原审判决作出这一事实认定有相应的证据支持。上诉人的一审法院查明事实部分不清的上诉理由不能成立，本院不予支持。原审判决在本院认为部分写明了是根据《最高人民法院关于审理专利纠纷案件适用法律问题的若干规定》第 21 条的规定，参照专利许可使用费来确定赔偿数额的，但在引用法律条文时，却没有引用这一条文，属于表述不完整，本院予以纠正。由于原审判决确定的赔偿数额中，还包括了当事人为制止侵权所支付的合理费用，因而，在引用法律条文时，应同时引用《最高人民法院关于审理专利纠纷案件适用法律问题的若干规定》第 22 条之规定。虽然原审判决引用法律条文存在瑕疵，但并未影响案件实体判决。上诉人的原审法院适用法律错误的上诉理由不能成立，应予驳回。

【案例 4 - 25】在“蓄电池”外观设计专利侵权纠纷案[1]中，2003 年 11 月 19 日，原告建发公司来到被告今星光公司，购得被控侵权产品 6V4.5 蓄电池 20 只，每只单价 12 元，共计金额人民币 240 元。今星光公司向建发公司出具了盖有今星光公司财务专用章收据一张，收据号码为 8005894，收据上载明了“SYSTER 交来样品费现金”内容。广东省公证处对上述购买过程予以公证并封存了被控侵权产品。庭审中，法庭当庭拆封了公证处封存的被控侵权产品。今星光公司确认该产品由其销售的事实。今星光公司销售的被

[1] 参见广东省高级人民法院（2005）粤高法民三终字第 31 号民事判决书和深圳市中级人民法院（2004）深中法民三初字第 349 号民事判决书。

控侵权产品蓄电池外观，由电池池身与电池顶部两部分组成，池身与顶部均呈长方体。电池池身长方体属通用形状；电池顶部长方体，由两个小长方体、不规则几何体及具有一定间隔的竖条和小长方体构成的顶部周边组成。经比对今星光公司销售的被控侵权产品与建发公司外观设计专利，除顶部存在细微差别外，其余部分完全相同。另查，2002 年 9 月 20 日，建发公司与中山市东凤镇新佳电器制品厂签订了一份为期 2 年的专利实施普通许可合同，专利使用年费 30 万元，中山市东凤镇新佳电器制品厂于 2003 年 10 月 15 日，向建发公司支付了外观设计专利使用费。2002 年 11 月 1 日，建发公司就专利实施许可合同向国家知识产权局备案登记。

一审法院认为，鉴于建发公司、今星光公司双方均未举证证明建发公司损失额和今星光公司获利额，原审法院根据今星光公司侵权的主观过错、侵权情节、侵权持续时间、建发公司专利受法律保护期限等因素，综合确定赔偿数额，而不参照专利许可使用费确定赔偿数额。本案建发公司专利在开庭审理时已进入公用领域，建发公司专利权自进入公有领域之日起不受法律保护，故建发公司关于停止侵权的诉讼请求，不予支持。今星光公司辩称建发公司专利已失效，予以采纳。根据《民法通则》第 118 条、第 134 条第 1 款第（7）项、《专利法》第 11 条第 2 款、第 60 条，《民事诉讼法》第 64 条，《最高人民法院关于民事诉讼证据的若干规定》第 2 条之规定，判决：一、今星光公司于本判决生效之日起 15 日内赔偿建发公司经济损失人民币 3 万元；二、驳回建发公司其他诉讼请求。案件受理费 6260 元，由今星光公司负担。

专利权人提起上述，其主张，（1）根据《专利法》第 60 条规定："被侵权人的损失或侵权人获得的利益难以确定的，参照该专利许可使用费的倍数合理确定。"上诉人在一审举证期间已向法院提交与中山市东凤镇新佳电器制品厂（以下简称"新佳电器厂"）签订的专利实施许可合同，以及被许可方向上诉人支付的专利许可使用费，专利实施许可合同已实际履行。上诉人与被许可方新佳电器厂签订的专利许可合同有备案登记，是真实存在并得到实际履行的。在有专利许可合同存在的情况下，一审法院应当依据《专利法》第60条的规定，参照专利许可使用费的标准确定赔偿数额；而一审法院不依据《专利法》第60条的规定，不参照专利使用费的标准确定赔偿数额，而是主观臆断、酌情判决被上诉人赔偿上诉人损失人民币3万元，与事实不符，没有法律依据。此外，（2004）深中法民三初字第367号民事判决书，原告同为建发电器制品（深圳）有限公司诉深圳雄韬电源科技有限公司专利侵权纠纷案，法院均参考该专利的许可使用费来确定侵权赔偿数额。因此，本案一审法院适用法律错误，请二审法院予以改判。（2）被上诉人侵权时间长、侵权数额大，应当赔偿上诉人遭受的实际损失。上诉人已于2000年9月1日向国家知识产权局申请了外观设计专利，被上诉人在未经许可的情况，擅自制造、销售与上诉人等同的专利产品，其主观上具有恶意。2003年，上诉人为取得侵权产品，派员调查取证，花费大量人力物力财力。同时，被上诉人的侵权时间长，已形成规模的制造和销售，一审判决认定的赔偿数额不足以弥补上诉人因侵权而遭受的损失，应参考上诉人专利许可使用费的倍数合理确定赔偿数额。请求二审法院：（1）撤销（2004）深中法民三初字第349号判决；（2）判令被上诉人赔偿上诉人经济损失人民币25万元整；（3）上诉费由被上诉人承担。

被控侵权人主张，即使侵权成立，因今星光公司仅提供了少量的样品，建发公司的损失或今星光公司所获利益可以确定，远未达到一审判决认定的3万元，更不可能是建发公司要求的25万元。暂不考虑上述的今星光公司无须承担责任的理由，建发公司要求赔偿25万元也没有依据。建发公司提供的公证书中的收据表明，今星光公司提供的是“样品”，所谓样品，即表示今星光公司从未规模性生产过该种类型的电池，仅提供样品给客户参考，如果客户满意才会规模生产。按照《专利法》第60条的规定，侵犯专利权的赔偿数额，按照权利人被侵权所受到的损失或者侵权人因侵权所获得的利益确定，被侵犯人的损失或者侵权人的利益难以确定的，才参照该专利许可使用费确定。因建发公司提供的证据已证明今星光公司仅生产过价值几百元的样品，建发公司的损失或者侵权人的利益并非不可确定，即使认定今星光公司构成侵权，也应仅就20只样品给建发公司造成的损失或今星光公司获得的利益确定赔偿数额。一审法院要求今星光公司赔偿3万元已是大大超出其所谓损失。另外，建发公司的许可合同存在瑕疵，有造假行为，合同签订的时间是2002年9月20日，合同生效时间是2002年6月8日，是建发公司为凑足2年时间，把合同生效时间提前；许可费也明显超过合理范畴，与建发公司的诉讼请求25万元也是自相矛盾。综上，上诉人所谓侵权产品实际由建发公司指定外型并诱使答辩人组装的，即使不考虑该因素，今星光公司也仅组装了公证书收据上列明的数量，赔偿数额应按该数量来确定。请求二审法院驳回建发公司的诉讼请求。

二审法院经对上诉人建发公司二审提交的深圳市中级人民法院（2004）深中法民三初字第367号民事判决进行审查，该案具体情况与本案不尽相同，该案参考许可合同的许可使用费确定被告的赔偿数额为15万元，实际是适用定额赔偿而非依照许可费用赔偿，且该民事判决已被提起上诉，不是生效判决。因此，该判决不能作为确定本案赔偿额的参照依据。对上诉人建发公司二审提交的该证据，二审法院不予采信。

二审法院认为，根据《最高人民法院关于审理专利纠纷案件适用法律问题的若干规定》第21条的规定，被侵权人的损失或者侵权人获得的利益难以确定，有专利许可使用费可以参照的，人民法院可以根据专利权的类别、侵权人侵权的性质和情节、专利许可使用费的数额、该专利许可的性质、范围、时间等因素，参照该专利许可使用费的1~3倍合理确定赔偿数额；没有专利许可使用可以参照或者专利许可费明显不合理的，人民法院可以根据专利权的类别、侵权人侵权的性质和情节等因素，一般在人民币5000元以上

30万元以下确定赔偿数额，最多不超过人民币50万元。本案建发公司在形式上虽提供了实施许可合同、支付凭证、备案证明等，但许可合同本身存在诸如签订时间晚于生效时间等的瑕疵，建发公司对合同已履行却未交付设计图纸的辩解也难以自圆其说，合同履行凭证不能明确是涉案专利许可费，建发公司也未能提交该专利实施许可合同的其他具体实际履行情况。涉案外观设计专利是蓄电池专利，蓄电池这种产品属实用品，而非时尚消费品，产品外观对产品的市场竞争力影响不大，外观的附加值小，并且处在使用状态下难以令人看见外观全貌，其所传递的审美信息较为有限。许可合同约定的涉案蓄电池外观设计专利的普通实施许可年许可费达30万元，明显欠缺合理性。在审判实践中，同类型的案件因具体案情不同可能有不同的处理结果。建发公司关于应参照许可费确定今星光公司赔偿额的上诉理由不充分，本院不予采纳。而且，本案外观设计专利在原审开庭前已过保护期，除了本案被控侵权样品之外，建发公司未能提供今星光公司还实施过其他的侵权行为；建发公司上诉称今星光公司侵权时间长，已形成规模的制造和销售，没有相应证据支持；建发公司亦未就其因今星光公司侵权所致的损失举证。因此，建发公司关于原审赔偿额过低的上诉理由不充分，不予采纳。

【案例4－26】在“用于电子设备中发热元件的散热器”外观设计专利侵权纠纷案[1]中，在一审审理期间，基于原告扎尔曼株式会社的申请，一审法院委托深圳市光明会计师事务所有限公司对被告孚龙公司制造本案产品的数量和获利情况进行审计。审计报告显示，从2003年12月至2004年4月被告孚龙公司累计亏损1986.24元，但因为被告孚龙公司拒绝提供从2003年8月至11月的损益表和财务账册，故无法计算出这一时段被告孚龙公司的盈亏情况。同时审计报告没有反映出被告孚龙公司从原告扎尔曼株式会

[1] 参见广东省高级人民法院（2004）粤高法民三终字第307号民事判决书和深圳市中级人民法院（2004）深中法民三初字第268号民事判决书。

社的本案专利授权之后至审计截止日的被控侵权产品的生产数量等情况。

一审法院认为，扎尔曼株式会社向法院提出请求责令孚龙公司停止侵权，并赔偿损失，理由正当，予以照准。扎尔曼株式会社对孚龙公司的侵权赔偿数额要求以审计结论为准，但审计报告在反映孚龙公司亏损的同时，也同时指出孚龙公司的财务资料不全，不能完整反映孚龙公司制造和销售本案被控侵权产品的数量和获利情况，因此原审法院在确定孚龙公司的赔偿数额时将考虑扎尔曼株式会社为本案诉讼所花费的合理费用，孚龙公司侵权的性质和情节，孚龙公司的侵权行为给扎尔曼株式会社商业信誉所造成的损害等因素，酌情加以确定。依据《专利法》第 11 条第 2 款的规定，判决如下：一、深圳市孚龙电子有限公司立即停止侵害扎尔曼株式会社第 02381024.6 号外观设计专利权的行为；二、深圳市孚龙电子有限公司于本判决生效后 10 日内向扎尔曼技术株式会社赔偿侵权损失 10 万元。本案诉讼费 3510 元、证据保全费 50 元、审计费 10000 元由深圳市孚龙电子有限公司负担。上述费用扎尔曼株式会社已向原审法院预付，由孚龙公司迳付扎尔曼株式会社。

被控侵权人提起上诉，其主张，原审法院以孚龙公司提供财务的资料不全及结合扎尔曼株式会社为本案诉讼所花费的合理费用，孚龙公司的性质和情节，孚龙公司侵权行为给扎尔曼株式会社商业信誉造成的损失等因素，确定要求孚龙公司赔偿扎尔曼株式会社 10 万元人民币及审计费 10000 元，这一赔偿费用明显偏高。根据《最高人民法院关于审理专利纠纷案件若干问题的解答》就专利赔偿确定了三种赔偿方案：（1）专利权人因侵权行为受到的实际经济损失作为损失赔偿；（2）以侵权人因侵权行为获得的全部利润作为损失赔偿额；（3）以不低于专利许可使用费的合理数额作为损失赔偿额。原审法院在进行证据保全时，孚龙公司也没有拒绝提供 2003 年 8 至 11 月的财务资料，因为孚龙公司在 2003 年 12 月以前还没有变更成生产型的有限公司，而在保全时原审法院仅要求孚龙公司提供涉嫌侵权产品的生产销售资料，所以孚龙公司无法提供出 2003 年 8～11 月的涉嫌侵权产品财务资料。原审法院应该根据民诉法所规定的“谁主张、谁举证”这一立法原则来衡量，应由扎尔曼株式会社来列举出其受到损失的证据。根据《专利法》第 63 条规定：为生产经营目的使用或者销售不清楚是未经专利人许可而制造并售出的专利产品或者依照专利方法直接获得的产品，能证明其产品合法来源的，不承担赔偿责任。而孚龙公司是经过杜建军先生授权实施许可，且所生产的产品都是按照杜建军先生提供的图纸生产，所以也不应承担赔偿责任。

二审法院认为，孚龙公司认为其已根据原审法院的要求提供了据以审计的资料，故原审判决其赔偿 10 万元畸高，且根据《专利法》第 63 条的规定，孚龙公司也无需承担赔偿责任。《最高人民法院关于审理专利纠纷案件适用法律问题的若干规定》第 20 条、第 21 条规定，人民法院依照《专利法》第 57 条第 1 款的规定追究侵权人的赔偿责任时，可以根据权利人的请求，按照权利人因被侵权所受到的损失或者侵权人因侵权所获得的利益确定赔偿额；被侵权人的损失或者侵权人获得的利益难以确定的，且无专利许可使用费可以参照的，人民法院可酌情在人民币 5000 元以上 30 万元以下确定赔偿数额。对于孚龙公司所获得利益，虽然原审法院委托了深圳市光明会计师事务所有限公司进行审计，但这是在审计资料不全的情况下作出的审计报告，孚龙公司也未向原审法院说明没有全部提交财务账册等资料的合理的理由，故不能将审计结果认定为孚龙公司因侵权所获得的利益。孚龙公司在二审期间也并没有向本院提交有关其因侵权所获利益的确切证据，原审法院参考被控侵权的散热器产品多达四种、被控侵权的散热器产品的单价分别为人民币 90 元至 175 元不等，以及扎尔曼株式会社为本案诉讼所花费的合理费用等因素，酌情作出的赔偿数额并不无当，应当予以维持。

二、停止侵权行为

我国《专利法》主要规定了停止侵权行为和损害赔偿两种责任形式，但是《民法通则》规定了由停止侵害、排除妨碍、消除危险、返还财产、恢复原状、修理更换重作、赔偿损失、支付违约金、消除影响和恢复名誉、赔礼道歉等民事责任组成的较为完善的民事责任体系，《侵权责任法》进一步明确了停止侵害、排除妨碍、消除危险、返还财产、恢复原状、赔偿损失、赔礼道歉、消除影响和恢复名誉等侵权责任，减少了“修理、更换、重作”和“支付违约金”两种债法上的责任形式。本章重点介绍停止侵权行为和损害赔偿两种《专利法》特别规定的责任形式。

停止侵权行为在我国专利侵权诉讼中得到了较为广泛的适用。一般来说，只要专利权人请求人民法院判决被告停止侵权行为，而被控行为确已构成侵权行为且仍在继续的，人民法院一般都会判决侵权人停止侵权行为。[1] 许多法官明确表示，只要侵权行为正在进行，原则上应当判令被告停止侵害。[2]

但是，特定情况下不适用停止侵权行为的法律责任。根据《最高人民法院关于当前经济形势下知识产权审判服务大局若干问题的意见》的要求，如果停止有关行为会造成当事人之间的重大利益失衡，或者有悖社会公共利益，或者实际上无法执行，可以根据案件具体情况进行利益衡量，不判决停止行为，而采取更充分的赔偿或者经济补偿等替代性措施了断纠纷。例如，在珠海市晶艺玻璃工程有限公司（以下简称“晶艺公司”）诉深圳市机场股份有限公司（以下简称“深圳机场”）、北方国际合作股份有限公司（以下简称“北方公司”）玻璃幕墙连接装置侵犯专利权纠纷案中，原告请求

---

[1] 李勇. 专利侵权及诉讼［M］. 北京：知识产权出版社，2013：199.

[2] 朱理，郃中林. 知识产权侵权责任若干问题——知识产权侵权责任调研课题成果论证会综述［N］. 人民法院报，2008－09－25（5）.

法院判令两被告停止侵权行为并赔偿原告经济损失并向原告支付专利技术使用费共计 50 万元。深圳市中级人民法院一审认为，深圳机场是经营性质的企业，候机楼为经营场所其使用原告专利技术的性质为商业使用，但是考虑到深圳机场的特殊性，如果判令深圳机场停止侵权，将意味着要拆除已经建好的工程，使社会利益蒙受巨大损失，而这对原告晶艺公司来说亦并未使其获得任何利益。因此，深圳市中级人民法院在认定被告侵权后，判决深圳机场向晶艺公司支付使用费，同时驳回了原告有关深圳机场停止侵害的诉讼请求。在二审诉讼中，经调解北方公司同意一次性支付晶艺公司经济补偿费用 25 万元，深圳机场不再另行承担任何责任。❶ 另外，在珠海市晶艺玻璃工程有限公司（以下简称“晶艺公司”）诉广州白云国际机场股份有限公司（以下简称“白云机场公司”）、广东省机场管理集团公司（以下简称“机场管理公司”）、深圳市三鑫特种玻璃技术股份有限公司（以下简称“三鑫公司”）案❷中，广州市中级人民法院在判定侵权后，明确指出，三鑫公司制造、销售被控侵权产品构成侵权之后，被告白云机场公司本应停止使用被控侵权产品。但考虑到机场的特殊性，判令停止使用被控侵权产品不符合社会公共利益，因此被告白云机场公司可继续使用被控侵权产品，但应当适当支付使用费。在武汉晶源环境工程有限公司（以下简称“晶源公司”）与日本富士化水工业株式会社（以下简称“富士化水”）、华阳电业有限公司（以下简称“华阳公司”）侵犯发明专利权纠纷案❸中，最高人民法院指出，鉴于本案烟气脱硫系统已被安装在华阳公司的发电厂并已实际投入运行，若责令其停止行为，则会直接对当地的社会公众利益产生重大影响，故原审判决在充分考

❶ 参见深圳市中级人民法院（2004）深中法民三初字第 587 号民事判决书和广东省高级人民法院（2005）粤高法民三终字第 129 号民事调解书。

❷ 参见广东省广州市中级人民法院（2004）穗中法民三知初字第581号民事判决书。

❸ 参见福建省高级人民法院（2001）闽知初字第 4 号民事判决书和最高人民法院（2008）民三终字第 8 号民事判决书。

虑权利人利益与社会公众利益的前提下，未支持晶源公司关于责令停止行为的诉讼请求，而是判令华阳公司按实际使用年限向晶源公司支付每台机组每年人民币 24 万元至本案专利权期限届满为止，并无不妥。

销毁责任的法律适用。就法律规定而言，我国民事侵权责任的方式《侵权责任法》第 15 条规定了八种民事责任承担方式，该法并未明确规定销毁侵权产品的责任方式。对于商标侵权商品，我国《商标法》第 53 条规定，对于商标侵权商品，工商行政管理部门处理时，认定侵权行为成立的，责令立即停止侵权行为，没收、销毁侵权商品和专门用于制造侵权商品、伪造注册商标标识的工具。在《知识产权海关保护条例》第 27 条中规定，对于被扣留的侵权嫌疑货物，由海关没收，没收后的处理结果包括：用于社会公益事业、有偿转让给知识产权权利人、在消除侵权特征后依法拍卖或者销毁。《专利法》没有作出类似规定。也就是说，目前我国对于专利侵权产品司法机关如何处理并未明确规定。就法律实践而言，对于“销毁商品”的诉讼请求，人民法院具有多种不同的做法。在朱炳仁诉上海康宇铜门设计工程有限公司案[1]中，上海市第二中级人民法院认为，“对于原告要求销毁被告侵权产品的诉请，因其不属于民事责任的承担方式，本院不予支持。”在蔡福集诉温岭市松门益源塑料编织厂专利侵权纠纷案[2]中，浙江省杭州市中级人民法院认为，“销毁侵权产品属于一种行政或民事制裁行为，作为民事案件的当事人无权主张。”但是，在曹忠泉诉江苏凯斯曼缝制机械有限公司专利侵权纠纷案[3]中，江苏省无锡市中级人民法院认为，“原告曹忠泉请求停止侵权并销毁侵权产品及专用模具，符合法律规定，本院予以支持。”就国际趋势而言，开始广泛接受销毁责任。

---

[1] 参见上海市第二中级人民法院（2005）沪二中民五（知）初字第 131 号民事判决书。

[2] 参见浙江省杭州市中级人民法院（2005）杭民三初字第 329 号民事判决书。

[3] 参见江苏省无锡市中级人民法院（2008）锡民三初字第 023 号民事判决书。

例如，《反假冒贸易协议》[1] 第10条规定了“其他救济”，即对于盗版商品和假冒商标的商品，依据权利人的请求，司法机关有权在不给予任何补偿的情况下下令销毁商品，特殊情况例外。也可以责令将主要用于生产或制造此类商品的材料和工具及时销毁或在商业渠道中处理掉，以将侵权风险减少到最低限度。

三、损害赔偿

（一）外观设计专利侵权损害赔偿的基本法律属性

事实上，无论在传统侵权法领域，还是在知识产权或者专利领域，通常通过比较损害赔偿数额与权利人因侵权行为所遭受损失的大小来判断损害赔偿是否具有惩罚功能，如果损害赔偿数额大于因侵权行为所遭受损失，则认定这样的损害赔偿具有惩罚功能。[2] 通常认为，我国侵犯知识产权的损害赔偿应当遵循如下原则，亦即“侵权行为人对受害人遭受的财产损失，负全部赔偿的责任，赔偿

---

[1] 《反假冒贸易协议》的设想最初由日本于2006年提出，美国、加拿大、欧盟和瑞士参加了2006年至2007年的早期酝酿，正式谈判始于2008年6月，当时正式谈判方包括美国、加拿大、欧盟、瑞士、澳大利亚、墨西哥、摩洛哥、新西兰、韩国、新加坡等，整个谈判过程仅仅经历了3年左右时间。2010年10月，《反假冒贸易协议》草案文本主要争议方美国和欧盟迅速达成妥协，于2011年5月公布了最终文本 。《反假冒贸易协议》的谈判一共进行了11轮，从上述谈判过程而言，《反假冒贸易协议》旨在建立国际知识产权保护的新秩序，因此一直在“保密”状态下进行，发达国家刻意在剥夺发展中国家发言权和知情权的前提下构建知识产权国际执法的新标准。2011年10月1日，美国、澳大利亚、加拿大、韩国、日本、新西兰、摩洛哥和新加坡在东京签署了《反假冒贸易协议》。《反假冒贸易协议》的其他谈判方，包括欧盟、墨西哥和瑞士参加了签字仪式并且表达了对于《反假冒贸易协议》的强烈支持以及努力尽快签署上述协议的意愿。接下来的步骤涉及各个签字方批准书的提交，在第六个批准书得以提交的时候《反假冒贸易协议》将生效。2010年10月，《反假冒贸易协议》草案文本主要争议方美国和欧盟迅速达成妥协，于2011年5月公布了最终文本 。此处即为引用2010年10月《反假冒贸易协议》草案文本。

[2] 李国庆. 侵害知识产权损害赔偿若干问题探讨［J］. 法学评论，2006（2）：140－146.

范围应与损失大小相当”。[1] 因此，一般而言，外观设计专利侵权的损害赔偿要达到两种程度的要求，一是侵权人就其侵权行为给外观设计专利权人造成的损失承担全部赔偿责任；二是侵权人因为其侵权行为获得的不当利益全部赔偿给专利权人。即使在参照专利许可费确定损害赔偿数额的情况下或者酌定损害赔偿数额的情况下，也应当根据案件情况加以确定，尽量使得损害赔偿数额与侵权人就其侵权行为给外观设计专利权人造成的损失、侵权人因为其侵权行为获得的不当利益相当。

（二）外观设计专利侵权损害赔偿计算的基本原则

关于如何确定侵犯他人财产权行为的赔偿数额，有两种不同的理论和做法，即补偿性原则（填平原则）和惩罚性原则。主张补偿性原则的观点认为，侵权赔偿制度的功能在于补救权利人因被侵权所造成的损失，而不在于惩罚侵权人，因此应当采用损失多少赔偿多少的补偿性原则。主张惩罚性原则的观点认为，侵权赔偿制度的功能不仅在于补救权利人因被侵权所造成的损失，同时还在于对侵权人特别是对故意侵权的侵权人进行惩罚，以达到警示侵权人和其他潜在侵权人的效果，因此对故意侵权行为，其赔偿额应当在弥补权利人受到的实际损失的同时起到惩罚侵权人的效果，美国、澳大利亚等部分普通法国家实行该原则。目前来看，我国《专利法》第65条第1款采用了补偿性原则。

但是，早有学者指出，修订后的《专利法》第60条[2]，首次使专利的侵权人在中国可能有所“失”了。按照传统民法理论的“填平原则”，侵权损害赔偿数额或以“实际损失”为准，或以“侵权人侵权收入”为准，或以正常状态下的许可使用费为准。这种计算貌似“公平”，实际上不仅对权利人不公，而且对老老实实

[1] 刘春田．知识产权法［M］．北京：中国人民大学出版社，2000：117.

[2] 此处所指的是2000年第二次修改后的《专利法》和《专利法实施细则》。——笔者注

与专利权人缔结许可合同后再实施专利的人也不公。试想，如果我见到别人有了一项有效益的专利，就擅自实施起来，如果被权利人发现了，他要经过“协商”“调解”“处理”“诉讼”等不厌其烦的过程，还不能保证胜诉。即使他胜诉了，我只是把得到的不法收入还给他，我自己作为侵权人倒是“恢复原状”了，没受到任何额外损失。如果权利人抓不到我的把柄，我就算捡着了。于是作为侵权人毫无风险，作为权利人则有开发技术的风险、诉讼中失败的风险等。老实的被许可人也有合同谈不成、许可费自认过高等风险。在这种情况下，法律就等于鼓励人们不经过许可就用，被抓着了再说。这样的专利“保护”制度不应改变吗？❶

因此，纯粹的补偿性原则不足以产生对侵权行为特别是故意侵权行为的震慑作用。我国《商标法》修改中即引入惩罚性赔偿制度，即“对恶意侵犯商标专用权，情节严重的，可以在按照上述方法确定数额的一倍以上三倍以下确定赔偿数额。赔偿数额应当包括权利人为制止侵权行为所支付的合理开支。”

（三）外观设计专利侵权损害赔偿计算方式的历史沿革

1984 年制定的《专利法》和 1992 年第一次修改的《专利法》均没有明确确定专利侵权损害赔偿的原则，在司法实践中，最高人民法院依据我国民法通则关于民事侵权损害赔偿原则的有关规定，参照国际上对专利侵权损害赔偿通常采用的计算方法来予以确定。❷我国民法通则规定的民事侵权损害赔偿的原则是“补偿原则”，也称“填平原则”“全部赔偿原则”。所谓全面赔偿原则，是指对侵权人的侵权行为，不论其在主观上是出于故意还是过失，也不论行为人是否受刑事、行政制裁，均应根据因其行为造成财产损失的多

❶ 郑成思．中国侵权法理论的误区与进步：写在《专利法》再次修订与《著作权法》颁布十周年之际［J］．中国工商管理研究，2001（2）：4－8．

❷ 最高人民法院民事审判第三庭．如何理解最高人民法院关于专利法（2001）法释字第 21 号司法解释（三）［EB/OL］．［2014－09－11］．http：//www.civillaw.com.cn/article/default.asp？id＝10186．

少、精神损害大小，确定民事赔偿范围。有些国家的专利法规定的是“补偿加惩罚”的原则，如《美国专利法》第284条规定：“应该判给请求人足以补偿所受侵害的赔偿金，无论如何，不得少于侵害人使用该项发明的合理使用费，以及法院所确定的利息和诉讼费用；”对于故意行为，“法院可以将损害赔偿金增到原决定或估定的数额的三倍”。在1992年《最高人民法院关于审理专利纠纷案件若干问题的解答》中对侵犯专利权损害赔偿额规定了三种计算方法：一是以专利权人因侵权行为受到的实际经济损失作为赔偿额；二是以侵权人因侵权行为获得的全部利润作为损失赔偿额；三是以不低于专利许可使用费的合理数额作为损失赔偿额。2000年《专利法》和《专利法实施细则》的第二次修改中将审判实践中较为成熟的方法予以法律上的确认，明确规定“第60条　侵犯专利权的赔偿数额，按照权利人因被侵权所受到的损失或者侵权人因侵权所获得的利益确定；被侵权人的损失或者侵权人获得的利益难以确定的，参照该专利许可使用费的倍数合理确定。”2008年《专利法》和《专利法实施细则》的第三次修改中进一步细化了赔偿数额的确定顺序，并将权利人为制止侵权行为所支付的合理开支列入赔偿数额的范围，同时增加了第2款关于“法定赔偿”的规定[1]。可以说，根据《专利法》第65条的规定，外观设计专利侵权损害赔偿数额有四种确定方式，并且四种确定方式具有顺序要求。

（四）外观设计专利侵权损害赔偿计算方式的法律适用

我国专利侵权损害赔偿的现状与国际比较。中南财经政法大学知识产权研究中心《知识产权司法侵权赔偿研究》指出，我国97%专利侵权案判决采取法定赔偿平均赔偿额只有8万元。[2] 与之对照，2014年7月中旬国际专业咨询机构普华永道公布的《2014

[1] 尹新天. 中国专利法详解［M］. 北京：知识产权出版社，2011：729.

[2] 参见中南财经政法大学知识产权研究中心. 知识产权司法侵权赔偿研究. 介绍性材料参见中国法院网，张维. 97%专利侵权案判决采取法定赔偿［EB/OL］.［2014－09－11］. http：//www. chinacourt. org/article/detail/2013/04/id/948027. shtml.

年美国专利诉讼研究》报告，根据美国专利商标局的《执行和会计报告》和美国法院的《司法事实和数据》，统计了1991～2013年的美国的专利授权数量和专利诉讼数量的变化情况，报告指出，1995～2013年，80%左右的专利侵权案件使用合理许可费计算损害赔偿，专利侵权判赔平均数额为550万美元。

侵权造成的损失。根据《专利法》第65条的规定，外观设计专利侵权损害赔偿数额的确定首先依据侵权造成的损失。《最高人民法院关于审理专利纠纷案件适用法律问题的若干规定》第20条第2款规定："权利人因被侵权所受到的损失可以根据专利权人的专利产品因侵权所造成销售量减少的总数乘以每件专利产品的合理利润所得之积计算。权利人销售量减少的总数难以确定的，侵权产品在市场上销售的总数乘以每件专利产品的合理利润所得之积可以视为权利人因被侵权所受到的损失。"

侵权获益。《最高人民法院关于审理专利纠纷案件适用法律问题的若干规定》第20条第3款规定："侵权人因侵权所获得的利益可以根据该侵权产品在市场上销售的总数乘以每件侵权产品的合理利润所得之积计算。侵权人因侵权所获得的利益一般按照侵权人的营业利润计算，对于完全以侵权为业的侵权人，可以按照销售利润计算。"在广西梧州制药（集团）股份有限公司与秦皇岛皇威制药有限公司、广西友和古城大药房有限责任公司侵犯发明专利权纠纷案[1]中，原告梧州制药公司诉称："妇炎净"胶囊是原告自主研制发明的一种治疗妇科疾病的中药复方制剂，2004年10月18日，原告将"妇炎净"的处方剂量及制备方法以"一种治疗妇科疾病的中药复方制剂及其制备方法"向国家知识产权局申请发明专利，2006年12月6日，获得发明专利授权。被告未经原告许可，即以生产经营为目的大量生产"妇炎净"片，在全国大量销售并在广西

[1] 参见广西壮族自治区南宁市中级人民法院（2010）南市民三初字第241号民事判决书和广西壮族自治区高级人民法院（2010）桂民三终字第3号民事调解书。

的各地市场销售。被告所生产"妇炎净"片的处方（含比例）与原告专利的权利要求3相同，完全落入了原告专利的保护范围。原告请求法院判令被告皇威公司立即停止生产、销售侵犯原告名为"一种治疗妇科疾病的中药复方制剂及其制备方法"的"妇炎净"片的行为，并赔偿原告经济损失300万元及制止侵权费用10万元。南宁市中级人民法院在认定被控侵权产品构成侵权后确定赔偿数额时认为，由于法院根据原告的证据保全申请对被告皇威公司自2008年6月30日至2010年6月30日期间生产销售"妇炎净片"的《批生产记录》《原始生产记录》《入库、进仓单》、发货凭证、销售合同实施证据保全时，被告皇威公司拒不提供上述记录、单据及销售合同，致使本案权利人的损失或者侵权人获得的利益难以确定，因此本案赔偿数额参照专利许可使用费的倍数合理确定。原告专利以普通许可方式许可给东泰公司的专利使用费为每年100万元。被告皇威公司从2006年7月18日获得国家药监局颁发的《新药证书》后即开始生产、销售"妇炎净片"。根据法释《专利纠纷司法解释2001》第21条"被侵权人的损失或者侵权人获得的利益难以确定，有专利许可使用费可以参照的，人民法院可以根据专利权的类别、侵权人侵权的性质和情节、专利许可使用费的数额、该专利许可的性质、范围、时间等因素，参照该专利许可使用费的1至3倍合理确定赔偿数额"及第23条的规定"权利人超过2年起诉的，如果侵权行为在起诉时仍在继续，在该项专利有效期内，人民法院应当判决被告停止侵权行为，侵权损害赔偿数额应当自权利人向人民法院起诉之日起向前推算2年计算"的规定，原告主张按其普通许可给东泰公司的专利使用费为每年100万元的3倍计算赔偿数额，请求赔偿300万元。综合考虑本案专利为药品的发明专利，专利许可为普通许可，专利许可使用年费为100万元，被告侵权时间超过2年，且被告在本院实施证据保全时拒不提供生产销售"妇炎净片"的《批生产记录》《原始生产记录》《入库、进仓单》、发货凭证、销售合同，亦说明其侵权所获得的利益大于该请求，故原告请求赔偿300万元合理，并判决确定了300万元的损害赔偿责任。

专利许可费的合理倍数。《最高人民法院关于审理专利纠纷案件适用法律问题的若干规定》第21条规定："被侵权人的损失或者侵权人获得的利益难以确定，有专利许可使用费可以参照的，人民法院可以根据专利权的类别、侵权人侵权的性质和情节、专利许可使用费的数额、该专利许可的性质、范围、时间等因素，参照该专利许可使用费的1至3倍合理确定赔偿数额；没有专利许可使用费可以参照或者专利许可使用费明显不合理的，人民法院可以根据专利权的类别、侵权人侵权的性质和情节等因素，一般在人民币5000元以上30万元以下确定赔偿数额，最多不得超过人民币50万元。"例如，在原告广西梧州制药（集团）股份有限公司与被告陕西永寿制药有限责任公司、被告梧州市群康药业有限公司侵害发明专利权纠纷案[1]中，南宁市中级人民法院认定，根据《专利法》第65条的规定："侵犯专利权的赔偿数额按照权利人因被侵权所受到的实际损失确定，实际损失难以确定的，可以按照侵权人因侵权所获得的利益确定。权利人的损失或者侵权人获得的利益难以确定的，参照专利许可使用费的倍数合理确定。赔偿数额还应当包括权利人为制止侵权行为所支付的合理开支。"由于本院根据原告的证据保全申请对被告永寿公司自2008年6月30日至2010年6月30日期间，生产销售"妇炎净片"的《批生产记录》《原始生产记录》《入库、进仓单》、发货凭证、销售合同实施证据保全时，被告永寿公司拒不提供上述记录、单据及销售合同，致使本案权利人的损失或者侵权人获得的利益难以确定，因此本案赔偿数额参照专利许可使用费的倍数合理确定。原告专利以普通许可方式许可给东泰公司的专利使用费为每年100万元。被告永寿公司从2005年11月7日获得国家药监局颁发的《新药证书》后即开始生产、销售"妇炎净片"。

[1] 参见广西壮族自治区南宁市中级人民法院（2010）南市民上初字第241号民事判决书。

根据法释［2001］21号《最高人民法院关于审理专利纠纷案件适用法律问题的若干规定》第21条的规定“被侵权人的损失或者侵权人获得的利益难以确定，有专利许可使用费可以参照的，人民法院可以根据专利权的类别、侵权人侵权的性质和情节、专利许可使用费的数额、该专利许可的性质、范围、时间等因素，参照该专利许可使用费的1至3倍合理确定赔偿数额”及第23条的规定“权利人超过2年起诉的，如果侵权行为在起诉时仍在继续，在该项专利有效期内，人民法院应当判决被告停止侵权行为，侵权损害赔偿数额应当自权利人向人民法院起诉之日起向前推算2年计算。”原告主张按其普通许可给东泰公司的专利使用费为每年100万元的3倍计算赔偿数额，请求赔偿300万元。综合考虑本案专利为药品的发明专利，专利许可为普通许可，专利许可使用年费为100万元，被告侵权时间超过2年，且被告在本院实施证据保全时拒不提供生产销售“妇炎净片”的《批生产记录》《原始生产记录》《入库、进仓单》、发货凭证、销售合同，亦说明其侵权所获得的利益大于该请求，因此，本院认为原告请求赔偿300万元合理，应予支持。关于制止侵权的合理开支。原告与东中律师所签订的《委托代理合同》约定代理费20万元（包括办案差旅费及出差补助），其中转账支付10万元。原告主张被告赔偿10万元。综合考虑广西当地的律师收费标准及本案原告需要到北京、永寿、南宁等地多次调查，以及到南宁立案、证据交换、开庭所必须支出的机票费、住宿差旅费及交通费，本院认为原告请求合理，予以支持。

法定赔偿。我国《专利法》早期在规定侵权人的损害赔偿责任时，并未规定侵权损害赔偿的幅度。《最高人民法院关于审理专利纠纷案件适用法律问题的若干规定》在总结法律实践基础上，特别规定“没有专利许可使用费可以参照或者专利许可使用费明显不合理的，人民法院可以根据专利权的类别、侵权人侵权的性质和情节等因素，一般在人民币5000元以上30万元以下确定赔偿数额，最多不得超过人民币50万元。”2008年修改后的《专利法》第60条首次以法律的形式规定“权利人的损失、侵权人获得的利益和专利许可使用费均难以确定的，人民法院可以根据专利权的类型、侵权行为的性质和情节等因素，确定给予1万元以上100万元以下的赔偿”。

四、本节小结

在“床（YM08008－AU）”外观设计专利侵权纠纷案中，涉案专利虽已独家许可给他人实施，但联邦家私公司作为涉案专利的权利人，仍有权起诉被控侵权行为并要求侵权人承担赔偿责任。在“按摩椅”外观设计专利侵权纠纷案中，被控侵权行为仍在继续，因此需要判决停止侵权。在“玻璃（福满堂）”外观设计专利侵权纠纷案中，许可在六省份实施玻璃（一帆风顺）专利的许可使用费为60000元，具体到每一个省份平均许可使用费为10000元，再具体到每一个地市平均许可使用费不超过1000元。原审判决根据侵权情节、专利许可性质、范围及制止侵权行为的合理开支等因素，综合确定赔偿数额为5000元，这一数额在专利许可使用费的1～3倍之内，符合该司法解释的规定，应予维持。在“蓄电池”外观设计专利侵权纠纷案中，在形式上虽提供了实施许可合同、支付凭证、备案证明等，但许可合同本身存在诸如签订时间晚于生效时间等的瑕疵，建发公司对合同已履行却未交付设计图纸的辩解也难以自圆其说，合同履行凭证不能明确是涉案专利许可费，也未能提交该专利实施许可合同的其他具体实际履行情况。因此，专利权人并未尽到足够的证明责任证明造成的损失。在“用于电子设备中发热元件的散热器”外观设计专利侵权纠纷案中，对于孚龙公司所获得利益，虽然一审法院委托了深圳市光明会计师事务所有限公司进行审计，但这是在审计资料不全的情况下作出的审计报告，孚龙公司也未向原审法院说明没有全部提交财务账册等资料的合理的理由，故不能将审计结果认定为孚龙公司因侵权所获得的利益。孚龙公司在二审期间也并没有提交有关其因侵权所获利益的确切证据，应当参考被控侵权的散热器产品多达四种、被控侵权的散热器产品的单价分别为人民币90元至175元不等，以及扎尔曼株式会社为本案诉讼所花费的合理费用等因素，酌情作出的赔偿数额。

第五章　政策篇：外观设计制度与经济发展

第一节　外观设计制度与创意经济发展

我们已经进入创意经济时代，创意经济成为未来经济发展的重要推动力量。创意经济，又称创意产业、创意工业等，通常是指以文化、技术、信息为核心，将经济、文化、技术和艺术有机结合，融合、渗透和覆盖于产业之中，其核心是知识密集和技术密集的新兴服务业。自 1998 年英国政府首次提出“创意经济”的概念以来，发达国家和地区提出了创意立国或者以创意为基础的经济发展模式，发展创意经济已经被提到发达国家或者地区发展的战略层面。近些年的联合国贸易和发展会议（以下简称“贸发会议”）都会在开幕日发布由贸发会议、联合国开发署、联合国教科文组织、世界知识产权组织和国际贸易中心共同编写的《创意经济报告》。其中《2010 创意经济报告》指出，2008 年创意产品与服务的世界出口额达到 5920 亿美元，比 2002 年增长了 1 倍多，6 年来的年均增长率达到 14%，中国创意产品出口份额已经达到全球 1/5。

我国高度重视对于创意经济发展的推动。党的十八大报告明确提出实施创新驱动发展战略，这对于创意经济的发展提出了更高的要求。《中华人民共和国国民经济和社会发展第十二个五年规划纲要》第四十四章第二节则对于大力发展创意产业提出了明确要求，这些顶层政策对于创意经济发展的要求需要相关知识产权制度加以衔接。同时，北京市、上海市、天津市等也纷纷出台《创意产业发展“十二五”规划》这一专项规划，广东省《建设文化强省规划纲要（2011～2020 年）》等政策文件也提出大力推动创意经济的发展。

创意经济的发展需要外观设计专利制度加以回应。正如杨振宁教授所述，“21 世纪是工业设计的世纪，一个不重视工业设计的国家将成为明日的落伍者。”可以说，对于创意经济的发展而言，外观设计专利制度将发挥极为重要的作用。苹果、三星外观设计专利纠纷案凸显了外观设计专利制度对于创意经济发展的重要作用。例如，美国地方法院在苹果诉三星专利侵权纠纷案的判决中判令三星侵权赔偿苹果 10.49 亿美元，充分体现了涉案外观设计的重要经济价值，也体现了创意经济所具有的巨大经济推动力。

一、创意经济的内涵分析

对于创意经济与外观设计专利制度的关系研究而言，首先需要探讨创意经济的基本内涵。谈到创意产业的概念，有关研究都会援引 1998 年《英国创意产业路径文件》的表述，即“源于个体创意、技巧和才华通过知识产权的开发和利用，具有创造财富和增加就业潜力的产业。”然而，上述内涵并未充分体现创意经济的根源和基础。

创意经济的核心内涵是知识产权的形成、保护与利用，知识产权是创意经济的核心价值。从创意产业的定义可以看出，知识产权是创意产业这一概念的内涵之一，这也就决定了知识产权对于创意产业的核心价值。❶ 如果把创意经济作为一种动态的过程，是把人类智能转化为资产和资本的过程❷；如果把创意经济作为一种物态的财富，就是知识产权的形成、保护和积累的过程。因此，没有知识产权，创意无从谈起；没有知识产权，创意产业也无从发展，知

❶ 丁洁兰. 基于创意产业发展的知识产权保护 [J]. 科技广场，2008 (6).

❷ 王红珊. 保护知识产权与发展创意产业——知识产权与创意产业国际论坛综述 [J]. 上海商学院学报，2006 (1).

识产权是创意产业发展过程中必不可少的核心要素[1]。可以说，创意产业以创意为核心资源，其核心价值在于知识产权，完善以外观设计专利制度为代表的知识产权制度是创意产业发展战略中务必率先解决的核心问题。

设计产业构成创意经济的组成部门之一，完善外观设计专利政策是支撑创意经济发展的基础。有“创意产业之父”之称的英国经济学家约翰·霍金斯在其《创意经济：人们如何从思想中创造金钱》一书中将创意产业界定为，其产品都在知识产权法的保护范围之内的经济部门，并认为版权、专利、商标和设计产业四个部门共同构建了创意产业和创意经济。中国香港地区将创意产业定义为：通过开发和利用创造性技术和知识产权来生产销售具备社会文化意义的产品和服务的一系列活动，也是实现创造财富和就业机会潜能的一种生产体系。中国台湾地区“经济部工业局”将台湾的文化创意产业定义为：源自于创意或者文化积累，透过智慧财产的形式与运用，具有创造财富与就业机会潜力，并促进整体生活提升之行业。联合国教科文组织则认为文化创意产业一般则指那些“来源于创意或文化的积累，通过知识产权的形成与运用，具有创造财富与就业机会潜力，并促进整体生活环境提升的行业”。《中国创意产业发展报告》（2006）将创意产业定义为“具有一定文化内涵的、源于人的创造力和聪明智慧，并通过科技的支撑作用和市场化运作可以被产业化的活动的总和”。

二、创意经济与外观设计专利制度

创意经济与外观设计专利制度的内在联系非常紧密，外观设计专利制度对于创意经济的发展具有重要促进作用。

---

[1] 于智慧. 初论知识产权制度与创意产业的共生态［J］. 科技与法律，2007（5）.

（一）创意经济与外观设计专利制度具有内在联系

创意经济与包括外观设计专利制度在内的知识产权制度具有内在联系。有学者将这种内在联系表述为“知识产权是创意产业概念中表达出的基本内涵”。❶

作为创意经济成果的文化产品属于知识产品的范畴，具有一定的公共产品特征。文化产品，是指人类运用智慧、知识以及天赋利用各种技术手段发明和创新的、将人类的知识、智慧、灵感、想象力加以物化体现的产品和服务。按照北京市的产业分类，创意产业主要包括文化艺术、新闻出版、广播电影电视、软件网络以及计算机、广告会展、艺术品交易、设计服务、旅游休闲娱乐等产业门类，其核心是创意思想。由于其基于创意思想，因此其属于信息产品，同时公共产品属性是信息产品的一个重要经济特征❷，作为创意经济成果的文化产品具有一定的公共产品特征。

作为创意经济成果的文化产品的经济性质由制度条件和技术条件所决定，外观设计专利制度是关键性因素。“某种产品属于公共产品是预设了约束条件的，也就是说，通过改变约束条件，公共产品也可以成为或接近于私人产品。”❸ 作为创意经济成果的文化产品是否构成公共产品的归属类型，需要考虑外部约束条件。也就是说，作为创意经济成果的文化产品所具有的排他性和竞争性特征会随着外部约束条件的变化而变化。对于作为创意经济成果的文化产品的经济性质具有决定性作用的外部约束条件主要有两个：一个是制度条件，主要体现在外观设计专利制度和版权制度；一个是技术条件。“公共产品经济属性的获得（决定一个产品是公共产品还是私人产品），主要来源于后天的制度安排。即公共产品和私人产品的区别主要不在生产的方式上或资金来源上，而主要在于消费方式

❶ 颜士鹏，张丽艳. 创意产业知识产权保护研究综述［J］. 科技与法律，2011（2）.

❷ Prist. W. C. An Information Framework for the Planning and Design of Information Highways［M］. 1994.

❸ 彭学龙. 公共产品与版权保护［J］. 中南财经政法大学学报，2006（5）.

的不同上，这主要是源于不同产权制度的安排。”❶ 显然，外观设计专利制度即是对于这一情形作出的产权安排。

外观设计专利制度通过市场配置资源的功能，使得作为创意经济成果的文化产品得到最为有效的利用。由于作为创意产业基础的创意思想可以被反复利用和开发，各种文化产品可以低成本复制，同时这不会影响创意产品的价值。因此，创意产品的保护需要建构在外观设计专利制度等的基础之上。因此，外观设计专利制度通过市场配置资源的功能，可以使得文化产品的价值得以充分发挥。

（二）外观设计专利制度对创意经济的促进作用

外观设计专利是创意产品的交易载体，外观设计专利制度能够保护创意产品的价值实现。创意产业之父霍金斯指出，发展创意经济的核心基础是要有完备的知识产权保护法与法律促进政策，没有这个核心，创意活动将无法真正形成创意产业与经济。创意经济的核心是创意思想，而创意思想是无形的，虽然其可以附着在一定的物化形式上，但是由于创意思想具有非竞争性，因此其可以附着在不同的物化形式上，并且物化的数量无限也不会影响创意思想本身。

外观设计专利制度能够促进创意经济相关市场的发展。创意思想是创意产品中最有价值的部分，是市场交换的对象，它无法用某一种物化产品来表达其全部的价值。从而，外观设计的创造、生产、流通和交换就构成了创意产业运营的主体，外观设计专利制度建设是创意经济繁荣发展的基本条件。

三、支持创意经济发展的国际经验比较

（一）美国支持创意经济发展的经验

美国是文化创意产业发展较早的国家，拥有内容丰富、结构完善的立法体系。它的知识产权保护体系尤其发达，早在《美国专利

---

❶ 邓崧. 论电子政务服务的公共性及提供模式［J］. 中共福建省党校学报，2007（4）.

法》和《美国版权法》中就对创意产业有所考虑。

随着文化创意产业的发展，对专利制度和版权制度多次修改和完善，此外还有针对不同产业类别的专门立法，如 1980 年《计算机软件保护法》、1984 年《唱片出租修正法》、1988 年《伯尔尼公约实施法》、1990 年《视觉艺术家权利法》、1994 年《乌拉圭回合协议法案》、1997 年《反电子盗版法》、1998 年《跨世纪数字版权法》、1999 年《伪造访问设备和计算机欺骗滥用法》等。这些种类繁多的相关立法为美国文化创意产业织起了一张巨大而严密的保护网。同时，美国还注重与国际接轨，加入国际条约，大大降低了美国文化创意产业在国际竞争中的法律风险。

（二）日韩支持创意经济发展的经验

日本于 1996 年确立了“文化立国”的战略方针，并以官方形式提出了《日本 21 世纪文化立国方案》。日本为支持这一基本国策特设文部科技省、文化厅等部门主抓本国文化产业部门，并相继颁布《日本振兴文化艺术基本法》《日本内容产业促进法》《日本文化产业振兴法》《日本创造新产业战略》《日本 IT 基本法》《日本知识产权基本法》《日本著作权中介业务法》等法律法规。在日本，企业和个人成为创意产业发展的主体，政府积极促进和推动企业参与国际性竞争和多元之化交流。

韩国于 1998 年提出“文化立国”的战略方针，陆续出台了《韩国创新企业培养特别法》《韩国文化产业振兴基本法》《韩国设立文化地区特别法》《韩国出版与印刷基本法》等一系列法律法规。为满足信息化时代发展的需要，韩国对本国已有的《韩国影像振兴基本法》《韩国著作权法》《韩国电影振兴法》《韩国演出法》《韩国广播法》《韩国唱片录像带暨游戏制品法》进行大量修改并取得显著成效，使韩国跻身于世界文化强国之列。

四、我国创意经济发展的实证研究

通过对我国创意经济发展状况的实证分析，可以得出如下结论：

（一）世界创意经济迅猛发展

世界创意经济迅猛发展，尤其是欧美发达国家的创意经济发展迅速。20 世纪 80 年代以来，作为新经济时代的产物和西方后工业化和后城市化转型的必然，欧美等发达国家的创意经济开始兴起和迅速发展。

根据联合国贸发会议的统计数据，2002～2008 年，世界各国创意产业的出口年平均增长率达到 11.53%，进口的年平均增长率达到 11.15%。《2010 创意经济报告》指出，2008 年创意产品与服务的世界出口额达到 5920 亿美元，比 2002 年增长了 1 倍多，6 年来的年均增长率达到 14%。❶

（二）我国已经成为创意产品最大出口国

我国已经成为创意产品最大出口国，具有较高的市场占有率。2002～2008 年，我国创意产业国际市场占有率从 15.8% 提高到 20.9%，年平均增长率为 16.9%。从 2002 年开始，我国成为世界创意产品出口的排头军。2008 年我国创意产品出口额达到 848 亿美元，远远超过名列世界第二名的美国和名列世界第三名的德国。2008 年，美国创意产品出口额为 350 亿美元，占有 8.6% 的国际市场，年均增长率达到 13.3%。2008 年，德国创意产品出口额为 344 亿美元，占有 8.5% 的国际市场，年均增长率达到 14.7%。从上述对比可以看出，我国自 2002 年来，已经成为世界上最大的创意产品出口国，占有较高的市场占有率，并且保持高速增长。

根据国家统计局的统计，自 2004 年以来，我国文化产业高速发展，每年增速都在 20% 以上，但是从 2012 年开始，文化产业发展到了一个"瓶颈期"，当年文化产业的增速仅为 16.5%。2012 年，我国共有文化产业法人单位近 70 万家，规模以上企业达 37000

❶ 联合国贸易与发展会议、联合国开发计划署、联合国教科文组织、世界知识产权组织和国际贸易中心. Creative Economy Report 2010 [EB/OL]. [2013－08－27]. http：//unctadxiii. org/en/sessionDocnment/ditctab20103_ en. pdf.

家，对文化产业价值创造的贡献率为60%；在规模以上企业中，从事文化创意及设计服务的企业为4900家，从业人员约为5万人。“在整个文化产业中，文化创意与设计服务业最突出的表现就是人均收入最高、净资产收益率最高。然而文化创意及设计服务业的规模相对较小，产出相对较低，户均资产9000多万元，户均净利润不到620万元，说明发展空间巨大。”❶

（三）我国出口创意产品国际竞争力较弱

我国出口创意产品的结构仍然存在较大提升空间，国际竞争力较弱。与生产其他产品一样，我国具有较为完备的工业生产基础资源和相对廉价的劳动力资源，有开拓国际市场的政策性支持，所以具有非常强的制造能力。因此，对于有形的创意产品的生产和加工，我国具有竞争优势，从而能够雄踞创意产品的国际市场之首。但是，创意产品的基础在于创意思想，我国在出口创意产品的结构方面存在不均衡之处，国际竞争力不强。如图5－1所示，根据世界贸易组织的统计规则，以专有权利使用费和特许费作为知识产权贸易的标志，我国知识产权贸易逆差逐年增加，增速甚至超过我国知识产权贸易总额的增速。

（四）我国出口创意产品高度集中

我国设计产品出口结构比较集中，集中在室内设计和时尚设计产品方面。根据商务部网站公布的数据，在2012年我国出口的创意产品中，设计产品占据70%，是包括工艺品、新媒体、表演艺术、视觉艺术、影像等在内的其他设计产品的两倍之多。在设计产品中，时尚设计产品占37%，室内设计产品占33%，远高于其他设计产品，例如玩具设计占24%，珠宝设计占6%，建筑设计和玻璃器皿设计几乎为零。

---

❶ 李慧，张玉玲．文化创意：如何做好深度融合大文章［EB/OL］．［2014－08－11］．http：//epaper.gmw.cn/gmrb/html/2014－02/27/nw.D//0000gmrb_20140227－1－14.htm.

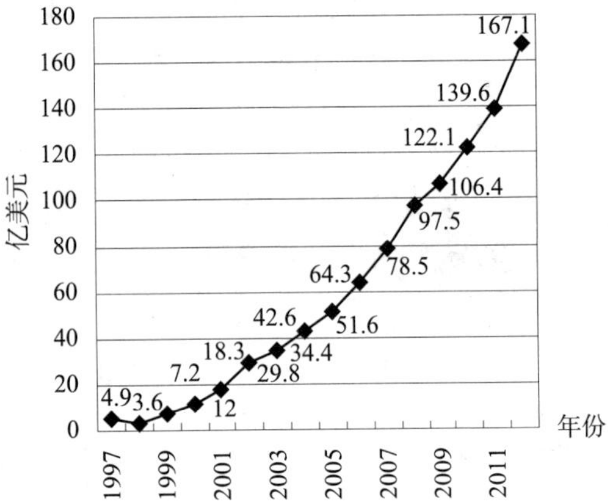

图 5-1　1997～2012 年我国知识产权贸易逆差情况[1]

五、我国创意经济发展的典型案例研究

下面分析我国创意经济发展的典型案例。

（一）北京地区创意产业起步虽晚但进展很快

北京地区的创意产业起步虽晚但进展很快。在北京已经形成了六个创意产业集聚区：中关村创意产业先导基地、北京数字娱乐示范基地、国家新媒体产业基地、东城区文化产业园、朝阳大山子艺术中心和德胜园工业设计创意产业基地。

其中，德胜园工业设计创意产业基地包括设计技术、材料展示、交流培训、机构培育、基础研究五大功能板块，以外观设计创新作为基础，尤其在时尚设计和室内装饰设计方面具有较强的优势。以“798”为例，2003 年美国《新闻周刊》“首都风格”评选中，中国北京成为前 12 个城市之一，首当其冲的理由就是“798”的空间重塑了北京的新风格。《纽约时报》将“798”和 10 年前曼哈顿的苏荷区（SOHO）相提并论；中国台湾地区作家龙应台女士

[1] 数据来源自世界贸易组织网站。

2003年11月到北京，特意前往798工厂，并在那里用700美元买下了延安民间艺术家王文海的一件雕塑。欧盟文教委员维维亚娜·雷丁在参观完“798”的10家艺术家工作室后说，“这些厂房本身就承载着历史，艺术家的创意和工作赋予了它更多的内涵。在北京迈向国际化大都市的同时，我很高兴地看到这个城市也在非常努力地探索怎样保持自己的特色。”

“798”汇集了众多当代艺术门类，绘画、雕塑、环境设计、摄影、精品家居设计、时装等，此外还有众多的画廊、展示空间、咖啡馆、酒吧、餐厅。应当说，以外观设计创新作为基础的时尚设计和室内装饰设计是其重要特色。

（二）上海地区创意产业发展最为迅速

上海是我国创意产业发展最为迅速的地区。目前上海市文化创意产业产值已经占到全市GDP的7.5%。2005年4月，上海市首批18家“创意产业集聚区”由市经委正式授牌，近30个国家和地区的400多家各类设计创意企业入驻在这些园区内，集聚了1万多名创意人才，为上海开创了一个新型的充满无穷潜力的新产业。

上海黄浦区，利用豫园的旅游资源，成立了上海市工艺品旅游纪念品设计展示交易基地，如卢湾区“8号桥”、广告湾、泰康路艺术街等综合性体验经济园区和以创意设计产业为主的创意产业基地；静安区昌平路990号和1000号，上海市新型广告动漫影视图片产业基地；徐汇区，依托周边高校，建立“创意设计工厂”“乐山软件园”和“虹桥软件园”等；长宁区，天山路时尚产业园，以时尚艺术、服装设计、品牌发布等为主要特色；普陀区莫干山路50号，入驻了60多家画廊和艺术工作室，形成了别具一格的“春明文化都市园区”。

（三）深圳、长沙和杭州创意产业发展较快

深圳、长沙和杭州等城市的创意产业也得到了较快的发展，同样在服装设计和时尚设计方面具有很强的优势。深圳作为中国最崭新的城市，有着最年轻的人群。目前深圳的创意产业主要包括由设计而衍生的系列产业，印刷、动漫、建筑、服装等；近 10 年来，深圳设计师几乎获得世界所有的顶级设计赛事和国际展览的奖项。深圳的目标是“创意设计之都”。长沙的创意产业基础较好，《超级女声》的成功证明了长沙娱乐电视业对于电视节目的创意翻新。除此以外，蓝猫销售近 3000 个品种的衍生产品、长沙卡通艺术节开幕、金鹰卡通频道开播，这一切也说明长沙的创意城市特色有着独特的地位。杭州创意产业的标志是该市最大的设计联盟——LOFT49，这片运河边近万平方米的旧厂房汇聚了 17 家艺术机构。

综上所述，通过对我国创意经济发展的典型案例分析可以得知，我国创意经济的竞争力在很大程度上体现在时尚设计和室内装饰设计方面。

六、外观设计制度对创意经济的回应

由于创意经济刚刚起步，人们对创意经济存在一些模糊的认识，缺乏长远和整体规划，许多相关措施又未能及时跟上，因此创意经济发展仍处在盲目的自发状态，严重影响创意经济的健康发展。负有推动创意经济发展重要职责的政府，其着力点首先应放在营造公平竞争和尊重创新的社会发展环境上。具体到外观设计专利政策而言，需要构建促进创意经济发展的外观设计专利政策体系。促进创意经济发展的外观设计专利政策体系主要包括以下几个方面。

在运用方面，构建基于外观设计专利的创意运营机制。创意企业一般以中小型企业为主，经营规模较小，并且许多创意企业只负责创意产品的开发，各种资源条件有限，同时创意企业自身知识产权的保护能力较弱，缺乏知识产权的市场开发能力。[1] 建议采取由民间金融资金和政府政策资金共同支持的联合融资（Co－Finance）模式，扩大知识产权产业化的资金供给，构建基于外观设计专利的

[1] 王红珊. 保护知识产权与发展创意产业——知识产权与创意产业国际论坛综述[J]. 上海商学院学报，2006（1）.

创意运营机制。

在管理方面，加强创意经济中外观设计专利的管理。国家统计局《文化及相关产业分类（2012）》虽然重新界定了中国文化及相关产业的范围，调整了类别结构，增加了与文化生产活动相关的创意、新业态、软件设计服务等内容和部分行业小类，减少了包括旅行社、休闲健身娱乐活动、教学用模型及教具制造、其他文教办公用品制造、其他文化办公用机械制造和彩票活动等不符合文化及相关产业定义的活动类别，突出了文化产业分类的文化特征，但仍强调文化产品的文化属性及文化关联度，与发达国家做法存在差距。建议加强创意产业分类与外观设计专利分类的关联分析，探索创意经济中外观设计专利管理的模式。

在保护方面，加强对于外观设计专利侵权赔偿额度的研究，探索优化外观设计专利侵权的损害赔偿标准。如前所述，苹果公司和三星公司在全球展开的专利战即是以外观设计专利作为基础，美国地方法院在苹果诉三星专利侵权纠纷案的判决中判令三星侵权赔偿苹果 10.49 亿美元，其高额的诉讼费用体现了创意经济的巨大经济价值，同时上述诉讼基本上完全建构在外观设计专利基础之上。然而，针对 2008 年 6 月 1 日至 2011 年 12 月 31 日北大法宝数据库中所有外观设计专利侵权案件的分析发现，我国外观设计专利侵权判定的损害赔偿判赔额度平均仅为 52935 元，这显然无法充分体现外观设计专利价值，无法借助外观设计专利制度有效支撑创意经济的发展。

在创造方面，通过外观设计专利政策的调整推动实现单一创新、合作创新、协同创新与开放式创新的共同发展。目前，创新方式也在发生一些变化，尤其是创意经济的创新方式。以前的创新以单一创新为主，目前已经形成了各个创新主体独立开展的单一创新、若干创新主体共同开展的合作创新与协同创新、创新主体范围日趋模糊化的开放式创新并存的局面，其中，开放式创新获得极大发展。目前开放式创新模式已被一些追求创新改革的企业所接受，如 P&G、思科、IBM 等。这尤其体现在外观设计创新在内的创意经济发展之中。建议深入考虑从以独占为核心的保护模式向独占与共享相结合模式的转移。

在服务方面，构建促进创意经济信息的传播和交易的平台，出台创意企业知识产权管理标准。在创意创作阶段的扶持方面，加强知识产权公共平台建设，建立知识产权交易平台和完善产权交易体系，加强公共信息网络建设和服务，促进创意经济信息的传播和交易。在创意运用阶段的扶持方面，出台《创意企业知识产权管理指南》，知识产权管理部门在创意产业园区或企业里设立知识产权保护服务机构。由于创意产品的创造者个人既是最为核心的创意主体、知识产权的创造者，但同时也往往处于弱势地位，是自我保护能力最弱、受侵权最多的一方，在创意保护阶段的扶持方面需要全面提高创意产品创造者的维权能力，创建创意企业知识产权联盟，提高创意产业的整体维权和侵权抗辩能力，实现联盟内部成员的创意共享。

七、外观设计专利审查对创意经济的回应

通过宏观研究发现，我国设计产品出口结构比较单一，集中在室内设计和时尚设计产品方面；通过对于北京、上海、深圳、长沙、杭州等地的微观研究具体案例同样能够验证这一结论。由此，我们需要在室内装饰设计和时尚设计的审查方面有所回应。

中国是一个服装大国，但却处于服装产业链低端。很重要的一个原因就是：服装设计水平相对低下、现有知识产权保护模式不利于服装设计创新。因循各自传统，法、德等欧盟国家采取外观设计专利权和版权双重保护，美国拟纳入特殊版权（原创性设计）保护。就中国而言，目前采取外观设计专利权和版权双重保护模式之下，但版权保护不力、不当，外观设计专利保护程序复杂、期限过长等，是制约服装设计创新及服装业长远发展的重要因素之一。

在美国，从 2006 年 3 月到 2012 年 9 月，为了推动服装设计版

权的特殊保护，美国国会议员共提出了7个议案。《法案》的提出及其最终立法，能够为“本国真正具有原创力和创新精神的团体带来利益平衡，同时能激发时尚界的创造力和避免不必要的诉讼，并使美国能够长期保持其在这一行业中的世界领先地位”。❶ 由于《法案》涉及多方利益，许多行业协会，如加州时装协会（California Fashion Association）、美国时装设计师理事会（Council of Fashion Designers of America）、美国服装和鞋类协会（American Apparel & Footwear Association）等，自《法案》被提交之初便积极参与斡旋，以便为协会会员争取到最大限度的利益。❷ 最近的S. 3523号议案明确，给予时尚设计作品3年的特殊版权保护，并将保护范围（“服装作品”的定义）界定为“服饰、手袋、钱包、钱夹、手提包、腰带与眼镜框”；无论某种特定颜色是否存在于1件作品之上，其结果均不应被纳入保护的范围；权利人在面对可能的侵权行为申请保护之前，应提前至少21天，向可能的侵权人发出书面通知；“独立设计”抗辩：即如果行为人完全独立自行设计出与权利人作品相同或相似的作品，可使用此抗辩对权利人的权利进行限制；如果侵权作品与原作品之间在整体上未达到一定的相似度，前者不被视为侵权。❸ 事实上，在《法案》问题上的博弈，反映出了美国服装产业正在经历着大的转型和发展。长期以来，欧洲（特别是法国）在服装设计领域人才辈出，引领时尚潮流。相比之下，美国主

❶ U. S. Senate. Committee on the Judiciary. Innovative Design Protection Act of 2012: Report Together with Minority Views (to accompany S. 3523) (S. Rpt. 112 - 259). Washington: Government Printing Office, 2012.

❷ 各行业协会、个人与企业虽然都在《法案》的立法进程中扮演角色，但是通过各方提议可以看出，更多的参与主体只是将此《法案》视作扩大己方利益的一次契机，而并未充分考虑《法案》可能导致的社会影响。参见中国保护知识产权网：《美国服装设计盗版法提案将继续推进》，资料来源：(2010 - 12 - 02) [2014 - 08 - 06]. http://www.ipr.gov.cn/guojiiprarticle/guojiipr/guobiehj/gbhjnews/201012/979570_1.html.

❸ U. S. Senate. 112th Congress, 2nd Session. S. 3523, Innovative Design Protection Act of 2012. Washington, Government Printing Office, 2012.

要是一个消费市场，对服装设计的保护并不十分强调。但近年来，美国时尚界和服装业蓬勃发展，是否对于服装设计或款式给予一定时间的特殊保护，就被提到了立法层面。

由于设计产品在我国出口的创意产品中占据70%，时尚设计产品和室内设计产品在设计产品中分别占37%和33%，远高于其他设计产品，因此，有必要对时尚设计产品和室内设计产品的版权保护和外观设计专利保护加以协调，在外观设计专利申请的审查中更加关注。例如，建议我国外观设计专利申请的审查中，将审查周期与产品生命周期加以内在吻合。时尚设计和室内设计的产品外观设计生命周期差异较大，对于审查周期非常敏感，建议我国外观设计专利申请的审查中，优化优先审查等审查制度和审查方式的运用，对此予以响应。

第二节　外观设计密集型产业的促进政策研究

2012年3月12日，美国商务部联合美国专利商标局发布《知识产权和美国经济：聚焦产业》报告❶，首次提出了“知识产权密集型产业”的概念，并测算了知识产权密集型产业对经济发展的贡献状况。2013年9月30日，欧洲专利局（EPO）和欧盟内部市场协调局（OHIM）共同发布的《知识产权密集型产业对欧盟经济和就业的贡献》研究报告❷，对知识产权密集型产业对欧盟经济的影响进行了研究。在美国商务部联合美国专利商标局发布的《知识产权和美国经济：聚焦产业》报告中，知识产权密集型产业包含专利

❶ Economics and Statistics Administration and United States Patent and Trademark Office: Intellectual Property and the U. S. Economy: Industries in Focus [EB/OL]. [2014-07-31]. http://www.esa.doc.gov/Reports/intellectual-property-and-us-economy-industries-focus.

❷ European Patent Office and the Office for Harmonization in the Internal Market: Intellectual property rights intensive industries: contribution to economic performance and employment in the Europe [EB/OL].[2014-07-31]. http://keionline.org/node/1803.

密集型产业、商标密集型产业和版权密集型产业。在欧洲专利局和欧盟内部市场协调局共同发布的《知识产权密集型产业对欧盟经济和就业的贡献》研究报告中，则将知识产权密集型产业的概念扩展到地理标志密集型产业、外观设计密集型产业等。❶

一、欧盟外观设计密集型产业的认定标准与经济贡献

在欧洲专利局和欧盟内部市场协调局共同发布的《知识产权密集型产业对欧盟经济和就业的贡献》研究报告中，将外观设计密集型产业定义为外观设计强度高于平均水平的产业，其中“外观设计强度”为产业内外观设计数量除以产业内总的就业人数。具体而言，统计2004年至2008年提出申请并在此后成功授权的外观设计数量，结合欧盟统计局制定的《欧盟工业分类标准》（NACE），得出各个产业所拥有的外观设计数量，再用产业的外观设计数量除以同期该产业的就业人数得到产业外观设计强度，进而确定外观设计密集型产业。根据该标准，欧盟外观设计密集型产业165个，占知识产权密集型产业总数的51.4%。不同类型的知识和产权密集型产业间交集较为明显，有80个产业同时为外观设计设计密集型产业、专利密集型产业和商标密集型产业，60个产业同时为商标和外观设计密集型产业，仅有13个产业只属于外观设计密集型产业。

该报告经过测算指出，2008～2010年，欧盟的所有行业中约50%属于知识产权密集型行业，平均每年创造产值约4.7万亿欧元，对欧盟国内生产总值贡献率达39%。其中，外观设计密集型产业年均创造价值接近1.6万亿欧元，占欧盟国内生产总值的13%，贡献状况类似于专利密集型产业❷。尤其是，欧盟外观设计密集型

❶ 张鹏. 商标密集型产业基本问题探析——以商标对经济发展贡献状况为视角[J]. 中华商标，2014（8）：26－29.

❷ 根据欧洲专利局（EPO）和欧盟内部市场协调局（OHIM）共同发布的《知识产权密集型产业对欧盟经济和就业的贡献》研究报告，欧盟专利密集型产业年均创造价值约为1.7万亿欧元，占欧盟GDP总额的14%。

产业对贸易的贡献非常大。2010年，外观设计密集型产业出口达到570亿欧元，占出口总额的53.4%，外观设计密集型产业进口达到420亿欧元，占进口总额的46%。2008年至2010年，欧盟外观设计密集型产业提供的直接就业岗位和间接就业岗位分别为2666万个和1212万个，占全部就业岗位的28%。2010年，外观设计密集型产业就业岗位平均周薪为666欧元，较其他行业平均高出接近40%，但是低于欧盟知识产权密集型产业的平均水平。

二、我国外观设计密集型产业的认定标准与经济贡献

分析总结欧盟外观设计密集型产业的认定标准与经济贡献，可以得出三点结论：一是外观设计密集型产业逐步成为国际公认的产业类别。相对于高新技术产业、战略性新兴产业等概念而言，外观设计密集型产业的定义更为明确，更加关注产业结构科学性。二是欧盟外观设计密集型产业均为低能耗、低污染、高附加值的产业类别。三是欧盟未来会将外观设计密集型产业等知识产权密集型产业作为发展重点加以培育。欧盟外观设计密集型产业均为运用较少就业人数、产生较高的产业价值，是高端产业的集中体现，未来会作为产业政策的重点扶持对象。对我国而言，我国经济正处于增速放缓期和结构调整关键期，处于在中高速增长中向中高端水平迈进的关键阶段，需要将外观设计密集型产业作为发展重点，实证研究外观设计对产业发展的贡献。

笔者建议如下。首先，建立外观设计国际分类（洛迦诺分类）与我国国民经济产业分类二位、三位代码之间的对应关系。其次，根据我国国民经济产业分类确定各三位代码产业的就业人数，根据上述对应关系确定各三位代码产业外观设计专利数量，计算外观设计强度。再次，将外观设计强度高于平均值的产业类别定义为我国外观设计密集型产业，同时根据我国专利无效宣告程序和专利侵权诉讼程序中外观设计案件类别的集中情况加以修正，确定我国外观设计密集型产业的产业目录。最后，根据我国外观设计密集型产业

的产业目录，确定我国外观设计密集型产业对国内生产总值、工业总产值、就业人数等的贡献程度。

三、发展我国外观设计密集型产业的建议

在确定我国外观设计密集型产业的认定标准和产业目录的基础上，全面实证分析当前我国外观设计密集型产业对经济发展的贡献状况。根据我国外观设计密集型产业对经济发展的贡献状况，结合产业转型升级对我国外观设计密集型产业未来发展目标的预期，积极出台发展我国外观设计密集型产业、运用外观设计促进产业提质增效的产业政策。具体而言：

首先，开展我国外观设计密集型产业的调查研究工作。跟踪研究国外动态与进展，研究建立符合我国国情的外观设计密集型产业认定标准，分析我国不同地区区域特色的外观设计密集型产业。开展基础调查，深入研究外观设计密集型产业的产业产值、就业状况、贸易规模等基本发展状况，为制定相关政策奠定科学基础。

其次，制定外观设计密集型产业产业发展专项规划。在调查研究的基础上，建立我国外观设计密集型产业的产业目录。争取在我国国民经济和社会发展第十三个五年规划中提出外观设计密集型产业的发展规模和结构目标，同时研究制定知识产权密集型产业发展专项规划，提出促进外观设计密集型产业发展的政策措施。

最后，研究制定外观设计密集型产业发展的促进政策。研究制定促进外观设计密集型产业发展的科技政策、产业政策、企业政策、贸易政策和金融财税政策，加强政策衔接，发挥政策合力。加强市场主导与政府引导相结合，研究建设外观设计密集型产业集聚区，推动出台支持外观设计密集型产业发展的政府采购、减免税政策。

主要参考文献

一、英文著作

[1] Donald S. Chisum. Chisum on Patents [M]. Bender, 2007.

[2] Robert P. Merges, Peter S. Menell, Mark A. Lemly. Intellectual Property in the New Technological Age [M]. 5th ed. Aspen Publishers, 2010.

[3] William Cornish, David Llewelyn, Tanya Aplin. Intellectual Property: Patents, Copyright, Trademarks and Allied Rights [M]. 7th Revised edition. Sweet & Maxwell, 2010.

[4] Janice M. Mueller. An Introduction to Patent Law [M]. CITIC Publishing House, 2003.

[5] Herbert F. Schwartz. Patent Law and Practice [M]. 4th ed. BNA Books, 2003.

[6] David Bainbridge. Intellectual Law [M]. 4th ed. Financial Times Pitman Publishing 1999.

[7] Hiroya Kawaguchi. The Essentials of Japanese Patent Law: Cases and Practice [M]. Kluwer Law International BV, 2007.

[8] Black's Law Dictionary [M]. 7th ed. West Group, 2000.

二、英文论文

[1] Friderick Schauer. Incentives, Reputation, and the Inglorious Determinants of Judicial Behavior [J]. University of Cincinnati Law Review 2000, 68: 615.

[2] Kenneth J. Arrow. Economic Welfare and the Allocation of Resources for Invention [G] //The Rate and Direction of Inventive Activity: Economic and Social Factors 1962, 609: 610 -614.

[3] Giles S. Rich. The Extent of the Protection and Interpretation of Claims - American Perspectives [J]. 21 Int'l Rev. Indus. Prop. & Copyright L., 497, 499 (1990).

[4] Bruchhausen. The scope of patent protection in different European countries—an outline of recent case law [C] //The 4th International Review of Industrial property and copyright law.

[5] Ray D. Weston. A comparative analysis of the doctrine of equivalents: can European approaches solve an American dilemma? [J]. The Journal of Law and Technology 1998, 35.

[6] Thomas K. Landry. Constitutional Invention. "A Patent Perspective" [J]. 25 Rutgers Law Journal 67.

[7] Wagner, R. P.. Reconsidering Estoppel: Patent Administration and the Failure of Festo [J]. University of Pennsylvania Law Review, 2002.

[8] Alexander, J. Cabining the Doctrine of Equivalents in Festo: a Historical Perspective on the Relationship between the Doctrine of Equivalents and Prosecution History Estoppel [J]. American University Law Review, 2002.

[9] Rechard A. Posner. What Do Judges and Justices Maximize? (The Same Thing Everybody Else Does) [J]. Supreme Court Economic Review 1993, 1: 3.

三、中文著作

[1] 吴汉东. 知识产权基本问题研究 [M]. 2 版. 北京: 中国人民大学出版社, 2009.

[2] 吴汉东. 知识产权总论 [M]. 3 版. 北京: 中国人民大学出版社, 2013.

[3] 吴汉东. 知识产权基本问题 [M]. 北京: 中国人民大学出版社, 2005.

[4] 吴汉东. 知识产权国际保护制度研究 [M]. 北京: 知识产权出版社, 2007.

[5] 吴汉东. 中国知识产权制度评价与立法建议 [M]. 北京: 知识产权出版社, 2008.

[6] 吴汉东. 知识产权度维度解读 [M]. 北京: 北京大学出版社, 2008.

[7] 吴汉东, 郭寿康. 知识产权制度国际化问题研究 [M]. 北京: 北京大学出版社, 2010.

[8] 王景川, 胡开忠. 知识产权制度现代化问题研究 [M]. 北京: 北京大学出版社, 2010.

[9] 曹新明, 张建华. 知识产权制度法典化问题研究 [M]. 北京: 北京大学出版社, 2010.

[10] 郑成思. 知识产权论［M］. 3版. 北京：法律出版社，2007.
[11] 郑成思. 知识产权保护实务全书［M］. 北京：中国言实出版社，1995.
[12] 汤宗舜. 专利法教程［M］. 北京：法律出版社，1998.
[13] 汤宗舜. 中华人民共和国专利法条文释义［M］. 北京：法律出版社，1986.
[14] 刘春田. 知识产权法［M］. 3版. 北京：中国人民大学出版社，2007.
[15] 李明德. 美国知识产权法［M］. 2版. 北京：法律出版社，2014.
[16] 李明德，黄晖，闫文军. 欧盟知识产权法［M］. 北京：法律出版社，2010.
[17] 尹新天. 中国专利法详解［M］. 北京：知识产权出版社，2011.
[18] 尹新天. 专利权的保护［M］. 2版. 北京：知识产权出版社，2005.
[19] 尹新天. 中国专利报告（2013）［M］. 北京：知识产权出版社，2014.
[20] 秦锋，徐婷妍. 外观设计专利侵权判例精选［M］. 北京：知识产权出版社，2009.
[21] 国家知识产权局专利局外观设计审查部. 外观设计专利申请视图提交规范［M］. 北京：知识产权出版社，2008.
[22] 国家知识产权局专利复审委员会. 外观设计专利无效宣告典型案例评析［M］. 北京：知识产权出版社，2013.
[23] 国家知识产权局专利复审委员会. 专利复审委员会案例诠释：外观设计［M］. 北京：知识产权出版社，2009.
[24] 国家知识产权局专利复审委员会. 专利复审和无效审查决定选编（2006）·外观设计［M］. 北京：知识产权出版社，2014.
[25] 国家知识产权局条法司. 专利法第二次修改导读［M］. 北京：知识产权出版社，2002.
[26] 国家知识产权局条法司. 专利法实施细则第二次修改导读［M］. 北京：知识产权出版社，2001.
[27] 国家知识产权局条法司.《专利法》第三次修改导读［M］. 北京：知识产权出版社，2009.
[28] 国家知识产权局条法司.《专利法实施细则》第三次修改导读［M］. 北京：知识产权出版社，2010.
[29] 国家知识产权局条法司.《专利法》及《专利法实施细则》第三次修改专题研究报告［M］. 北京：知识产权出版社，2006.

[30] 国家知识产权局条法司.《专利法实施细则》修改专题研究报告［M］. 北京：知识产权出版社，2008.

[31] 国家知识产权局条法司. 新专利法详解［M］. 北京：知识产权出版社，2001.

[32] 王胜明.《中华人民共和国侵权责任法》条文解释与立法背景［M］. 北京：人民法院出版社，2010.

[33] 安建.《中华人民共和国专利法》释义［M］. 北京：法律出版社，2009.

[34] 全国人大常委会法制工作委员会经济法室.《中华人民共和国专利法》释解及实用指南［M］. 北京：法律出版社，2012.

[35] 全国人大常委会法制工作委员会经济法室.《中华人民共和国专利法》释解及实用指南［M］. 北京：中国民主法制出版社，2009.

[36] 郎胜. 中华人民共和国商标法释义［M］. 北京：法律出版社，2013.

[37] 孔祥俊. 中国知识产权保护的创新和升级［M］. 北京：法律出版社，2014.

[38] 孔祥俊. 反不正当竞争法的创新性适用［M］. 北京：中国法制出版社，2014.

[39] 孔祥俊. 知识产权保护的新思维：知识产权司法前沿问题［M］. 北京：中国法制出版社，2013.

[40] 孔祥俊. 知识产权法律适用的基本问题：司法哲学、司法政策与裁判方法［M］. 北京：中国法制出版社，2013.

[41] 孔祥俊. 商标法适用的基本问题［M］. 北京：中国法制出版社，2012.

[42] 孔祥俊. 司法哲学与裁判方法［M］. 北京：人民法院出版社，2010.

[43] 孔祥俊. 商标与反不正当竞争法：原理与判例［M］. 北京：中国法制出版社，2009.

[44] 孔祥俊. 法学方法论［M］. 北京：人民法院出版社，2006.

[45] 孔祥俊. 反不正当竞争法原理［M］. 北京：知识产权出版社，2005.

[46] 孔祥俊. 司法理念与裁判方法［M］. 北京：中国法律图书有限公司，2005.

[47] 孔祥俊. 反垄断法原理［M］. 北京：中国法制出版社，2001.

[48] 孔祥俊. 反不正当竞争法新论［M］. 北京：人民法院出版社，2001.

[49] 李琛. 著作权基本理论批判［M］. 北京：知识产权出版社，2013.

[50] 赵元果. 中国专利法的孕育与诞生［M］. 北京：知识产权出版社，2003.

[51] 程永顺. 外观设计确权判例（上、下）［M］. 北京：知识产权出版社，2010.

[52] 程永顺. 侵犯外观设计专利权判例［M］. 北京：知识产权出版社，2010.

[53] 程永顺. 侵犯专利权判例［M］. 北京：知识产权出版社，2010.

[54] 程永顺. 外观设计专利保护实务［M］. 北京：法律出版社，2005.

[55] 程永顺. 中国专利诉讼［M］. 北京：知识产权出版社，2005.

[56] 胡充寒. 外观设计专利侵权判定理论与实务研究［M］. 北京：法律出版社，2010.

[57] 张广良. 外观设计的司法保护［M］. 北京：法律出版社，2008.

[58] 赵嘉祥. 外观设计专利申请代理［M］. 北京：知识产权出版社，2010.

[59] 赵嘉祥. 外观设计专利申请代理［M］. 2 版. 北京：知识产权出版社，2012.

[60] 吴大章. 外观设计专利实质审查标准新讲［M］. 北京：知识产权出版社，2013.

[61] 李小武，马云鹏，连冠. 电子产品图形用户界面（GUI）的外观设计保护［M］. 北京：知识产权出版社，2014.

[62] 闫文军. 专利权的保护范围——权利要求的解释和等同原则的适用［M］. 北京：法律出版社，2007.

[63] 吴溯，孟雨，谢怡雯，陈晓. 设计之战：移动终端工业设计的知识产权博弈［M］. 北京：知识产权出版社，2014.

[64] 张鹏. 专利授权确权制度原理与实务［M］. 北京：知识产权出版社，2012.

[65] 国家知识产权局专利复审委员会. 专利行政诉讼概论与案例精解［M］. 北京：知识产权出版社，2011.

[66] 李勇. 专利侵权及诉讼［M］. 北京：知识产权出版社，2013.

[67] 中国知识产权研究会专利委员会，最高人民法院中国应用法学研究所，国家知识产权局专利复审委员会. 专利名案解读（二）——20 起典型专利纠纷案例评析［M］. 北京：知识产权出版社，2012.

四、中文译著

[1] 威廉·M. 兰德斯，理查德·A. 波斯纳. 知识产权法的经济结构 [M]. 金海军，译. 北京：北京大学出版社，2005.

[2] 亚当·杰夫，乔希·勒纳. 创新及其不满：专利体系对创新与进步的危害及对策 [M]. 罗建平，兰花，译. 北京：中国人民大学出版社，2007.

[3] 彭道敦，李雪菁. 普通法视角下的知识产权 [M]. 谢琳，译. 北京：法律出版社，2010.

[4] 霍姆斯. 法律的生命在于经验——霍姆斯法学文集 [M]. 明辉，译. 北京：清华大学出版社，2007.

[5] 罗斯科·庞德. 法理学（第 2 卷）[M]. 邓正来，译. 北京：中国政法大学出版社，2007.

[6] 约翰·吉本斯. 法律语言学导论 [M]. 程朝阳，毛凤凡，秦明，译. 北京：法律出版社，2007.

[7] 理查德·A. 波斯纳. 法官如何思考 [M]. 苏力，译. 北京：北京大学出版社，2009.

[8] 理查德·A. 波斯纳. 法理学问题 [M]. 苏力，译. 北京：中国政法大学出版社，2001.

[9] 海因·克茨. 欧洲合同法（上卷）[M]. 周忠海，李居迁，宫立云，译. 北京：法律出版社，2001.

[10] 迪特尔·梅迪库斯. 德国民法总论 [M]. 邵建东，译. 北京：法律出版社，2001.

[11] 普维庭. 现代证明责任问题 [M]. 吴越，译. 北京：法律出版社，2000.

[12] 哈特. 法律的概念 [M]. 张文显，等，译. 北京：中国大百科全书出版社，1996.

[13] 戴维·M. 沃克. 牛津法律大辞典 [M]. 北京：光明日报出版社，1988.

[14] 欧洲专利局. 未来知识产权制度的愿景 [M]. 郭民生，杜建慧，刘卫红，译. 北京：知识产权出版社，2008.

[15] 彼德罗·彭梵得. 罗马法教科书 [M]. 黄风，译. 北京：中国政法大学出版社，1992.

[16] 棚濑孝雄. 纠纷的解决与审判制度 [M]. 王亚新，译. 北京：中国政法大学出版社，1994.

[17] 布拉德·谢尔曼，莱昂内尔·本特利. 现代知识产权法的演进 [M]. 金海军，译. 北京：北京大学出版社，2006.

[18] 莱奥·罗森贝克. 证明责任论——以德国民法典和民事诉讼法典为基础撰写 [M]. 4 版. 庄敬华，译. 北京：中国法制出版社，2002.

[19] 田村善之. 田村善之论知识产权 [M]. 李扬，等，译. 北京：中国人民大学出版社，2013.

[20] 田村善之. 日本知识产权法 [M]. 4 版. 周超，李雨峰，李希同，译. 北京：知识产权出版社，2011.

后　记

自1984年我国第一部《专利法》颁布实施以来，外观设计专利制度一直是学术界和实务界普遍关注的领域。外观设计制度的本质是什么？外观设计制度要保护的创新是什么？外观设计制度与专利制度、著作权制度、商标制度和反不正当竞争制度的关系是什么？外观设计由专利方式保护是否妥当？外观设计单独立法是否可行？这些根本性的问题一直是学术界讨论的热点。外观设计保护客体如何判定？外观设计应当实行登记制度还是审查制度？外观设计确权标准如何把握？外观设计侵权判定标准如何适用？这些实用性的问题一直是实务界讨论的热点。

目前，《专利法》第四次修改已经全面启动，这将是我国专利制度走过三十余年后再次"自觉地"进行制度调整的机会，也是处于外观设计专利申请第一大国地位下促使我国外观设计制度成为国际制度范式的重要契机。身处这一历史时期，对上述理论问题和实务问题的探索非常重要和急迫。在求索上述两个问题的过程中，笔者二人合作完成本书，以期对上述问题的思考研究有所帮助。每次写书的过程，都是与自己的完美主义倾向斗争的过程；每写完一个章节，总觉得还有些许遗憾。恰恰因为这一原因，本书的出版被屡屡推迟。作为求索上述问题的一个阶段性成果，本书努力以"设计"基本属性作为逻辑起点，对外观设计制度的法律适用从法学、政策科学、经济学等多个维度进行解读，立足我国法律实践，探索外观设计专利制度的"世界水平"与"中国特色"。期许本书的出版能为中国特色外观设计制度的建立与完善起到些许参照作用，为建设中国特色知识产权法律制度作出些许贡献，为建设知识产权强国作出些许推动。谈及个人，人生走过三十个年头，在苦与乐之间，“壮志当凌云”的功利向往不再冲动，“世事波上舟，沿洄安得住”的心中感悟尚未确立，法治梦想的烙印仍深深刻在心灵深处。应当说，这部作品寄托着笔者永恒的梦想、内心的眷恋、不变的追求。

多年来，恩师吴汉东教授的言传身教总能让笔者在茫茫知识海洋的遨游中找到方向。恩师的为人、为学和为文，是指引笔者在学术道路上探索的明灯；恩师的鼓励、指导和关心，是鞭策笔者在生活道路上前行的航标。中南财经政法大学知识产权研究中心各位老师的亲切指导，让笔者得以不断改进书写的章法，领略创作的乐趣。国家知识产权局领导、国家知识产权局专利局领导、外观设计审查部领导、保护协调司领导、专利复审委员会领导和中华全国专利代理人协会领导对本书两位作者长期以来的指导、关心和支持，是笔者在探索中国特色专利法律制度与实践道路上的前进动力。外观设计审查部多个处室的老师和专利复审委员会外观处的老师多有指导，使笔者能够少走很多弯路。可以说，领导的提点、老师的教诲和志同道合者的牵扶提供了努力学习和奋发向上的精神食粮。同时需要铭记的是，“胜人者有力，自胜者强”。感谢家人一直以来的理解和支持，家人的期许就是笔者努力为学的精神支柱，祝福家人身体健康、诸事顺心。

由于作者水平有限，书中不足之处难免，敬请广大读者批评指正。

作者

2015 年 7 月